CONFIABILIDAD DE SISTEMAS ELECTRÓNICOS

Dr. Ing. José Luis Roca

CONFIABILIDAD DE SISTEMAS ELECTRÓNICOS

nueva librería

Roca, José Luis
Confiabilidad de sistemas electrónicos. -1a ed. - Buenos Aires : Nueva Librería,
2013.
440 p. ; 21x15 cm.

ISBN 978-987-1871-06-3

1. Ingeniería Electrónica. 2. Enseñanza Universitaria. I. Título.
CDD 621.381

Estados Unidos 301
(cp1101) Buenos Aires, Argentina
Tel.: 4362-9266
nuevalibreria@infovia.com.ar
www.nuevalibreria.com.ar

ISBN 10: 987-1871-06-6

ISBN 13: 978-987-1871-06-3

Impreso en Argentina - Printed in Argentina

PREFACIO

Las técnicas asociadas a la evaluación y análisis de la confiabilidad han sido desarrolladas en forma tardía como una necesidad de las diversas disciplinas de la ingeniería. No obstante ello no son pocos los que sostienen que se han ocupado de la confiabilidad mucho antes de que el vocablo fueses utilizado con el contenido con el que actualmente se le conoce y que responde básicamente a la pregunta sobre lo que sucede con la calidad de un producto electrónico en el tiempo, entendiéndose por calidad el conjunto de especificaciones funcionales del mismo.
Las primeras industrias que se han ocupado del tema han sido, sin duda, la militar, la nuclear y la espacial, sin embargo, no solo en estos ámbitos es donde se ha llevado a cabo esta pequeña gran revolución en beneficio del aumento de las cifras de vida útil de los productos de ese rubro sino que se han extendido a toda la industria. El hecho de la producción masiva, característica de las industrias de fines del siglo veinte conducía hace tres décadas, a la caída de la confiabilidad de sus productos debido, por un lado, a esa masividad de producción y, por otro, a las tecnologías recientemente descubiertas y aun no estabilizadas. La industria debía acomodarse a esos dos nuevos requerimientos, creando productos de cierta complejidad y asegurando una confiabilidad suficiente, adecuada a los costos de producción y control.
La competitividad y la globalización en la manufactura hicieron que estos sistemas de producción se metamorfosearan nuevamente, dando origen a lo que se denomino producción menuda, lo que simplificó la escala de jerarquías y a través de equipos funcionales cruzados que incluían proveedores y a menudo clientes aumentaban específicamente una distintiva mejora.
Por el contrario los sistemas de manufactura emergentes sucesores de los de producción menuda innovaban mediante la remodelación de los muchos acoplamientos que caracterizaban la producción masiva. Las tareas asociadas a la ingeniería, administración, ventas y servicios se vieron afectados fuertemente por las tecnologías de información que mas adelante transformaron la fabricación y la producción. La confiabilidad comenzó a ser parte integrante de la especificación de los productos fabricados.
En este libro se pretende tratar el tema con la rigurosidad que el mismo requiere, abarcando el análisis y la evaluación detallada de sistemas electrónicos en los que el componente de hardware como de software cobran, sino igual, similar importancia y esta dirigido tanto a profesionales como a estudiantes interesados en esta temática. En esta nueva edición, como corolario y a titulo de síntesis en los que respecta a confiabilidad de sistemas electrónicos, se ha sumado un capitulo nuevo que trata de la distribución de la confiabilidad de un sistema entre sus partes integrantes.

INDICE

Capítulo 1. Introducción

Capítulo 3. Modelos de Falla Catastrófica.

Capítulo 4. Modelos de Falla Paramétrica.

Capítulo 7. Ensayos de Confiabilidad.

Capítulo 8. Confiabilidad del Software.

Apéndice B. Bibliografía

CAPITULO 1

INTRODUCCIÓN

1.1. Generalidades.

1.1.1. Orígenes de la confiabilidad.

Las técnicas de la confiabilidad han sido desarrolladas en forma tardía como una necesidad de las diversas disciplinas de la ingeniería. No obstante ello no son pocos los que piensan que se han ocupado de la confiabilidad mucho antes de que el mismo vocablo fuese utilizado con el contenido con que actualmente se le conoce.
La definición clásica de confiabilidad es la siguiente:

"La confiabilidad de un dispositivo es la probabilidad de que el mismo cumpla sus requerimientos funcionales, durante el tiempo previsto y en las condiciones operativas especificadas".

Nótese aquí los tres elementos fundamentales de la definición: probabilidad; tiempo y ambiente de trabajo.
Fue precisamente durante la segunda guerra mundial cuando se dieron los primeros pasos en este sentido. En junio de 1943 el Comité de Desarrollo de Tubos de Vacío de Estados Unidos de Norteamérica, comúnmente denominado por sus siglas

V.T.D.C., inició los primeros estudios tendientes a normalizar su producción. Estos dispositivos habrían de ser utilizados posteriormente por las fuerza armadas de ese país, dando origen a las conocidas norma J.A.N. (Joint Army and Navy Standards). En 1946 los estudios fueron continuados por grupos de aeronavegación. Paralelamente distintas universidades de Estados Unidos de Norteamérica iniciaron investigaciones relativas al mismo punto. De 1943 a 1949 los laboratorios VITRO y BELL realizaron extensos trabajos relativos no sólo a tubos de vacío sino a otros componentes como resistores, capacitores, transformadores y relés. En 1950 el Departamento de Defensa del mismo país creo el Comité de Confiabilidad de Equipos y Sistemas Electrónicos en forma permanente. Desde 1950 hasta el presente mucho se ha hecho respecto del tema confiabilidad. El desarrollo constante de las industrias aeroespacial y nuclear ha sido una sino la principal causa del progreso de las técnicas asociadas al análisis de la confiabilidad de sistemas mas o menos complejos.
No sólo en el ámbito espacial, nuclear y militar es que se ha llevado a cabo esta pequeña gran revolución en beneficio del aumento de las cifras de confiabilidad de los productos de ese rubro, sino que se ha extendido a toda la industria. El hecho de la producción masiva, característica de las industrias actuales, conducía hace tres décadas a la caída de la confiabilidad de sus productos, debido por un lado a esa masividad de producción y por otro a las técnicas recientemente descubiertas y aún no estabilizadas. La industria debía acomodarse a esos dos nuevos requerimientos, creando productos de mediana complejidad y asegurando una confiabilidad suficiente, adecuada a los costos de producción y control. La confiabilidad comenzó a ser parte integrante del producto fabricado.

1.1.2. Consecuencias de una confiabilidad insuficiente.

Una confiabilidad insuficiente de un producto trae aparejado consecuencias nefastas, no sólo sobre los costos y tiempos de producción, sino también sobre el propio usuario. Las fallas del material o dispositivo adquirido tendrán un efecto psicológico profundo sobre aquél. Es necesario hacer notar que el costo de una falla no se reduce únicamente al de las horas de uso del dispositivo. Existen, además degradaciones y/o fallas secundarias provocadas por la falla inicial. Dentro de los costos asociados a una falla pueden citarse los siguientes:

- Costo del mantenimiento de un abundante stock de materiales, a los fines de que el producto pueda cumplir su misión operativa con una baja probabilidad de fallas.
- Costo del personal de mantenimiento numeroso y experimentado.

- Costo de partes de repuesto debido a fallas iniciales y/o secundarias.
- Costo de empaque, remito y transporte de partes de repuesto.
- Costo de equipos para realizar el mantenimiento.
- Costo de capital inmovilizado a los fines de la creación y mantenimiento de stocks de partes de repuesto.
- Costo de indisponibilidad de equipos y/o stocks de planta debidos a retrabajos.

Es de interés mejorar la confiabilidad del producto a través de un costo adicional. Es evidente que la confiabilidad cuesta.
Un producto confiable será más oneroso que otro de menor confiabilidad. Sin embargo realizando un balance de costos sobre la utilización y duración del producto aparece plenamente justificado el costo adicional en función del incremento de la confiabilidad.

1.1.3. Definiciones.

Siendo la confiabilidad una técnica reciente, los vocablos utilizados sufren una evolución y renovación continua, característica fundamental de toda ciencia joven.
No obstante ello es posible esbozar una pequeña lista de términos y definiciones, agrupándolos en cuatro categorías básicas :

- Definiciones asociadas a confiabilidad.
- Definiciones asociadas a fallas.
- Definiciones asociadas a tiempos.
- Definiciones asociadas a ensayos.

1.1.3.1. Definiciones asociadas a confiabilidad.

- Confiabilidad: Característica de un dispositivo expresada como la probabilidad de que el mismo cumpla con sus requerimientos funcionales durante el tiempo previsto y bajo condiciones operativas dadas.
- Confiabilidad estimada: Es la confiabilidad de un dispositivo medida a través de ensayos especificados, mediante un programa definido.
- Confiabilidad predictiva: Es la confiabilidad calculada sobre la base de un modelo matemático definido a partir de datos de confiabilidad estimada o

predictiva de sus componentes, teniendo en cuenta las condiciones operativas de los mismos.

- Confiabilidad operativa: Es la confiabilidad observada sobre los dispositivos en uso normal. Depende de las condiciones de utilización, de factores ambientales y de la influencia del personal de mantenimiento y usuario.
- Probabilidad de supervivencia: Es la probabilidad de que un dispositivo no tenga fallas bajo las condiciones operativas dadas y durante un tiempo dado. La probabilidad de supervivencia es el valor numérico de la confiabilidad.
- Disponibilidad: Característica de un dispositivo expresada como la probabilidad de que el mismo cumpla con sus requerimientos funcionales en un instante determinado de tiempo y bajo condiciones operativas dadas.
- Mantenibilidad: Característica de un dispositivo expresada como la probabilidad de que el mismo sea reparado en un tiempo dado.

1.1.3.2. Definiciones asociadas a fallas.

- Falla: Es el fin de la aptitud de un dispositivo para cumplir con sus requerimientos funcionales.
- Falla repentina: Falla de un dispositivo que no puede ser estimada a través de un examen anterior de las características del mismo.
- Falla progresiva: Falla de un dispositivo que puedes ser estimada a través de un examen anterior de las características del mismo.
- Falla parcial: Falla resultante del cambio de una o más características o de los límites especificados para esas características en un dispositivo, sin que esto signifique la desaparición completa de sus funciones específicas.
- Falla completa: Falla resultante del cambio de una o más características o de los límites especificados para esas características en un dispositivo, implicando esto una desaparición completa de sus funciones específicas.
- Falla catastrófica: Falla que es a la vez repentina y completa.
- Falla paramétrica: Falla que es a la vez progresiva y parcial.
- Falla por uso forzado: Falla resultante de la utilización de un dispositivo bajo condiciones operativas no especificadas para el mismo.
- Tasa de fallas: Es la relación entre la probabilidad de que un dispositivo falle en un intervalo de tiempo, dado que no ha fallado hasta el comienzo del mismo y ese intervalo de tiempo.
- Tasa de reparación: Es la relación entre la probabilidad de que un dispositivo sea reparado en un intervalo de tiempo, dado que ha fallado al comienzo del mismo y ese intervalo de tiempo.

1.1.3.3. Definiciones asociadas a tiempos.

- Intervalo de tiempo entre fallas: Duración del funcionamiento de un dispositivo reparable entre dos fallas consecutivas.
- Tiempo medio entre fallas: Valor medio de la duración del funcionamiento de un dispositivo entre fallas consecutivas y para un periodo definido de la vida del mismo. (Conocido generalmente como MTBF, del inglés mean time between failures).
- Tiempo de vida: Duración del funcionamiento de un dispositivo no reparable hasta la falla.
- Tiempo medio hasta la falla: Valor medio de la duración del funcionamiento de un dispositivo no reparable hasta la falla. (Conocido generalmente como MTTF, del inglés mean time to failure).
- Tiempo de misión operativa: Duración especificada del funcionamiento de un dispositivo inherente a la evaluación de su confiabilidad. Para un sistema el tiempo de misión operativa es generalmente el tiempo que separa dos periodos de mantenimiento programado.
- Tiempo de reparación: Duración de la reparación de un dispositivo.
- Tiempo medio de reparación: Valor medio de la duración de la reparación de un dispositivo. (Conocido generalmente como MTTR, del inglés mean time to repair).
- Período de fallas prematuras: Período de tiempo en el cual la tasa de fallas decrece rápidamente, en general al comienzo del funcionamiento del dispositivo.
- Período de fallas aleatorias: Período de tiempo en el cual la tasa de fallas permanece sensiblemente constante, en general posterior al período de fallas prematuras.
- Período de fallas por desgaste: Período de tiempo en el cual la tasa de fallas crece rápidamente, en general posterior al período de fallas aleatorias.

1.1.3.4. Definiciones asociadas a ensayos.

- Ensayos completos: Son aquellos ensayos en el curso de los cuales se produce la falla de todos los dispositivos bajo prueba.
- Ensayos truncados: Son aquellos ensayos en el curso de los cuales se produce la falla de solamente algunos de los dispositivos bajo prueba. Pueden ser truncados por tiempo o por número de fallas.

- Ensayos con reposición: Son aquellos ensayos en el curso de los cuales cualquier dispositivo fallado es reemplazado por uno nuevo. Se trata de una serie de ensayos truncados con un solo elemento fallado.
- Ensayos acelerados: Son los ensayos en el curso de los cuales los parámetros operativos se encuentran mas allá de los fijados en las especificaciones técnicas del dispositivo, a fin de que disminuya el tiempo necesario para observar los efectos de aquellos sobre el mismo. Para ser lícito, un ensayo acelerado no debe alterar ni los mecanismos básicos de fallas ni su importancia relativa. El objetivo fundamental es acelerar e o los mecanismos de fallas en un tiempo dado.
- Ensayos escalonados: Son los ensayos en el curso de los cuales uno de los parámetros operativos del dispositivo es aplicado en forma escalonada durante períodos de tiempo sucesivos de igual duración en niveles crecientes de un período a otro.
- Ensayos secuenciales: Son los ensayos llevado a cabo de tal forma que al final de cada uno se toma la decisión de aceptar, rechazar o continuar con el siguiente, de acuerdo a riesgos prefijados con anterioridad.
- Ensayos de selección: Son los ensayos destinados a eliminar dispositivos defectuosos o susceptibles de presentar fallas prematuras.

(Del inglés Screening).

1.2. Medios para obtener confiabilidad en el producto.

1.2.1. Elementos de una política de confiabilidad.

Las tareas necesarias a los fines de obtener un nivel de confiabilidad adecuada en un producto involucran a todos los sectores de la empresa es esencial que la política de confiabilidad de la dirección de la empresa sea conocida por todos los miembros de la misma.

Cada sector deberá poseer todos los medios, directivas y procedimientos a los fines de poner en práctica esa política.

El conjunto de documentos que plasma esta política parte de la dirección de la empresa y deberá contemplar entre otros los siguientes aspectos:

- Metas y objetivos.
- Responsabilidades.
- Organización.
- Métodos de trabajo.
- Control e información.

1.2.1.1. Metas y objetivos.

Las metas a concretar por la empresa en el campo de la confiabilidad deben estar bien definidas y documentadas. Los principios sobre los que deberá basarse la acción en los rubros de referencia deben ser enunciados en forma completa para no dar lugar a interpretaciones ambiguas.
De este modo, cada uno de los sectores de la empresa llevará su plan de acción en concordancia con las líneas directrices.
Los objetivos del programa de deben estar, entonces, bien definidos y planificados en el tiempo, a los fines de que toda la acción empresarial y/o todo resultado de la experiencia adquirida pueda ser confrontado con ellos. El conjunto global de objetivos debe registrar una revisión periódica para poner al día los planes concertados y el lapso de tiempo entre revisiones deberá ser tal que no perturbe demasiado los planes previstos.

1.2.1.2. Responsabilidades.

En cuanto a responsabilidades no deberá ser necesario buscar al último responsable, pues remontando en la escala jerárquica, se deducirá que éste el director general, la única persona que puede asumir toda la responsabilidad del la empresa. Por el contrario deberá atribuirse a cada sector su participación en la responsabilidad de las tareas que concurren a la obtención de la confiabilidad en el producto elaborado. Dentro de estas actividades cabe citar las siguientes:

- La investigación, formación y perfeccionamiento constante del personal.
- La construcción de la confiabilidad en el producto.
- El aseguramiento de la confiabilidad.
- La gestión de la confiabilidad.
- La capacidad y garantía de mantenimiento.
- La recopilación de información sobre los mercados actual y potencial.

1.2.1.2.1. Investigación, formación y perfeccionamiento continuo.

La investigación de las técnicas de la confiabilidad pueden ser contratadas a un servicio competente en el país o en el extranjero. El factor económico es aquí de fundamental importancia. La formación del personal puede ser encarada por el mismo servicio. Cuando la empresa posea sectores de formación de personal, la tarea de capacitación podrá realizarse aprovechando la capacidad pedagógica del sector y la aplicabilidad directa en técnicas concretas de la empresa.

1.2.1.2.2. La construcción de la confiabilidad en el producto.

La construcción de la confiabilidad en el producto, es decir la concepción, en el mismo curso de los estudios de factibilidad y producción de un producto, de la confiabilidad deseada es de responsabilidad directa de esos servicios. Sus miembros deberán estar formados en esas técnicas, conscientes de la importancia de este factor como parte del costo del producto y de su perfomance futura.

Su honestidad intelectual debe estar fuera de toda duda, sin olvidar jamás que la confiabilidad, más que una disciplina es el arte de hacer bien las cosas de primer intento. La obtención de cifras de confiabilidad adecuadas debe ser el objetivo principal y si desafortunadamente este principio es dejado de lado, deberá ser enunciado perfectamente en el curso de los estudio y análisis de confiabilidad del producto.

1.2.1.2.3. El aseguramiento de la confiabilidad.

El aseguramiento de la confiabilidad, es decir la certificación de la validez de las cifras de confiabilidad enunciadas, ya sea mediante predicción o ensayos sólo puede ser confiada a servicios independientes de estudio. La responsabilidad de esta garantía traerá como consecuencia que este servicio efectúe todas las investigaciones necesarias y requiera las justificaciones correspondientes. La actividad de control debe coexistir con la de asistencia a fin de que el equilibrio se mantenga y se obtengan resultados adecuados.

1.2.1.2.4. La gestión de la confiabilidad.

La gestión de un proyecto desde el punto de vista de la confiabilidad debe ser asegurada, asignando a cada proyecto un responsable en ese área. El mimo deberá garantizar la ejecución y eficacia del programa de confiabilidad relativo a cada proyecto en particular, cooperar con los responsables de la confiabilidad de otros proyectos a los fines de intercambiar información. Nada impide que una misma persona sea responsable de la confiabilidad de varios proyectos.

1.2.1.2.5. La capacidad y garantía de mantenimiento.

La capacidad y garantía de mantenimiento es otro aspecto a tomar en cuenta. Este objetivo sólo puede ser alcanzado mediante la eficaz cooperación de los servicios de estudio de mantenibilidad, los responsables de proyecto y los servicios de mantenimiento que tienen a cargo proveer y ejecutar las operaciones de conservación y reparación.
Por lo general la garantía de la capacidad de mantenimiento debe ser confiada a un servicio independiente de la misma naturaleza que los de garantía de confiabilidad.

1.2.1.2.6. La recopilación de información sobre los mercados actual y potencial.

La recopilación de información sobre los mercados actual y potencial debe estar a cargo de un servicio que, en su organización, tenga en cuenta las necesidades reales de otros servicios de la empresa.
Es decir que, si este servicio debe proveer los elementos de previsión o de gestión financiera y determinar el grado de satisfacción del mercado, también deberá proveer la información técnica precisa y necesaria para estudios ulteriores.

1.2.1.3. Organización.

No existe un modelo universal de organización tipo que responda a todas las necesidades. Todo depende de la naturaleza de la industria, de la importancia de sus objetivos, de su personal, de la diversidad de los productos fabricados, en fin, de una serie de factores que, en conjunto, hacen a la tarea primordial de una empresa:
"Hacer que el producta cumpla con sus requerimientos funcionales, obteniendo una beneficio adecuado y satisfaciendo las necesidades del mercado"
El problema de la organización es uno de los más difíciles de resolver. Existe toda una gama de soluciones, desde la centralización, donde todos los grupos de trabajo dependen de un único director en el área confiabilidad, hasta la descentralización completa, donde cada jefe de grupo de proyecto es responsable de asegurar la confiabilidad de la tarea que le cabe realizar.
Cada solución posee, por supuesto, ventajas y desventajas.

1.2.1.4. Métodos de trabajo.

Dependen, en cierta medida, del tipo de organización adoptada. Independientemente de ello, los métodos de trabajo deben ser precisos y documentados.
Tres deben ser, al menos, los documentos a emitir:

- Un manual de políticas y objetivos de la confiabilidad.
- Un manual de procedimientos.
- Un conjunto de instrucciones y métodos.

1.2.1.4.1. Un manual de políticas y objetivos de la confiabilidad.

Este manual debe ser emitido y revisado periódicamente por la más alta autoridad responsable en ese área. Debe contener entre otros tópicos, las tareas esenciales a cumplimentar para alcanzar los objetivos definidos, el delineado político para cada tarea, las responsabilidades de los distintos sectores y estructuras empresariales en función de sus tareas específicas y los objetivos a concretar a partir de la política adoptada.

1.2.1.4.2. Un manual de procedimientos.

Este manual debe contener e identificar todos los procedimientos de las distintas estructuras de la empresa. Debe ser emitido y revisado periódicamente por el o los responsables del área confiabilidad en el más alto nivel.

1.2.1.4.3. Un conjunto de instrucciones y métodos.

El conjunto de instrucciones y métodos propios a cada estructura particular de la empresa y derivado de la documentación anterior, debe indicar claramente y en forma detallada los métodos a ser utilizados en cada caso particular.
La aprobación del grupo responsable del área confiabilidad es requerida a esos fines.

1.2.1.5. Control e información.

Una política de confiabilidad debe contener en forma clara, no sólo las directivas de acción, sino también las responsabilidades del grupo de confiabilidad en el área de control. Las mismas son de importancia básica sobre el conjunto de programas de confiabilidad de la empresa, como así también sobre los subcontratistas y proveedores. La dirección de la empresa deberá estar al tanto del progreso de dichos programas.

1.2.2. Tareas a cumplimentar.

Las tareas a cumplimentar a los fines de obtener un producto confiable pueden ser agrupadas en cuatro grandes actividades:

- Dirección y planificación de la confiabilidad del producto.
- Construcción de la confiabilidad en el producto.
- Aseguramiento de la confiabilidad del producto.
- Análisis de fallas del producto.

1.2.2.1. Dirección y planificación de la confiabilidad del producto.

Estas actividades deben cubrir:

- La determinación de las políticas a seguir, que comprende :
    - Establecimiento de metas a concretar.
    - Anteproyecto del programa de confiabilidad.
    - Formulación de objetivos.
    - Redacción de la política seleccionada.
    - Evaluación de su consistencia y eficacia.
    - Revisión de la política implantada.
- La organización de recursos, que abarca :
    - Evaluación objetiva de las tareas en forma global.
    - Clasificación, por importancia relativa, de las diversas tareas a realizar.
    - Definición de las distintas responsabilidades de la dirección.
    - Concentración de recursos, sobre todo humanos, de nivel al menos

igual que el de las estructuras operativas de la empresa.

- Examen y análisis de esfuerzos previos necesarios a los objetivos propuestos.
- Provisión de las modificaciones eventuales que puedan surgir del análisis anterior.

- La puesta en marcha del programa básico de dirección, que incluye:

  - Fijación del programa o los programas esenciales al efecto.
  - Enunciación de los planes de puesta en marcha.
  - Creación de los procedimientos necesarios.
  - Aplicación del o de los programas previstos.
  - Seguimiento de éstos.
  - Evaluación de los esfuerzos de puesta en marcha.

1.2.2.2. Construcción de la confiabilidad en el producto.

Son aquellas actividades que, en general, se realizan a través de servicios de estudio y comprenden:

- Actividades de organización y gestión. Para cada producto deberá especificarse :

  - Documentación aplicable. (Normas, especificaciones, etc.).
  - Confiabilidad especificada. (MTBF, vida útil, probabilidad de falla, mantenimiento preventivo y/o correctivo, tasa de fallas, etc.).
  - Informes y notas varias. (Descripción del programa de confiabilidad, predicción inicial de la confiabilidad, lista de componentes calificados, previsiones finales de confiabilidad, procedimientos de ensayo, resultados de los ensayos, estudio y análisis de fallas, acciones correctivas e informes finales de la confiabilidad del producto.).
  - Un glosario de términos utilizados.
  - Cronograma de las actividades asociada a la confiabilidad del producto, con fechas claves y las previsiones de costos y cargas extras.

- Actividades de normalización. Podrá ser realizada a dos niveles, a nivel de producto y a nivel general de la empresa :

    - A nivel de producto se deben preparar las especificaciones generales del mismo, conjuntamente con las especificaciones particulares y de materiales y componentes especiales. Se deben además establecer las especificaciones técnicas de compra.
    - A nivel general de la empresa se debe establecer esencialmente una norma de utilización común coherente con los objetivos a alcanzar y deben proveerse los medios de medida adecuados conforme a la misma.

- Actividades de previsión de la confiabilidad. Comprenden:

    - Examen de especificaciones.
    - Distribución adecuada de la confiabilidad en el producto.
    - Predicciones iniciales destinadas a posibilitar el estudio de factibilidad de realización.
    - Predicciones detalladas de la confiabilidad del producto.

1.2.2.3. Aseguramiento de la confiabilidad del producto.

Son aquellas actividades destinadas a fortalecer las cifras de confiabilidad del producto, con la firme convicción de que los medios utilizados en ese sentido son correctos y adecuados. El aseguramiento de la confiabilidad de un producto se realiza desarrollando métodos y técnicas, como las de margen de seguridad, mejora de la tasa de fallas por descarga de componentes, degradación en Burning, redundancia a nivel componente y/o sistema, etc., siguiendo posteriormente sus resultados. Uno de los métodos más utilizados a nivel general es el denominada Revisión del diseño (Del inglés Design Review)
Este método, como medio de evaluación del proyecto (desde el punto de vista de hacer recomendaciones para mejorar la perfomance y la confiabilidad del producto), resulta bastante efectivo. Asimismo deben ser evaluados otros factores como repetitibilidad, costos, operatividad y mantenimiento. El examen del proyecto debe ser realizado en puntos previos al plan de estudio y desarrollo del mismo. Es habitual que un representante del servicio de confiabilidad actúe en la revisión, en calidad de colaborador, con el grupo de examen del proyecto.
El grupo de examen del proyecto, deberá pronunciarse, entre otros sobre los siguientes puntos:

- ¿Se está llevando a cabo el proyecto conforme a las especificaciones, en lo que concierne a perfomance, confiabilidad, dimensiones, peso, factores ambientales, etc.?
- ¿Han sido utilizados componentes normalizados y homologados y aquellos conforme a esa normalización son aceptables?
- ¿Puede ser fabricado el producto utilizando herramental económico, prácticas de trabajo corrientes, personal calificado medio, controles de fabricación razonables y ensayos rápidos?
- ¿Es compatible el proyecto con una instalación, utilización y mantenimiento sencillos?
- ¿No necesitará el producto más que un mínimo de partes de repuesto?
- ¿El proyecto dejará satisfecho al cliente?

El examen del proyecto deberá hacerse fundamentalmente, según su naturaleza y el nivel de complejidad del mismo. Según la naturaleza del proyecto se podrán hacer exámenes de proyectos mecánicos, eléctricos, electrónicos, de mantenimiento, etc. En general se dan siempre combinaciones de ellos.
Según el nivel de complejidad se podrán hacer exámenes de proyectos de circuitos o mecanismos, a nivel de equipos y/o sistemas.

1.2.2.4. Análisis de fallas del producto.

Cada actividad es acompañada por ensayos, en la etapa de desarrollo y puesta a punto; evaluación de ingresos en la etapa de producción y utilización del material en la etapa de explotación. Todo esto tiene por objeto determinar la frecuencia y las causas de fallas no previstas, a fin de que, de acuerdo a su gravedad, incidencia y naturaleza, se tomen los recaudos y previsiones futuras. Este análisis de fallas es de por si necesario para que puedan ser tomadas las acciones correctivas adecuadas por un lado y por el otro reunir datos de tasas de fallas para futuras predicciones de las mismas en otros productos, es decir para reunir experiencia ha ser utilizada con posterioridad.

CAPITULO 2

CONCEPTOS MATEMATICOS

2.1. Revisión de teoría de conjuntos.

2.1.1. Definiciones.

- Conjunto: Colección desordenada de objetos, atributos o eventos.
- Elemento: Miembro de un conjunto.
- Los conjuntos de denotan con letras mayúsculas, mientras que sus elementos con minúsculas. Así:

  $a \in A$; denota que el elemento a está contenido en el conjunto A (2.1)

- Los conjuntos pueden definirse por extensión y por comprensión. Por extensión, nombrando a todos sus elementos y por comprensión, indicando una propiedad característica de los mismos. Así:

  $A = \{2, 4, 6, 8, \ldots\}$; definido por extensión. (2.2)

  $A = \{x / x = 2.i ; i = \text{entero positivo}\}$; definido por comprensión. (2.3)

- Medida de un conjunto: es el número de elementos que posee. Así:

  A = {a, b, c}; tiene medida tres. (2.4)

- Conjuntos equivalentes: Se denominan así aquellos conjuntos formados por los mismos elementos, cualesquiera sea su orden. Así:

  {a, b, c}; {a, c, b}; {b, c, a} son equivalentes. (2.5)

- Espacio muestral: Es el conjunto formado por la totalidad de los elementos en consideración. También se lo llama conjunto universal. Se nota, en general, con la letra S.

- Conjunto vacío: Es el conjunto sin elementos. Se nota en general con la letra griega ϕ. También se lo llama conjunto nulo.

- El conjunto A es un subconjunto de B si los elementos de A están contenidos en B, pero no necesariamente a la inversa. Así :

  $A \subset B$; A es un subconjunto de B. Fig.2.1. (2.6)

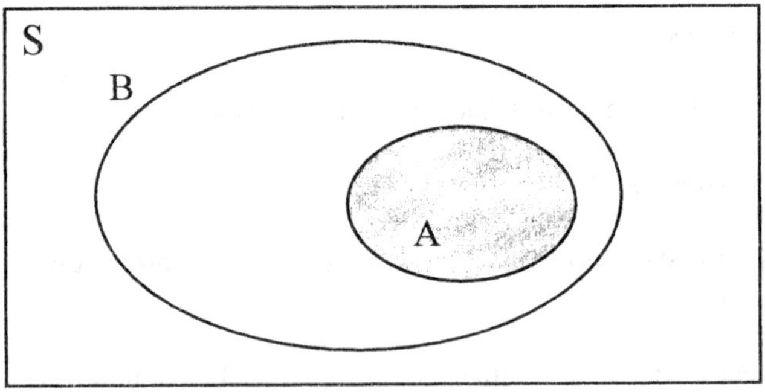

Fig.2.1 – Subconjuntos

- El complemento del conjunto A respecto de otro B es el conjunto de elementos que están en B y no en A. Así :

  $C_{A,B} = \{ x / x \in A \wedge x \notin B\}$. Fig.2.2. (2.7)

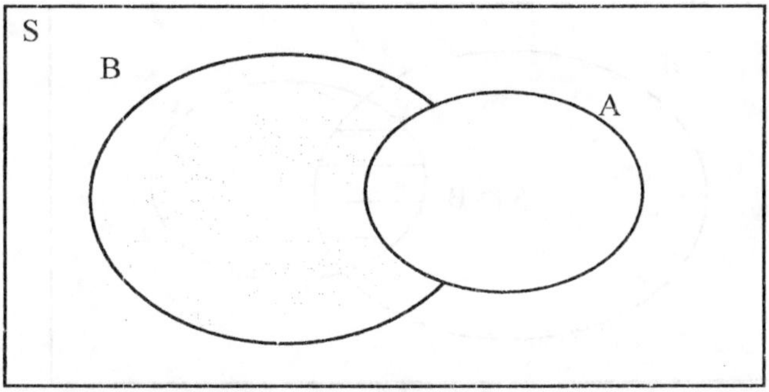

Fig.2.2 - Complemento.

2.1.2. Algebra de conjuntos.

- Unión de conjuntos: La unión de un conjunto A con otro B es el conjunto formado por elementos en A o en B o en ambos. Así :

$A \cup B = \{ x / x \in A \vee B \}$. Fig.2.3. (2.8)

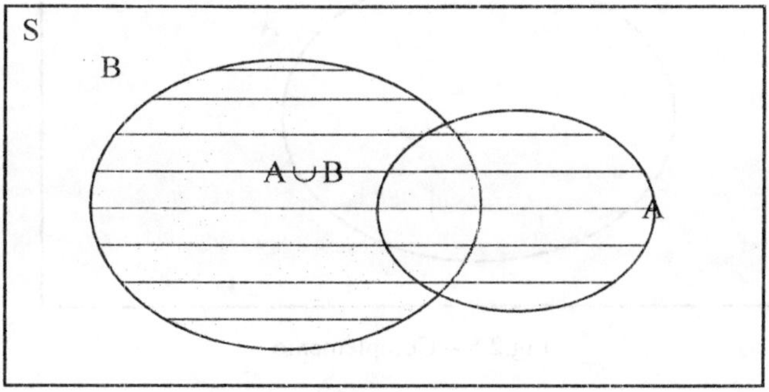

Fig.2.3 - Unión.

- Intersección de conjuntos: La intersección de un conjunto A con otro B es el conjunto formado por elementos en A y en B, es decir elementos comunes a ambos conjuntos. Así :

$A \cap B = \{ x / x \in A \wedge B \}$. Fig.2.4. (2.9)

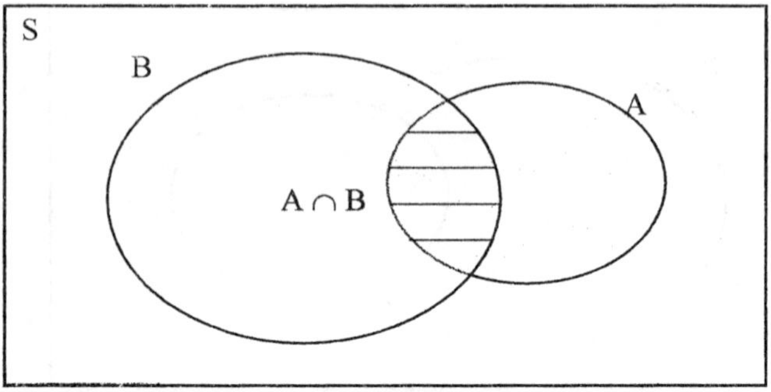

Fig.2.4 - Intersección.

- Complemento de un conjunto: El complemento de un conjunto es el conjunto formado por todos lo elementos del espacio muestral S que no están en A. Así:

Complemento de A $= \overline{A}$. Fig.2.5. (2.10)

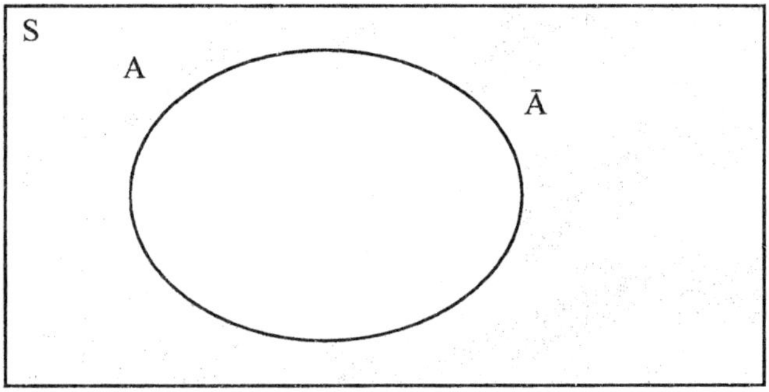

Fig.2.5 – Complemento

- Identidades:

$A \cup \phi = A$
$A \cup S = S$
$A \cap \phi = \phi$
$A \cap S = A$
$A \cup \bar{A} = S$
$A \cap \bar{A} = \phi$

$$S \cap \phi = \phi$$
$$S \cup \phi = S \qquad (2.11)$$

2.1.3. Leyes de operaciones con conjuntos.

- Ley conmutativa:

$$A \cup B = B \cup A$$
$$A \cap B = B \cap A \qquad (2.12)$$

- Ley asociativa:

$$A \cup (B \cup C) = (A \cup B) \cup C$$
$$A \cap (B \cap C) = (A \cap B) \cap C \qquad (2.13)$$

- Ley distributiva:

$$A \cap (B \cup C) = (A \cap B) \cup (A \cap C)$$
$$A \cup (B \cap C) = (A \cup B) \cap (A \cup C) \qquad (2.14)$$

- Leyes de De Morgan:

$$\overline{A \cup B} = \overline{A} \cap \overline{B}$$
$$\overline{A \cap B} = \overline{A} \cup \overline{B} \qquad (2.15)$$

- Identidades, aplicando leyes de operaciones con conjuntos:

Si $A = (A \cap B) \cup (A \cap \overline{B})$;
$B = (A \cap B) \cup (\overline{A} \cap B)$;
Con A y B conjuntos cualesquiera;
Entonces : $A \cup B = (A \cap B) \cup (\overline{A} \cap B) \cup (A \cap \overline{B})$ (2.16)

Si $B \subset A$;
Entonces: $A \cap B = B$
$A \cup B = A$ (2.17)

El complemento de $\overline{A}$ es igual a A;

$$\text{Entonces}: \overline{\overline{A}} = A \tag{2.18}$$

2.2. Revisión de teoría de probabilidades.

2.2.1. Definiciones.

- Experimento o prueba: Es una acción repetida bien definida.
- Salida del experimento: Es un posible resultado del experimento o prueba.
- Fenómeno aleatorio: Es un experimento o prueba regido por el azar. Las pruebas repetidas no arrojan, en general, los mismos resultados o salidas. No obstante ello es posible encontrar un modelo del experimento de tal modo que se encuentre una regularidad estadística y se establezca una frecuencia para cada resultado.
- Espacio muestral: Es el conjunto de todas las posibles salidas o resultados del experimento o prueba. Un evento aleatorio es un subconjunto del espacio muestral.
- Estadística: Es la ciencia que recopila, organiza, analiza e interpreta los datos numéricos referentes a un determinado evento.
- Probabilidad: Es la ciencia que estudia los fenómenos aleatorios o estocásticos es decir no determinísticos.

2.2.2. Definiciones de probabilidad.

- Definición clásica: La probabilidad de un evento aleatorio A es definida como el número de salidas o resultados favorables al evento A dividido por el número total posible de salidas o resultados en el espacio muestral.

  Subyace en esta definición la idea de que las salidas son equiprobables y mutuamente excluyentes.

De la definición clásica resulta:

Como $A \subset S$, $0 \leq P(A) \leq 1$.
Si $P(A) = 1$; todas las salidas del experimento están en A.
$P(S) = 1$.
$P(\phi) = 0$; pues el conjunto vacío no contiene salidas.
Como $A = S - A$; $P(A) = P(S) - P(A)$ y como $P(S) = 1$. Entonces resulta $P(A) = 1 - P(A)$.
Si A ocurre de m modos y B ocurre de n modos. Entonces el evento $A \cup B$ ocurre de $m+n$ modos.
Si A ocurre de m modos y B ocurre de n modos. Entonces el evento $A \cap B$ ocurre de $m.n$ modos.

Esta definición clásica se conoce también como definición de Laplace.

- Definición como frecuencia relativa: Si se repite N veces el experimento y se observa el número n de veces que ocurre el evento A, entonces la probabilidad de que ocurra el evento A es ;

$$P(A) = \lim_{N \to \infty} n/N \tag{2.19}$$

Esta definición es esencialmente experimental (empírica) y se debe a Von Mises.

- Definición axiomática: La probabilidad e un evento A es una función real.

El espacio muestral S es el dominio y el conjunto de números reales es el rango. Los axiomas siguientes deben ser satisfechos;

$$\begin{array}{l} 0 \leq P(A) \leq 1 \\ P(S) = 1 \\ P(A \cup B) = P(A) + P(B) \text{ ; si } A \cap B = \phi \end{array} \tag{2.20}$$

2.2.3. Probabilidad Axiomática.

2.2.3.1. Teoremas elementales.

- Teorema 1.

  $S \cup \phi = S$, luego $P(S) = P(S) + P(\phi)$; pues $S \cap \phi = \phi$.

  En consecuencia:

  $P(\phi) = 0$ (2.21)

- Teorema 2.

  $A = (A \cap B) \cup (A \cap \overline{B})$

  $P(A) = P(A \cap B) + P(A \cap \overline{B})$; por ser disjuntos;

  En consecuencia: (2.22)

  $P(A \cap B) = P(A) - P(A \cap \overline{B})$

- Teorema 3.

  $S = A \cup \overline{A}$

  $P(S) = P(A) + P(\overline{A})$; por ser disjuntos;

  En consecuencia: (2.23)

  $P(A) = 1 - P(\overline{A})$

- Teorema 4.

  $A \cup B = B \cup (A \cap \overline{B})$;

  $P(A \cup B) = P(B) + P(A \cap \overline{B})$; por ser disjuntos;

  $P(A \cap \overline{B}) = P(A) - P(A \cap B)$; por el Teorema 2; (2.24)

  En consecuencia:

  $P(A \cup B) = P(A) + P(B) - P(A \cap B)$; $A \cap B \neq \phi$

- Teorema 5.

  $P(A \cup B) - P(A \cap B) = P\left[(\overline{A} \cap B) \cup (A \cap \overline{B})\right]$; por ser disjuntos;

  $P(A \cap \overline{B}) = P(A) - P(A \cap B)$; por el Teorema 2;

  $P(\overline{A} \cap B) = P(B) - P(A \cap B)$; por el Teorema 2; (2.25)

  En consecuencia:

  $P(A \cup B) - P(A \cap B) = P(A) + P(B) - 2.P(A \cap B)$

- Corolarios del Teorema 2.

  Si $B \subset A$; $P(A \cap \overline{B}) = P(A)\text{-}P(B)$ y $P(A \cap B) = P(B)$;

  Luego $P(A \cap B) = P(A) - P(A \cap B) = P(A) - P(B)$

  Si $A \subset B$; $P(A \cap \overline{B}) = P(\phi) = 0$;

  Luego $P(A \cap B) = P(A) - P(A) = 0$ (2.26)

- Corolario del Teorema 4.
  Sean A, B, C. Entonces, $A \cup B \cup C = (A \cup B) \cup C$;
  $P(A \cup B \cup C) = P(A \cup B) + P(C) - P[(A \cup B) \cap C] =$
  $= P(A) + P(B) - P(A \cap B) + P(C) - [P(A \cap C) - P(B \cap C) - P(A \cap B \cap C)]$
  $= P(A) + P(B) + P(C) - P(A \cap B) - P(A \cap C) - P(B \cap C) + P(A \cap B \cap C)$

  Generalizando, sean $A_1, A_2, A_3, \ldots\ldots A_n$;
  $P(A_1 \cup A_2 \cup A_3 \cup \ldots\ldots \cup A_n) = P(A_1)+P(A_2)+P(A_3)+\ldots +P(A_n)+$
  $- [P(A_1 \cap A_2)+P(A_1 \cap A_3)+P(A_1 \cap A_4)+\ldots\ldots +P(A_i \cap A_j)_{i\neq j}]+$
  $+[P(A_1 \cap A_2 \cap A_3)+ P(A_1 \cap A_2 \cap A_4)+\ldots\ldots + P(A_i \cap A_j \cap A_k)_{i\neq j\neq k}]+$
  $+\ldots\ldots +(-1)^n.[P(A_1 \cap A_2 \cap A_3 \cap \ldots\ldots \cap A_n)]$ (2.27)

  Serán 2^n-1 términos, es decir la suma de los números combinatorios: $C_{n,1}$, $C_{n,2}$, $C_{n,3}, \ldots\ldots C_{n,n-1}$, $C_{n,n}$. Si los eventos A_i son mutuamente excluyentes, todos los términos serán nulos salvo los n primeros.

2.2.3.2. Probabilidad condicional.

- La probabilidad condicional de un evento A dado otro evento B, se define como la probabilidad de que ocurra A dado la ocurrencia de B. Así:

$$P(A/B) = P(A \cap B) / P(B) \tag{2.28}$$

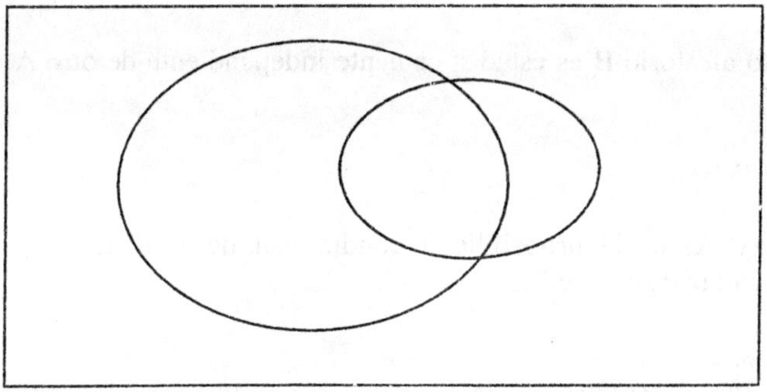

Fig.2.6 - Probabilidad condicional

Para la probabilidad condicional de A dado B el espacio muestral S se reduce a B. Fig.2.6.

- La probabilidad condicional es la medida del área de intersección del conjunto A con el B respecto de B. En términos de frecuencias relativas o número de ocurrencias será:

$$P(A/B)=\frac{N(A\cap B)/N(S)}{N(B)/N(S)}=\frac{N(A\cap B)}{N(B)} \qquad (2.29)$$

Donde N es el número de ocurrencias de los eventos dados.

- Teorema 6.
  Si $A \subset B$, entonces $A \cap B = A$
  $P(B/A) = P(A \cap B) / P(A) = P(A) / P(A) = 1$;
  En consecuencia:
  $P(B/A) = 1$; si $A \subset B$. (2.30)

- Teorema 7.
  Si $B \subset A$, entonces $A \cap B = B$
  $P(B/A) = P(A \cap B) / P(A) = P(B) / P(A)$;
  En consecuencia:
  $P(B/A) = P(B)/P(A)$; si $B \subset A$ (2.31)

2.2.3.3. Independencia estadística.

- Un evento aleatorio B es estadísticamente independiente de otro A, si y sólo si resulta:

  $$P(B/A) = P(B) \qquad (2.32)$$

  Donde P(B/A) es la probabilidad condicional de B dado A y P(B) es la probabilidad marginal de B.

- Teorema 8.
  $P(B/A) = P(A \cap B) / P(B)$; $P(A/B) = P(A \cap B) / P(A)$
  $P(A\cap B) = P(B/A).P(A) = P(B).P(A)$ si B es independiente de A;
  $P(A/B).P(B) = P(A \cap B) = P(A).P(B)$;
  $P(A/B) = P(A)$; entonces A es independiente de B;
  Si A es independiente de B; entonces B es independiente de A. (2.33)

- Si A y B son mutuamente excluyentes; entonces $A \cap B = \phi$

  $P(A \cap B) = 0$; luego $P(A/B) = 0$ y $P(B/A) = 0$
  Como $P(A) \neq 0$ y $P(B) \neq 0$; entonces:
  A y B no son independientes.
  Dos eventos mutuamente excluyentes no son independientes. (2.34)

- Tres eventos A, B, C, son independientes entres si, si y solo si:
  $P(A \cap B) = P(A).P(B)$
  $P(B \cap C) = P(B).P(C)$
  $P(A \cap C) = P(A).P(C)$
  $P(A \cap B \cap C) = P(A).P(B).P(C)$ (2.35)

- Teorema 9.
  $P(A \cap \overline{B}) = P(A) - P(A \cap B)$, por el Teorema 2;
  $P(A \cap B) = P(A).P(B)$, si A y B son independientes;
  $P(A \cap \overline{B}) = P(A) - P(A).P(B) = P(A).[1-P(B)]$;
  Entonces $P(A \cap B) = P(A).P(B)$;
  Si A y B son independientes, entonces A y B también lo son. (2.36)

- Teorema 10.
  $B=(A \cap B) \cup (\overline{A} \cap B)$
  $P(B) = P(A \cap B) + P(\overline{A} \cap B)$, por ser mutuamente excluyentes;
  $P(B) = P(B/A).P(A) + P(B/\overline{A}).P(\overline{A})$. Fig.2.7.
  En consecuencia:
  Si B es un evento aleatorio, entonces para cualquier otro evento aleatorio A resulta: $P(B) = P(B/A).P(A) + P(B/A).P(A)$ (2.37)

- Generalizando la probabilidad condicional para n eventos no independientes, se tiene:

$$P(A_1 \cap A_2 \cap A_3 \cap ....\cap A_n) = P(A_1)+P(A_2/A_1)+P(A_3/A_2 \cap A_1).............$$
$$.............................P(A_n/A_{n-1} \cap A_{n-2} \cap ....\cap A_3 \cap A_2 \cap A_1) \quad (2.38)$$

Si existe independencia estadística entre los eventos A_i se tendrá:

$$P(A_1 \cap A_2 \cap A_3 \cap ...\cap A_n) = P(A_1).P(A_2).P(A_3)...P(A_n) = \prod_{i=1}^{n} P(A_i) \quad (2.39)$$

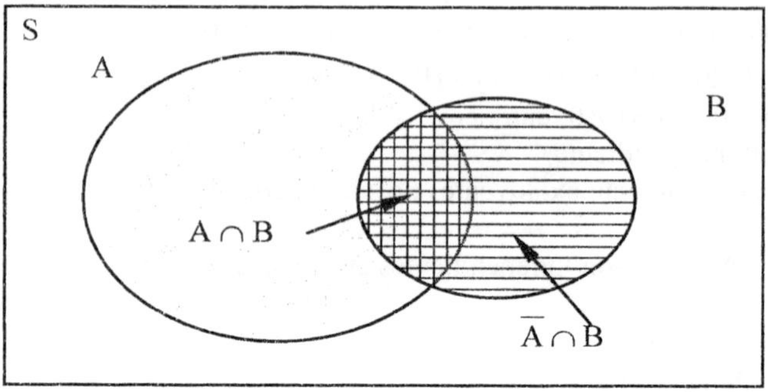

Fig.2.7 - Descomposición de probabilidades

2.2.3.4. Probabilidad total.

- Teorema 11.
  Si el espacio muestral S se divide en A_k conjuntos disjuntos, entonces;

  $B = (A_1 \cap B) \cup (A_2 \cap B) \cup (A_3 \cap B) \cup .... \cup (A_k \cap B)$, luego;

  $P(B) = P(A_1 \cap B) + P(A_2 \cap B) + P(A_3 \cap B) + ... + P(A_k \cap B)$

  $$P(B) = \sum_{i=1}^{k} P(B \cap A_i) = \sum_{i=1}^{k} P(B / A_i).P(A_i)$$. Fig.2.8. (2.40)

2.2.3.5. Teorema de Bayes.

- Teorema 12.
  Sea $C_1, C_2, C_3, ...C_n$, una partición del espacio muestral S y B un evento de ese mismo espacio muestral. Fig.2.9.

  Luego:

  $P(C_i / B) = P(C_i \cap B) / P(B)$; pero:

  $P(B) = \sum_{j=1}^{n} P(B / C_i).P(C_i)$ y $P(C_i \cap B) = P(B / C_i).P(C_i)$;

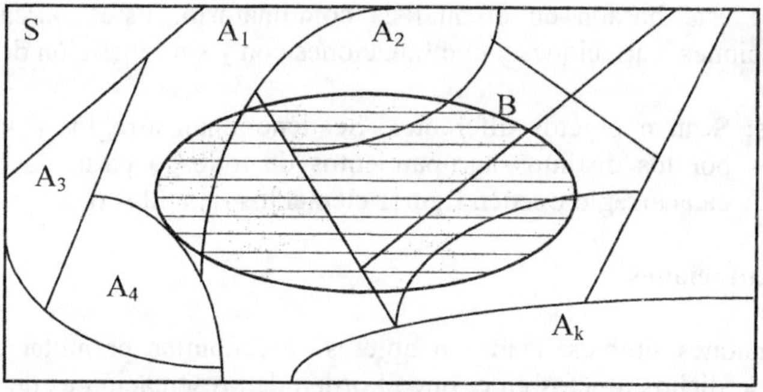

Fig.2.8 - Probabilidad total

En consecuencia:

$$P(C_i / B) = \frac{P(B / C_i).P(C_i)}{\sum_{j=1}^{n} P(B / C_j).P(C_j)} \tag{2.41}$$

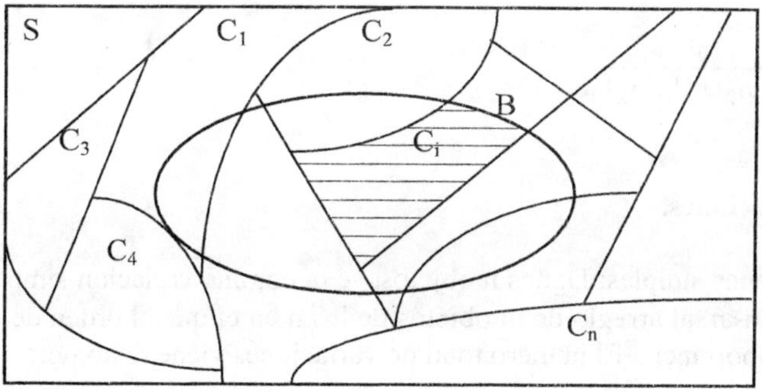

Fig.2.9 - Teorema de Bayes

2.3. Análisis combinatorio.

2.3.1. Definiciones.

- La definición clásica de probabilidad debida a Laplace (número de casos favorables a un determinado evento dividido el número de casos totales posibles) está basada en el análisis combinatorio. Este abarca cálculo de permutaciones, variaciones y combinaciones con y sin repetición de elementos.

- Arreglos: Sean n objetos diferentes. Se denominan arreglos a los conjuntos definidos por los distintos agrupamientos de todos o parte de esos objetos. Dentro de cada arreglo pueden figurar elementos repetidos o no.

2.3.2. Permutaciones.

- Permutaciones simples: Dados n objetos se denomina permutación simple al arreglo de dichos objetos en el que el orden de presentación es de importancia. El número total de permutaciones viene dado por:

$$P_n = n! = n.(n-1).(n-2).(n-3)......................3.2.1 \qquad (2.42)$$

- Permutaciones con repetición: Sean n objetos diferentes, entonces, de acuerdo a la definición clásica de permutación simple, se tiene: $P_n = n!$ Si existen n_1 objetos iguales, n_2 objetos iguales y así hasta n_k objetos iguales, tal que: $n_1 + n_2 + n_3 + ... + n_k = n$. Entones las permutaciones con repetición serán:

$$P'_n = \frac{n!}{n_1!.n_2!.n_3!....n_k!} \qquad (2.43)$$

2.3.3. Variaciones.

- Variaciones simples: Dados n objetos, se denomina variación simple de medida m, con m<n, al arreglo de m objetos de los n en el que el orden de presentación es de importancia. El número total de variaciones viene dado por:

$$V_{n,m} = \frac{n!}{(n-m)!} \qquad (2.44)$$

En el caso que m=n, resultará (n-m)! = 0! = 1, con lo que las variaciones coincidirán numéricamente con las permutaciones, es decir:

$$V_{n,m} = \frac{n!}{(m-m)!} = P_n = n! \qquad (2.45)$$

- Variaciones con repetición: Si se supone que cada objeto pueda figurar cualquier número de veces en una misma variación, entonces además de las variaciones $V_{n,m}$ definidas anteriormente, aparecerán muchas otras. Así:

$$V'_{n,m} = n^m \qquad (2.46)$$

2.3.4. Combinaciones.

- Combinaciones simples: Dados n objetos, se denomina combinación de medida m<n, al arreglo de m objetos de los n, en el que el orden de presentación no es de importancia. El número total de combinaciones viene dado por:

$$C_{n,m} = \binom{n}{m} \qquad (2.47)$$

El valor numérico del número combinatorio $\binom{n}{m}$ es $\frac{n!}{(n-m)!.m!}$

Se ve claro que existe una relación entre combinaciones, variaciones y permutaciones dada por:

$$V_{n,m} = C_{n,m}.P_m \qquad (2.48)$$

- Combinaciones con repetición : De la misma manera que cuando se trato de las variaciones con repetición, si dentro de los m objetos seleccionados en las combinaciones existen elementos repetidos, se estará en presencia de las combinaciones con repetición, cuyo número viene dado por :

$$C'_{n,m} = C'_{n,m} = \binom{m+n-1}{n} = \frac{(m+n-1)!}{(n-1)!.m!} \qquad (2.49)$$

2.4. Ejemplos de aplicación.

2.4.1. Ejemplo 1.

Un sistema de instrumentación se compone de tres cadenas de medición en lógica dos de tres. Esto es que dos de las tres cadenas de medición son necesarias para operar correctamente. *¿De cuantas maneras operará el sistema libre de fallas?.*

- Una cadena de medición cualquiera puede operar libre de fallas o fallar. Sea, entonces;

  $\{S_i\}$ = condición operativa de la cadena i
  $\{F_i\}$ = condición de falla de la cadena i

- Existirán $2^3 = 8$ posibles tuplas de condiciones correspondientes a las combinaciones de estados operativos y de falla para las tres cadenas de medición. Fig.2.10.

- Entonces, los estados posibles son $V'_{2,3} = 2^3 = 8$

  $\{S_1 \cap S_2 \cap S_3\}$; $\{S_1 \cap S_2 \cap F_3\}$; $\{S_1 \cap F_2 \cap F_3\}$; $\{F_1 \cap F_2 \cap F_3\}$
  $\{F_1 \cap F_2 \cap S_3\}$; $\{F_1 \cap S_2 \cap S_3\}$; $\{S_1 \cap F_2 \cap S_3\}$; $\{F_1 \cap S_2 \cap F_3\}$

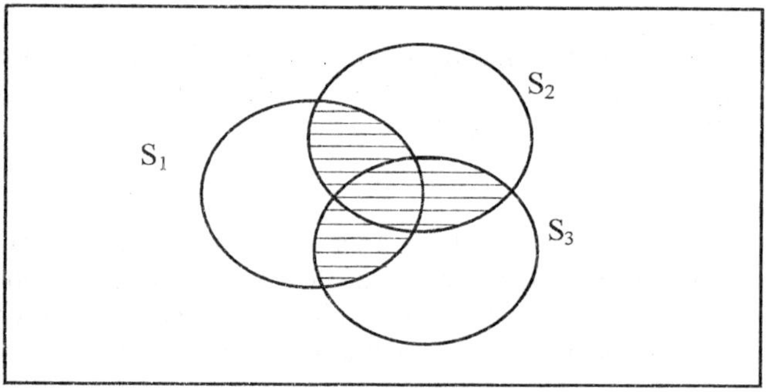

Fig.2.10 - Sistema dos de tres

- Las maneras de no fallar, es decir los estados operativos de las cadenas serán las tuplas que posean dos o más cadenas operativas. Así :

  $\{S_1 \cap S_2 \cap S_3\}$; $\{S_1 \cap S_2 \cap F_3\}$; $\{F_1 \cap S_2 \cap S_3\}$; $\{S_1 \cap F_2 \cap S_3\}$

- Entonces 4 de las 8 tuplas corresponden al estado operativo del sistema de instrumentación.

2.4.2. Ejemplo 2.

Una caja contiene 10 resistores buenos y 3 fallados. Personal de mantenimiento selecciona al azar dos resistores para realizar una reparación en un circuito con fallas. *¿Cuál será la probabilidad de encontrar al menos un resistor fallado?.*

- Existe equiprobabilidad en la selección de cada resistor. Fig.2.11. Sea entonces;

{1F} = evento extraer un solo resistor fallado de dos.
{2F} = evento extraer dos resistores fallados de dos.

$P[\{1F\} \cup \{2F\}] = P\{1F\} + P\{2F\}$; por disjuntos.

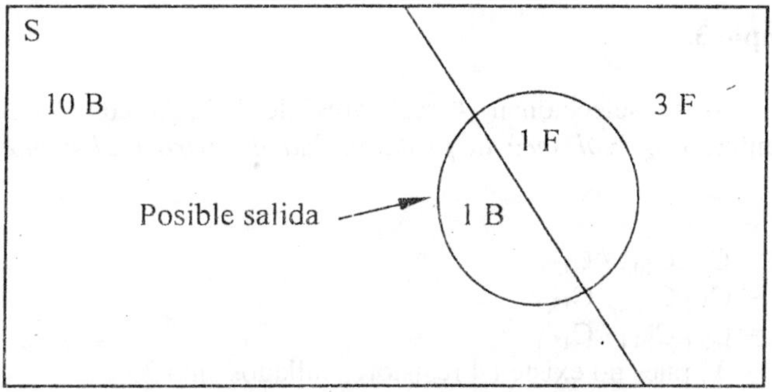

Fig.2.11 - Total de resistores

- El total de salida posibles del experimento esta dada por la cantidad de diversas formas de extraer 2 resistores de 13 :

$$C_{13,2} = \binom{13}{2}$$

- Salidas favorables al evento {1F} son las diversas formas de extraer 1 resistor fallado por las diversas formas de extraer 1 resistor bueno de 13. Así :

$$C_{3,1}.C_{10,1} = \binom{3}{1}.\binom{10}{1}$$

- Salidas favorables al evento {2F} son las diversas formas de extraer dos resistores fallados de 3 fallados:

$$C_{3,2} = \binom{3}{2}$$

- Entonces:

$P\{1F\} = C_{3,1}.C_{10,1} / C_{13,2} = 0,38$
$P\{2F\} = C_{3,2} / C_{13,2} = 0,04$
$P[\{1F\} \cup \{2F\}] = P\{1F\} + P\{2F\} = 0,38 + 0,04 = 0,42$

2.4.3. Ejemplo 3.

Si se seleccionan 4 resistores de la caja con 10 resistores del problema anterior. *¿Cuál será la probabilidad de extraer al menos un resistor fallado?*.

- $P\{1F\} = C_{3,1}.C_{10,3} / C_{13,4}$
  $P\{2F\} = C_{3,2}.C_{10,2} / C_{13,4}$
  $P\{3F\} = C_{3,3}.C_{10,1} / C_{13,4}$
  $P\{4F\} = 0$; pues no existen 4 resistores fallados sino 3.

- La probabilidad buscada es:

$P[\{1F\} \cup \{2F\} \cup \{3F\} \cup \{4F\}] = P\{1F\} + P\{2F\} + P\{3F\} + P\{4F\}] = 0,71$

- De otra forma; la probabilidad de extraer al menos 1 resistor fallado es el complemento de la de extraer ninguno fallado (los 4 buenos).
  Así:

$1 - P\{0F\} = 1 - P\{4B\} = 1 - C_{10,4} / C_{13,4} = 1 - 0,29 = 0,71$

- Entonces $P[\{1F\} \cup \{2F\} \cup \{3F\} \cup \{4F\}] = 1 - P\{4B\}$

2.4.4. Ejemplo 4.

Sea un sistema de instrumentación que detecta condiciones de inseguridad en una planta. Fig.2.12. La indisponibilidad de un sistema (complemento a uno de la disponibilidad) se define como la probabilidad de que ese sistema no funcione correctamente cuando es demandado para hacerlo. La confiabilidad en la detección de esas condiciones depende del estado de una serie de parámetros en el momento de producirse esa condición de inseguridad. Estos estados son 4 y el tiempo estimado de permanencia en ellos en por ciento del total (%) es conocido. Asimismo también son conocidas las probabilidades de que esas condiciones de inseguridad no sean detectadas por la instrumentación. Fig.2.13. *¿Cuál será la indisponibilidad de ese sistema de instrumentación?.*

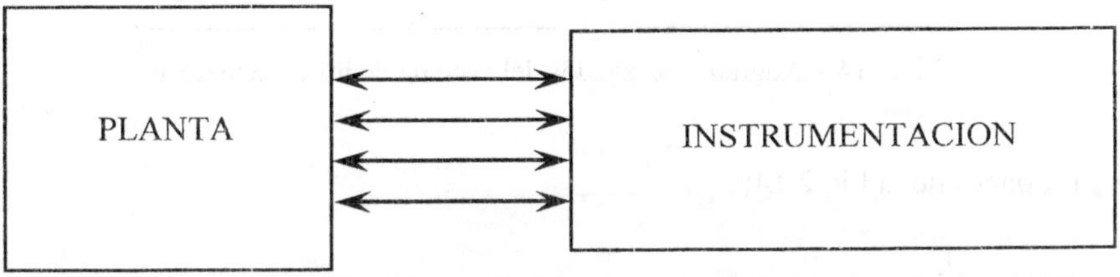

Fig.2.12 - Diagrama del sistema de instrumentación

Estado de Sistema	Tiempo de permanencia en ese estado (%)	Probabilidad de no detección en ese estado
S_1	10	0,1
S_2	20	0,01
S_3	50	0,001
S_4	20	0,05

Fig.2.13 - Características de los estados del sistema de instrumentación

- $\{A\}$ = El sistema no funciona ante la demanda.
  $\{S_i\}$ = El sistema esta en el estado i.
  $P\{S_i\}$ = Probabilidad de que el sistema se encuentre en el estado i.
  $P\{A/S_i\}$ = Probabilidad de no detección cuando se lo demanda, dado que el sistema se encuentra en el estado i.

$P\{A \cap S_i\}$ = Probabilidad de no detección cuando se lo demanda estando el sistema en el estado i.

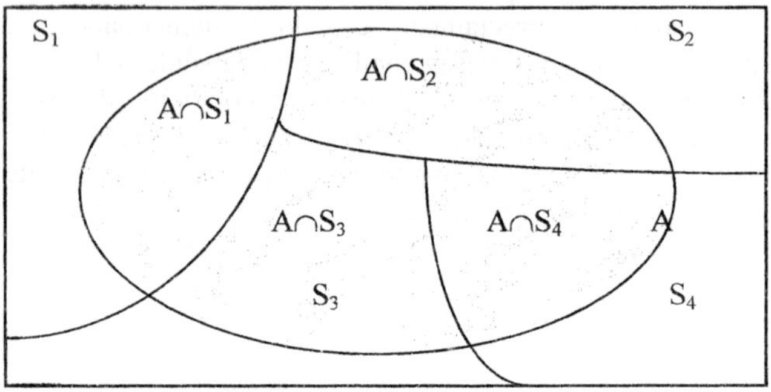

Fig.2.14 - Diagrama de estados del sistema de instrumentación

- Entonces de la Fig.2.14;

$$P\{A\} = \sum_{i=1}^{4} P\{A / S_i\}.P\{S_i\} = 0{,}1.0{,}1 + 0{,}2.0{,}01 + 0{,}05.0{,}001 + 0{,}2.0{,}050 = 0{,}0325$$

2.4.5. Ejemplo 5.

Un sistema de alarma es diseñado para detectar la presencia de intrusos, es decir de personal no autorizado en ciertas zonas restringidas. El sistema detecta el 95 % de las veces que hay intrusos. La probabilidad de que se produzca una falsa alarma es de 0,1. Considerando que después de producirse una alarma falsa o no, ésta pone en alerta al personal de seguridad a los fines de que tome conocimiento, *¿Cuál es la probabilidad de que una persona no autorizada sa haya introducido en el área restringida, si se esperan intrusos con una probabilidad e 0,001?.*

- $\{C_1\}$ = Presencia de intrusos.
  $\{C_2\}$ = Ausencia de intrusos.
  $\{B\}$ = Funcionamiento de la alarma.

- $P\{C_1\} = 0{,}001$
  $P\{C_2\} = 1 - P\{C_1\} = 1 - 0{,}001 = 0{,}999$
  $P\{B/C_1\} = 0{,}95$
  $P\{B/C_2\} = 0{,}1$

- Luego de la Fig.2.15;

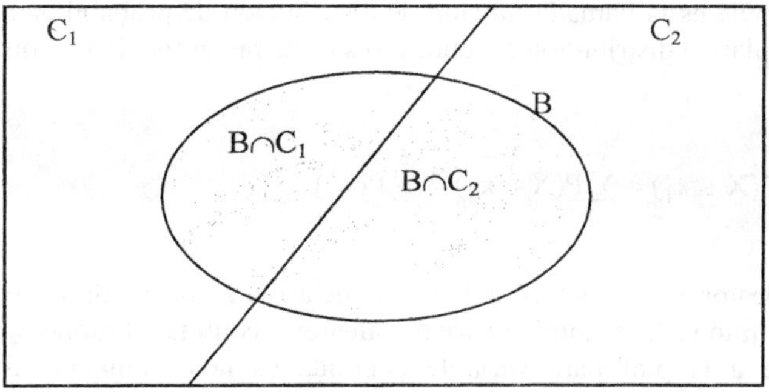

Fig.2.15 - Diagrama de estados del sistema de alarmas

$$P\{C_1/B\} = \frac{P\{B/C_1\}.P\{C_1\}}{P\{B/C1\}.P\{C1\} + P\{B/C2\}.P\{C2\}} = \frac{0{,}95.0{,}001}{0{,}95.0{,}001 + 0{,}1.0{,}999} = 0{,}095$$

2.5. Variable aleatoria.

2.5.1. Definiciones.

- Si se asocia cada evento A_i del espacio muestral S a un valor numérico real, queda definida una aplicación del espacio muestral S sobre el conjunto de números reales.

- A la variable X asociada a ese experimento, cuando el espacio muestral de éste es aplicado sobre el conjunto de los números reales se le llama variable aleatoria.

- El experimento queda totalmente descrito mediante las probabilidades asociadas a los valores que toma la variable X, $P(X=x_i)$.

- Variable aleatoria discreta: Si la variable aleatoria X toma valores reales en un número finito se la denomina variable aleatoria discreta. Entonces :

$$P(X=x_i) = P(x_i) \tag{2.50}$$

$P(x_i)$ se denomina función de masa de probabilidad, pmf (Del inglés probability mass function) o simplemente función de probabilidad. Otra función de importancia es la llamada función de distribución de probabilidad, Cdf (Del inglés cumulative distribution function), o simplemente función de distribución. Así:

$$F^X(x_i) = P(X \leq x_i) = \sum_{j=1}^{i} P(X = x_j) = \sum_{j=1}^{i} P(x_j) \tag{2.51}$$

- Variable aleatoria continua: Si la variable aleatoria X toma valores reales en un número infinito se la denomina variable aleatoria continua. Entonces la función equivalente a la pmf para variable continua es la denominada función de densidad de probabilidad pdf (Del inglés probability density function). Así:

$$f^X(x) \tag{2.52}$$

La función de distribución de probabilidad Cdf para variable aleatoria continua surge de considerar el intervalo entre dos valores que toma la variable aleatoria discreta como diferencial, haciendo tender luego este diferencial a cero la sumatoria de la Cdf discreta se convierte en integral. Así:

$$F^X(x) = \int_{-\infty}^{x} f^X(x).dx \tag{2.53}$$

La relación entre la Cdf y la pdf continuas es entonces del tipo:

$$\frac{\partial F^X(x)}{\partial x} = f^X(x) \tag{2.54}$$

- Las funciones pmf y pdf son de características completamente distintas:

$$P(X=x) = \lim_{\Delta X \to 0}.[P(x<X<x+\Delta x)\} = \lim_{\Delta X \to 0}.[F^X(x+\Delta x)-F^X(x)] = 0 \tag{2.55}$$

Entonces la pmf es idénticamente nula para variable continua. Es decir la pdf es realmente una función de densidad y como cualquier otra función de densidad tiene sólo valor numérico cuando se integra en un determinado intervalo. Dos características importantes de las funciones dadas son:

$P(X=x) \geq 0$; $f^X(x) \geq 0$
$F^X(x)$ es no decreciente.

- Ejemplo 1.

Sea un experimento aleatorio en el cual se observan tiempos hasta la falla de un componente simple. Cuando el componente falla, se repara y se coloca el tiempo en cero, comenzándose nuevamente el conteo del tiempo. Se anota el tiempo hasta la falla y se continúa la experiencia, de acuerdo a la Fig.2.16.

Asumiendo que la reparación no altere el componente y que demore un lapso de tiempo despreciable, se tiene que en cada instante el estado correspondiente a la finalización de la reparación coincide con el estado operativo inicial. Este esquema se denomina "tan bueno como nuevo", pues el componente luego de reparado se encuentra tan bueno como nuevo.

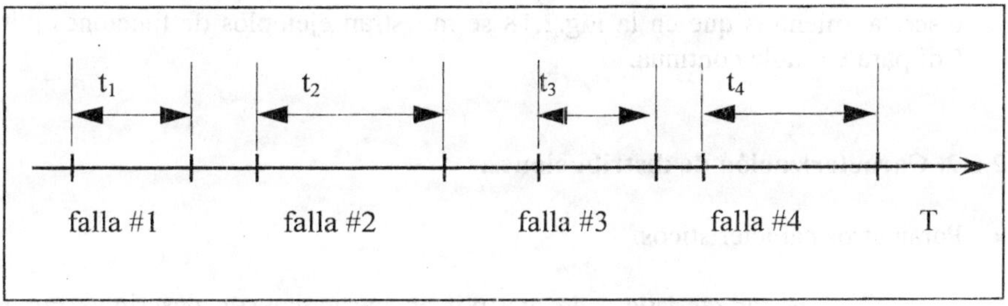

Fig.2.16 - Diagrama de tiempos hasta la falla

La variable aleatoria de interés es T, tiempo hasta la falla desde la última reparación. Sea t un valor específico de T. La Cdf para cualquier t da la probabilidad de que el tiempo hasta la falla sea igual o menor que t:

$F^T(t) = P(T \leq t)$

- Ejemplo 2.

Sea el experimento aleatorio siguiente: Tomar mediciones repetidas sobre un determinado ítem. La variable aleatoria X representa una salida específica del experimento y x_i una bien determinada medición.
La Cdf $F^X(x) = P(X \leq x)$ es la probabilidad de que el valor de la medición sea menor o igual a un cierto x. Es posible estimar valores de esta Cdf de:

$$F^X(xi)\,\Big|_{estimada} = \frac{n_i}{n}$$

Donde:

n = número de mediciones total.
n_i = número de mediciones en las que X toma valores menores o iguales que x.

A medida que n crece la Cdf estimada se aproximará cada vez más al verdadero valor de la Cdf real. Prácticamente la Cdf puede ser determinada por consideraciones solo teóricas o estimada empíricamente, repitiendo el experimento varias veces, como en el ejemplo anterior.

- En la Fig.2.17 se observan ejemplos de funciones pmf y Cdf para variable discreta, mientras que en la Fig.2.18 se muestran ejemplos de funciones pdf y Cdf para variable continua.

2.5.2. Caracterización de distribuciones.

- Parámetros característicos.

Las características de una pdf en particular son descriptas por los parámetros de la misma. Se tratará sólo el caso de variable continua y cuando realmente existan diferencias entre los casos discreto y continuo se pondrá en evidencia sus implicancias. Una variedad de parámetros sirven para posicionar la distribución sobre el eje de abscisas es decir sobre el eje X correspondiente a la variable aleatoria. Estos reciben el nombre de parámetros de posición o localización.

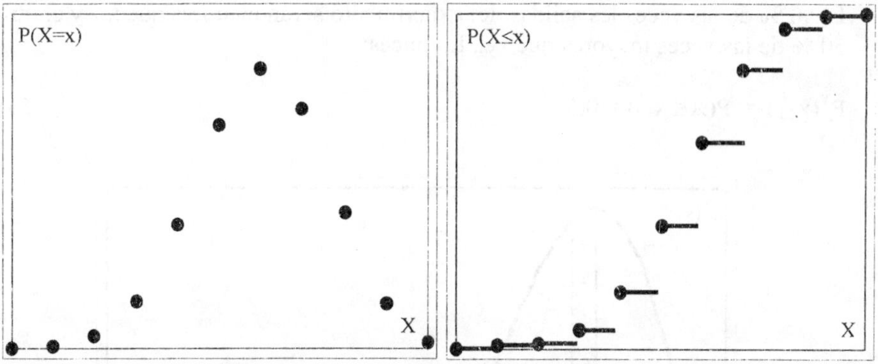

Fig.2.17 - Funciones pmf y Cdf para variable discreta

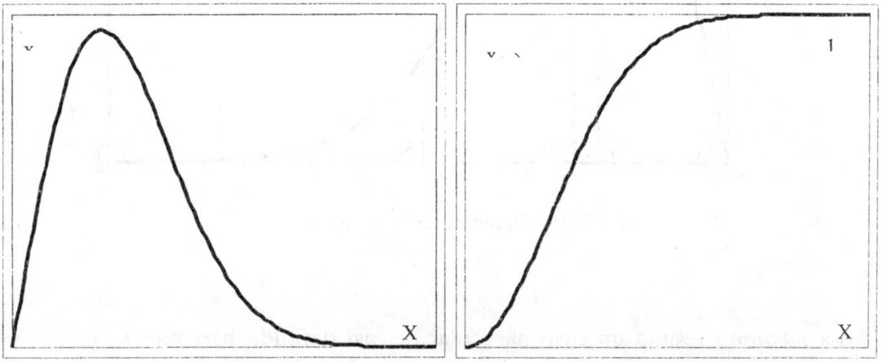

Fig.2.18 - Funciones pdf y Cdf para variable continua

El más común es el denominado *media estadística*. Otro muy utilizado es la *mediana*, que divide el área bajo la curva de la pdf en dos partes iguales. La *moda*, que localiza el pico de la pdf es otro parámetro muy utilizado, es especial cuando se trata de pdf unimodales, es decir con un solo pico.
Cuando la variable aleatoria tiene un rango limitado, el valor promedio entre el más alto y el más bajo de la misma se denomina *rango medio*. En la Fig.2.19 se muestra un ejemplo donde se indican los parámetros de localización citados.
La *mediana* se indica con x_{50}.

El 50 % de las veces las salidas del experimento serán menores que x_{50} y el otro 50 % de las veces mayores que x_{50}. Entonces:

$$F^{X}(x_{50}) = P(X \leq x_{50}) = 0{,}5 \quad (2.56)$$

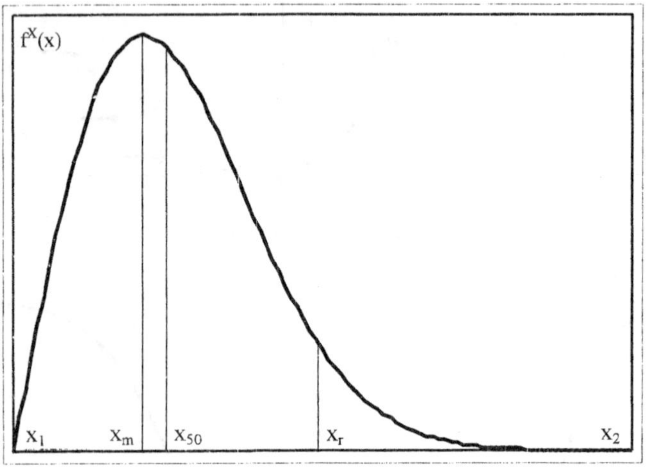

Fig.2.19 - Parámetros de posición

La *mediana* resulta un caso particular del así definido *percentil* x_α que es el valor de la salida del experimento con una probabilidad de ocurrencia igual a α, en donde x_α es tal que $P(X \leq x_\alpha) = \alpha$.
Así el percentil 90 % será tal que $P(X \leq x_{90})=0{,}9$ y el 90 % de las veces el valor de la salida del experimento será menor o igual que x_{90}. La *moda* se indica con x_m y es el valor de salida del experimento con mayor probabilidad de ocurrencia.

El *rango medio* se indica con x_r y se evalúa como:

$$x_r = (x_2 + x_1)/2 \quad (2.57)$$

La media estadística se indica con $\overline{X}$ y se la denomina también simplemente media o valor esperado y se trata de la esperanza matemática de la variable aleatoria asociada al experimento, como se verá más adelante.
En el caso de distribuciones simétricas, media, mediana y moda coinciden, no así cuando se trata de distribuciones asimétricas como la de la Fig.2.20.
Cuando se trata de asimetría positiva resulta $x<x_{50}<x_m$, y si se trata de asimetría negativa, resulta $x_m<x_{50}<x$.

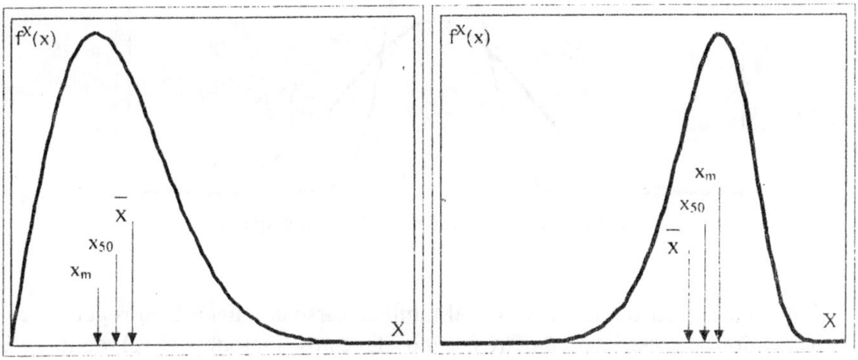

Fig.2.20 - Distribuciones asimétricas

En la Fig.2.21 se observan dos distribuciones con el mismo valor de media, mediana y moda.
Existen, sin embargo, diferencias sustanciales entre ambas. Los valores que toma la variable aleatoria se encuentran más dispersos en la curva $f^X{}_2(x)$ que en la $f^X{}_1(x)$ alrededor del valor medio $\overline{X}$.
El más familiar de estos parámetros de dispersión es la denominada *varianza* y su raíz cuadrada, el *desvío estándar* que se indica con la letra griega σ.
Otros parámetros también utilizados como medida de la dispersión son el *valor cuadrático medio* y el *rango* entre el límite inferior y superior de la distribución.
La *varianza* será tratada en el apartado siguiente.
Existen otros parámetros que permiten completar la caracterización de distribuciones, sin embargo los vistos son los mas conocidos y útiles.

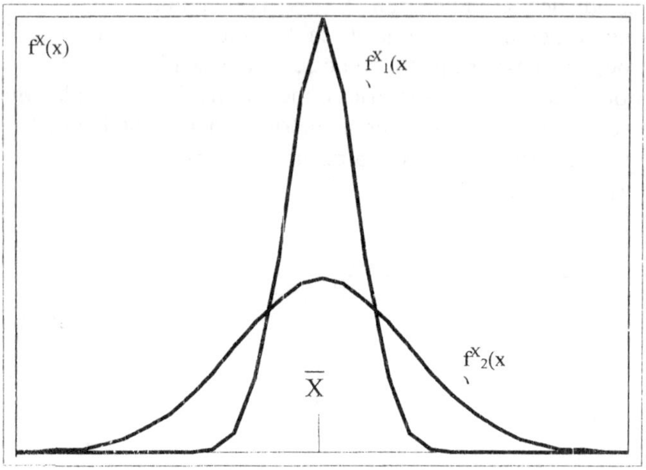

Fig.2.21 - Distribuciones de distinta dispersión

Conocida la distribución es esencial familiarizarse con los métodos generales de evaluación de estos parámetros. Uno de estos métodos es el denominado método de los momentos de las distribuciones. Los momentos pueden ser evaluados respecto de cualquier punto del eje real, de todos modos para el presente análisis sólo se estudiarán los momentos respecto del origen de coordenadas y respecto de la media.

- Momentos respecto del origen de coordenadas.

El momento respecto al origen de coordenadas también se denomina momento de primer orden y de define como:

$$E(X) = \mu_1 = \int_{-\infty}^{+\infty} x.f^X(x).dx \qquad (2.58)$$

μ_1 se llama *esperanza matemática* de la variable aleatoria X o valor esperado. El momento de segundo orden respecto del origen de coordenadas será:

$$E(X^2) = \mu_2 = \int_{-\infty}^{+\infty} x^2.f^X(x).dx \qquad (2.59)$$

En general el momento enésimo respecto del origen de coordenadas se define como:

$$E(X^n) = \mu_n = \int_{-\infty}^{+\infty} x^n . f^X(x).dx \qquad (2.60)$$

El valor μ_1 se denomina μ generalmente, valor medio de la variable aleatoria X. En forma equivalente, dada una variable aleatoria con una $f^X(x)$ y una función continua Y= G(X), el valor esperado de G(X) será:

$$E(Y) = E[G(X)] = \int_{-\infty}^{+\infty} G(x).f^X(x).dx \qquad (2.61)$$

- Momentos respecto de la media.
  El momento de primer orden respecto de la media μ será:

$$\mu_1' = \int_{-\infty}^{+\infty} (x-\mu).f^x(x).dx \qquad (2.62)$$

Como constantemente es igual a cero, no resulta de gran utilidad.
El momento de segundo orden es la llamada varianza y es la esperanza matemática de $(x\text{-}\mu)^2$.

$$Var(X) = \sigma^2 = \mu_2' = \int_{-\infty}^{+\infty} (x-\mu)^2 .f^x(x).dx \qquad (2.63)$$

En general el momento de orden enésimo respecto de la media está definido por:

$$\mu_n' = \int_{-\infty}^{+\infty} (x-\mu)^n .f^x(x).dx \qquad (2.64)$$

Existe una relación entre la esperanza matemática de una variable aleatoria y su varianza que es muy utilizada, a saber:

$$Var(X) = \sigma^2 = \mu_2{'} = \int_{-\infty}^{+\infty}(x-\mu)^2.f^x(x).dx = \int_{-\infty}^{+\infty}(x^2 - 2.x.\mu + \mu^2).f^x(x).dx =$$

$$= \int_{-\infty}^{+\infty} x^2.f^x(x).dx - \int_{-\infty}^{+\infty} 2.x.\mu.f^x(x).dx + \int_{-\infty}^{+\infty} \mu^2.f^x(x).dx = \mu_2 - 2.\mu^2 + \mu^2 = \mu_2 - \mu^2$$

Luego:

$$E[(x-\mu)^2] = E(x^2) - [E(x)]^2 = Var(x) = \sigma^2 \qquad (2.65)$$

- Momentos para distribuciones de variable discreta.

En el caso de tratarse de variable discreta, el momento de primer orden respecto del origen de coordenadas será:

$$E(X) = \mu_1 = \mu = \sum_{i}^{\infty} x_i.P(x_i) \qquad (2.66)$$

Donde $P(x_i)$ es la probabilidad asociada al valor x_i. Una expresión comúnmente utilizada para encontrar el valor medio es la siguiente:

$$\mu = \overline{X} = \frac{1}{n}.\sum_{i=1}^{n} x_i \qquad (2.67)$$

Esta expresión es un caso particular derivado de la expresión general y se puede utilizar cuando existe equiprobabilidad entre los distintos valores de salidas del experimento aleatorio, es decir, cuando cada uno de estos valores tiene el mismo peso y $P(x_i) = 1/n$. Por ejemplo, en el caso de un simple dado, se tiene:

$\mu = [1/6].[1+2+3+4+5+6] = 3,5$

El valor esperado es 3,5. Dejando de lado el hecho de que este valor es imposible en el dado prácticamente.
Si la variable es discreta, el momento de segundo orden respecto de la media, es decir la varianza, viene dado por:

$$Var(X) = \sigma^2 = \mu_2{'} = \sum_{i=1}^{n}(x_i - \mu)^2.P(x_i) \qquad (2.68)$$

En el caso particular de que exista equiprobabilidad de salidas del experimento aleatorio se tendrá $P(x_i) = 1/n$. Luego:

$$Var(X) = \sigma^2 = \mu_2' = \frac{1}{n}.\sum_{i=1}^{n}(x_i - \mu)^2.P(x_i) \tag{2.69}$$

- Ejemplos de utilización de momentos.

Como ejemplo de la utilización de momentos de distribuciones, sea una pdf uniforme como la de la Fig.2.22. El área bajo la pdf será:

$$\int_a^b f^X(x).dx = f_0.\int_a^b dx = 1; \text{ luego } f_0 = 1/(b-a)$$

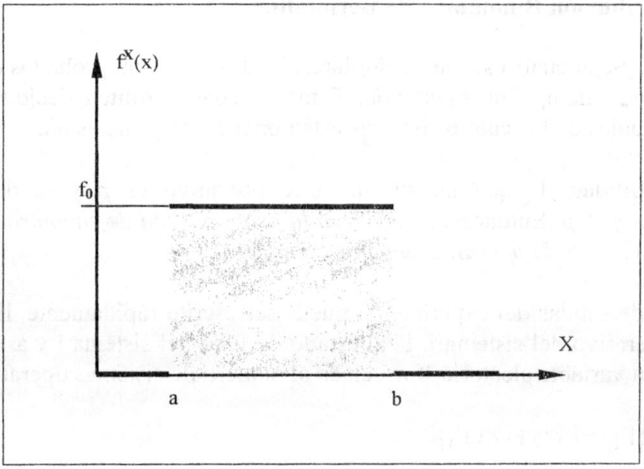

Fig.2.22 - Distribución uniforme

La media o esperanza matemática será:

$$\mu = E(X) = \int_a^b x.f^X(x).dx = \frac{1}{(b-a)}.\int_a^b x.dx = \frac{1}{(b-a)}.\frac{x^2}{2}\Big|_a^b = \frac{a+b}{2}$$

La varianza será:

$\sigma^2 = \text{Var}(x) = E(x^2) - [E(x)]^2$

Ahora bien:

$$E(X^2) = \int_a^b x^2.f^X(x).dx = \frac{1}{(b-a)}.\int_a^b x^2.dx = \frac{1}{(b-a)}.\frac{x^3}{3}\Bigg|_a^b = \frac{b^3+a^3}{3.(b-a)}$$

Entonces:

$\sigma^2 = \text{Var}(x) = E(x^2) - [E(x)]^2 = [(b^3-a^3)/3(b-a)] - [(a+b)/2] = (b-a)^2/12$

2.5.3. Funciones de distribución de variable discreta características.

2.5.3.1. Distribución Binomial o de Bernoulli.

Sean cuatro sistemas similares. Todos ellos son probados después de un determinado tiempo de operación. Estas pruebas permiten decidir en forma inequívoca cuales de los cuatro sistemas están operativos y cuales no.

Si la probabilidad de que un sistema esté operativo es *p* y la de falla, su complemento $q=1-p$. Entonces: *¿Cuál será la probabilidad de encontrar 0, 1, 2, 3, 4 sistemas en el estado operativo en cuatro pruebas?*

El conjunto de salidas del experimento puede ser escrito rápidamente, llamando S_i al estado operativo del sistema i, F_i al estado de falla del sistema i y asignando un valor real a la variable aleatoria X asociada al número de sistemas operativos :

$X=0$; $\{F_1 \cap F_2 \cap F_3 \cap F_4\}$

$X=1$; $\{F_1 \cap F_2 \cap F_3 \cap S_4\} \cup \{F_1 \cap F_2 \cap S_3 \cap F_4\} \cup \{F_1 \cap S_2 \cap F_3 \cap F_4\} \cup \{S_1 \cap F_2 \cap F_3 \cap F_4\}$

$X=2$; $\{S_1 \cap S_2 \cap F_3 \cap F_4\} \cup \{S_1 \cap F_2 \cap S_3 \cap F_4\} \cup \{S_1 \cap F_2 \cap S_3 \cap S_4\} \cup \{F_1 \cap S_2 \cap S_3 \cap F_4\} \cup \{F_1 \cap S_2 \cap F_3 \cap S_4\} \cup \{F_1 \cap F_2 \cap S_3 \cap S_4\}$

$X=3$; $\{S_1 \cap S_2 \cap S_3 \cap F_4\} \cup \{S_1 \cap S_2 \cap F_3 \cap S_4\} \cup \{S_1 \cap F_2 \cap S_3 \cap S_4\} \cup \{F_1 \cap S_2 \cap S_3 \cap S_4\}$

$X=4$; $\{S_1 \cap S_2 \cap S_3 \cap S_4\}$

El evento $\{S_1 \cap F_2 \cap S_3 \cap S_4\}$ por ejemplo significará que la primera y la tercera prueba arrojan un resultado satisfactorio, mientras que la segunda y la cuarta no. La probabilidad de esta salida particular será:

$$p.(1-p).p.(1-p) = p^2.(1-p)^2$$

Nótese que, en 4 pruebas, es posible encontrar 4 sistemas operativos en una sola forma o disposición (X=4), 3 sistemas operativos en cuatro formas (X=3), 2 sistemas operativos en seis formas (X=2), 1 sistema operativo en cuatro formas diferentes (X=1) y ningún sistema operativo en una sola forma (X=0).
En general para n pruebas, el número de formas de encontrar x sistemas operativos es:

$$C_{n,x} = \binom{n}{x} = \frac{n!}{x!.(n-x)!}$$

Nótese que existen en total $2^4 = 16$ salidas posibles. Si existen n pruebas y cada una de ellas tiene dos únicos resultados posibles "éxito o fracaso", existirán 2^n posibles salidas del experimento.
Los resultados obtenidos pueden ser clasificados de acuerdo al cuadro de la Fig.2.23.

Número de Sistemas Operativos	Número de formas	Probabilidad
X=0	1	$1.p^0.(1-p)^4$
X=1	4	$4.p^1.(1-p)^3$
X=2	6	$6.p^2.(1-p)^2$
X=3	4	$4.p^3.(1-p)^1$
X=4	1	$1.p^4.(1-p)^0$

Fig.2.23 - Clasificación de los resultados del experimento

Así; $4.p^3.(1-p)^1$ es la probabilidad de encontrar exactamente 3 sistemas operativos de cuatro pruebas. 3 sistemas operativos, en cuatro pruebas pueden encontrarse de cuatro formas diferentes. La probabilidad de encontrar 3 sistemas operativos es p^3 y la probabilidad de encontrar un sistema fallado es (1-p), por lo que la probabilidad total será; $4.p^3.(1-p)^1$, pues son cuatro las formas de darse esta experiencia. Las expresiones de la última columna del cuadro de la Fig.2.23 que lleva el título de Probabilidad representan los términos individuales de la distribución Binomial o de Bernoulli. En general se tendrá:

$$b(n,x,p)=\binom{n}{x}.p^{x}.(1-p)^{n-x} \tag{2.70}$$

Esta expresión es la probabilidad de tener x éxitos en n pruebas. b(n,x,p) es la pmf binomial. Sumando los términos b(n,x,p) hasta un x predeterminado, se tendrá la probabilidad de tener a lo sumo x éxitos en n pruebas. Así:

$$B(n,x,p)=\sum_{i=0}^{x}p^{i}.(1-p)^{n-i}=\sum_{i=0}^{x}b(n,i,p) \tag{2.71}$$

B(n,x,p) es la Cdf Binomial. Sumando los términos b(n,x,p) desde un x predeterminado en adelante se tendrá la posibilidad de tener como mínimo x éxitos en n pruebas:

$$\sum_{i=x}^{n}p^{i}.(1-p)^{n-i}=\sum_{i=x}^{n}b(n,i,p)=1-B(n,x-1,p)=1-\sum_{i=0}^{x-1}p^{i}.(1-p)^{n-i}$$

Entonces la probabilidad de tener al menos dos éxitos en cuatro pruebas es:

$$1-B(4,2,p)=6.p^2.(1-p)^2+4.p^3.(1-p)+p^4$$

El valor medio y la varianza de la distribución binomial son respectivamente:

$$\mu=n.p \tag{2.72}$$

$$\sigma^2=n.p.(1-p) \tag{2.73}$$

En el desarrollo se han hecho, en realidad, una serie de hipótesis tácitas, a saber:

- Cada prueba tiene dos posibles salidas. Se han denominado operativo y falla, sin embargo podrían haberse llamado de otro modo como éxito o fracaso, defectuoso y no defectuoso.
- Existen exactamente n pruebas aleatorias y n está completamente definido.
- Todas la n pruebas son estadísticamente independientes.
- La probabilidad de éxito de cualquiera de las pruebas es p y permanece sensiblemente constante a través de toda la secuencia de pruebas.

Si estas hipótesis no se cumplen, entonces la utilización de la distribución Binomial será cuestionable, a menos que sea investigado el efecto de dicha violación. Toda distribución de probabilidad está caracterizada por una serie de hipótesis y restricciones, de modo que su utilización implica el conocimiento profundo de las mismas. En lo que sigue se estudiarán estos puntos con más detenimiento.

2.5.3.2. Distribución Multinomial.

En ciertos métodos de prueba de equipos existen tres distintas decisiones a tomar, o se aceptan, o se rechazan o se continúan ensayando. En este caso cada experimento individual tendrá tres salidas posibles. Si se está seleccionando de un conjunto de circuitos integrados, mezcla de cinco tipos posibles, uno al azar, se tendrán cinco salidas posibles para cada elección.
En estos casos el uso de la distribución Binomial no es válido y es necesario utilizar la distribución Multinomial que resulta una generalización de la Binomial. La pmf de la distribución Multinomial resulta:

$$P(X_i = x_i \,/\, i=1...k) = [n!/(x_1!x_2!x_3!....x_k!)] .p_1^{x1} . p_2^{x2} . p_3^{x3} ....p_k^{xk} \qquad (2.74)$$

Siendo:

$$x_1 + x_2 + x_3 + ...+ x_k = n \qquad (2.75)$$

$$p_1 + p_2 + p_3 + ...+ p_k = 1 \qquad (2.76)$$

Cuando es aplicable, se deben reunir todas las salidas identificadas como éxitos o fracasos y usar entonces la Multinomial. La probabilidad de éxito será la suma de las probabilidades de las salidas identificadas como éxitos. El valor y la varianza para cada variable X_i será:

$$\mu_i = n.p_i \qquad (2.77)$$

$$\sigma_i^2 = n.p_i.(1-p_i) \qquad (2.78)$$

Sea por ejemplo el cálculo de la probabilidad de que en tres tiros de dado salgan exactamente dos ases y un seis. Esta probabilidad será:

$P(X_1{=}2, X_2{=}1) = [\ 3! / 2!.1!\ ].(1/6)^2(1/6) = 1/72$

Donde X_1 es la variable aleatoria asociada a la cantidad de ases y X_2 es la variable aleatoria asociada a la cantidad de seis para los tres tiros de dados.

2.5.3.3. Distribución Binomial Negativa.

Supóngase que el número de pruebas no es conocido y sólo se conoce el número de éxitos que la prueba arroja. Por ejemplo el experimento consistente en arrojar un dado hasta que salga un as. No es conocido a priori cuantas veces se tendrá que arrojar el dado hasta que salga un as. Otro ejemplo sería el experimento consistente en probar relés hasta que uno falle. El número de relés a probar es desconocido.
En estas condiciones debe ser utilizada la distribución Binomial Negativa, cuya pmf expresa la probabilidad de que el késimo éxito ocurra en la prueba x. Así:

$$b_n(x,k,p) = \binom{x-1}{k-1}.p^k.(1-p)^{x-k} \qquad (2.79)$$

2.5.3.4. Distribución Geométrica.

Es un caso particular de la Binomial Negativa para k=1, es decir cuando se repite el experimento hasta obtener solo un éxito, el de la última prueba x. Entonces la pmf resulta:

$$b_g(x,p) = p.(1-p)^{x-1} \qquad (2.80)$$

2.5.3.5. Distribución Hipergeométrica.

Si la probabilidad cambia a medida que se realizan las pruebas donde son seleccionadas muestras sin reemplazo de una población fija, entonces la distribución mas empleada es la hipergeométrica.
La pmf correspondiente es:

$$h(x,n,a,b)=\frac{\binom{a}{x}\binom{b}{n-x}}{\binom{a+b}{n}}=\frac{C_{a,x}.C_{b,n-x}}{C_{a+b,n}} \qquad (2.81)$$

Donde:

a: número de ítems que exhiben la propiedad A en la población.
b: número de ítems que exhiben la propiedad B en la población.
N: total del lote = a+b.
n: medida de la muestra escogida al azar.
x: número de ítems que exhiben la propiedad A en la muestra.

La distribución Hipergeométrica es usada corrientemente cuando se muestrea sobre una pequeña población sin reemplazar ítems. Esto significa que N es comparable con n. Si se reciben por ejemplo 50 transistores, 10 de los cuales son defectuosos; la proporción inicial de defectuosos será 1/5=0,2 y cambiará a medida quese tomen más muestras sin reemplazo. La aplicación de la distribución Hipergeométrica implica la realización de cálculos complicados como factoriales y es por ello que se utiliza la distribución Binomial para aproximar los resultados. Una buena aproximación se tiene para $N \geq 10.n$. En este caso $p=a/n$.

2.5.3.6. Usos de la distribución Binomial.

- Sea una fábrica que produce resistores de un cierto tipo. La experiencia pasada indica que uno de cada 100 de estos resistores es defectuoso, esto es que la probabilidad de obtener un resistor defectuoso de una muestra es p=0,01.
- Si una muestra de 10 resistores es seleccionada al azar de la línea de producción; *¿Cuál es la probabilidad de que ésta contenga un resistor defectuoso?.*

Con x=1; n=10; p=0,01, se tiene:

$$b(n,x,p)=b(10;1;0{,}01)=\binom{10}{1}.0{,}01.(1-0{,}01)^{9}=0{,}0913$$

Utilizando las tablas de la distribución Binomial acumulada se puede verificar este resultado en forma rápida. Así:

B(10;1;0,01) = 0,9957
B(10;0;0,01) = 0,9044

Entonces:

b(10;1;0,01) = B(10;1;0,01) - B(10;0;0,01) = 0,9957-0,9044 = 0,0913

De forma análoga pueden hallarse las probabilidades del tipo b(10;x;0,01) para todo x:

b(10;X=0;0,01) = 0,9044
b(10;X=1;0,01) = 0,0913
b(10;X=2;0,01) = 0,0042
b(10;X≥3;0,01) ≅ 0

- En la evaluación de la confiabilidad y análisis de riesgos la distribución Binomial es ampliamente utilizada, en particular cuando se trata de sistemas redundantes en los que cada componente actúa independientemente y posee la misma probabilidad de falla. Por ejemplo, sean n componentes redundantes, de modo que el sistema falle si fallan mas de x componentes y sea q la probabilidad de falla de cada componente en un determinado periodo de tiempo. La probabilidad de que el sistema no falle es igual a la probabilidad de que x o menos fallen y esto es exactamente B(n,x,q).

- De otra forma, considérese la siguiente situación. Sean n eventos posibles de modo que si más de x de estos eventos ocurre se producirá un determinado accidente. Si los n eventos son estadísticamente independientes y si tienen aproximadamente la misma probabilidad de ocurrencia, la distribución Binomial es de aplicación inmediata.

- En general la distribución Binomial puede ser utilizada cuando se tiene la repetición de un determinado evento n veces y se desea información sobre la probabilidad de x ocurrencias de una salida, de menos de x ocurrencias o de más de x ocurrencias, sabiendo siempre que se cumplen las hipótesis características que permiten el uso de la distribución Binomial. Las n pruebas pueden ser n componentes, n años, n sistemas, n factores humanos o acciones, etc.

2.5.3.7. Distribución de Poisson.

Considérese la distribución Binomial ya estudiada y sea el siguiente límite:

$$\lim_{\substack{n \to \infty \\ p \to 0}} .b(n, x, p) = \lim_{\substack{n \to \infty \\ p \to 0}} .\binom{n}{x}.p^{x}.(1-p)^{n-x} \tag{2.82}$$

Si $\mu = n.p$, entonces:

$$\lim_{n \to \infty} .b(n, x, \frac{\mu}{n}) = \lim_{n \to \infty} .\left[\frac{n!}{x!.(n-x)!}\right].\left[\frac{\mu}{n}\right]^{x}.\left[1-\frac{\mu}{n}\right]^{n-x}$$

Pero:

$$\lim_{n \to \infty} .\left[1-\frac{\mu}{n}\right]^{n-x} \cong \exp[-\mu]$$

$$\lim_{n \to \infty} .\left[\frac{n!}{(n-x)!}\right] \cong n^{x}$$

En consecuencia:

$$\lim_{n \to \infty} .(b, x, \frac{\mu}{n}) = f^{X}(x, \mu) = \frac{\exp[-\mu]}{x!}.\mu^{x} \tag{2.83}$$

Esta última expresión da la probabilidad de que se den exactamente x ocurrencias de un evento de baja probabilidad de ocurrencia, es decir raro ($p \to 0$), en un gran número de repeticiones ($n \to \infty$) del experimento.

El valor esperado del número de ocurrencias del evento y su varianza coinciden:

$$\mu = \sigma^2 = n.p \tag{2.84}$$

Pues:

$$\lim_{p \to 0} .\sigma^2 = \lim_{p \to 0} .n.p.(1-p) \cong n.p = \mu$$

La distribución de Poisson provee una gran aproximación a la Binomial para n no muy grande y p no muy pequeño. Así, sea una producción de placas electrónicas de modo que la probabilidad de encontrar una defectuosa sea de 0,1. *¿Cuál es la probabilidad de encontrar una placa defectuosa extrayendo 10 al azar?*

Aquí es $n=10$; $p=0,1$; $\mu=1$; $x=1$

Utilizando la distribución Binomial se tiene:

$b(n,x,p) = b(10;1;0,1) = 0,3874$

Utilizando la distribución de Poisson será:

$f(x,\mu) = f(1;1) = e^{-1}.1^{1} / 1! = 0,3679$

Incrementando n a 20 la discrepancia será aún menor. Así:

$b(20;1;0,1) = 0,2702$

$f(1;2) = 0,2707$

La distribución de Poisson no es sólo importante porque se aproxima a la Binomial, sino porque describe el comportamiento de muchos fenómenos o eventos de rara ocurrencia, haciendo caso omiso del proceso físico subyacente.

La distribución de Poisson tiene también numerosas aplicaciones describiendo la ocurrencia de fallas en sistemas bajo determinadas condiciones estacionarias. En el Capítulo 3 se discutirá más en detalle esta aplicación.

En el cuadro de la Fig.2.24 se presentan las distribuciones de variable discreta analizadas juntamente a sus parámetros característicos.

Distribución	pdf característica	Media	Varianza	Observaciones
Binomial	$\binom{n}{x}.p^x.q^{n-x}$	n.p	n.p.q	$0 \le p \le 1$ $p+q=1$ $x=0,1,2,\ldots,n$ $n \in N$
Binomial Negativa	$\binom{x-1}{r-1}.p^r.q^{x-r}$	$\frac{r}{p}$	$\frac{r.q}{p^2}$	$0 \le p \le 1$ $p+q=1$ $x=r,r+1,r+2,\ldots$ $r=0,1,2,\ldots,n$ $n \in N$
Geométrica	$p.q^{x-1}$	$\frac{1}{p}$	$\frac{q}{p^2}$	$0 \le p \le 1$ $p+q=1$ $x=0,1,2,\ldots,n$ $n \in N$
Hipergeométrica	$\frac{\binom{N-N.p}{n-x}.\binom{N.p}{x}}{\binom{N}{n}}$	n.p	$\frac{n.q.(N-n)}{N-1}$	$0 \le p \le 1$ $p+q=1$ $x=0,1,2,\ldots,k$ $k=\min(n,N.p)$
Multinomial	$\frac{n!}{\prod_{i=1}^{k} x_i!.\prod^{k} p_i^{x_i}}$	$n.p_i$	$n.p_i.q_i$	$0 \le p_i \le 1$ $p_i+q_i=1$ $\sum x_i = n$ $\sum p_i = 1$ $x=0,1,2,\ldots,k$ $k=\min(n,N.p)$
Poisson	$\frac{\exp[-\mu]}{x!}.\mu^x$	μ	μ	$\mu>0$ $x=0,1,2,\ldots,n$ $n \in N$

Fig.2.24 - Distribuciones de variable discreta

2.5.4. Funciones de distribución de variable continua características.

2.5.4.1. Distribución uniforme.

Es la más simple de todas las distribuciones de variable aleatoria continua. Tiene dos parámetros que la caracterizan a y b. En 2.5.2.-Ejemplos de utilización de momentos, se estudiaron sus principales características. En la Fig.2.24 se observan las pdf y Cdf correspondientes.

Si por ejemplo, se tienen resistores de valor nominal 1 Kohm y tolerancia 1% de modo que sus valores estén distribuidos uniformemente dentro de su tolerancia, es decir entre 990 ohms y 1010 ohms.

Entonces, cerca del 50 % de estos resistores estarán dentro de la banda ± 5 ohms alrededor de su valor nominal. Esto es que $P(995 \leq R \leq 1005) = 0,5$.

2.5.4.2. Distribución exponencial.

Es una de las distribuciones mas utilizadas en teoría de confiabilidad, donde la variable aleatoria X es entonces el tiempo T. Las funciones pdf y Cdf características se observan en la Fig.2.26.

Supóngase que el tiempo hasta la falla de un componente electrónico tenga una pdf exponencial de parámetroλ.

La Cdf describirá la probabilidad de que el componente de referencia falle. Su complemento a uno es la probabilidad de que sobreviva, es decir de que no falle.

Entonces:

$$P(T>t) = 1 - P(T\leq t) = 1 - F^T(t)$$

Luego, la probabilidad de que el componente opere satisfactoriamente por encima de $t = 1/\lambda$ será:

$$P(T>1/\lambda) = 1-F^T(1/\lambda) = \{1-[1-\exp(-\lambda.t)]\}_{t=1/\lambda} = \exp(-1) \approx 0,368 \qquad (2.85)$$

2.5.4.3. Distribución Normal.

Sea la distribución Binomial B(n,x,p) y tómese el siguiente límite:

$$\lim_{\substack{n \to \infty \\ p \to fijo}} b(n, x, p) = \lim_{\substack{n \to \infty \\ p \to fijo}} \binom{n}{x} . p^x . (1-p)^{n-x} \Rightarrow \text{Normal}(\mu = n.p ; \sigma^2 = n.p.q)$$

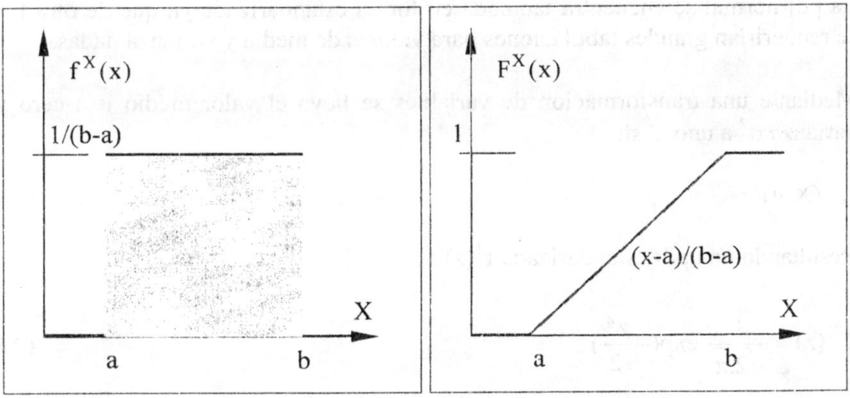

Fig.2.25 - Distribución Uniforme

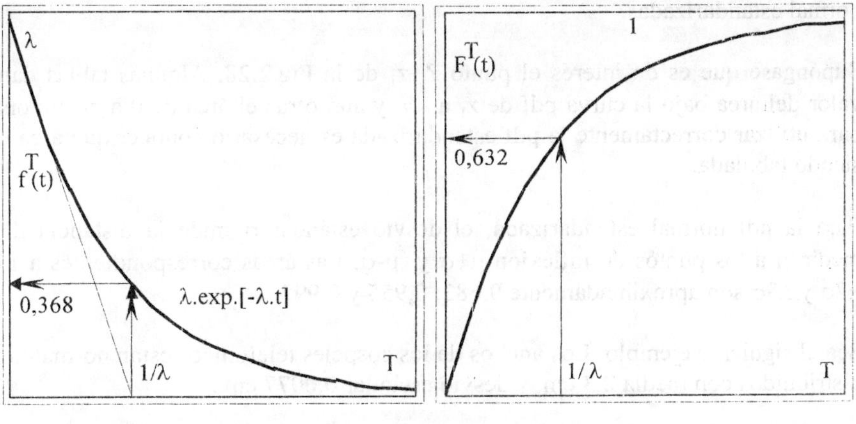

Fig.2.26 - Distribución exponencial

Para la distribución binomial el valor medio resulta μ=n.p y la varianza σ^2 =n.p.q, con p+q=1. Omitiendo el detalle y desarrollo matemático, el límite anterior resulta la distribución normal o Gaussiana, cuya pfd es:

$$f^X(x,\mu,\sigma) = \frac{1}{\sigma.\sqrt{2.\pi}}.\exp\left[-\frac{1}{2}\left(\frac{x-\mu}{\sigma}\right)^2\right] \tag{2.86}$$

La pdf normal se encuentra tabulada en forma estandarizada ya que de otra forma se requerirían grandes tabulaciones para valores de media y varianza dadas.

Mediante una transformación de variables se lleva el valor medio μ a cero y la varianza σ^2 a uno. Así:

$$Z= (X-\mu)/\sigma \tag{2.87}$$

Resultando una pdf estandarizada $f^Z(z)$:

$$f^Z(z) = \frac{1}{\sqrt{2.\pi}}.\exp(-\frac{z^2}{2}) \tag{2.88}$$

Muchas de las características de la pdf normal están tabuladas. El área bajo la curva pdf entre dos valores distintos de Z es de interés primordial, pues representa una probabilidad determinada. En la Fig.2.27 se observan las funciones pdf y Cdf normal estandarizadas.

Supóngase que es de interés el punto $Z=z_1$ de la Fig.2.28. Algunas tablas dan el valor del área bajo la curva pdf de z_1 a $-\infty$ y aún otras el área de 0 a z_1. Entonces para utilizar correctamente la pdf estandarizada es necesario conocer que área esta siendo tabulada.

Para la pdf normal estandarizada, el desvío estándar σ mide la distancia de la media μ a los puntos de inflexión $\mu+\sigma$ y $\mu-\sigma$. Las áreas correspondientes a $\pm1\sigma$, $\pm2\sigma$ y $\pm3\sigma$ son aproximadamente 0,683; 0,955 y 0,997.

Sea el siguiente ejemplo. Los anchos de los cospeles telefónicos están normalmente distribuidos con media 2,3 cm. y desvío estándar 0,0077 cm..

Si los límites de aceptación son 2,3±0,013 cm. *¿Qué porcentaje del total fabricado será rechazado?.*

Si el ancho del cospel cae en la zona rayada de la Fig.2.29 es rechazado. El valor de la variable Z correspondiente será:

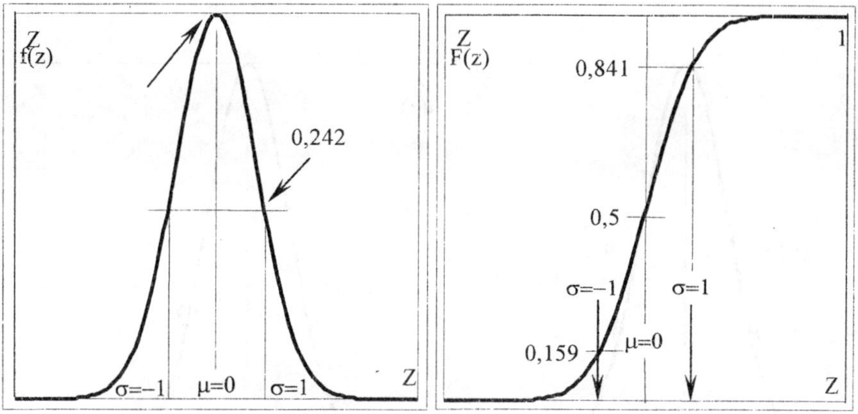

Fig.2.27 - Distribución Normal

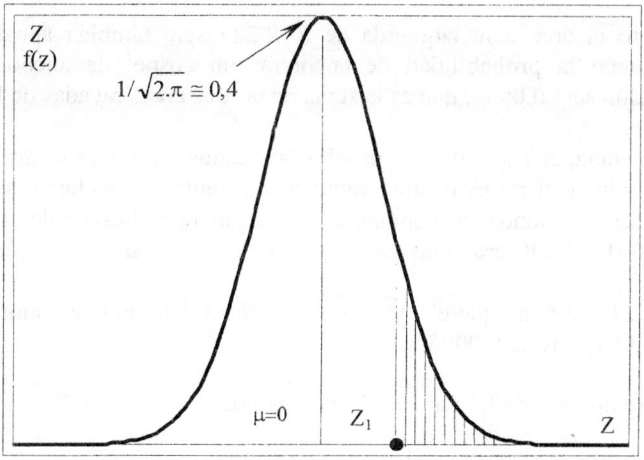

Fig.2.28 - Área bajo la pdf normal

$Z=(X-\mu)/\sigma$

Para $X = 2{,}313 \Rightarrow Z = [(2{,}313-2{,}3) / 0{,}0077] \approx 1{,}67$

De tablas, el área a la derecha de $Z = 1{,}67$ es la $P(Z \geq 1{,}67) = 0{,}0475$

Asimismo: $P (X \geq 2{,}313) = 0{,}0475$

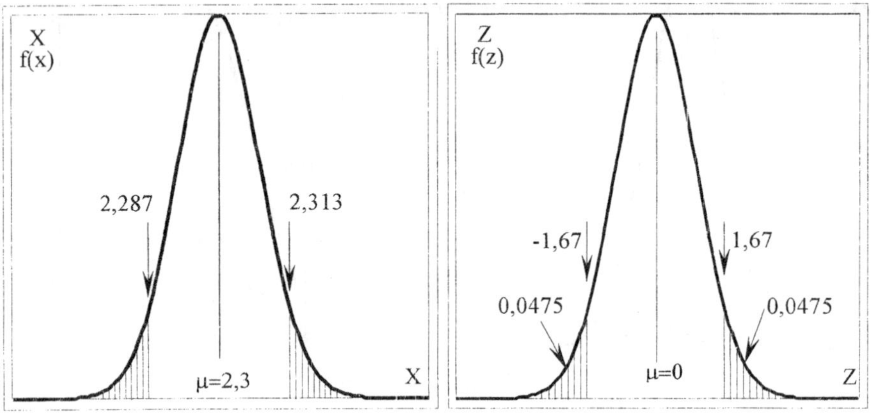

Fig.2.29 - pdf normal y pdf normal estandarizada

Por lo tanto el área a la izquierda de X=2,287 será también aproximadamente 0,0475. Luego la probabilidad de encontrar un cospel de ancho fuera de la especificación será 0,0950, que es la suma de las dos áreas rayadas de la Fig. 2.29.

En consecuencia, el 9,5 % de los cospeles fabricados serán rechazados. El grado de rechazo es alto y si no es posible cambiar los límites de rechazo, será necesario reducir el desvío estándar σ. Supóngase que se quiere rechazar sólo el uno por mil, es decir 0,001; *¿Cuál será, entonces el máximo desvío estándar permitido?*.

De la Fig.2.30 se tiene que el área por fuera de un determinado valor de Z será la mitad de 0,001, esto es 0,0005.

De tablas se obtiene Z=3,3 para un área de 0,0005.

$Z = (X-\mu)/\sigma = 3{,}3$

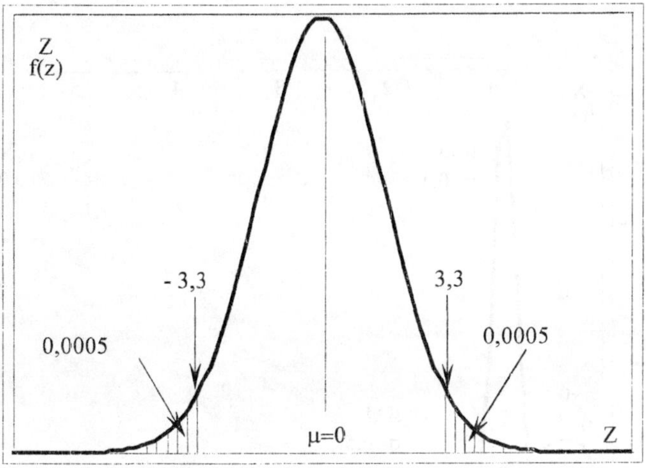

Fig.2.30 - pdf normal estandarizada

De aquí:

$\sigma = (X - \mu)/Z = [(2{,}313-2{,}3) / 3{,}3] \approx 0{,}004$ cm.

Entonces, si se quiere rechazar sólo el 0,1%, la máxima varianza permitida será: $\sigma^2 = 0{,}004^2 = 16.10^{-6}$.

2.5.4.4. Distribución Lognormal.

El interés de esta distribución reside principalmente en que la variable aleatoria asociada a la misma es siempre positiva y que si Y=lnX y X tiene una distribución lognormal, Y tendrá una distribución normal. La pdf lognormal viene dada por:

$$f^X(x,\mu,\sigma) = \frac{1}{x.\sigma.\sqrt{2.\pi}}.\exp\left[-\frac{1}{2}\left(\frac{\ln.x-\mu}{\sigma}\right)^2\right] \quad ;x \geq 0 \qquad (2.89)$$

Con:

$$\mu = E[\ \ln.x\ ] \qquad (2.90)$$
$$\sigma^2 = Var[\ \ln.x\ ] \qquad (2.91)$$

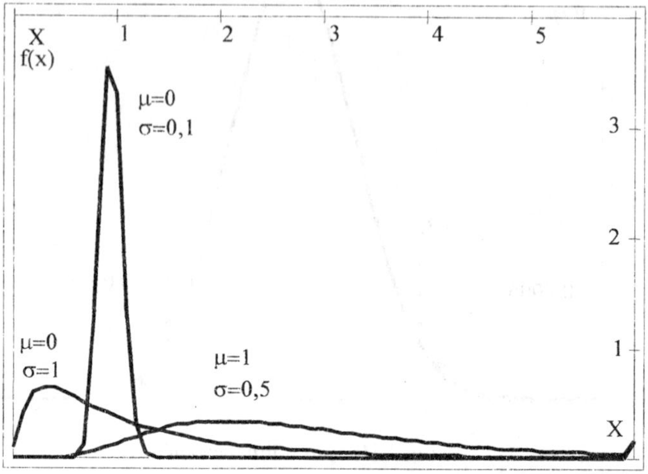

Fig.2.31 - pdf lognormal

La forma de la pdf lognormal se observa en la Fig.2.31, para algunos valores de los parámetros característicos μ y σ^2.

En problemas de confiabilidad, donde la variable aleatoria es el tiempo, que nunca puede ser negativo, esta distribución presenta la máxima utilidad.

2.5.4.5. Distribución de Weibull.

Es una de las distribuciones más versátiles y flexibles. Puede abarcar muchos condicionamientos en su aplicación. Modificando cualquiera de sus tres parámetros característicos, se adapta a las más difíciles situaciones.

Es una de las distribuciones más utilizadas en trabajos de estimación de confiabilidad. Su pdf es:

$$f^X(x,\gamma,\eta,\beta) = \frac{\beta}{\eta}.\left(\frac{x-\gamma}{\eta}\right)^{\beta-1}.\exp\left[-\left(\frac{x-\gamma}{\eta}\right)^{\beta}\right] \quad ;x \geq \gamma \qquad (2.92)$$

Con $\gamma \geq 0$; parámetro de posición

$\eta>0$; parámetro de escala

$\beta>0$; parámetro de forma

Para $\gamma=0$ y $\beta=1$ esta distribución es la exponencial. El parámetro de forma β es el que la convierte en versátil, dependiendo de él su forma.

En la Fig.2.32 se observa la pdf correspondiente.

Para $\beta<1$ la distribución es del tipo hiperbólica decreciente. Para $\beta=1$ es exponencial y con $\gamma=0$ se tiene:

$$f^X(x) = (1/\eta).\exp(-x/\eta) \qquad (2.93)$$

Para $\beta>1$ la distribución es asimétrica pero con un máximo y tendiendo a la normal y para $\beta=4$ en adelante es casi imposible distinguirla de una normal.

En el cuadro de la Fig.2.33 se presentan las distribuciones estudiadas junto a sus parámetros característicos.

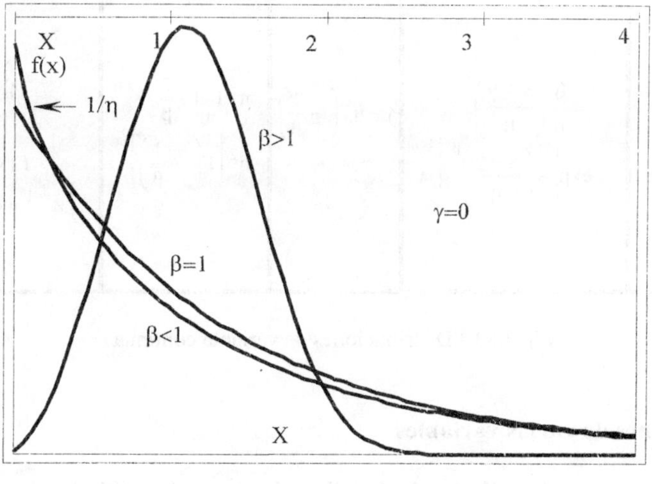

Fig.2.32 - pdf Weibull

Distribución	pdf característica	Media	Varianza	Observaciones
Uniforme	$\frac{1}{b-a}$	$\frac{a+b}{2}$	$\frac{(b-a)^2}{12}$	$a \leq x \leq b$
Exponencial	$\lambda.\exp[-\lambda.x]$	$\frac{1}{\lambda}$	$\frac{1}{\lambda^2}$	$0 \leq x < \infty$ $\lambda > 0$
Normal	$\frac{1}{\sigma.\sqrt{2.\pi}}.\exp\left[-\frac{1}{2}\left(\frac{x-\mu}{\sigma}\right)^2\right]$	μ	σ^2	$-\infty < x < \infty$ $\mu > 0$ $\sigma^2 > 0$
Lognormal	$\frac{1}{x.\sigma.\sqrt{2.\pi}}.\exp\left[-\frac{1}{2}\left(\frac{\ln.x-\mu}{\sigma}\right)^2\right]$	$\exp\left(\mu+\frac{\sigma^2}{2}\right)$	$\exp(2.\mu+\sigma^2).\exp(\sigma^2-1)$	$0 < x < \infty$ $\mu > 0$ $\sigma^2 > 0$
Weibull	$\frac{\beta}{\eta}\left(\frac{x-\gamma}{\eta}\right)^{\beta-1}.\exp\left[-\left(\frac{x-\gamma}{\eta}\right)^{\beta}\right]$	$\gamma-\eta.\Gamma\left(1+\frac{1}{\beta}\right)$	$\eta^2.\Gamma\left(1+\frac{2}{\beta}\right)-\eta^2.\left[\Gamma\left(1+\frac{1}{\beta}\right)\right]^2$	$x > \gamma$ $\beta > 0$ $\eta > 0$ $\Gamma(x) = \int_0^{\infty} z^{x-1}.\exp(-z).dz$

Fig.2.33 - Distribuciones de variable continua

2.6. Funciones de varias variables

2.6.1. Funciones de densidad y de distribución de probabilidad.

Se tratará sólo aquí el caso de funciones de dos variables aleatorias continuas. El tratamiento es extensivo a funciones de varias variables continuas o discretas.

- Función de densidad conjunta.
  Se denomina función de densidad conjunta jdf (Del inglés joint density function) de dos variables aleatorias X e Y a aquella que cumple:

  $$f^{XY}(x,y).dx.dy = P\,(x<X<x+dx\;,\; y<Y<y+dy) \qquad (2.94)$$

- Función de distribución conjunta.
  Se define como función de distribución conjunta cjf (Del inglés cumulative joint function) de dos variables aleatorias X e Y, la siguiente:

  $$F^{XY}(x,y) = \int_{-\infty}^{\infty}\int_{-\infty}^{\infty} f^{XY}(x,y).dx.dy = P\,(-\infty < X \leq x, -\infty < Y \leq y) \qquad (2.95)$$

En la figura 2.38 se da un ejemplo de función de densidad conjunta del tipo prismático. Por supuesto que el volumen encerrado por ese prisma debe ser unitario.

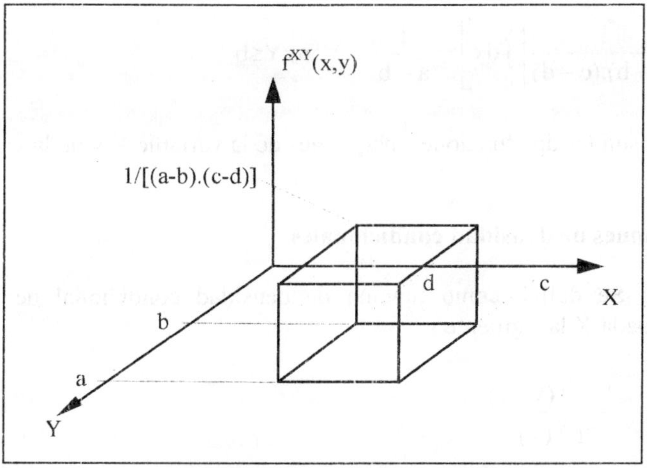

Fig.2.38 - Función de densidad conjunta

2.6.2. Funciones de densidad marginal

Como X e Y son dos variables aleatorias distintas, es posible definir una pdf para cada una de ellas solamente. Así:

$$f^X(x).dx = P\ (x<X\leq x+dx) \qquad (2.96)$$

$$f^Y(y).dy = P\ (y<Y\leq y+dy\ ) \qquad (2.97)$$

Cada una de ellas está relacionada de alguna forma con la jdf. Esta relación viene dada por:

$$f^X(x).dx = P(x < X \leq x + dx, -\infty < Y < \infty) = \left[\int_{-\infty}^{\infty} f^{XY}(x,y).dy\right].dx \qquad (2.98)$$

$$f^Y(y).dy = P(y < Y \leq y + dy, -\infty < X < \infty) = \left[\int_{-\infty}^{\infty} f^{XY}(x,y).dx\right].dy \qquad (2.99)$$

Para el ejemplo de la función prismática de la Fig.2.38, se tiene:

$$f^X(x) = \frac{1}{(a-b).(c-d)}\left[\int_b^a dy\right] = \frac{1}{c-d} \qquad \forall\ c<X\leq d$$

$$f^Y(y) = \frac{1}{(a-b).(c-d)}\left[\int_d^c dx\right] = \frac{1}{a-b} \qquad \forall\ a<Y\leq b$$

$f^X(x)$ y $f^Y(y)$ son las dos funciones marginales de la variable X y de la variable Y.

2.6.3. Funciones de densidad condicionales

Se define como función de densidad condicional de la variable aleatoria Y dada X la siguiente:

$$f^{Y/X}(y/x) = \frac{f^{Y/X}(y/x)}{f^X(x)} \qquad (2.100)$$

En forma similar:

$$f^{X/Y}(x/y) = \frac{f^{X/Y}(x/y)}{f^{X}(y)} \tag{2.101}$$

Estas probabilidades condicionales, se utilizan mucho en teoría de la confiabilidad y son conocidas como "tasas". Un ejemplo es la denominada tasa de fallas.

Si las variables X e Y son independientes resulta:

$f^{Y/X}(y/x) = f^{Y}(y)$ y $f^{X/Y}(x/y) = f^{X}(x)$

Con lo cual:

$$f^{XY}(x,y) = f^{X}(x).f^{Y}(y) \tag{2.102}$$

2.6.4. Momentos

Se define como momento conjunto de orden k para X y de orden r para Y respecto del origen de coordenadas a:

$$\mu_{k,r} = E(X^k.Y^r) = \int_{-\infty}^{\infty}\int_{-\infty}^{\infty} x^k.y^r.f^{XY}(x,y).dx.dy \tag{2.103}$$

El momento centrado conjunto del mismo orden que el anterior será:

$$\mu_{k,r} = E\left[(X-\mu_x)^k.(Y-\mu_y)^r\right] = \int_{-\infty}^{\infty}\int_{-\infty}^{\infty}(x-\mu_x)^k.(y-\mu_y)^r.f^{XY}(x,y).dx.dy \tag{2.104}$$

Donde μ_x y μ_y son los momentos centrados de orden primero de las variables X e Y. Así:

$E(X) = \mu_x$ y $E(Y) = \mu_y$

Uno de los momentos centrados conjunto más utilizado es el denominado covarianza:

$\text{Cov}(X,Y) = E[(X-\mu_x).(Y-\mu_y)]$ (2.105)

La covarianza da noción del grado en que se encuentran ligadas las dos variables X e Y. También puede expresarse como:
$\text{Cov}(X,Y) = E(X.Y) - E(X).E(Y)$ (2.106)

Dividiendo por σ_x y σ_y se normaliza la covarianza y se obtiene el denominado coeficiente de correlación ρ. Así:

$\rho = \text{Cov}(X,Y) / \sigma_x.\sigma_y$ (2.107)

Este coeficiente adopta valores entre +1 y -1 pasando por cero. Cuando ρ adopta el valor cero, las dos variables no estarán correlacionadas. Se puede demostrar que sí:

$Y = aX+b$; Entonces $\rho = +1$ (2.108)

$Y = -aX+b$; Entonces $\rho = -1$ (2.109)

Se verifica además que si dos variables aleatorias son independientes, entonces no estarán correlacionadas, sin embargo la inversa no es cierta. La no correlación no implica independencia estadística.

2.7. Cambio de variable.

2.7.1. Función de una variable.

- El problema de cambio de variable reside concretamente en evaluar $f^Y(y)$ conocida $f^X(x)$, conociendo la relación que une Y con X, a saber $Y=g(X)$. El tratamiento es idéntico para cualquier tipo de función $Y=g(X)$, sin embargo a los fines de visualizar el problema se analizará primero el caso de funciones definidas en forma biunívoca y luego el de las funciones definidas en forma no biunívoca.

- Si la función $Y=g(X)$ es biunívoca creciente y monótona como la de la Fig. 2.39, entonces:

  $F^Y(y) = P(Y \leq y) = P(X \leq x) = F^X(x)$ (2.110)

Derivando respecto de la variable y se tiene:

$$f^Y(y) = \frac{\partial F^Y(y)}{\partial y} = \frac{\partial F^X(x)}{\partial x} \cdot \left[\frac{\partial x}{\partial y}\right] = \frac{\dfrac{\partial F^X(x)}{\partial x}}{\left[\dfrac{\partial y}{\partial x}\right]} = \left.\frac{f^X(x)}{\left[\dfrac{\partial y}{\partial x}\right]}\right|_{x=g^{-1}(y)} \qquad (2.111)$$

Si, en cambio la función Y=g(X) resulta monótona decreciente como la de la Fig. 2.40, se tiene:

$$F^Y(y) = P(Y \leq y) = P\ (X \geq x) = 1 - P\ (X \leq x) = 1 - F^X(x) \qquad (2.112)$$

Derivando nuevamente respecto de la variable y resulta:

$$f^Y(y) = \frac{\partial F^Y(y)}{\partial y} = \frac{\partial F^X(x)}{\partial x} \cdot \left[-\frac{\partial x}{\partial y}\right] = \left.\frac{f^X(x)}{\left[-\dfrac{\partial y}{\partial x}\right]}\right|_{x=g^{-1}(y)} \qquad (2.113)$$

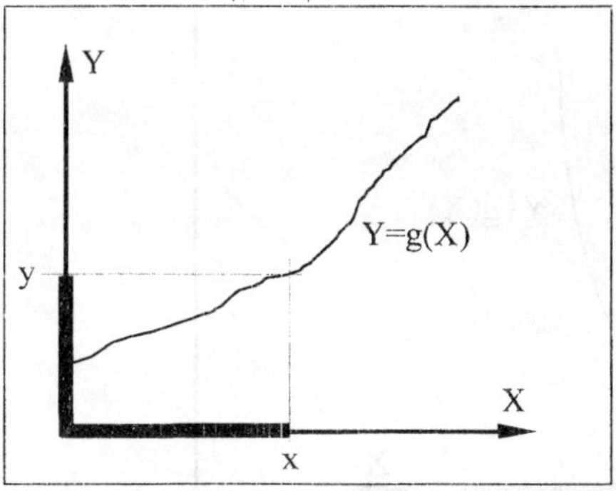

Fig.2.39 - g(X) monótona creciente

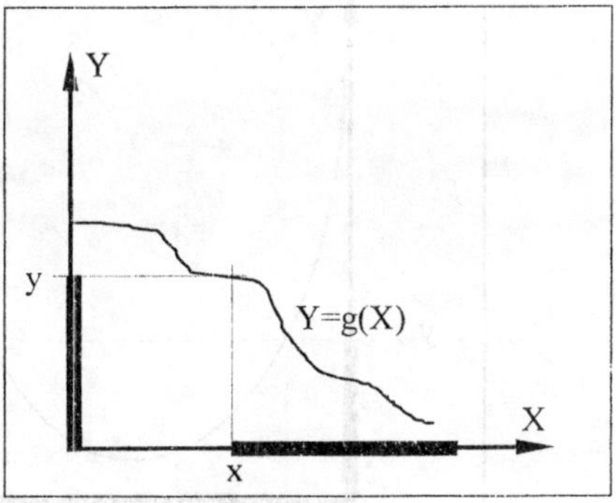

Fig.2.40 - g(X) monótona decreciente

Combinando ambos resultados, se tiene para el caso general de funciones biunívocas;

$$f^Y(y) = \left. \frac{f^X(x)}{\left|\frac{\partial y}{\partial x}\right|} \right|_{x=g^{-1}(y)} \qquad (2.114)$$

- Para el caso de funciones no biunívocas como la del ejemplo de la Fig.2.41 será :

$$F^Y(y) = P\,(Y \leq y) = P\,(x \leq X \leq x') = F^X\, x) - F^X(x') \qquad (2.115)$$

Derivando respecto de la variable y, considerando nuevamente el módulo para el caso más general se tiene:

$$f^Y(y) = \left. \frac{f^X(x)}{\left|\frac{\partial y}{\partial x}\right|} \right|_{x=g^{-1}(y)} + \left. \frac{f^X(x')}{\left|\frac{\partial y}{\partial x'}\right|} \right|_{x'=g^{-1}(y)} \qquad (2.116)$$

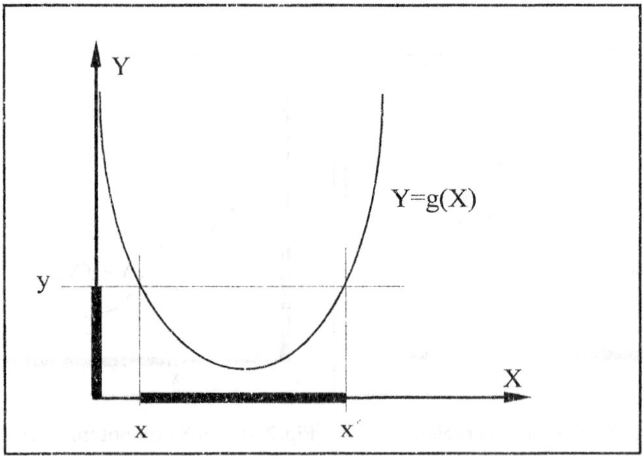

Fig.2.41- Función Y=g(X) no biunívoca

2.7.2. Función de varias variables

- Se tratará aquí el caso de dos variables solamente, el tratamiento es extensivo a más variables. Sea entonces evaluar f^{XY} (x,y) conocida la jdf f^{UV} (u,v) y las relaciones que ligan las variables X e Y con U y V. Sean éstas:

$$U = u(X,Y) \quad (2.117)$$
$$V = v(X,Y) \quad (2.118)$$

- Se puede demostrar que la relación entre f^{XY} (x,y) y F^{UV} (u,v) es como sigue:

$$f^{UV}(u,v) = \left.\frac{f^{XY}(x,y)}{|J|}\right|_{\substack{x=u^{-1}(u,v)\\ y=v^{-1}(u,v)}} \quad (2.119)$$

Donde J es el Jacoviano característico del cambio de variables. Así:

$$J = \begin{vmatrix} \frac{\partial u}{\partial x} & \frac{\partial u}{\partial y} \\ \frac{\partial v}{\partial x} & \frac{\partial v}{\partial y} \end{vmatrix} \quad (2.120)$$

Si, por ejemplo resulta:

$U = X + Y$
$V = X$

El Jacoviano será:

$$J = \begin{vmatrix} 1 & 1 \\ 1 & 0 \end{vmatrix} = -1 \quad y \quad |J| = 1$$

Entonces:

$$f^{UV}(u, v) = f^{XY}(x, y)$$

Y si X e Y son independientes será:

$f^{UV}(u,v) = f^X(x).f^Y(y)$

Con:

$$X = u^{-1}\ (U,V) = V$$
$$Y = v^{-1}\ (U, V) = U - V$$

2.8 .Estimación estadística.

2.8.1. Definiciones.

- Estimador.
  Sea que se estudien las alturas de los hombres entre los 20 y 30 años de edad en el radio de una determinada ciudad. Esto representa una gran población de alturas (un gran espacio muestral). Sería casi imposible medir las alturas de toda la población entre los 20 y 30 años. Además al realizar el conteo existirán personas que estarán ingresando al intervalo (20, 30) y personas que estarán dejando el mismo. Ante el problema y la necesidad de obtener respuesta al mismo se toma una muestra al azar y de la muestra se estiman los parámetros de interés media, desvío, mediana, etc. Es entonces que surge el interrogante siguiente: *¿En cuanto estos parámetros se acercan al valor real de los mismos?*
  Sea el parámetro θ y denominemos $\hat{\theta}$ el estimador de θ. Veremos más adelante que características reúnen estos estimadores.

- Muestras aleatorias.
  Una muestra aleatoria es aquella en la cual cada elemento de la población tiene la misma probabilidad de ser incluido. Para lograrlo es necesario tomar los elementos de la población de tal forma que todos tengan igual probabilidad de ser extraídos. A menudo se utilizan tablas de números al azar. Otros métodos pueden ser vistos en la obra de W.C. Cochran denominada "Técnicas de Muestreo" (Sampling Techniques) de Wiley & Sons, N. York 1977.

- Distribuciones de muestreo.
  Sea que se tome muestra de una población y que se calcule la media de la muestra X_1. Si la muestra tiene n elementos:

$$\overline{X_1} = \frac{1}{n}.\sum_{i=1}^{n} x_i$$

De la misma forma, sea otra muestra de n elementos y calcúlese nuevamente la media X_2 :

$$\overline{X_2} = \frac{1}{n}.\sum_{i=1}^{n} x_i$$

Así se tendrán $\overline{X_1}, \overline{X_2}, \overline{X_3}$,......Estas medias no serán, en general iguales y constituirán una serie de valores adoptados por la variable aleatoria X. Luego $\overline{X}$ tendrá una función de distribución característica. *¿Cuál?* Una respuesta parcial al problema la provee el "Teorema Central del Límite" en su versión restringida: "Si X (variable aleatoria bajo estudio) está normalmente distribuida con media μ y varianza σ^2. Entonces $\overline{X}$ está distribuida normalmente con:

$$\mu_{\overline{X}} = \mu \tag{2.121}$$

$$\sigma_{\overline{X}} = \frac{\sigma^2}{n} \tag{2.122}$$

Donde n es el tamaño de la muestra". Este teorema es válido cuando la población a muestrear es de medida infinita. Para poblaciones finitas de medida N y tamaño de la muestra n se tiene de 2.5.3.5 que:

$$\sigma^2{}_{\overline{X}} = \frac{\sigma^2}{n}.\frac{N-n}{N-1} \tag{2.123}$$

Para N >> n es válido $\sigma^2{}_x = \sigma^2 / n$; pues $[(N-n) / (N-1)] \cong 1$

Más importante es el "Teorema Central del Límite" en su versión generalizada: "Si X está distribuida con media μ y varianza σ^2 pero con distribuciones desconocidas. Entonces la distribución de $\overline{X}$ es muy aproximada a la Normal con media μ y varianza σ^2/ n para n grande" (Por ejemplo $n \geq 30$).
En consecuencia cuando se esta en presencia de muestras grandes de medias, se está en presencia también de distribuciones normales.
La varianza de la distribución de la media decrece a medida que se toman valores de muestras grandes y esto provee de una justificación al hecho de tomar muestras grandes de poblaciones a fin de estimar parámetros característicos de las mismas.

La transformada z de un valor cualquiera x será:

$$z = \frac{x - \mu}{\sigma_x} = \frac{x - \mu}{\frac{\sigma}{\sqrt{n}}} \tag{2.124}$$

Esta relación sirve para estandarizar la variable normal X. Otros estimadores (mediana, varianza, etc.) están caracterizados por sus correspondientes distribuciones muestrales, muchas de las cuales pueden encontrarse en textos conocidos de estadística. Por ejemplo, para distribuciones normales, la varianza estimada s^2 es función de χ^2 , que es la función de distribución ji-cuadrado ó chi-square) a través de la relación siguiente:

$$\chi^2_{n-1} = \frac{(n-1).s^2}{\sigma^2} \tag{2.125}$$

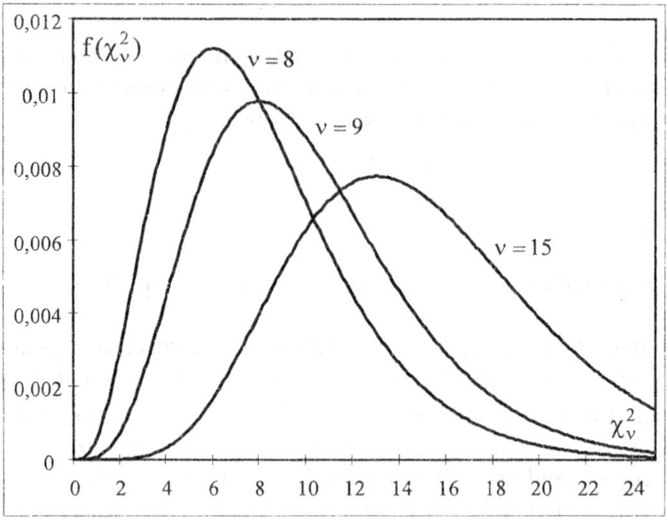

Fig.2.42 - pdf Ji-cuadrado

Esta función de distribución se encuentra tabulada en textos de estadística y es muy usada en criterios de decisión, tests de hipótesis, bondad de ajuste, etc. En la figura 2.42 se muestra la pdf χ_v^2, donde ν es el denominado grado de libertad de la función y coincide con su esperanza matemática, es decir:

$$E(\chi_v^2) = \nu \qquad (2.126)$$

La varianza de χ_v^2 es igual a 2ν. En general puede decirse de esta distribución que si χ_1, χ_2, ... χ_v son variables aleatorias normales reducidas o estandarizadas e independientes. Entonces:

$$\chi_1^2 + \chi_2^2 + \chi_3^2 + ... + \chi_v^2 = \chi_v^2 \qquad (2.127)$$

2.8.2. Estimadores puntuales. General.

2.8.2.1. Definiciones.

Un simple y único valor numérico calculado de una muestra como $\overline{X}$ constituye un estimador puntual de algún parámetro de la muestra. La variable aleatoria asociada que representa un conjunto de valores de la misma es denominada estimador de la muestra.

Sea, por ejemplo:

θ = parámetro de la población a estimar.
$\hat{\theta}$ = estimador del parámetro.

Entonces si θ es la media población, $\hat{\theta}$ será el estimador de la media.

2.8.2.2. Características de los estimadores.

La determinación de la bondad de un estimador depende de una serie de propiedades características de los mismos. Las propiedades que se presentaran a continuación son las que, en gran parte, determinan cuando un estimador es bueno o malo.

- Estimadores sesgados e insesgados.
  Un estimador se dice insesgado si su función de distribución tiene una media que es igual al parámetro de la población a ser estimado. Luego:

$$E(\hat{\theta}) = \mu \tag{2.128}$$

De las propiedades de la esperanza matemática se sabe que la media muestral X es un estimador insesgado de μ pues E (X)=μ. Así mismo:

$$s^2 = \frac{1}{n}.\sum_{i=1}^{n}(X_i - \overline{X})^2 \tag{2.129}$$

Es un estimador sesgado de σ^2. Multiplicando por el factor (n/n-1) esta última igualdad se tiene:

$$s^2 = \frac{1}{n-1}.\sum_{i=1}^{n}(X_i - \overline{X})^2 \tag{2.130}$$

Este sí, es un estimador insesgado de σ^2. El factor de corrección (n/n-1) se denomina "factor de corrección de Bessel" y es el sesgo del estimador.

- Estimadores de mínimo error cuadrático medio y mínima varianza.
  El error cuadrático medio (MSE) de un estimador se define como:

$$MSE = E[(\hat{\theta} - \theta)^2] \tag{2.131}$$

Es una medida de cuanto el valor del parámetro real se aparta del estimado. Sumando y restando a la expresión anterior E ($\hat{\theta}$), se tiene:

$$MSE = E\left[(\hat{\theta} - \theta)^2\right] - E(\hat{\theta}) + E(\theta) = E\left[\hat{\theta} - E(\hat{\theta})\right]^2 + \left[E(\hat{\theta}) - \theta\right]^2$$

Donde:

$E\left[\hat{\theta} - E(\hat{\theta})\right]^2$ = Varianza del estimador.

$\left[E(\hat{\theta}) - \theta\right]^2$ = Cuadrado del sesgo del estimador.

Si el estimador es insesgado E ($\hat{\theta}$) = θ y por lo tanto:

$$MSE = E\left[\hat{\theta} - E(\hat{\theta})\right]^2 \tag{2.132}$$

Luego el error cuadrático medio de un estimador insesgado es directamente la varianza del estimador. Si sobre un conjunto de estimadores, uno de ellos tiene el más pequeño error cuadrático medio, entonces ese estimador se le denomina MMSE (estimador de mínimo error cuadrático medio). Por otro lado si sobre un conjunto de estimadores todos insesgados existe uno de mínima varianza se lo denomina MVUE (estimador insesgado de mínima varianza).

- Eficiencia de un estimador.
  El tipo de estimador a utilizar depende de las distintas situaciones que se presentan. Si quiere usar un estimador en numerosas aplicaciones se requiere que el estimador sea insesgado, ya que en promedio se desea que el estimador sea igual al verdadero valor del parámetro estimado. Si se tiene que elegir entre dos o más estimadores insesgados generalmente se selecciona el de mínima varianza.
  Comparando dos estimadores $\hat{\theta}_1$ y $\hat{\theta}_2$ respecto de sus varianzas se dice que uno de menor varianza es más eficiente que otro de varianza mayor. Como medida de la eficiencia relativa de $\hat{\theta}_1$ respecto de $\hat{\theta}_2$, se utiliza el cociente siguiente:

$$\eta = \frac{\mathrm{Var}(\hat{\theta}_2)}{\mathrm{Var}(\hat{\theta}_1)} \qquad (2.133)$$

  Si se quiere utilizar un estimador una o pocas veces, entonces debe utilizarse un estimador del tipo MMSE, pues es más eficiente. En este caso se está más interesado en minimizar el desvió del verdadero valor que la propiedad de insesgo en grandes muestras.

- Consistencia de un estimador.

  Si $\hat{\theta}$ es un estimador consistente de θ, entonces:

$$P[\,|\hat{\theta} - \theta| < \in] > (1 - \delta) \text{ para todo } n > N \qquad (2.134)$$

  Donde $\in$ y δ son números positivos pequeños y N es algún entero. Es posible interpretar la ecuación anterior diciendo que a medida que n aumenta, la pdf del estimador se concentra alrededor del valor verdadero del parámetro. Cuando n es muy grande entonces la probabilidad que un estimador se desvíe del verdadero valor, tiende a cero. En este caso se dice que $\hat{\theta}$ converge en probabilidad hacia θ.

2.8.3. Estimadores puntuales. Máxima verosimilitud.

2.8.3.1. Definiciones.

Este método es muy usado para estimar parámetros en pruebas o tests de vida. Para grandes muestras en condiciones bastantes generales, este estimador (Maximum Likelihood Estimator) MLE, es consistente y además MMSE y MVUE. Aún con muestras no tan grandes, esta técnica puede seguir siendo válida. Se basa fundamentalmente en la suposición de que una determinada muestra aleatoria de la población es la más adecuada o mejor que las demás.

Supónganse que con una cámara fotográfica sea posible fotografiar las moléculas que se encuentran en una caja llena de un gas. Es decir que sea factible fotografiar la posición instantánea y los vectores velocidad de tales moléculas. Es posible tomar miles de fotos y todas presentarán la misma apariencia. Aunque existe una probabilidad finita de encontrar una foto que presente todas las partículas acumuladas en una esquina de la caja y con la velocidad en dirección hacia arriba.

Si se quiere aplicar la técnica de MLE a una muestra (una foto), se tendrá que asumir que esa muestra (foto) es la más probable y no la menos posible.

En general la técnica de MLE se fundamenta en la hipótesis de que la muestra tomada es representativa de lo que se puede dar en la población, aunque sea difícil luego asegurar que ésta es una muestra aleatoria.

Sea entonces que se tomen muestras aleatorias de una población que presenta una pdf $f^X(x,\theta)$ donde θ es el parámetro desconocido de la población y que se desea estimar. Sean x_1, x_2 , ..., x_n los valores de la muestra de medida n.

Utilizando la pdf se escribirá una expresión que de la probabilidad asociada a esa muestra en particular y luego se aplicará la condición de máximo. La probabilidad de que la primer "lectura" sea x_1 en el intervalo dx_1 es:

$$f^X(x_1,\theta).dx_1$$

La probabilidad de que la primer "lectura" sea x_1 y la segunda x_2 es:

$$f^X(x_1,\theta).f^X(x_2,\theta).dx_1.dx_2$$

Siguiendo con este razonamiento, la probabilidad total será:

P (muestra) = $f^X(x_1,\theta).f^X(x_2,\theta)\ \ldots\ldots\ f^X(x_n,\theta).dx_1\,dx_2\ \ldots\ dx_n$

Luego la función de verosimilitud será:

$$L(\theta)=\prod_{i=1}^{n} f_X(x_i,\theta) \tag{2.135}$$

Esta función L(θ) no es completamente igual a la probabilidad de la muestra pero representa una cantidad proporcional a la probabilidad.

Tomando logaritmo natural de esta función por conveniencia solamente (la mayoría de las pdf son exponenciales, luego es más fácil trabajar con el Ln de la función que con la función misma) se tiene:

$$\mathcal{L}(\theta)=\mathrm{Ln}[L(\theta)]=\mathrm{Ln}\left[\prod_{i=1}^{n} f^X(x_i,\theta)\right]=\sum_{i=1}^{n}\mathrm{Ln}\left[f^X(x_i,\theta)\right] \tag{2.136}$$

Nótese que esta última expresión es sólo función de θ, pues los x_i son valores conocidos de la muestra. Se determinará ahora θ tal que Ln[L(θ)] sea máximo y por lo tanto $\mathcal{L}(\theta)$ Así :

$$\frac{\partial \mathrm{Ln}[L(\theta)]}{\partial\theta}=0 \Rightarrow \hat{\theta}=\theta_{MLE} \tag{2.137}$$

El valor de θ que satisface esta expresión es el MLE de θ ; θ_{MLE}

2.8.3.2. Ejemplos de aplicación.

- Sea que estén tomando muestras de una población cuya pdf es normal y no son conocidos ni μ ni σ^2. Entonces:

$$f^X(x,\mu,\sigma)=\frac{1}{\sigma.\sqrt{2.\pi}}.\exp\left[-\frac{1}{2}\left(\frac{x-\mu}{\sigma}\right)^2\right]$$

Fórmese la función L(μ, σ). Así:

$$L(\mu,\sigma)=\prod_{i=1}^{n} f^{X}(x_i,\mu,\sigma)=\frac{1}{\sqrt{(2.\pi.\sigma^2)^n}}.\exp\left[-\frac{1}{2}\sum_{i=1}^{n}\left(\frac{x_i-\mu}{\sigma}\right)^2\right]$$

Tomando logaritmo natural en ambos miembros, se tiene:

$$\text{Ln}[L(\mu,\sigma)]=-\frac{n}{2}.\text{Ln}(2.\pi)-\frac{n}{2}.\text{Ln}(\sigma^2)-\frac{1}{2}\sum_{i=1}^{n}\left(\frac{x_i-\mu}{\sigma}\right)^2$$

Derivando respecto de las variables μ y σ^2 y e igualando a cero, resulta:

$\partial \text{Ln}.[L(\mu, \sigma^2)]/\partial\mu = 0$

$\partial \text{Ln}.[L(\mu, \sigma^2)]/\partial \sigma = 0$

Entonces:

$$\text{MLE}[\mu]=\frac{1}{n}.\sum_{i=1}^{n} x_i$$

$$\text{MLE}[\sigma^2]=\frac{1}{n}.\sum_{i=1}^{n}(x_i-\mu)^2$$

Este último estimador de σ^2 es sesgado. El sesgo se evita multiplicando σ^2_{ML} por el ya visto factor de corrección de Bessel (n/n-1). Existe una pequeña diferencia entre σ^2_{ML} y σ^2 insesgado si la medida de la muestra (n) es agrande ($n \geq 30$).

- Sea una distribución exponencial como la característica de vida de un determinado componente electrónico y sea el hecho de estimar la vida media del mismo, sobre datos de ensayo. La pdf será :

$f^T (t,\theta) = (1/\theta).\exp.(-t/\theta)$

La función $L(\theta)$ es:

$$L(\theta) = \prod_{i=1}^{n} f^{T}(t_i, \theta) = \frac{1}{\theta^{n}}.\exp\frac{1}{\theta}\left[-\sum_{i=1}^{n} t_i\right]$$

Tomando logaritmo natural de $L(\theta)$, derivando e igualando a cero se tiene:

$$Ln[L(\theta)] = -.n.Ln(\theta) - \frac{1}{\theta}.\sum_{i=1}^{n} t_i$$

$$\partial Ln\ [L(\theta)]/\partial\theta = 0$$

De aquí:

$$MLE[\theta] = \frac{1}{n}.\sum_{i=1}^{n} t_i = \overline{T}$$

Donde $\overline{T}$ será el tiempo de vida media estimada; a partir de los datos t_i; tiempos de vida de los componentes bajo prueba (n, en total).

2.8.4. Estimación por intervalos.

2.8.4.1. Definiciones.

Se ha visto previamente como estimar puntualmente parámetros de la población en base a una o más muestras aleatorias extraídas de la población. Es posible adoptar un punto de vista diferente, que implique realizar una aseveración del tipo:

$$P\,(\theta_{LI} < \theta < \theta_{LS}) = \alpha \qquad (2.138)$$

Donde:

θ = parámetro de la población.
θ_{LI}, θ_{LS} = estimadores asociados a la muestra aleatoria.
α= probabilidad asociada.

Si α=0,95 el intervalo ($\theta_{LI} < \theta < \theta_{LS}$) es del 95% de confianza. En este caso se acepta con un 5% de riesgo que la aseveración no sea verdadera.

Veamos este concepto desde un punto de vista geométrico. Supóngase que se extraen repetidas muestras x_1, x_2 de una población, uno de cuyos parámetros se desea acotar en un intervalo. Constrúyase un espacio tridimensional como el de la Fig.2.43, con los ejes horizontales x_1, x_2 y eje vertical θ. El valor real del parámetro θ es el punto por donde pasa el plano α. Tomando muestras al azar, por ejemplo (x_1, x_2) y calculando θ_{LS} y θ_{LI} para el 95 % de confianza se obtiene el intervalo de la Fig. 2.43.

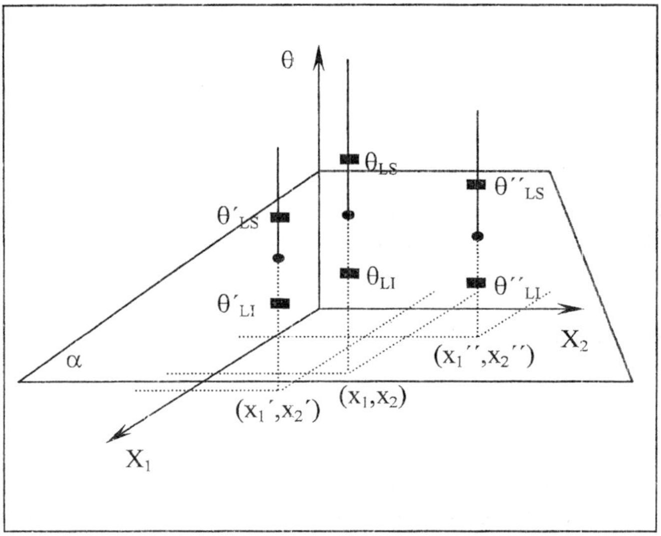

Fig.2.43 - Estimación por intervalos de confianza

Tomando otra muestra (x_1', x_2'), y calculando nuevamente los valores θ'_{LS} y θ'_{LI} para el mismo nivel de confianza, se obtendrá otro intervalo de confianza. Así es posible generar una familia de intervalos de confianza. Estos dependerán solamente de los valores (x_1, x_2), (x_1',x_2'), etc. Nótese que todos estos intervalos son evaluados sin el conocimiento del verdadero valor de θ.

Si los intervalos de confianza son todos calculados en base al 95 % y se tiene una gran familia de estos intervalos, entonces el 95 % de estos cortará al plano α en θ e incluirá el valor de θ y el 5 % de ellos no lo cortará como el determinado por los valores (x_1'', x_2'') (intervalo de límites θ_{LI}'' y θ_{LS}'').

El proceso de tomar muestras al azar y calcular de ellas el intervalo de confianza es equivalente al hecho de tomar de una caja que contiene miles de intervalos de confianza, unos cuantos al azar. Si hay todos intervalos del 95 %, la probabilidad de tomar un intervalo que incluya θ será del 95 %. De otra forma el 5 % de las veces no se tendrá suerte y se seleccionará un intervalo que no incluya θ, como el intervalo de límites θ_{LI} ''y θ_{LS}''.
Si se juzga que el riesgo del 5 % es alto, se puede recurrir al intervalo de mayor confianza (99 %) en los cuales el riesgo se reduce al 1 %. Cuanto más grande el intervalo de confianza, más pequeño el riesgo. Así, es posible afirmar que existe un 100 % de confianza en que el número de ítems defectuosos en un lote de 10.000 es un número comprendido en 0 y 10.000. Se observa aquí la poca utilidad de niveles de confianza de riesgo 0 %.

2.8.4.2. Ejemplos de aplicación.

Sea un ejemplo de cálculo de límites superior e inferior (θ_{LI}, θ_{LS}) a partir de una muestra de una población de parámetros conocidos de antemano. Si se toman muestras de una distribución normal, entonces la media de la muestra $\overline{X}$ es normal con desvío $\sigma/\sqrt{n}$. Aún si la distribución no fuera normal, por el teorema Central del límite y para n suficientemente grande $\overline{X}$ estará distribuida normalmente o aproximadamente normal con media μ y desvío $\sigma/\sqrt{n}$. Así, si Z es la variable normal estandarizada, se tendrá:

$$Z = \frac{\overline{X} - \mu}{\frac{\sigma}{\sqrt{n}}}$$

Como Z esta tabulada, es posible encontrar valores w de Z y valores α de probabilidad tal que:

$$P(-w \le Z \le w) = \alpha$$

Por ejemplo para $\alpha = 0{,}95$ resulta $w = 1{,}96$. Así:

$$P(-w \le \frac{\overline{X} - \mu}{\frac{\sigma}{\sqrt{n}}} \le w) = \alpha$$

De esta expresión:

$$P\left(-\frac{w.\sigma}{\sqrt{n}} \leq \overline{X} - \mu \leq \frac{w.\sigma}{\sqrt{n}}\right) = \alpha$$

y de aquí:

$$P\left(\overline{X} - \frac{w.\sigma}{\sqrt{n}} \leq \mu \leq \overline{X} + \frac{w.\sigma}{\sqrt{n}}\right) = \alpha \qquad (2.139)$$

Donde:

$$\theta_{LI} = \overline{X} - \frac{w.\sigma}{\sqrt{n}} \qquad (2.140)$$

$$\theta_{LI} = \overline{X} + \frac{w.\sigma}{\sqrt{n}} \qquad (2.141)$$

Para el caso en que solo se conoce la media pero no el desvió, éste debe ser estimado de a cuerdo a lo visto en 2.8.2.2. Estimada la varianza, sea ésta s^2. Entonces:

$$T_S = \frac{\overline{X} - \mu}{\frac{s}{\sqrt{n}}} \qquad (2.142)$$

Igual que antes es posible formar la inecuación:

$$P\left(\overline{X} - \frac{w.s}{\sqrt{n}} \leq \mu \leq \overline{X} + \frac{w.s}{\sqrt{n}}\right) = \alpha \qquad (2.143)$$

Aquí T_S no es la variable normal estandarizada sino que es la denominada "T de Student". La distribución de Student fue estudiada por W.S. Gossett en la primera mitad de siglo. Así si σ no se conoce, el valor de w y n figurarán en tablas especiales de T_S y no en la normal como se procede cuando σ es conocida.

El valor de T_S depende de la medida de la muestra o grados de libertad. Para $n \geq 30$ los valores de la tabla normal difieren muy poco de los de la T de Student. En estos casos $Z=T_S$ y se utilizará la tabla normal.

Para el cálculo de la confiabilidad de ítems en general los intervalos de confianza de un solo límite son más usados que los de dos límites. Si la distribución es simétrica, entonces el intervalo de dos límites puede ser convertido en mono límite. Por ejemplo, si la confiabilidad de un grupo de ítems es:

$0{,}95 < C < 0{,}98$

Con un nivel de confianza del 95 % entonces:

$C > 0{,}95$

con un nivel de confianza del 97,5 %.

Para el caso de una distribución exponencial, el dominado MTBF (Del inglés mean time between failures) o tiempo medio entre fallas es estimado por el estimador puntual:

$$\theta_{MLE} = MLE[\theta] = \frac{1}{n}.\sum_{i=1}^{n} t_i = \overline{T}$$

Donde t_i son los tiempos de falla observados. Puede demostrarse, siguiendo a Epstein que:

$$\chi^2 = n.\theta_{MLE}/\theta \qquad (2.144)$$

Sigue una distribución ji-cuadrado con $\nu = 2n$ grados de libertad. Si $\chi^2(97{,}5; 2n)$ y χ^2 (2,5; 2n) son los valores del ji-cuadrado correspondientes a la Cdf 97,5 % y 2,5 %, se tendrá un intervalo de confianza del 95 % con dos límites. Así:

$$\chi^2(2{,}5;2n) < (n.\theta_{MLE}/\theta) < \chi^2(97{,}5; 2n)$$

Operando queda:

$$n.\theta_{MLE}/\chi^2(97{,}5;2n) < \theta < n.\theta_{MLE}/\chi^2(2{,}5; 2n) \qquad (2.145)$$

Para diferentes niveles de confianza se pueden obtener otros valores para χ^2 de tablas de la función. Los intervalos de confianza para $\lambda=1/\theta$ se obtienen directamente de esta igualdad en la desigualdad de arriba. Para otro tipo de experimento, los intervalos de confianza así también como los estimadores, son calculados de acuerdo al modo de recolección de datos. Existen, como se verá más adelante, dos tipos fundamentales de pruebas o tests:

- Tipo 1: n componentes iguales se prueban operando por un tiempo fijo T. El número de componentes fallados en ese intervalo es aleatorio.
- Tipo 2: n componentes iguales se prueban operando hasta que un predeterminado número de componentes falla y éste número debe ser menor que n.

2.8.5. Análisis Bayesiano.

Hasta ahora se trató a los parámetros de la distribución muestral como fijos. En muchos casos, esto es cuestionable. En el análisis propuesto por Bayes, estos parámetros no son considerados como fijos sino como variables aleatorias. Sea la función de distribución asociada a la siguiente pdf:

$$f^T(t) = \frac{1}{\theta}.\exp\left(-\frac{t}{\theta}\right)$$

El parámetro θ es el denominado MTBF. Es posible expresar la exponencial en términos de $\lambda = 1/\theta$. Así:

$$f^T(t) = \lambda.\exp(-\lambda.t)$$

La denominada tasa de fallas λ esta asociada también con una distribución de probabilidad. Sea p(λ) la pdf primitiva o anterior. Esta representa el conocimiento previo o anterior de λ antes de que haya sido tomada una muestra. Supóngase, ahora que se toma una muestra de tiempos de falla y sean éstos:

$$t_1, t_2, t_3, \ldots\ldots\ldots, t_n$$

Se estudiará, ahora, la distribución posterior de λ con el conocimiento adicional de los datos de la prueba {D}. Entonces:

p (λ/D) = pdf posterior de λ

p (λ) = pdf primitiva de λ

$$\{D\} = \{t_1, t_2, t_3, \ldots\ldots\ldots, t_n\}$$

Por el Teorema de Bayes (2.2.3.5) se puede escribir en forma compacta:

$$P(B/A) = \frac{P(A/B).P(B)}{\sum_{B} P(A/B).P(B)}$$

Donde:

A = evento que establece la información adicional de datos de tiempos de falla
B = evento que establece que la tasa de fallas se encuentre entre λ y $\lambda + d\lambda$.

Entonces, de acuerdo a las distribuciones dadas, se tiene:

$$p(\lambda/D) = \frac{\exp\left[-\sum_{i=1}^{n} \lambda.t_i.\right].\lambda^n.p(\lambda)}{\int_{-\infty}^{\infty} \exp\left[-\sum_{i=1}^{n} \lambda.t_i\right].\lambda^n.p(\lambda).d\lambda} = k.\exp\left[-\sum_{i=1}^{n} \lambda.t_i.\right].\lambda^n.p(\lambda) \qquad (2.146)$$

Donde k es la constante de normalización y P (λ/D) es la pdf de λ incorporado el conocimiento previo y los datos observados de la muestra. El Teorema de Bayes da entonces un camino formal de conseguir información de tasas de fallas. Es decir de pasar de p (λ) a p (λ/D).
Si se toma una muestra nueva de datos de tiempos de falla {D'} tal que:

$\{D'\} = \{ t_1', t_2', t_3', \ldots\ldots t_n' \}$

Entonces la pdf de λ puede ser obtenida nuevamente incorporando estos nuevos datos y los anteriores. Así:

$$p(\lambda/D,D') = k'.\exp\left[-\sum_{i=1}^{n} \lambda.t_i'.\right].\lambda^n.p(\lambda/D) \qquad (2.147)$$

Al aplicar la expresión de Bayes, la pdf de los parámetros tal como p(λ/D) da información de la variabilidad e incerteza en estos parámetros. Es posible obtener valores puntuales tales como el valor de λ más probable o el valor medio de λ. Es posible, también, obtener intervalos de valores (intervalos de probabilidad) a menudo llamados intervalos de confianza Bayesianos.

Por ejemplo, habiendo determinado p(λ/D) es posible evaluar el limite superior e inferior al 95 % (λ_{LS}, λ_{LI}) de tal forma que exista un 95 % de probabilidad que λ se encuentre en este intervalo. Así:

$$\int_{\lambda_{LI}}^{\lambda_{LS}} p(\lambda / D).d\lambda = 0{,}95$$

Otros valores pueden ser obtenidos a partir de esta aproximación Bayesiana ya que la distribución del parámetro p (λ/D) es totalmente conocida.

2.8.6. Test de hipótesis estadística.

2.8.6.1. Definiciones.

- Se denominan hipótesis estadísticas a las afirmaciones acerca de distribuciones de probabilidad de poblaciones. Por ejemplo el MTBF de un dispositivo de 10^6 hs.

- La hipótesis que afirma que no existe diferencia específica entre procesos o procedimientos salvo fluctuaciones estadísticas, se denomina hipótesis nula H_O. Cualquier otra hipótesis que difiera de la anterior se denomina hipótesis alternativa H_A.

- Error tipo I (α) es el error que se comete cuando se rechaza la hipótesis nula siendo cierta. α es el nivel de significación del test. 1-α es el nivel de confianza del test.

- Error tipo II (β) es el error que se comete cuando se acepta la hipótesis nula siendo falsa. 1-β es la potencia del test.

- En la figura 2.44. se pueden observar los dos tipos de errores y las regiones críticas. La única forma de reducir α y β es aumentar la medida de la muestra. El espacio muestral de todos los posibles valores que arroje el test se dividen en zonas de rechazo y aceptación. A la zona de rechazo se le denomina también crítica.

- En general, para realizar un test de hipótesis se procede de acuerdo al esquema siguiente :

Se plantean las hipótesis nula y alternativa.
Se seleccionan α y β (en algunos casos se selecciona n en lugar de β).
Se realiza el test, seleccionando la muestra estadística.
Se determina la o las regiones críticas.
Se evalúa el valor de la variable estadística característica de la muestra.
Se acepta o rechaza la hipótesis nula.

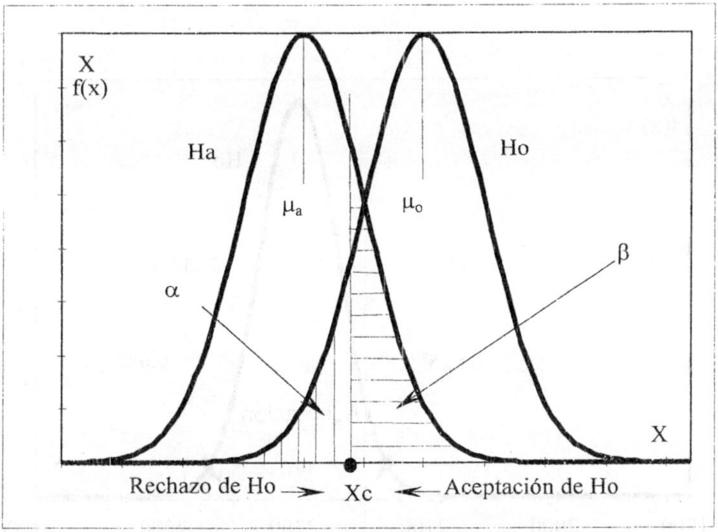

Fig.2.44 - Test o prueba de hipótesis

2.8.6.1. Ejemplo de aplicación.

Una fábrica produce componentes electrónicos de un determinado tipo con un MTBF = 2.100 hs. y desvío 300 hs. Se toma una muestra de 100 de esos componentes y se evalúa el MTBF que resulta igual a 2.200 hs. Se pretende ensayar esta hipótesis con un riesgo dado. Sea el riesgo de 5 %. Las hipótesis nula y alternativa serán:

$H_o : \mu_0 = 2.200$ hs

$H_a : \mu \neq 2.200$ hs.

$\alpha = 0{,}05$

La variable estadística es:

$$Z = \frac{\overline{X} - \mu}{\frac{\sigma}{\sqrt{n}}}$$

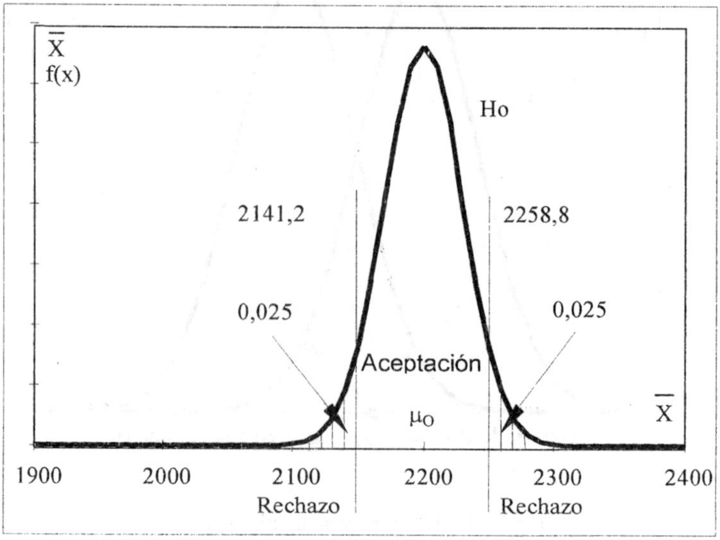

Fig.2.45 - Test de hipótesis $H_a : \mu \neq 2.200$ hs.

Para $\alpha = 0{,}05$ resulta $z = \pm 1{,}96$. Luego:

$$\theta_{LI} = \overline{X} - \frac{w.\sigma}{\sqrt{n}} = 2.200 - \frac{1{,}96.300}{\sqrt{100}} = 2141{,}20 \text{ hs.}$$

$$\theta_{LI} = \overline{X} + \frac{w.\sigma}{\sqrt{n}} = 2.200 + \frac{1{,}96.300}{\sqrt{100}} = 2.258{,}80 \text{ hs.}$$

Como 2.100 hs. cae dentro de la zona de rechazo, se rechaza la hipótesis nula con un riesgo del 5 %.Ver Fig. 2.45. Si la Hipótesis alternativa fuese:

$H_a : \mu_a = 2.100$ hs.

Entonces el error de tipo II (β) sería:

$\beta = P\ (2.141{,}2 < X < 2.258{,}8)$; con $\mu = \mu_a$

Normalizando. Ver Fig. 2.46.

$$\beta = P\left[\frac{(\theta_{LS} - \mu_a).\sqrt{n}}{\sigma} \leq Z \leq \frac{(\theta_{LI} - \mu_a).\sqrt{n}}{\sigma}\right]$$

$$\beta = P(1{,}37 \leq Z \leq 5{,}29) = 0{,}09$$

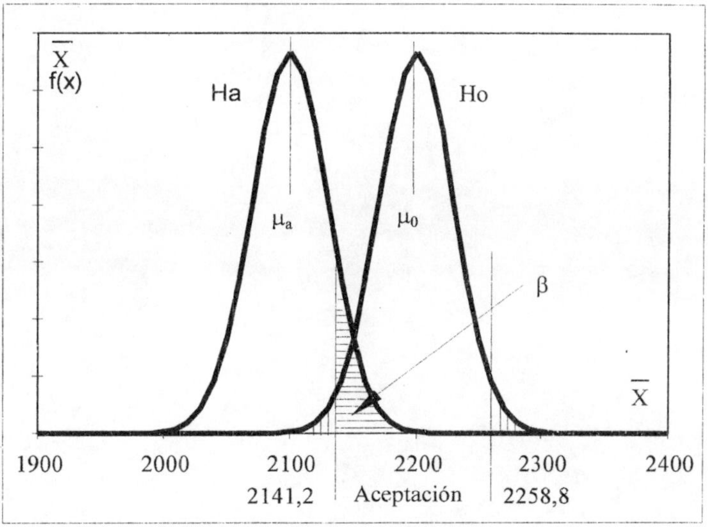

Fig.2.46 - Test de hipótesis $H_a : \mu_a = 2.100$ hs.

CAPITULO 3

MODELOS DE FALLA CATASTROFICA

3.1. Funciones pfd y Cdf características.

Sea un conjunto de componentes electrónicos que se ensaya hasta la falla catastrófica, es decir repentina y completa. Sean además n =10 los componentes bajo ensayo t_i los tiempos que transcurren hasta que los componentes empiezan a fallar. Agrupando el número i de observaciones y los tiempos t_i hasta la falla se obtiene el cuadro de la Fig. 3.1.

Si se lleva en un sistema de coordenadas cartesiano ortogonal, en ordenadas el número de observaciones dividido por el número de componentes bajo ensayo y en abscisas el tiempo de falla se obtiene el denominado histograma de frecuencias relativas. Se observa que todos los tiempos de falla estarán comprendidos entre 2.700 y 6.400 hs.

Para proceder a la construcción de la gráfica se puede dividir el intervalo de tiempo de interés que va de 2.750 hs. a 6.400 hs. en partes iguales y en una cantidad determinada, luego evaluar la proporción de componentes que falla en cada una de ellas.

Sturges sugirió una expresión empírica para calcular el número óptimo de intervalos de clase entre dos mediciones extremas, de modo de obtener de un histograma la mayor información

i	t_i (hs.)
1	2.750
2	3.100
3	3.400
4	3.800
5	4.100
6	4.400
7	4.700
8	5.100
9	5.700
10	6.400

Fig. 3.1 - Observaciones de tiempos hasta la falla.

Así:

$K = 1+3{,}33.\log.\ n$ (3.1)

Si n es el número total de observaciones, en este caso 10, se tiene:

$K = 1+3{,}33.\log.10 = 4{,}33 \cong 4$ (3.2)

La longitud de cada intervalo será:

$Q = t_{MAX} - t_{MIN}) / K = (6.400 - 2.750)\ hs. / 4 \cong 913\ hs.$ (3.3)

t (hs)	Observaciones
$t < 2.750$	0
$2.750 \leq t < 3.663$	3/10
$3.663 \leq t < 4.576$	3/10
$4.576 \leq t < 5.489$	2/10
$5.489 \leq t < 6402$	2/10
$6402 \leq t$	0

Fig. 3.2 - Proporción de componentes fallados

En la Fig.3.2 se vuelca el número de observaciones correspondientes a cada intervalo de clase. El histograma de frecuencias relativas se muestra en la Fig.3.3.

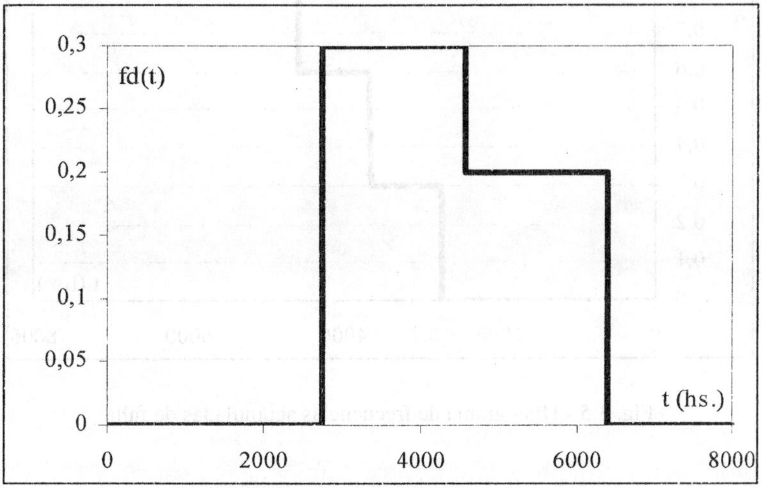

Fig. 3.3 - Histograma de frecuencias relativas de falla

Es posible construir el denominado histograma de frecuencias acumuladas relativas de fallas. Para ello solo basta con ir sumando, para cada intervalo de clase, el número relativo de componentes que fallan hasta ese intervalo inclusive. La tabla de valores y el histograma de referencia se muestra en las Fig. 3.4. y 3.5.

t (hs)	Observaciones
t < 2.750	0
2.750 ≤ t < 3.663	3/10
3.663 ≤ t < 4.576	3/10
4.576 ≤ t < 5.489	2/10
5.489 ≤ t < 6402	2/10
6402 ≤ t	0

Fig. 3.4 - Proporción acumulada de componentes fallados

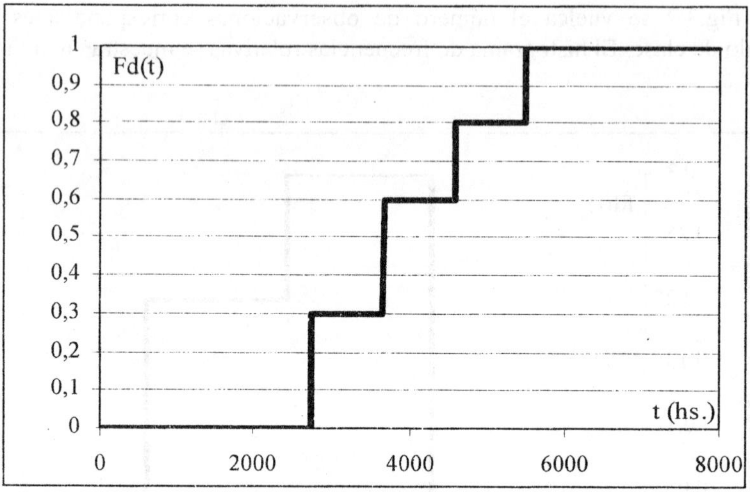

Fig. 3.5 - Histograma de frecuencias acumuladas de falla

Asimismo el posible construir el denominado histograma de frecuencia relativas de falla por unidad de tiempo. Para ello solo basta con evaluar para cada intervalo de clase el cociente de la cantidad de componentes fallados en cada intervalo de clase en relación a lo sobrevivientes al comienzo de ese mismo intervalo de clase y la duración en tiempo de ese intervalo. En la Fig.3.6 se observa la tabla de valores obtenida de ese modo y en la Fig.37 el histograma resultante.

t (hs)	Observaciones
t < 2.750	0
2.750 ≤ t < 3.663	3,3E-04
3.663 ≤ t < 4.576	4,7E-04
4.576 ≤ t < 5.489	5,5E-04
5.489 ≤ t < 6402	1,1E-03
6402 ≤ t	0

Fig. 3.6 - Proporción relativa de componentes fallados por unidad de tiempo

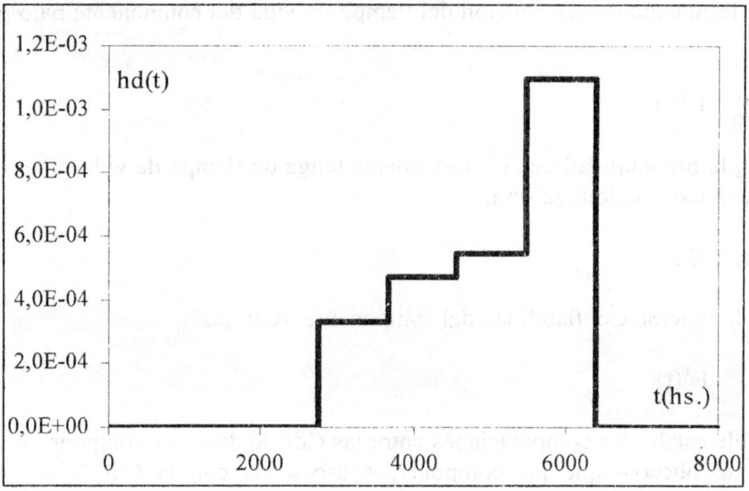

Fig. 3.7 - Histograma de frecuencias relativas de falla por unidad de tiempo

A medida que se incrementa el número de observaciones, los histogramas estudiados tienden a ser funciones continuas. Así el histograma de frecuencias relativas de falla fd(t), el de frecuencias acumuladas de falla Fd(t) y el de frecuencias relativas de falla por unidad de tiempo hd(t) tenderán respectivamente a $f^T(t)$, $F^T(t)$ y h(t).

Se trata respectivamente de las funciones de densidad de probabilidad de los tiempos de vida (pdf), de distribución de los tiempos de vida (Cdf) y de la denominada tasa de fallas (h), características del componente bajo ensayo. De modo que:

$$\underset{n \to \infty}{fd(t) \to f^T(t)} \qquad (3.4)$$

$$\underset{n \to \infty}{Fd(t) \to F^T(t)} \qquad (3.5)$$

$$\underset{n \to \infty}{hd(t) \to h(t)} \qquad (3.6)$$

$F^T(t)$ es la función de distribución del tiempo de vida del componente bajo prueba, es decir:

$$P\,(T \leq t) = F^T(t) \qquad (3.7)$$

De aquí, la probabilidad que el componente tenga un tiempo de vida superior a un valor genérico t cualquiera será:

$$P\,(T > t) = C\,(t) \qquad (3.8)$$

C (t) es la función Confiabilidad del componente. Así:

$$C\,(t) = 1 - F^T(t) \qquad (3.9)$$

Es posible establecer comparaciones entre las Cdf de distintos componentes. En la Fig.3.8 se observa que los componentes asociados con la Cdf $F_1{}^T(t)$, que se encuentra siempre por encima de $F^T(t)$, son menos confiables que los asociados a la Cdf $F^T(t)$.
Así mismo los componentes asociados a $F_2{}^T(t)$ son más confiables que los asociados a $F^T(t)$ y $F_1{}^T(t)$.
Con respecto a la Cdf $F_3{}^T(t)$ se puede concluir que para una longitud de vida menor que t_0 los componentes asociados a $F^T(t)$ son más confiables que los asociados a $F_3{}^T(t)$ y viceversa para longitudes de vida mayores que t_0.
Físicamente puede interpretarse que, comparando por ejemplo $F_1{}^T(t)$ con $F^T(t)$, puede tenerse iguales longitudes de vida t_0 con menos componentes de muestra para $F^T(t)$, lo que implica mayor confiabilidad de los componentes asociados a $F^T(t)$. De otra forma, con igual número de muestras F_0, pueden obtenerse longitudes de vida mayores con los componentes asociados a $F^T(t)$ que con los asociados a $F_1{}^T(t)$. Al referirse a número de muestras, se interpreta número de observaciones realizadas es decir número de componentes fallados.
Siendo $F^T(t)$ la Cdf característica del componente, su derivada primera será $f^T(t)$, la pdf correspondiente. Así:

$$F^T(t) = -\int_{-\infty}^{t} f^T(t) \qquad (3.10)$$

$f^T(t)$ es la función densidad de probabilidad del tiempo de vida del componente. Entonces se puede decir que $F^T(t)$ representa la probabilidad de falla del componente, en otras palabras, la proporción de componentes que fallan hasta

T=t. En forma análoga C(t) es la proporción de componentes que permanece funcionando hasta T= t. Ambos procesos son complementarios y excluyentes.

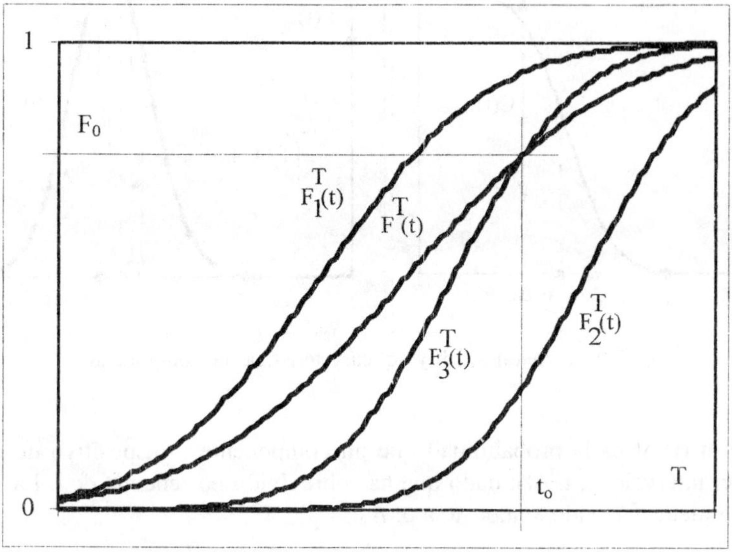

Fig. 3.8 - Funciones Cdf características de distintos componentes

De la Fig. 3.9 puede observarse que la pdf $f^T(t)$ representa la proporción de componentes que fallan entre t y t+dt, es decir la probabilidad instantánea de fallas por componente, mientras que el punto en el que se cumple que $F^T(t)=f^T(t)=0$ representa un tiempo finito antes del cual el componente no puede fallar. El valor de t correspondiente se denomina parámetro de localización γ y es muy característico de elementos cuya vida útil puede decaer en almacenamiento como pilas o baterías.

3.2. Función tasa de fallas.

En el Capítulo 1 se definió tasa de fallas en forma rigurosa. Su interpretación probabilística es la de una probabilidad condicional. Así:

$$h(t).\Delta t = \lim\{ P[(t \leq t + \Delta t) / T > t]\} \quad (3.11)$$

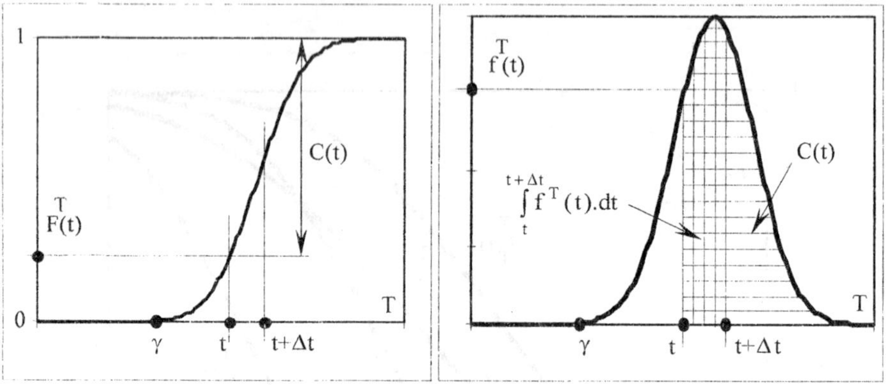

Fig. 3.9 - Funciones Cdf y pdf características de componentes

Entonces h (t).Δt es la probabilidad que un componente o dispositivo de edad t, falle en el intervalo (t, t+Δt); dado que ha sobrevivido por encima de t. La tasa de falla, se obtiene haciendo tender Δt a 0. Así:

$$h(t) = \lim_{\Delta t \to 0}\{ P[(t < T \leq t + \Delta t) / T > t]\} \quad (3.12)$$

Por la definición de probabilidad condicional, se tiene:

$$P[t < T \leq t + \Delta t) / T > t] = \frac{P[(t < T \leq t + \Delta t) \cap (T > t)]}{P(T > t)} \quad (3.13)$$

De la Fig.3.7, se concluye (3.11)

Teniendo en cuenta las definiciones de Cdf y pdf anteriores, se tiene:

$$h(t).\Delta t = [F^T (t + \Delta t) - F^T (t)] / C(t) \quad (3.14)$$

De otra forma:

$$h(t).\Delta t = - [C(t + \Delta t) - C(t)] / C(t) \quad (3.15)$$

Luego:

$$h(t) = \lim_{\Delta t \to 0} \left\{ \frac{[C(t+\Delta t) - C(t)]}{\Delta t.C(t)} \right\} \tag{3.16}$$

Entonces:

$$h(t) = -\frac{1}{C(t)} \cdot \frac{\partial C(t)}{\partial t} \tag{3.17}$$

De donde resulta:

$$C(t) = \exp\left[-\int_{\gamma}^{t} h(t).dt \right] \quad ; \quad \forall\, t \geq \gamma \tag{3.18}$$

De aquí $F^T(t)$ será:

$$F^T(t) = 1 - C(t) = \exp\left[-\int_{\gamma}^{t} h(t).dt \right] \quad ; \quad \forall\, t \geq \gamma \tag{3.19}$$

Además:

$$f^T(t) = \frac{\partial F^T(t)}{\partial t} = h(t).\exp\left[-\int_{\gamma}^{t} h(t).dt \right] \quad ; \quad \forall\, t \geq \gamma \tag{3.20}$$

Luego la relación entre, tasa de fallas; función confiabilidad y densidad de probabilidad de tiempo de vida será:

$$h(t) = f^T(t) / C(t) \quad ; \quad \forall t \geq \gamma \tag{3.21}$$

Si se grafican h (t), C(t) y f^T (t), resultan en general las curvas de la Fig. 3.10. La gráfica de h(t) se denomina curva de bañera (Bathtube Curve). Pueden distinguirse tres regiones bien diferenciadas:

- Región 1: ($0 \leq T < T_e$) Región de *mortalidad infantil* o de *fallas tempranas*, donde es difícil determinar la función de distribución. La función de distribución apropiada a esta parte de la curva depende en forma crítica de la naturaleza misma del componente bajo análisis. Algunos fabricantes someten el producto a un período de "Burn in" para eliminar fallas tempranas. Antes de entregar los lotes del producto al mercado.

- Región 2: ($T_e \leq T < T_w$) Región correspondiente a la *zona de tasas de fallas constante* λ, a la cual es aplicable la distribución exponencial de fallas (vida útil).

- Región 3: ($T_w \leq T < \infty$) Región que corresponde a la *zona de desgaste* (wear-out) o *fuera de uso*. Aquí, las distribuciones, normal y lognormal, proveen un modelo adecuado.

En general, se trata, sobre todo en grandes sistemas electrónicos, que los componentes se mantengan dentro de la zona de vida útil ($T_e \leq T < T_w$) de modo de reemplazar periódicamente dichos componentes antes que lleguen a la zona de desgaste ($T \geq T_w$). Así, en general será:

$$\begin{aligned}
&\lambda_e(t) + \lambda + \lambda_w(t) \cong \lambda_e(t) + \lambda = \lambda_e(t) \;\; ; \;\; T<T_e \\
&\lambda_e(t) + \lambda + \lambda_w(t) \cong \lambda \;\; ; \;\; T_E \leq T < T_w \\
&\lambda_e(t) + \lambda + \lambda_w(t) \cong \lambda_w(t) + \lambda = \lambda_w(t) \;\; ; \;\; T \geq T_w
\end{aligned} \tag{3.22}$$

Luego, la función confiabilidad será:

$$C(t) = C_e(t).C_u(t).C_w(t) \tag{3.23}$$

$$C(t) = \exp\left\{-\int_0^t \left[\lambda_e(t) + \lambda + \lambda_w(t)\right] dt\right\} \tag{3.24}$$

Entonces:

$$C(t) = \exp\left[-\int_0^t \lambda_e(t).dt\right].\exp\left[-\int_0^t \lambda(t).dt\right].\exp\left[-\int_0^t \lambda_w(t).dt\right] \tag{3.25}$$

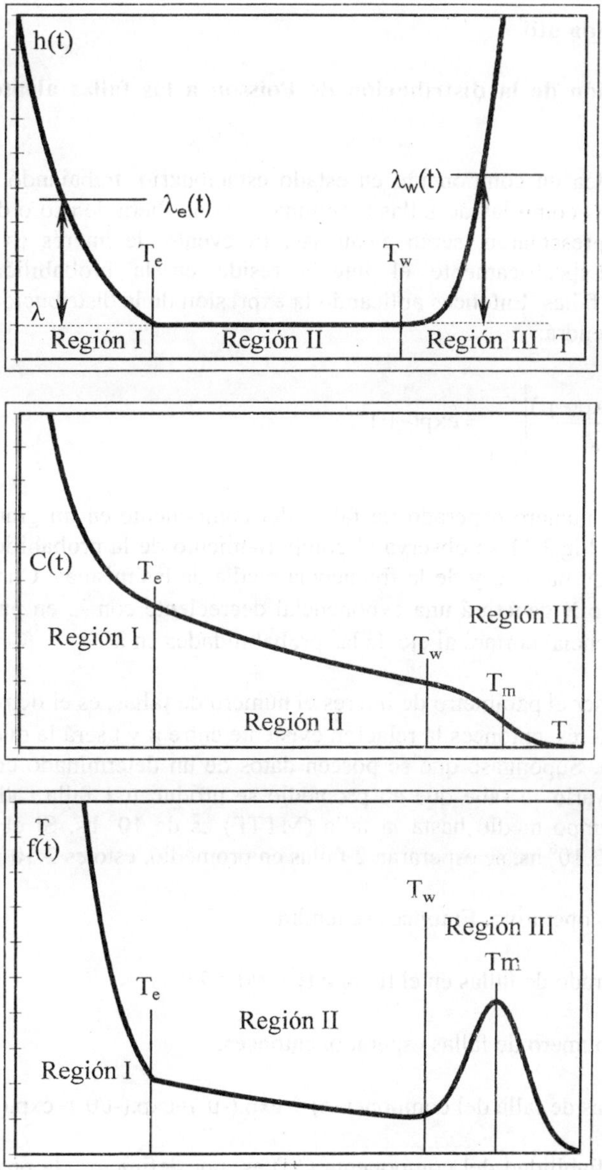

Fig. 3.10 - Funciones tasa de fallas, confiabilidad y pdf características

3.3. Zona de vida útil.

3.3.1. Aplicación de la distribución de Poisson a las fallas aleatorias de un componente.

Sea un componente en estado estacionario, trabajando fuera de las zonas peligrosas como las de fallas tempranas y la de fuera de uso o desgaste. Las fallas que se presentarán, serán aleatorias. El evento de interés es la *falla del componente*. Específicamente el interés reside en la probabilidad de cero ocurrencias de fallas. Entonces aplicando la expresión de la distribución de Poisson para x = 0, se tendrá:

$$P(0,\mu)=\left.\frac{u^{x}.\exp(-\mu)}{x!}\right|_{x=0}=\exp(-\mu) \qquad (3.26)$$

Donde μ es el número esperado de fallas del componente en un gran número de pruebas. En la Fig.3.11 se observa el comportamiento de la probabilidad de fallas en función de su número y de la frecuencia media de las mismas. Cualquier plano que corte al eje X generará una exponencial decreciente con λ, en particular para X=0, la exponencial cortará al eje de las probabilidades en λ.

Si en lugar de ser el parámetro de interés el número de fallas, es el tiempo, ahora, el que atrae el interés, entonces la relación existente entre μ y t será la que se describe a continuación. Supóngase que se poseen datos de un determinado componente y luego de ensayarlo se sabe que en promedio se producen 1 falla cada 10^6 hs. Se dirá que el tiempo medio hasta la falla (MTTF) es de 10^6 hs. Si el componente opera durante 2.10^6 hs, se esperarán 2 fallas en promedio, esto es $2.10^6/10^6 = 2$.

Sea t el tiempo operativo. Entonces se tendrá:

{Número esperado de fallas en el tiempo t} = t/θ = λt

Como μ es el número de fallas esperado, entonces:

P (0 ocurrencias de falla del componente) = exp.(-μ)=exp.(-t/θ)=exp.(- λt)

Luego, la confiabilidad del componente C(t) es, por definición, la probabilidad de continuar operando satisfactoriamente durante el tiempo t:

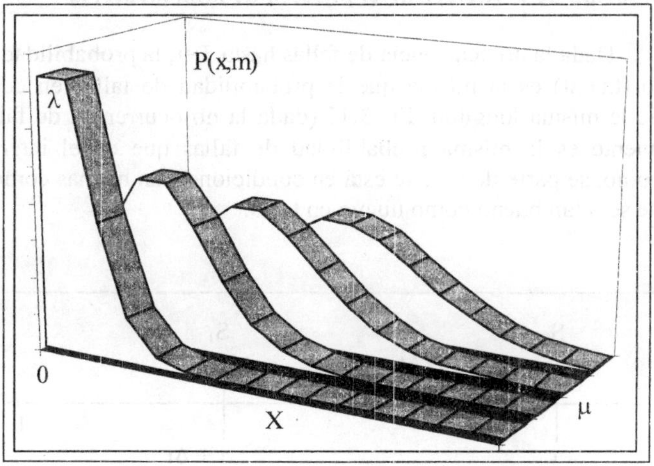

Fig. 3.11 - Función de Poisson para distintos valores de medias

$$C(t) = \exp(-t/\theta) = \exp(-\lambda t) \quad (3.27)$$

La probabilidad que el componente falle antes de t, viene dada por la Cdf $F^T(t)$. Como el componente puede fallar antes que t o no, se tiene:

$$C(t) = 1 - F^T(t) = \exp(-\lambda t) \quad (3.28)$$

$$F^T(t) = 1 - \exp.(-\lambda t) \quad (3.29)$$

La pdf será:

$$f^T(t) = \lambda \exp.(-\lambda t) \quad (3.30)$$

Esta función es ampliamente usada en análisis de confiabilidad de componentes equipos y sistemas. Es una distribución sencilla donde solo el parámetro λ ó su inversa θ debe ser determinado empíricamente a partir de ensayos efectuados sobre una muestra de la población de componentes o sobre el mismo equipo o sistema. En este ultimo caso mediante ensayos que admitan reparaciones de fallas de los equipos o sistemas bajo prueba.

3.3.2. Otra forma de caracterizar el proceso de falla aleatoria.

Dada la no ocurrencia de fallas hasta T=t, la probabilidad de fallas en el intervalo (t,t+Δt) es la misma que la probabilidad de fallas en cualquier otro intervalo de la misma longitud. Fig.3.12.(dada la no ocurrencia de fallas hasta t). Específicamente es la misma probabilidad de fallas que en el intervalo (0,Δt). Entonces como, se parte de t=0, se está en condiciones tan buenas como nuevas. El componente será tan bueno como nuevo en t = 0.

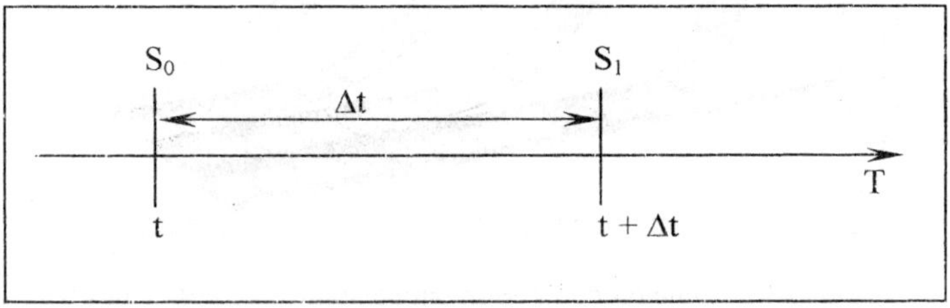

Fig.3.12 - Diagrama de tiempos para un componente con dos estados

Así, partiendo de la hipótesis de que la probabilidad de fallas en un cierto intervalo de tiempo, es solo función de la longitud de ese intervalo, es posible derivar la distribución exponencial. Luego, consideremos al elemento en cuestión, como poseyendo dos estados, uno operativo y el otro no operativo o simplemente de falla:

$\{S_0\}$= Elemento operativo (3.31)
$\{S_1\}$= Elemento fallado (3.32)

Sea:

$Ps_0\,(t)$=Probabilidad que el elemento esté en el estado S_0 en t.
$Ps_1\,(t)$=Probabilidad que el elemento esté en el estado S_1 en t.

En t=0 el elemento se encuentra en el estado operativo S_0. Ahora bien:

$Ps_0\,(t + \Delta t)$=Probabilidad que el elemento esté en el estado S_0 en $t + \Delta t$.

Consecuentemente:

$$P_{S_0}(t+\Delta t)=P_{S_0}(t).[1-\lambda\Delta t]=P_{S_0}(t)-\lambda\Delta t.P_{S_0}(t) \qquad (3.33)$$

La probabilidad de fallas en un dado intervalo de tiempo es solo función de la longitud de ese intervalo. La cantidad $\lambda.\Delta t$ representa la probabilidad de que el elemento transite del estado S_0 al estado S_1 en el intervalo Δt. λ es una cierta constante (la tasa de fallas).
Entonces $(1-\lambda.\Delta t)$ es la probabilidad de que el elemento no transite de S_0 a S_1 (es decir que no falle) en Δt. Reacomodando la expresión (3.33) se tiene:

$$\frac{P_{S_0}(t+\Delta t)-P_{S_0}(t)}{\Delta t}=-\lambda.P_{S_0}(t) \qquad (3.34)$$

Tomando el límite a cero para Δt, se tendrá:

$$\lim_{\Delta t\to 0}\left[\frac{P_{S_0}(t+\Delta t)-P_{S_0}(t)}{\Delta t}\right]=\lim_{\Delta t\to 0}\left[-\lambda.P_{S_0}(t)\right] \qquad (3.35)$$

Entonces:

$$\frac{\partial P_{S_0}(t)}{\partial t}=-\lambda.P_{S_0}(t) \qquad (3.36)$$

Esta ecuación es de fácil integración. Así:

$$\int_0^t\frac{\partial P_{S_0}(t)}{P_{S_0}(t)}=-\int_0^t\lambda.dt \qquad (3.37)$$

Luego:

$$\ln.P_{S_0}(t)=-\lambda.t \qquad (3.38)$$

Y de aquí:
$$P_{S_0}(t)=\exp(-\lambda.t)=C(t) \qquad (3.39)$$

Donde $Ps_0(t)$ es la función confiabilidad del elemento, equipo o sistema bajo análisis. Además será:

$$Ps_1(t)=1-Ps_0(t)=F^T(t)=1-\exp(-\lambda.t) \qquad (3.40)$$

La correspondiente pdf será, por supuesto $f^T(t)=\lambda.\exp(-\lambda.t)$.

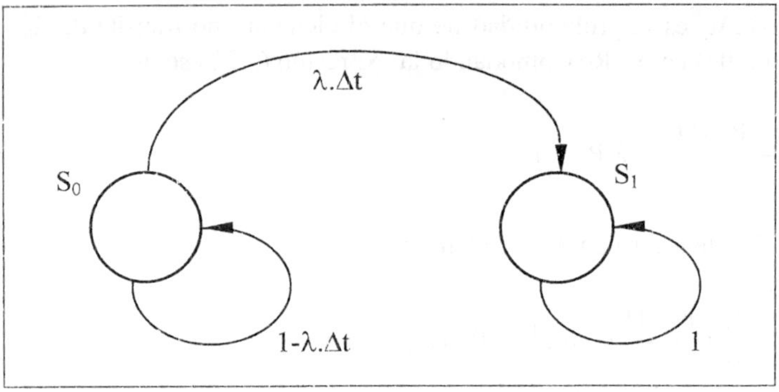

Fig.3.13 - Diagrama de transiciones para un componente con dos estados

En la Fig.3.13 se observa el diagrama de transiciones, también denominado de Markov correspondiente al modelo estudiado donde se pueden distinguir los dos estados en que se puede encontrar el elemento y las distintas transiciones entre ellos. El estado S_1 se llama, generalmente, ergódico ya que una vez que se cae en él no existe probabilidad de retornar al estado operativo S_0. En otras palabras, el diagrama es válido en $(0, \Delta t)$. Para el caso planteado, se trata de un equipo o sistema que no admite reparación, ya que la probabilidad de transición del estado S_1 al S_o es idénticamente nula.

3.3.3. Tiempo medio hasta la falla.

No debe confundirse el tiempo medio hasta la falla (MTTF) con el tiempo medio entre fallas (MTBF); en este último se tienen en cuenta situaciones como reparación o reemplazo. Si se tiene, como se analizó en 3.1., datos de tiempos de falla t_i, en una cantidad n, es posible evaluar el MTTF (tiempo medio hasta la falla).

Así:

$$MTTF = \bar{t} = \frac{1}{n}.\sum_{i=1}^{n} t_i \qquad (3.41)$$

De otra forma, dado el modelo probabilístico, es posible, en lugar de utilizar el estimado, usar la denominada esperanza matemática de la variable aleatoria T. Entonces:

$$MTTF = E(T) = \int_0^\infty t.f^T(t).dt \qquad (3.42)$$

Desarrollando la integral, se tiene:

$$\int_0^\infty t.f^T(t).dt = \int_0^\infty t.df^T(t) = -\int_0^\infty t.dC(t) = \left. -t.dC(t)\right|_0^\infty + \int_0^\infty C(t).dt \qquad (3.43)$$

Luego:

$$MTTF = \int_0^\infty C(t).dt \qquad (3.44)$$

Como:

$C(t) = \exp.(-\lambda.t)$

Entonces:

$$MTTF = \int_0^\infty \exp(-\lambda.t).dt = \frac{1}{\lambda} \qquad (3.45)$$

En la Fig.3.14 se observan la funciones $C(t)$, $F^T(t)$ y $f^T(t)$ para la zona de tasa de fallas constante. Una nueva interpretación del MTTF es aquella que surge de considerarlo como el tiempo, para el cual la confiabilidad, baja un 63 % de su valor para T=0 (la unidad). De otra forma resulta el tiempo, para el cual la probabilidad que tiene el elemento de sobrevivir, baja un 37 %.

Aclarado el concepto de MTTF es conveniente volver a recalcar la diferencia esencial con el denominado MTBF. En general el MTTF es utilizado en el caso de un simple componente, el cual no puede ser reparado cuando falla (hablando estrictamente a la primera falla). No obstante, ello puede ser reemplazado por otro en buen estado.

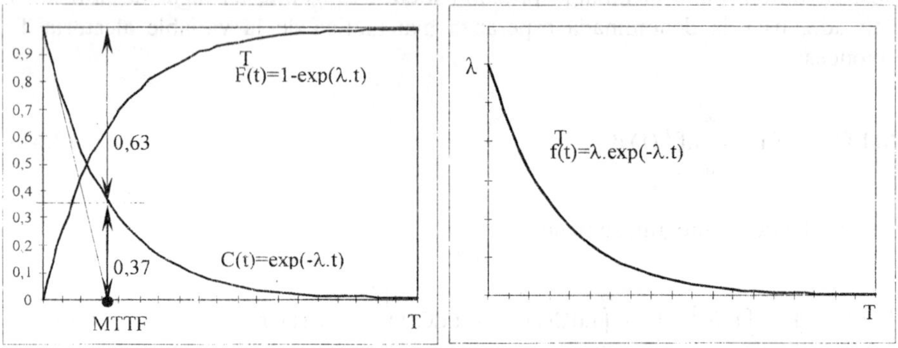

Fig.3.14 - C(t), $F^T(t)$ y $f^T(t)$ en la región de tasa de fallas constante

El MTBF es utilizado cuando se trata de equipos o sistemas reparables. Sin embargo, se acostumbra emplear el MTBF para reparables y no reparables, ya sean componentes, equipos y/o sistemas. Sea cualquiera, este tiempo medio es necesario, a fin de evaluar la confiabilidad de componentes, equipos y/o sistemas.

Para un equipo existe una relación clara entre MTTF de sus componentes y el MTBF del mismo. Así:

$$\frac{1}{MTBF} = \sum_{i=1}^{m} \frac{1}{MTBF_i} \qquad (3.46)$$

Este caso es el de una configuración del equipo tipo serie (este concepto se verá más adelante), es decir que la falla de uno cualquiera de los componentes del equipo trae aparejada la falla de todo el equipo. Aquí, el equipo posee m componentes con diferentes MTTF y cada uno de ellos, es reemplazado inmediatamente cuando falla. $MTTF_i$ es el tiempo medio hasta la falla del componente i. El MTBF es función del tiempo. Cuando el equipo opera por primera vez con componentes nuevos, el MTTF coincide con el MTBF. Luego, el MTBF fluctúa hasta que después de muchas fallas y reemplazos, se estabiliza en el

valor dado más arriba. En el caso especial de estar en la zona de vida útil MTTF y el MTBF son iguales, cosa que contribuye a confundir más ambos conceptos.
Por otro lado cuando se habla de un MTTF de 10^6 hs., esto no significa que dicho componente puede ser operado durante ese tiempo, sino que como se explico anteriormente y se recalca, esto significa exactamente que el componente posee una probabilidad del 37 % de no fallar (de operar correctamente) para ese MTTF, siempre que se esté aun dentro del período de vida útil. Como la vida del componente está limitada por el desgaste, la probabilidad de sobrevivir por un período igual al MTTF es muy remota. El MTTF está indicando cuan confiable es un componente dentro de su vida útil y no guarda ninguna relación con el período de desgaste.
Si el componente tiene una MTTF de 10^6 hs. pero T_w = 6.000 hs., no debe operarse este dispositivo por fuera de las 6.000 hs. a fin de no entrar en la zona de desgaste o fuera de uso. La baja tasa de fallas ($\lambda=10^{-6}$ hs.$^{-1}$) ó alto MTTF de 10^6 hs. solo es válido dentro de esas 6.000 hs. Si se pretendiera seguir operando el dispositivo con el nivel de confiabilidad indicado por su MTTF, éste debe ser reemplazado a las 6.000 hs. de uso.
Es de importancia evaluar la confiabilidad para un tiempo operativo t, dado que el componente tiene una edad τ. Es decir calcular $C_u(\tau, t)$. Esta probabilidad, por definición de probabilidad condicional es:

$$C_u(\tau, t) = \frac{C_u(\tau + t)}{C_u(\tau)} \tag{3.47}$$

Pero:

$$C_u(\tau, t) = \exp[-\lambda.(\tau + t)]$$

$$C_u(\tau) = \exp(-\lambda.\tau)$$

Ejecutando el cociente indicado, se tiene:

$$C_u(\tau, t) = \exp(-\lambda.t) \tag{3.48}$$

La confiabilidad no ha variado y eso es debido a la distribución exponencial del tiempo hasta la falla en la zona de vida útil.
Carece de importancia la edad τ siempre que se tome el mismo periodo de tiempo t dentro de la zona de vida útil, es por ello que se suele decir que la distribución exponencial carece de memoria o mejor dicho adolece de esa propiedad (Lack of memory).

Zona de desgaste.

Un programa efectivo de confiabilidad no puede dejar de lado el estudio de componentes concentrándose solamente en las fallas aleatorias (tasa de fallas constante). Los estudios de fallas por desgaste, son absolutamente necesarios a los fines de establecer un plan de mantenimiento preventivo, que elimine los efectos de este tipo de fallas durante la misión operativa del dispositivo. Una vez que comienza la degradación del componente, la tasa de fallas comienza a aumentar por encima del valor constante característico de la zona de vida útil. Estas fallas por degradación, tienden a concentrarse alrededor del valor $T=T_m$ que es la media de la vida en la zona de desgaste. Obsérvese la Fig.3.10.

La experiencia muestra que en esta zona se sigue la ley de distribución Normal o Lognormal. Utilizando la distribución Normal será:

$$f^T(t) = \frac{1}{\sigma.\sqrt{2.\pi}} \exp\left[-\frac{(t-T_m)^2}{2.\sigma^2}\right] \qquad (3.49)$$

T será la edad del componente desde el principio de su uso. Los valores T y σ pueden ser evaluados mediante tests. La confiabilidad para T = t es:

$$C_w(t) = \int_t^{\infty} f^T(t).dt \qquad (3.50)$$

El cálculo es menos engorroso si se utiliza la función de densidad normal estandarizada.

$$\varphi^Z(z) = \frac{1}{\sqrt{2.\pi}}.\exp(-\frac{z^2}{2}) \qquad (3.51)$$

Con $Z = (T-T_m) / \sigma$

Luego:

$$f^T(t) = \frac{\varphi^Z(z)}{\sigma} \qquad (3.52)$$

Es decir :

$$C_w(t) = \int_t^{\infty} f^T(t).dt = \int_z^{\infty} \varphi^Z(z).dz = C_w(z) \qquad (3.53)$$

Ahora bien:

$$\lambda_w(t) = \frac{f^T(t)}{C_w(t)} = \frac{\dfrac{\varphi^Z(z)}{C_w(z)}}{\sigma} = \frac{\lambda_w(z)}{\sigma} \qquad (3.54)$$

Si se define:

$$\lambda_w(z) = \sigma\,.\lambda_w(t) \qquad (3.55)$$

Se tendrá la tasa de fallas estandarizada:

$$\lambda_w(z) = \frac{\varphi^Z(z)}{C_w(z)} \qquad (3.56)$$

La tasa de fallas estandarizada, puede evaluarse en fallas por desvío estándar. Dividiendo este valor por el desvío estándar en horas se obtiene la tasa de fallas real en fallas por hora. Es de notar que la distribución normal va de $-\infty$ a $+\infty$ y su área es unitaria. El hecho de cubrir abscisa negativa no es posible en eventos dependientes del tiempo. Un componente entra en servicio en T=0 y es siempre $T \geq 0$. Sin embargo el área de la curva, desde el sector de abscisa negativa hasta el período de desgaste, es pequeña y puede, en principio, despreciarse. Otra opción sería utilizar la distribución Lognormal de variable aleatoria siempre positiva.
Cuando el equipo posee muchos componentes, la probabilidad de supervivencia en la zona de desgaste, es baja. El tiempo o período de reemplazo T_w debe ser cuidadosamente seleccionado. T_w resulta el número de desvíos estándar antes de la media. Es aquí de importancia el cálculo de la confiabilidad para un tiempo operativo t dado que el componente tiene una edad τ. Es decir evaluar C (τ. t).

Si se asume la distribución Normal de la Fig.3.15, la probabilidad de falla entre T_m-3σ y T_m-2σ es 0,0235. La misma que entre T_m+2σ y T_m+3σ. Es decir que el dispositivo tiene la misma probabilidad de ser mejor o peor que la media. Estas probabilidades iguales tienen, sin embargo, distinto significado en términos de confiabilidad.

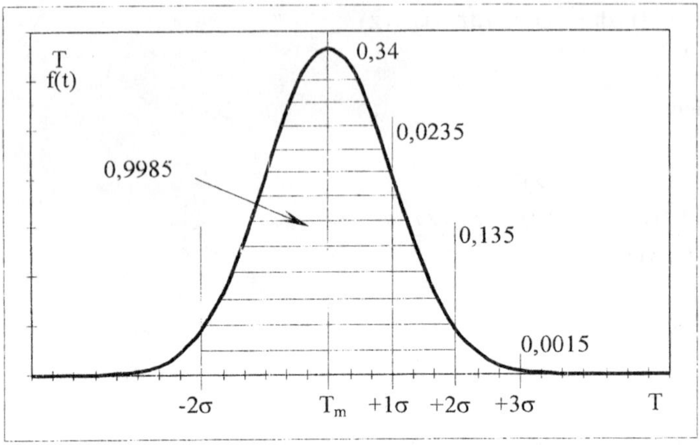

Fig.3.15 - $f^T(t)$ en la región de desgaste o fuera de uso

En el primer caso, la probabilidad de sobrevivir de $T=0$ a $T=T_m-3\sigma$ es de 0,9985. En el segundo caso, sobrevivir de $T=0$ a $T=T_m+2\sigma$ es solamente 0,025. Los 0,0235 de probabilidad de falla en ambos intervalos, debe ser pesada respecto de la probabilidad de supervivencia desde $T=0$ hasta el comienzo de dichos intervalos. Esto no es otra cosa que una probabilidad de sobrevivir desde τ a t, dado que el componente sobrevivió por encima de τ. Nuevamente se tendrá:

$$C_w(\tau, t) = \frac{C(\tau + t)}{C(\tau)} \tag{3.57}$$

Así asumiendo $f^T(t)$ normal, será:

$$C_w(\tau, t) = \frac{\int_{\tau+t}^{\infty} f^T(t).dt}{\int_{\tau}^{\infty} f^T(t).dt} = \frac{\dfrac{\Phi^Z(t+\tau-T_m)}{\sigma}}{\dfrac{\Phi^Z(\tau-T_m)}{\sigma}} \tag{3.58}$$

Siendo Φ^Z la función Cdf normal estandarizada:

$$\Phi^Z(z) = \int_{-\infty}^{z} \varphi^Z(z).dz \qquad (3.59)$$

La función distribución de Weibull es a veces usada con el factor de forma β mayor que la unidad. Así:

$$C(t) = \exp\left[-\left(\frac{t - T_w}{\theta - T_w}\right)^{\beta}\right] \qquad (3.60)$$

Donde el parámetro de posición resulta γ=T_w y el de escala η=θ-T_w. θ resulta indicador de la tendencia central de la distribución, y está relacionada con la media de la misma. Entonces C_w (τ, t) es:

$$C_w(\tau, t) = \frac{C_w(\tau + t)}{C_w(\tau)} = \frac{\exp\left[-\left(\frac{\tau + T - T_w}{\theta - T_w}\right)^{\beta}\right]}{\exp\left[-\left(\frac{t - T_w}{\theta - T_w}\right)^{\beta}\right]} \qquad (3.61)$$

De otra forma:

$$C_w(\tau, t) = \exp\left[-\left(\frac{\tau + T - T_w}{\theta - T_w}\right)^{\beta} + \left(\frac{\tau - T_w}{\theta - T_w}\right)^{\beta}\right] \qquad (3.62)$$

3.5. Zona de mortalidad infantil.

Las fallas prematuras pueden, como las de desgaste, afectar la confiabilidad del dispositivo. El tratamiento probabilístico de las fallas prematuras es de menos importancia que los otros dos, pues pueden ser eliminadas mediante Burn-in o búsqueda sistemática. Las fallas prematuras no afectan la confiabilidad cuando el diseño es correcto y se procede a una búsqueda de fallas completa. El tiempo necesario para eliminar las fallas prematuras es cuestión de experiencia. No obstante ello, se tratará el tema brevemente.

Generalmente, la distribución de Weibull con 0<β<1 es la más usada.

Así:

$$C(t) = \exp\left(-\frac{t}{\theta}\right)^{\beta} \tag{3.63}$$

Aquí $\gamma=0$ y $\eta=\theta$ con lo cual C(t) resulta idéntica a la función confiabilidad para la zona de desgaste con $T_w=0$. Entonces C (τ, t) será:

$$C_e(\tau, t) = \exp\left[-\left(\frac{\tau + t}{\theta}\right)^{\beta} + \left(\frac{\tau}{\theta}\right)^{\beta}\right] \tag{3.64}$$

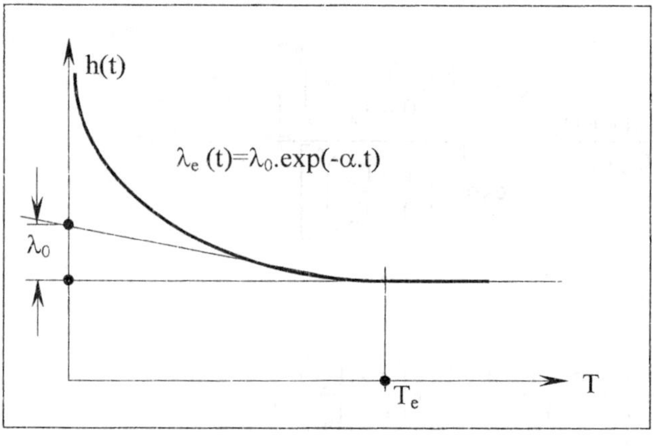

Fig.3.16 - Estimación de la constante de la expresión 3.65

Cuando T tiende a cero, la tasa de fallas tiende a infinito. La forma de $\lambda_e(t)$ puede aproximarse a una exponencial como se muestra en la Fig.3.14, de modo que es muchas veces utilizada la expresión:

$$\lambda_e(t) = \lambda_0 \exp.(-\alpha.t) \tag{3.65}$$

Los parámetros característicos λ_0 y α serán:

$$\alpha = 1/E(t) \tag{3.66}$$

Siendo E(t) el tiempo medio de búsqueda sistemática de fallas igual a:

$$E(t) = m_e [1+1/2 + 1/3 + \dots\dots\dots 1/N_e] \qquad (3.67)$$

Donde:

m_e = tiempo esperado de falla del componente subestándar.
N_e = número de componentes subestándar.
λ_0 = es determinado como la intersección de la tangente en T_e a la curva.

Para componentes de alta confiabilidad, el tiempo de búsqueda sistemática de fallas se extiende al menos a 5.E(t). El exponente α es encontrado generalmente de los datos disponibles dibujando la curva, que aunque no parece del todo satisfactorio, cumple con el esquema de cálculo, de acuerdo a esos datos. Luego, la confiabilidad resulta:

$$C(t) = \exp\left(- \int_0^t \lambda_e(t).dt \right) \qquad (3.68)$$

Entonces reemplazando 3.65 en 3.68 se tiene:

$$C(t) = \exp\left\{ - \frac{\lambda_0}{\alpha}.[1 - \exp(-\alpha.t)] \right\} \qquad (3.69)$$

La probabilidad de sobrevivir desde τ en una misión de t, dado que el componente ha sobrevivido hasta τ, será $C_e(\tau, t)$:

$$C_e(\tau, t) = \exp\left\{ - \frac{\lambda_0}{\alpha}.\exp(-\alpha.\tau).[1 - \exp(-\alpha.t)] \right\} \qquad (3.70)$$

3.6. Expansión de la función Confiabilidad.

Estudiada la función confiabilidad en las tres zonas características, se está en condiciones de plantear la función general de acuerdo a 3.23. Así:

$$C_{e,\,u,\,w}(\tau, t) = C_e(\tau, t).C_u(\tau, t).C_w(\tau, t) \qquad (3.71)$$

Siendo:

$$C_e(\tau,t) = \exp\left\{-\frac{\lambda_0}{\alpha}.\exp(-\alpha.\tau).[1-\exp(-\alpha.t)]\right\}$$

$$C_u(\tau,t) = \exp(-\lambda.t)$$

$$C_w(\tau,t) = \frac{\int_{\tau+t}^{\infty} f^T(t).dt}{\int_{\tau}^{\infty} f^T(t).dt} = \frac{\int_{\tau+t}^{\infty} \frac{1}{\sigma.\sqrt{2.\pi}}\exp\left[-\frac{(t-T_m)^2}{2.\sigma^2}\right]}{\int_{\tau}^{\infty} \frac{1}{\sigma.\sqrt{2.\pi}}\exp\left[-\frac{(t-T_m)^2}{2.\sigma^2}\right]} = \frac{\dfrac{\Phi^Z(t+\tau-T_m)}{\sigma}}{\dfrac{\Phi^Z(\tau-T_m)}{\sigma}}$$

Si $\tau \geq 5/\alpha$, entonces:

$C_e(\tau,t) \cong 1$

Por otro lado, si $\tau+t \leq T_m - n\sigma$ para n adecuado, entonces:

$C_w(\tau,t) \cong 1$

Por lo que la confiabilidad queda reducida a la expresión:

$C_u(\tau, t) = \exp.(-\lambda.t)$

Las evoluciones y cálculo de Confiabilidad son parte importante e integral del diseño de un sistema. Una vez que el dispositivo equipo o sistema ha sido diseñado y que la producción ha comenzado, es poco lo que la ingeniería de confiabilidad puede hacer. Más adelante serán discutidas las técnicas básicas y se desarrollarán expresiones y algoritmos para cálculo y evaluación de la confiabilidad de equipos, subsistemas y sistemas de escaso o mediana complejidad.

3.7. Tipos de fallas.

Un componente falla cuando sus características cambian en tal grado que ya no puede operar cumpliendo con sus requerimientos bajo un determinado nivel de solicitación. No obstante las definiciones dadas en el Capítulo 1 es conveniente revisar estos conceptos. Los tipos de fallas pueden ser clasificadas de varias formas, dependiendo fundamentalmente de dos factores.

- La magnitud de ese cambio en las características.
- La velocidad a la que ellos ocurren.

Un cambio rápido (repentino) y total (completo) en las características de un componente se denomina, en general, falla catastrófica. Generalmente cuando se habla de confiabilidad de un componente, equipo o sistema se esta refiriendo a la no ocurrencia de fallas catastróficas.

Todas las funciones asociadas a los tiempos de vida o tiempos hasta la falla estudiadas, a saber función de densidad de probabilidad de tiempos de vida (pdf), función de distribución de probabilidad de tiempos de vida (Cdf) y función tasa de fallas (h) se refieren todas a la no ocurrencia de fallas catastróficas. Es por ello que, salvo que se indique lo contrario, al referirnos a fallas de componentes equipos o sistemas nos referiremos siempre a fallas catastróficas.

Se trata, casi siempre, de cortocircuitos o circuitos abiertos y son irreversibles. Atributos de este tipo de fallas son la permanencia y la completitud, como consecuencia de un cambio en las propiedades físicas del componente.

Ejemplos de este tipo da fallas son la apertura de un resistor o de la bobina de un relé, un cortocircuito en un capacitor, etc. Cuando ocurre este tipo de fallas, el componente afectado debe ser reemplazado por otro nuevo.

Las fallas catastróficas no son siempre permanentes, por ejemplo en un circuito impreso, donde dos pistas conductoras adyacentes se ponen en cortocircuito debido a la presencia de partículas de material conductor.

Si la instalación a la cual pertenece el circuito impreso de referencia es fija y no está sometida a movimiento alguno, la falla desaparecerá, solo cuando se remueva la plaqueta o equipo para realizar el mantenimiento. Si el circuito impreso forma parte de una instalación móvil, el mismo movimiento provocará que la partícula de material conductor, que ocasiona el cortocircuito, desaparezca. La falla no será entonces permanente sino que temporaria, siempre y cuando no provoque fallas en otros componentes del equipo.

Un tipo similar de falla resulta en capacitores de film-metalizados que en el caso de perforado del dieléctrico ocurre un cortocircuito temporario. Si el capacitor es utilizado en un circuito que provee suficiente energía para vaporizar el puente conductor sobre el dieléctrico, la falla será temporaria, en caso contrario será permanente. Se observa que la misma falla en el capacitor, puede o no provocar fallas en el sistema al que pertenece. De aquí el análisis complicado de la

confiabilidad de un sistema en función de los tipos de fallas de sus componentes denominado comúnmente FMEA (Del inglés Failure mode effect analysis).
Situación parecida ocurre cuando las fallas son del tipo paramétricas (graduales y parciales). El cambio en las características del componente es gradual con el tiempo y llega un momento en que el mismo ya no puede cumplir satisfactoriamente con su misión operativa.
Este tipo de fallas tiene que ver con la estabilidad y deriva (drifts) de las especificaciones técnicas del componente. Un capacitor, en un circuito oscilador estable operando correctamente, puede requerir un cambio del 1 % en sus características, mientras que en un trabajo de desacople en un amplificador, se pueden tolerar cambio de orden de más del 50 % y menos del 100 %, en la mayoría de los casos.
Para componentes pasivos como resistores y capacitores, la definición de falla paramétrica resulta de extrema sencillez. Así, un resistor puede tener un valor de 100 Ohms ±10 %, sujeta a una variación de temperatura de -40 °C a +70 °C.
Los dispositivos activos como transistores poseen otras muchas más características de interés. Aunque es posible especificar por separado el rango permitido de variación de las características del dispositivo, la combinación de algunos valores de ellas, dan como resultado una performance no del todo satisfactoria.
En general, una falla parcial de un componente no asegura una falla total y completa del sistema al cual pertenece; en cambio, una falla completa del componente causa, en general, una falla completa del sistema del que forma parte. Esto sucede más a menudo en sistemas analógicos que digitales. En un sistema de comunicaciones por radio, una disminución de la potencia irradiada no provoca una falla completa del sistema, sólo incrementará el número de errores debido quizás a la relación señal - ruido.

3.8. Factores que afectan la tasa de fallas.

En general la tasa de fallas de un componente es función de las condiciones ambientales, eléctricos, mecánicos, térmicas, etc., en otras palabras es función de las condiciones bajo las cuales el dispositivo opera.

3.8.1. Factores mecánicos.

Las vibraciones e impactos mecánicos (golpes) tienen poca influencia sobre componentes pequeños, de poca masa, más aún si los mismos están encapsulados en un medio como resina epoxy a los fines de protección y soporte mecánico.

Los componentes electromecánicos como relés, contactores e interruptores, son más susceptibles a las vibraciones y golpes y muchas veces deben ser montados sobre soportes antivibratorios.
Los elementos más vulnerables son los pesados, por ejemplo, los grandes transformadores que muchas veces son encapsulados en resina para proveer soporte mecánico y asegurar su resistencia a los golpes y vibraciones.
Los tests demuestran que los componentes electrónicos ven afectada su tasa de fallas con el impacto y vibraciones, sobre todo esto es más notorio en los electromecánicos. En la mayoría de los casos de los componentes electrónicos, los elementos constitutivos más afectados por esta solicitación son las conexiones y los elementos de acceso al componente en sí. Ejemplos de aceleraciones típicas son los de un vehículo normal al chocar: alrededor de 40 g., de un avión al elevarse o descender: 5 g.; en el caso de un missil se está alrededor de 50 g. ($g \cong 10$ m /s^2).
Otro problema surge en el caso de vibración continua y entrada de resonancia con su posterior efecto multiplicador. Los picos de aceleración son en general menores que para los golpes (shocks).
Por ejemplo: 1 g. de 5 a 15 Hz., para un vehículo de transporte; 2 a 3 g para frecuencias hasta 25 Hz., en barcos. En aviones 5 g. para frecuencias hasta de 500 Hz. y en misiles 40 g. de 30 a 5000 Hz..
La experiencia muestra que una aceleración centrífuga de 20000 g. es necesaria para ocasionar fallas significativas en soldaduras y conexiones sobre transistores encapsulados en metal.

3.8.2. Factores térmicos.

Uno de los factores que afecta a la tasa de fallas es la temperatura y especialmente la alta temperatura. La experiencia demuestra que a medida que la temperatura sube respecto de la normal de operación del dispositivo, el mismo incrementa la tasa de fallas. En muchos casos existe una relación teórica entre la temperatura y la tasa de fallas deducible de las reacciones químicas o causas físicas que, relacionadas con la temperatura, provocan la falla. En general, la reacción química ocurre entre el material utilizado en la elaboración del componente y otro elemento ajeno denominado contaminante.
El contaminante puede quedar literalmente atrapado durante la manufactura del componente o puede actuar luego de la manufactura del mismo, como elemento ajeno a la elaboración del dispositivo, difundiéndose dentro del componente como resultado de una mala aislación o sellado entre el componente y la atmósfera. Si existe demasiado contaminante, su reacción química con el componente consume el material de base del dispositivo.

En el primer caso, puede citarse el de un resistor de alambre devanado con aislación imperfecta, trabajando en ambiente húmedo. La humedad y la tensión aplicada proveen las condiciones para la electrólisis, de tal forma que parte del material de base queda removido de su posición, provocando como consecuencia una apertura del camino resistivo. El segundo caso ocurre cuando el revestimiento o aislante plástico se encuentra sujeto a solicitaciones eléctricos y humedad. Las impurezas superficiales juntamente con la humedad, hacen conductora a una parte del material aislante de la capa superficial. El flujo de corriente carboniza la superficie provocando una pérdida permanente a través del aislante.

Dos son pues los mecanismos básicos de fallas dependientes de la temperatura:

- Imperfecto aislamiento o encapsulado.
- Impurezas atrapadas en el material de base durante la manufactura del componente.

Sea:

m = masa de material que participa en la reacción química y que provoca la falla.
k = velocidad de la reacción química (consumo de masa por unidad de tiempo).
t = tiempo que tarda en consumirse la masa m.

Entonces:

$$t = m/k \tag{3.72}$$

Y la tasa de fallas λ será:

$$\lambda = 1/t = k/m \text{ (fallas/hora)} \tag{3.73}$$

Para un determinado componente (masa m fija) y también para un lote grande de componentes (masa media m fija), k es función exclusiva de la temperatura absoluta T de acuerdo a la expresión siguiente debido a Eyring:

$$k = a.T.\exp(-b.T) \tag{3.74}$$

Con a, b constantes.

En la mayoría de las aplicaciones, el rango de T es pequeño y es posible reemplazar en el producto T por su media $\overline{T}$. Así:

$$k = a.\overline{T}.\exp(-b.T) = c.\exp(-b.T) \qquad (3.75)$$

Esta última expresión es conocida como la ley de Arrhenius. Reemplazando en la expresión 3.73 de la tasa de fallas y tomando logaritmos, se tiene:

$$\log.\lambda = \log.\frac{c}{m} - \frac{b}{T} \qquad (3.76)$$

En la Fig. 3.17 se observa la gráfica de la denominada "recta de Arrhenius".

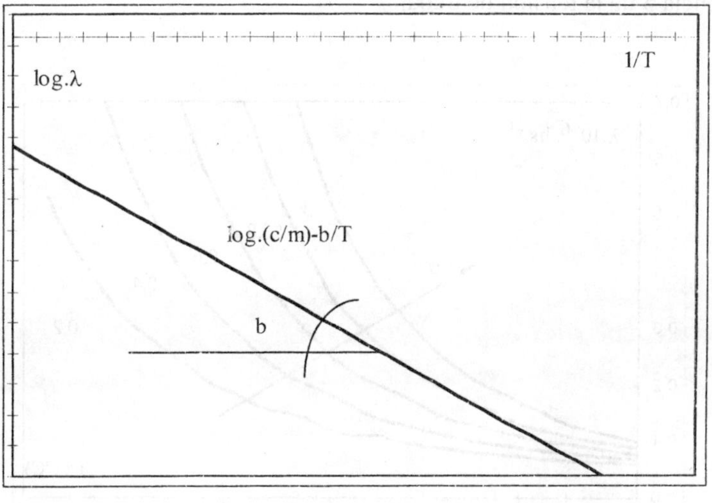

Fig.3.17 - Recta de Arrhenius

Si se conoce el mecanismo de falla, se conocen las constantes de la expresión de Arrhenius y es posible extrapolar valores de λ para temperaturas de trabajo distintas. La constante b suele llamarse energía de activación y es diferente para cada mecanismo de falla del dispositivo. El incremento de λ con T es de alrededor de 2 a 3 por cada 10°C en la mayoría de los componentes. Así en transistores de silicio 2 a 1 por cada 10°C, en circuitos integrados CMOS. de 1 a 25 por cada 10°C, en capacitores plásticos 1 a 2 por cada 10°C y en resistores de película de carbón de 1 a 5 por cada 10°C.

3.8.3. Factores eléctricos.

En resistores, el voltaje de trabajo no tiene influencia en la tasa de fallas; si lo tiene, la corriente que atraviesa el componente, en la Fig. 3.18, se observa la variación de la tasa de fallas en función de la temperatura ambiente y la relación α entre la corriente de trabajo y la nominal (α=Iop/Inom) para resistores de alambre variables fabricados de acuerdo a especificación de la norma MIL-R-19. En el otro extremo se tienen componentes como capacitores, los que ven influenciada su tasa de fallas en forma casi exclusiva por la tensión de trabajo. Una regla muy utilizada es la del factor 5, es decir la tasa de fallas resulta proporcional a la potencia 5 de la tensión de trabajo.

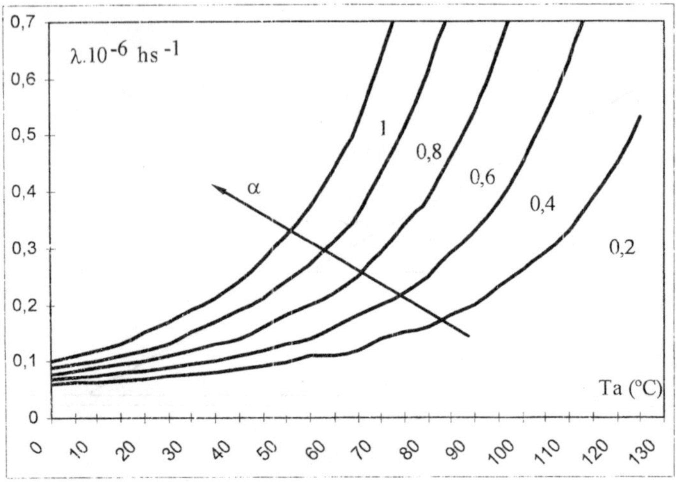

Fig.3.18 - Tasa de fallas de resistores de alambre variables MIL-R-19

En la fig. 3.19 se muestra la variación de la tasa de fallas con la temperatura ambiente y la relación β (β=Vop/Vnom) entre la tensión de trabajo y la nominal para capacitores electrolíticos de aluminio fabricados de acuerdo a especificación de norma MIL-C-62. En el caso de dispositivos semiconductores, la tasa de fallas es función de ambos parámetros, tensión y corriente, es decir potencia.

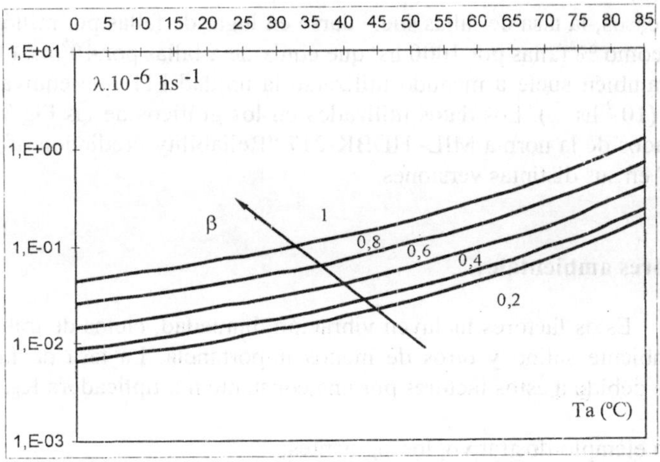

Fig.3.19 - Tasa de fallas de capacitores electrolíticos de aluminio MIL-C-62

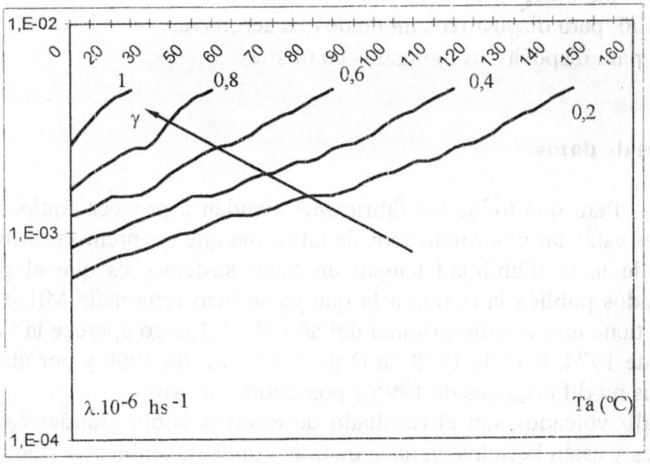

Fig.3.20 - Tasa de fallas de transistores de Silicio NPN MIL-S-19500

En la Fig. 3.20 se observa la variación de la tasa de fallas con la temperatura ambiente y la relación γ (γ=Pop/Pnom) entre la potencia de trabajo y la nominal, para transistores de silicio NPN fabricados de acuerdo a especificación de norma MIL-S-19500.
En muchos casos, la tasa de fallas suele darse en lugar de fallas por millón de horas (10^{-6} hs.$^{-1}$) como % fallas por 1000 hs. que equivale a fallas por 10^5 hs, (10^{-5} hs.$^{-1}$). Asimismo también suele a menudo utilizarse la unidad FIT que equivale a fallas por 10^9 hs, (10^{-9} hs.$^{-1}$). Los datos utilizados en los gráficos de las Fig.3.16 a 3.18 fueron tomados de la norma MIL- HDBK-217 "Reliability Prediction of Electronic Equipment" en sus distintas versiones.

3.8.4. Factores ambientales.

Estos factores incluyen vibración, humedad, ciclos de trabajo, shock térmico, ambiente salino y otros de menos importancia. La tasa de fallas se ve influenciada debido a estos factores por una constante multiplicadora K_E.

Véase como ejemplo ilustrativo, los siguientes:

$K_E \cong 1$; para dispositivos en ambientes favorables.
$K_E \cong 5$ a 10; para dispositivos montados en vehículos comunes.
$K_E \cong 10$ a 20; para dispositivos en atmósfera salina.
$K_E \cong 30$ a 100; para dispositivos montados en aeronaves.
$K_E \cong 1000$; para dispositivos montados en misiles.

3.9. Fuentes de datos.

Para que todos los fabricantes tiendan a proveer equipos utilizando componentes estándar o normalizados de tal forma que los premisas utilizadas en la predicción de la confiabilidad tengan un buen sustento, es que el gobierno de Estados Unidos publica la norma a la que ya se hizo referencia MIL-HDBK-217. Esta norma tiene una versión original del año 1962. Luego aparece la versión A de 1965, la B de 1974, la C de 1979, la D de 1982, la E de 1990 y por último la F de 1991 con sus modificaciones de 1995 y posteriores anexos.
Los datos allí volcados son el resultado de ensayos sobre grandes cantidades de componentes y están basados en once distintos tipos de ambientes (factor K_E). Este coeficiente ambiental va desde el denominado "Ground Bening": componentes sujetos a condiciones ambientales óptimas con buen mantenimiento y operación

hasta el "Missile Launch": componentes sujetos a condiciones extremas de ruido, vibración y temperatura durante una misión operativa de puesta en órbita, salida y entrada de naves espaciales. La relación entre estos dos coeficientes es de 50 a 150. Esta norma provee dos procedimientos básicos de cálculo o predicción denominados:

- Parts count reliability prediction.
- Parts stress analysis method.

El primer procedimiento establece que si las condiciones de trabajo del componente son a lo sumo iguales a las nominales especificadas por el fabricante, entonces:

$$\lambda_i = \lambda_{G_i} . \pi_{Q_i} \tag{3.77}$$

Donde:

λ_i = tasa de fallas del componente i.

λ_{G_i} = tasa de fallas genérica del componente i.

π_{Q_i} = factor de calidad del componente para el componente i.

Del nivel de ensayo, burn-in e inspección a que está sujeto el componente resulta el factor π_Q. Cuanto más rigurosa la especificación y mayor la calidad, mas pequeña la tasa de fallas y el factor de calidad π_Q.
Cuando las condiciones operativas no son las nominales entonces el método no es preciso y es necesario utilizar la segunda metodología. Aquí la tasa de fallas de cada componente viene dada por:

$$\lambda_i = \lambda_{B_i} . \prod_j \pi_{j_i} \tag{3.78}$$

$$\lambda_{B_i} = f(S, T) \tag{3.79}$$

Donde:

S = factor de solicitación.
T = temperatura ambiente de trabajo.

λ_{B_i} = tasa de fallas básica del componente i.

$\prod_j \pi_{j_i}$ = producto de factores π_{j_i} que dependen del tipo de componente i

En general la norma da curvas o tablas de f(S, T). Ver Figs.3.18 a 3.20. El factor de solicitación varía con el tipo de componente. Así en capacitores se utiliza el factor $\beta=V_{op}/V_{nom}$. En resistores el factor $\alpha=I_{op}/I_{nom}$ En transistores el factor $\gamma=P_{op}/P_{nom}$. Dentro de los π puede citarse el factor ambiental π_E , numéricamente igual a K_E , que aparece tabulado.

Otros coeficientes π dependen de la aplicación. Así π_A que es el factor de aplicación en semiconductores. Este será mucho más importante en altas frecuencias y menos importante en aplicaciones lineales.

Para semiconductores discretos, este factor π_A resulta 0,7 para circuitos lógicos; 1,5 para aplicaciones lineales y 5 para altas frecuencias (f>400 MHz).

El factor π_Q forma parte también de los coeficientes π. π_Q es el factor de calidad definido precedentemente. Un factor adicional es π_E que depende del rango de potencia manejada por el semiconductor y varía de 1 para potencias de hasta 1 Watt. a 5 para potencias entre 50 y 200 Watts. Para circuitos integrados, un factor adicional resulta el de complejidad π_C que se incrementa con el número de compuertas por integrado, es decir "gates por chip", considerando de acuerdo a la norma que 4 transistores conforman 1 compuerta. Típicamente, la tasa de fallas de un chip de 100 a 500 compuertas es 10 a 20 veces mayor que la de un chip de 1 a 20 compuertas.

Existe un nuevo factor que tiene en cuenta el problema de la mortalidad infantil, cuando se introduce en el mercado un nuevo diseño o cuando existe una línea de producción, la que luego se restablece después de un período de algunos meses de inactividad. Este factor se conoce como "Learning factor". Para un período inicial de producción de hasta 6 meses π_L=10.

En otro caso valdría π_L =1. En la misma norma se traen datos de tasas de fallas de motores, conectores, conexiones, soldaduras, cables, etc. Cada una de ellas con sus coeficientes particulares.

Mucho más complicado es obtener valores de tasas de fallas por modo de falla. La norma MIL-HDBK-217 reúne en la tasa de fallas dada, todos los distintos modos catastróficos de falla, sin efectuar división alguna por modo de falla. Estos datos son sólo obtenibles a partir de información de fabricantes, en particular. Una guía muy útil en ese sentido puede encontrarse en la norma MIL-HDBK-338 "Electronic Reliability Design Handbook" en sus diversas versiones

A modo informativo se dan a continuación un listado de tasa de fallas de componentes electrónicos varios, en fallas por millón de horas, esto es 10^{-6} hs^{-1}. Estos valores fueron seleccionados de acuerdo a los siguientes criterios:

- Todos los componentes se encuentran normalizados en su producción.
- La temperatura ambiente no supera los 40°C.
- Los componentes no están exigidos por encima de los valores máximos de sus especificaciones.
- El nivel de calidad de los componentes es intermedio entre el comercial y el militar.
- Para los dispositivos digitales se supone que una compuerta está formada por a lo sumo 4 transistores.
- Todas las tasas de fallas se especifican en fallas por 10^6 hs.

3.9.1. Integrados.

- Circuitos integrados bipolares (TTL/DTL).

1 -20 compuertas	0,0175
21 -50 compuertas	0,05
51 -100 compuertas	0,08
101 - 500 compuertas	0,35
> 500 compuertas	5,5

- Circuitos integrados bipolares - Memorias.

≤ 1000 Bits	0,3
1001 - 4000 Bits	0,65
4001 - 8000 Bits	1,1

- Circuitos integrados ECL, bipolares, digitales y CMOS digitales.

1 -20 compuertas	0,025
21 -50 compuertas	0,12
51 -100 compuertas	0,19
101 - 500 compuertas	0,9
> 500 compuertas	15

- Circuitos integrados ECL, bipolares y CMOS. - Memorias.

≤ 1000 Bits	0,8
1001 - 4000 Bits	1,75
4001 - 8000 Bits	3

- Circuitos integrados bipolares y CMOS. lineales

≤ 32 transistores	0,03
33 - 100 transistores	0,065

- Circuitos integrados híbridos

Película fina	0,08
Película gruesa	0,05

3.9.2. Semiconductores Discretos.

- Transistores

Si PNP	0,042
Si NPN	0,028
Ge PNP	0,042
Si NPN	0,12
FET	0,076
UJT	0,25

- Diodos

Si, propósito general	0,017
Ge, propósito general	0,022
Zener, propósito general	0,027
Túnel, varactores	0,024
Tiristores	0,023

3.9.3. Resistores.

- Fijos

Composición	0,0023
Película	0,0028
Alambre	0,043

- Variables

Trimmer de composición	1,3
Trimmer de alambre	0,09
Potenciómetros de composición	0,27
Potenciómetros de alambre	0,26

3.9.4. Capacitores.

- Fijos

Papel / plástico	0,002
Mica	0,12
Vidrio	0,0013
Cerámica	0,1
Tantalio sólido	0,0011
Tantalio no sólido	0,15
Electrolítico oxido de aluminio	0,073
Electrolítico aluminio seco	0,11

- Variables

Cerámica	0,2
De pistón	0,16
De aire	0,1

3.9.5. Inductores.

Transformadores de pulsos	0,0012
Transformadores de audio	0,0025
Transformadores de potencia	0,0075
Inductores de radio frecuencia	0,0096

3.9.6. Relés.

Propósito general	0,13
De contactos	0,43
Reed-relé	0,11
Bi-metal	2,4

3.9.7. Llaves.

Pulsador	0,11
Rotativa	0,42
Interruptor	0,17
De botonera	0,27

3.9.8. Conectores.

Coaxial	0,1
Conector BIN	0,08

3.9.9. Motores.

Motores propósito general	1,4

3.9.10. Cristales de Cuarzo.

Cristales propósito general	0,2

3.9.11. Lámparas e indicadores.

LED	0,2
Neon	0,2
Incandescentes	0,1

3.9.12. Fusibles.

Fusibles propósito general	0,1

3.9.13. Medidores.

Medidores propósito general	10

3.9.14. Circuitos impresos.

Simple y dobre faz	0,0015
Multicapa	0,2

3.9.15. Conecciones.

Soldaduras en circuitos impresos	0,00012
Soldaduras de cables a circuitos impresos u otros componentes	0,00044
Wire-wrap	0,0000037
A presión	0,0073

3.9.16. Válvulas.

Diodos detectores de Señal	1
Diodos rectificadores de potencia	2
Triodos	3
Tetrodos - Pentodos	4

CAPITULO 4

MODELOS DE FALLA PARAMETRICA

4.1. Tratamiento de fallas paramétricas.

En el Capítulo 3 se ha visto el tratamiento de las fallas catastróficas (repentinas y completas). En forma independiente, puede estudiarse el problema de las fallas paramétricas definidas como progresivas y parciales. Este tipo de fallas está relacionado con tolerancias iniciales, corrimientos (drifts) y derivas temporales. En otras palabras, el parámetro característico de un componente puede acusar variaciones que lo hagan inutilizable dentro de la performance que se esperaba del mismo.
Sea un componente determinado que presente los dos tipos de fallas, catastrófica y paramétrica. Fig.4.1. y sean:

$\{X\} \equiv$ evento falla catastrófica
$\{X'\} \equiv$ evento falla paramétrica

La probabilidad de falla del componente será:

$$P\{\text{falla}\} = P(X \cup X') = F_C^T(t) \tag{4.1}$$

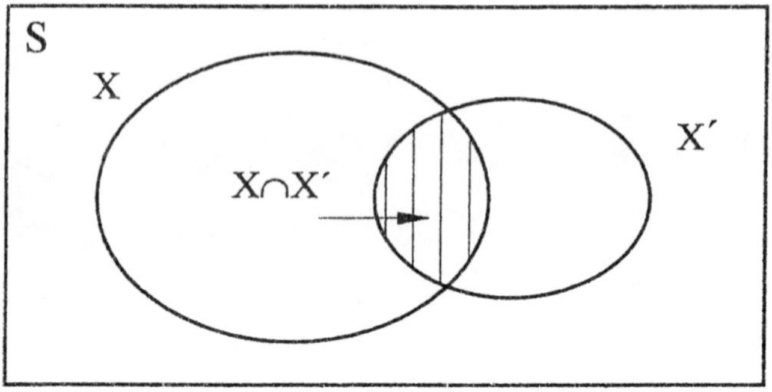

Fig.4.1 - Falla total de un componente

La probabilidad de que el componente no falle equivalente a la confiabilidad del componente ante estos dos tipos de falla y es:

$$P\{\text{no falla}\} = P(\overline{X \cup X'}) = P(\overline{X} \cap \overline{X'}) = C_C(t) \qquad (4.2)$$

Luego:

$$C_C(t) = P(\overline{X} / \overline{X'}).P\overline{X'} = P(\overline{X'} / \overline{X}).P(\overline{X}) \qquad (4.3)$$

Si existe independencia de fallas catastróficas y paramétricas, entonces:

$$P(\overline{X} / \overline{X'}) = P(\overline{X}) \qquad (4.4)$$

$$P(\overline{X'} / \overline{X}) = P(\overline{X'}) \qquad (4.5)$$

Luego:

$$C_C(t) = P(\overline{X}).P(\overline{X'}) \qquad (4.6)$$

Y como se tiene:

$$P(X) = 1 - P(\overline{X}) = 1 - F^T(t) = C(t) \qquad (4.7)$$

$$P(X') = 1 - P(\overline{X'}) = 1 - F'^T(t) = C'(t) \qquad (4.8)$$

Entonces:

$$C_C(t) = C(t).C'(t) \tag{4.9}$$

La confiabilidad total del dispositivo o componente C_C (t) será el producto de las confiabilidades parciales debidas a fallas catastróficas C(t) y fallas paramétricas C′(t). Así es posible definir:

$$f^T(t) = \frac{\partial F^T(t)}{\partial t} = -\frac{\partial C(t)}{\partial t} \tag{4.10}$$

$$f'^T(t) = \frac{\partial F'^T(t)}{\partial t} = -\frac{\partial C'(t)}{\partial t} \tag{4.11}$$

La función de densidad de fallas total $f^T{}_C(t)$ será:

$$f_C^T(t) = \frac{\partial F_C^T}{\partial t} = -\frac{\partial C_C(t)}{\partial t} = -\frac{\partial C(t)}{\partial t}.C'(t) - \frac{\partial C'(t)}{\partial t}.C(t) \tag{4.12}$$

La función tasa de fallas total λ_C (t) será:

$$\lambda_C(t) = \frac{f_C^T(t)}{C_C(t)} = \frac{-\frac{\partial C(t)}{\partial t}.C'(t) - \frac{\partial C'(t)}{\partial t}.C(t)}{C(t).C'(t)} \tag{4.13}$$

$$\lambda_C(t) = \lambda(t) + \lambda'(t) \tag{4.14}$$

Donde λ (t) es la tasa de fallas asociada a las fallas catastróficas y λ′ (t) es la tasa de fallas asociada a las fallas paramétricas.

Resulta, entonces que el tratamiento de las fallas paramétricas puede realizarse en forma totalmente independiente, pudiéndose definir funciones características de la misma forma que se hizo para catastróficas.

El problema fundamental reside en la evaluación de estas funciones para un circuito o sistema a partir del conocimiento de ellas para los componentes intervinientes.

4.2. Problema de las tolerancias iniciales.

Sea el sistema o circuito S de la Fig.4.2, formado por elementos componentes y sean $X_i(t)$ las características asociadas a esos componentes. Entonces, cada componente poseerá una característica $X_i(t)$ y el sistema estará identificado por una característica o especificación, por ejemplo la transferencia G (X_i,t) propia de su estructura.

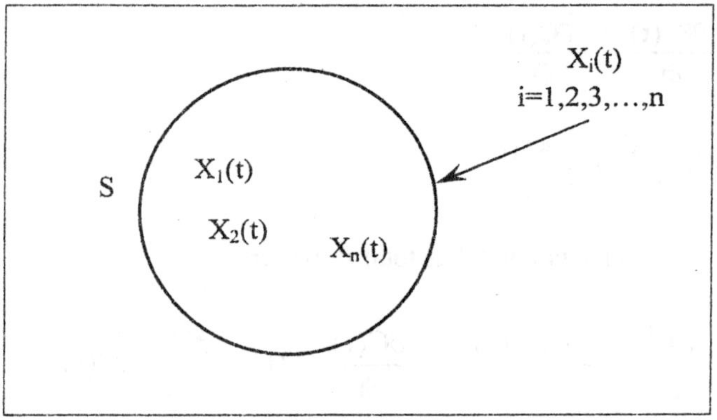

Fig. 4.2 - Sistema con n componentes

Existirá una función de densidad conjunta de todos los valores asociados a los parámetros característicos de los componentes del sistema.

$$f'^{X_1,X_2,\ldots\ldots X_n,T}(x_1,x_2,\ldots\ldots x_n,t) \qquad (4.15)$$

Si existe independencia entre los parámetros característicos de los componentes del sistema, entonces:

$$f'^{X_1,X_2,\ldots\ldots X_n,T}(x_1,x_2,\ldots\ldots x_n,t)=\prod_{i=1}^{n} f'^{X_i,T}(x_i,t) \qquad (4.16)$$

Existirá también una función de distribución asociada a la característica x_i de cada componente:

$$F'^{X_i,T}(x_i,t) = \int_{-\infty}^{x_i} f^{X_i,T}(x_i,t).dx_i \tag{4.17}$$

El problema consiste, entonces, en que dada $f'^{Xi,T}(x_i,t)$ para la característica de cada componente y conocida la estructura del sistema $G(X_i,t)$, evaluar $f^{G,T}(g,t)$ para toda t y en particular, para t=0, estudiar el diseño básico en función de las tolerancias iniciales de los componentes.

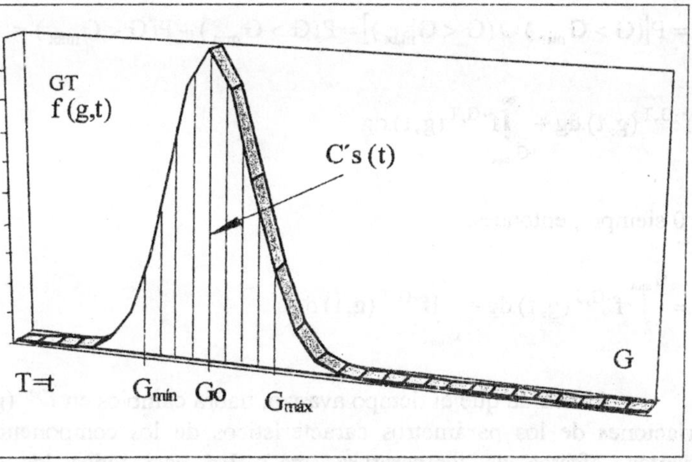

Fig. 4.3 - pdf característica del sistema o circuito

En la Fig.4.3 se observa la función de densidad de probabilidad de la característica del sistema o circuito con sus valores máximo y mínimo $G_{máx}$ y $G_{mín}$ que determina lo que se denomina "especificación del sistema". Sea:

$C'_S \equiv$ Probabilidad de no falla paramétrica del sistema y

$F'^T_S(t) \equiv$ Probabilidad de falla paramétrica del sistema. Entonces:

$$C'_S(t) + F'^T_S(t) = 1 \tag{4.18}$$

Sea además:

G_0 = especificación nominal
$G_{máx}$ = especificación máxima
$G_{mín}$ = especificación mínima

Definidos los límites de G, es decir la especificación, $C'_S(t)$ y $F'^T_S(t)$ serán:

$$C'_S(t) = P[G_{mín} \le G \le G_{máx}] = \int_{G_{mín}}^{G_{máx}} f'^{G,T}(g,t).dg \qquad (4.19)$$

$$F'^T_S(t) = P[(G > G_{mín}) \cup (G < G_{máx})] = P(G > G_{mín}) + P(G < G_{máx}) =$$

$$= \int_{-\infty}^{G_{mín}} f'^{G,T}(g,t).dg + \int_{G_{máx}}^{\infty} f'^{G,T}(g,t).dg \qquad (4.20)$$

Si $G \ge 0$ siempre, entonces:

$$F'^T_S(t) = \int_{0}^{G_{mín}} f'^{G,T}(g,t).dg + \int_{G_{máx}}^{\infty} f'^{G,T}(g,t).dg \qquad (4.21)$$

A medida que el tiempo avanza, habrá cambios en $f'^{G,T}(g,t)$ debido a las variaciones de los parámetros característicos de los componentes (derivas, corrimientos, efectos de temperatura, etc.). En casi todos los casos, estas variaciones originaron una reducción del área C'_S (t) bajo $f'^{G,T}$ (g,t) entre $G_{máx}$ y $G_{mín}$. En la Fig.4.4 se observa esta disminución. A partir de los condicionamientos impuestos por el "Teorema Central del Límite" puede predecirse que $f'^{G,T}(g,t)$ permanecerá aproximadamente normal a medida que T aumenta. En consecuencia deberá diseñarse el sistema para $C'_S(t) \cong 1$ para T = t* cualquiera, con lo que se asegurará C'_S (0) muy próxima a la unidad.
Si se supone $f'^{G,T}$ (g,t) normal y simétrica alrededor de $G = G_0$ que es el valor nominal, con desvío σ_G, entonces, para Z grande será:

$$F'^T_S(Z) = \frac{1}{\sqrt{2.\pi}} \exp\left(-\frac{Z^2}{2}\right) \qquad (4.22)$$

Con:

$$Z = \frac{G - G_0}{\sigma_G}$$

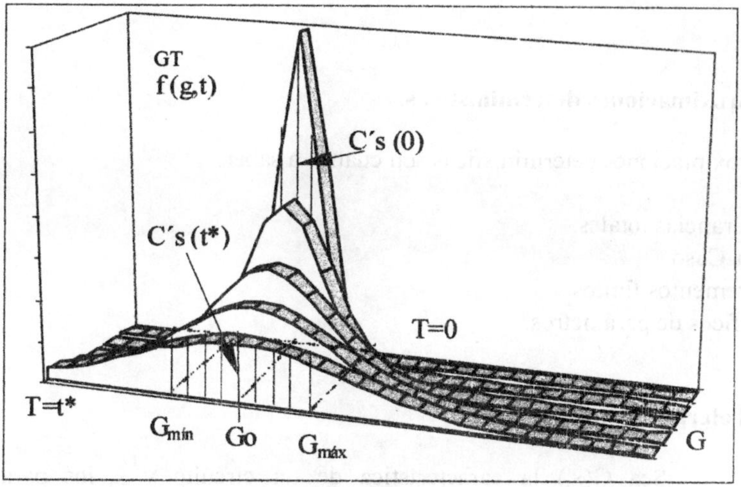

Fig. 4.4 - Variación de pdf característica del sistema o circuito.

Si, por ejemplo, se exige $C'_S(t) \geq 0{,}99$ para $0 \leq t \leq t^*$, entonces:

$F^T_S(t) < 0{,}01$

De tablas normales, se tiene:

$-3{,}3 \leq Z \leq 3{,}3$

De donde:

$G_{máx} = G_0 + 3{,}3.\sigma_G$
$G_{mín} = G_0 - 3{,}3.\sigma_G$

Como consecuencia de estas derivas temporales y en virtud de su acotación en el tiempo, es posible afrontar el problema independizándose del tiempo y tomando coeficientes de seguridad mayores, de acuerdo a lo visto precedentemente.

Lograda esta independencia temporal y llegado a este punto, existen dos técnicas para realizar el tratamiento de las fallas paramétricas, reducido ya a un problema de tolerancias iniciales, determinista y probabilística, en realidad dos aproximaciones para el estudio de la denominada sensibilidad del circuíto o sistema.

4.3. Aproximaciones determinísticas.

Las aproximaciones determinísticas son cuatro, a saber:

- Tolerancias totales.
- Peor Caso.
- Incrementos finitos.
- Gráficos de parámetros.

4.3.1. Tolerancias totales.

Sea $G(x_i)$ la característica de un circuito y x_i los parámetros característicos de los componentes del mismo. Sea además Δx_i la variación de la característica de cada componente y ΔG la correspondiente a la característica del circuito. Sea, entonces:

$$\frac{\Delta x_i}{x_i} = \text{Tol}_i \equiv \text{tolernacia del componente i}$$

$$\frac{\Delta x_i}{x_i}.100 = \text{Tol}_i(\%) \equiv \text{tolernacia porcentual del componente i}$$

Luego:

$$\frac{\Delta G}{G_0} = \frac{\Delta x_1}{x_1} + \frac{\Delta x_2}{x_2} + \ldots.. + \frac{\Delta x_n}{x_n} = \sum_{i=1}^{n} \frac{\Delta x_i}{x_i} \qquad (4.23)$$

Siendo G_0 la especificación nominal de la característica del circuito. Así:

$$100.\frac{\Delta G}{G_0} = \text{Tol}_{G_0}(\%) = \sum_{i=1}^{n} 100.\frac{\Delta x_i}{x_i} = \sum_{i=1}^{n} \text{Tol}_i(\%) \qquad (4.24)$$

En consecuencia:

$$Tol_{G_0}(\%) = \sum_{i=1}^{n} Tol_i(\%) \qquad (4.25)$$

La tolerancia en la especificación de la característica del circuito, se obtendrá como suma de las tolerancias de las especificaciones parciales de las características de los componentes. Sea por ejemplo el circuito sencillo de la Fig.4.5 con las especificaciones siguientes:

$e_0 = 100\ V \pm 5\ \%$
$R_1 = 300\ \Omega \pm 10\ \%$
$R_2 = 100\ \Omega \pm 5\ \%$

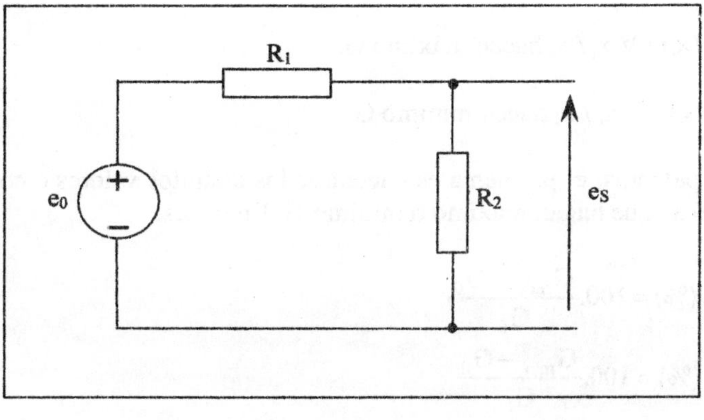

Fig. 4.5 - Tolerancias en circuitos.

La especificación G=G (x_1, x_2, x_3) es, para el circuito de la Fig.4.5:

$e_S = G(e_0, R_1, R_2)$

La especificación nominal $G_0 \equiv e_{S_0}$ será:

$$e_{s_0} = e_0 . \frac{R_2}{R_1 + R_2} = 25\ V.$$

Luego:

$$Tol.e_{s_0}(\%) = \sum_i Tol_i(\%) = 10\% + 5\% + 5\% = 20\%$$

Entonces los valores $G_{máx}$ y $G_{mín}$ de la característica e_S del circuito serán:

$G_{máx} = e_{S0máx} = 25$ V+20 %.25 V = 30 V.

$G_{mín} = e_{S0Smín} = 25$ V-20 %.25 V = 20 V.

4.3.2. Peor Caso.

Sea nuevamente $G(x_i)$ la característica de un circuito y x_i los parámetros característicos de los componentes del mismo. Sea ahora:

$G_{máx} = G(x_i)$; $\forall\, x_i / x_i$ hacen máximo G.

$G_{mín} = G(x_i)$; $\forall\, x_i / x_i$ hacen mínimo G.

En otras palabras, el problema es encontrar los distintos valores o combinaciones de valores x_i que hagan máximo o mínimo G. Entonces:

$$Tol.G_{máx}(\%) = 100.\frac{G_{máx} - G_0}{G_0} \tag{4.26}$$

$$Tol.G_{mín}(\%) = 100.\frac{G_{mín} - G_0}{G_0} \tag{4.27}$$

Se tendrán, en consecuencia, dos indicaciones porcentuales para la tolerancia en la característica de la especificación. Para el ejemplo de la Fig. 4.5 se tiene:

$$G_{máx} = e_{0_{máx}}.\frac{R_{2_{máx}}}{R_{1_{mín}} + R_{2_{máx}}} = 105\ V.\frac{105\Omega}{105\Omega + 270\Omega} = 28{,}4\ V.$$

$$G_{mín} = e_{0_{mín}}.\frac{R_{2_{mín}}}{R_{1_{máx}} + R_{2_{mín}}} = 105\ V.\frac{195\Omega}{95\Omega + 330\Omega} = 21{,}2\ V.$$

$$\text{Tol}_{G_{máx}}(\%) = 100.\frac{G_{máx} - G_0}{G_0} = 100.\frac{28{,}4\ V - 25\ V}{25\ V} = +13{,}6\%$$

$$\text{Tol}_{G_{mín}}(\%) = 100.\frac{Gmín - G_0}{G_0} = 100.\frac{21{,}2\ V - 25\ V}{25\ V} = +15.2\%$$

4.3.3. Incrementos finitos.

Si se aplica el teorema de los incrementos finitos para la función $G(x_i)$ se tiene:

$$\Delta G = \left.\frac{\partial G}{\partial x_1}\right|_O .\Delta x_1 + \left.\frac{\partial G}{\partial x_2}\right|_O \Delta x_2 + ... + \left.\frac{\partial G}{\partial x_n}\right|_O .\Delta x_n = \sum_{i=1}^{n} \left.\frac{\partial G}{\partial x_i}\right|_O \quad (4.28)$$

Donde la variación de la característica de los componentes es:

$$\Delta x_i = \frac{\text{Tol}_i(\%).x_i}{100}$$

y $\left.\frac{\partial G}{\partial x_i}\right|_O$ = derivada parcial de la característica del circuito en el punto operativo.

En consecuencia:

$$\text{Tol}_G(\%) = 100.\frac{\Delta G}{G_0} = \frac{1}{G_0}.\sum_{i=1}^{n} x_i \text{Tol}_i(\%).\left.\frac{\partial G}{\partial x_i}\right|_O \quad (4.29)$$

Este método puede ser combinando con el del peor caso. Sea el circuito de la Fig.4.5 ya utilizado como ejemplo:

$$\left.\frac{\partial e_s}{\partial e_0}\right|_O = \frac{1}{1 + \frac{R_1}{R_2}} = \frac{1}{4}$$

$$\left.\frac{\partial e_s}{\partial R_1}\right|_O = -\frac{e_0}{R_2\left(1+\frac{R_1}{R_2}\right)^2} = -\frac{1}{16}$$

$$\left.\frac{\partial e_s}{\partial R_2}\right|_O = -\frac{e_0.R_1}{R_2{}^2\left(1+\frac{R_1}{R_2}\right)^2} = \frac{3}{16}$$

Luego:

$$\text{Tol}_G(\%) = \frac{\frac{100.5}{4} - \frac{300.16}{16} + \frac{100.5.3}{16}}{25} = 1{,}25\ \%$$

y:

$G_{máx}$ = 25 V+1,25 % . 25 V = 25,3125 V

$G_{mín}$ = 25 V-1,25 % . 25 V = 24,6875 V

Combinando este método con el del peor caso, se tiene:

ΔR_1=-30Ω; ΔR_2=+5Ω y Δe_0=+5V; peor caso para ΔG, tal que $G_{máx} = e_{Smáx}$

ΔR_1 =+30Ω; ΔR_2=-5Ω y Δe_0=-5 V; peor caso para ΔG, tal que $G_{mín} = e_{Smín}$

Operando con estos valores resulta:

$G_{máx} = e_{Smáx}$ = 29,06 V (+16,2 %)

$G_{mín} = e_{Smín}$ = 20,94 V (-16,2 %)

En la Fig.4.6 se observa un gráfico comparativo para el problema analizado.

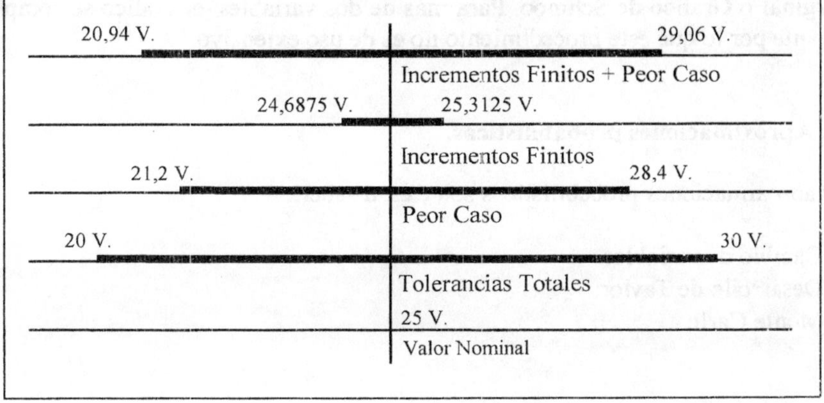

Fig. 4.6 - Cuadro comparativo de metodologías.

4.3.4. Gráficos de parámetros.

Este método propone la confección de una gráfica de la zona de aceptación de la característica $G(x_i)$ en función de las variables de interés como se observa en la Fig.4.7.

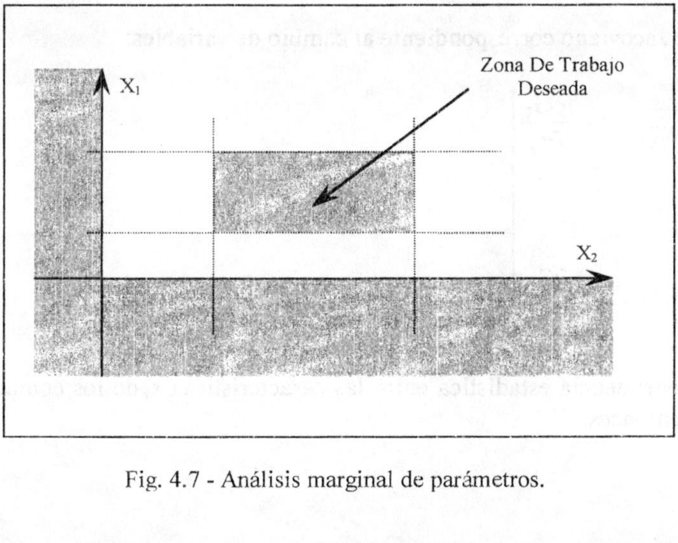

Fig. 4.7 - Análisis marginal de parámetros.

Esta técnica también es conocida con el nombre de Análisis Marginal o Gráfico de Schmoo. Para más de dos variables, el gráfico se complica bastante por lo que este procedimiento no es de uso extensivo.

4.4. Aproximaciones probabilísticas.

Las aproximaciones probabilísticas son tres, a saber:

- Cambio de variables.
- Desarrollo de Taylor.
- Monte Carlo.

4.4.1. Cambio de variables.

Sea en general $G_j(x_i)$ distintas características de un circuito con $i=1,2,\ldots\ldots,n$; siendo n el número de componentes y $j=1,2,\ldots\ldots,m$; siendo m el número de características. Con j=1 se estaría en el caso tratado en apartado 4.3. Entonces:

$$f^{G_1,G_2,\ldots\ldots,G_m}(g_1,g_2,\ldots\ldots,g_m)=\frac{f^{X_1,X_2,\ldots\ldots,X_n}(x_1,x_2,\ldots\ldots,x_n)}{|J|} \tag{4.30}$$

Donde J es el Jacoviano correspondiente al cambio de variables:

$$J=\begin{vmatrix} \frac{\partial G_1}{\partial x_1} & \ldots\ldots\ldots\ldots & \frac{\partial G_1}{\partial x_n} \\ \ldots & & \ldots \\ \ldots & \ldots & \ldots \\ \ldots & & \ldots \\ \frac{\partial G_m}{\partial x_1} & \ldots\ldots\ldots\ldots & \frac{\partial G_m}{\partial x_n} \end{vmatrix} \tag{4.31}$$

Si existe independencia estadística entre las características x_i de los componentes del circuito, entonces:

$$f^{X_1,X_2,\ldots,X_n}(x_1,x_2,\ldots,x_n)=\prod_{i=1}^{n} f^{X_i}(x_i) \qquad (4.32)$$

Sea, por ejemplo:

$G_1 = X_1 + X_2$
$G_2 = X_1$

Entonces:

$$J=\begin{vmatrix} \dfrac{\partial G_1}{\partial x_1} & \dfrac{\partial G_1}{\partial x_2} \\ \dfrac{\partial G_2}{\partial x_1} & \dfrac{\partial G_2}{\partial x_2} \end{vmatrix} = \begin{vmatrix} 1 & 1 \\ 1 & 0 \end{vmatrix} = -1$$

$|J| = 1$

Luego, si X_1 es independiente de X_2:

$$f^{G_1,G_2}(g_1,g_2)=\frac{f^{X_1,X_2}(x_1,x_2)}{1}=f^{X_1}(x_1).f^{X_2}(x_2)$$

Como:

$X_1 = G_2$
$X_2 = G_1 - G_2$

Entonces:

$$f^{G_1,G_2}(g_1,g_2)=f^{G_2}(g_2).f^{G_1-G_2}(g_1-g_2)$$

Las funciones marginales de G_1 y G_2 serán:

$$f^{G_1}(g_1)=\int f^{G_1,G_2}(g_1,g_2).dg_2=\int f^{G_2}(g_2).f^{G_1-G_2}(g_1-g_2).dg_2$$
$$f^{G_2}(g_2)=\int f^{G_1,G_2}(g_1,g_2).dg_1=\int f^{G_2}(g_2).f^{G_1-G_2}(g_1-g_2).dg_1$$

En particular si u=f(x,y) y v=x, conocidas $f^X(x)$ y $f^Y(y)$ con X e Y independientes, es posible obtener la función de densidad de u, $h^U(u)$ de la tabla de la Fig. 4.8

	U	$h^U(u)$
1	$X+Y$	$\int f^V(v).g^{U-V}(u-v).dv$
2	$X.Y$	$\int \left\lvert \frac{1}{v} \right\rvert .f^V(v).g^{\frac{U}{V}}\left(\frac{u}{v}\right).dv$
3	$\frac{X}{Y}$	$\int \left\lvert \frac{v}{u^2} \right\rvert .f^V(v).g^{\frac{V}{U}}\left(\frac{v}{u}\right).dv$
4	X^2+Y^2	$\int \left\lvert \frac{1}{2.\sqrt{u-v^2}} \right\rvert .f^V(v).g^{\sqrt{U-V^2}}\left(\sqrt{u-v^2}\right).dv$
5	$\sqrt{X^2+Y^2}$	$\int \left\lvert \frac{1}{2.\sqrt{u^2-v^2}} \right\rvert .f^V(v).g^{\sqrt{U^2-V^2}}\left(\sqrt{u^2-v^2}\right).dv$
6	$\operatorname{arctg}\frac{Y}{X}$	$\int \left\lvert \frac{v}{\operatorname{cos\,ec}^2 u} \right\rvert .f^{\frac{V}{\operatorname{tg} U}}\left(\frac{v}{\operatorname{tg} u}\right).g^V(v).dv$

Fig.4.8 - Transformación de dos variables aleatorias

Sea, por ejemplo el circuito de la Fig.4.9, con las siguientes especificaciones:

$e_0 = 100$ V
$R = 100\ \Omega \pm 5\ \%$

Conocida la $f^R(r)$ es posible evaluar $f^I(i)$ como:

$$f^I(i) = \frac{f^R(r)}{|J|}$$

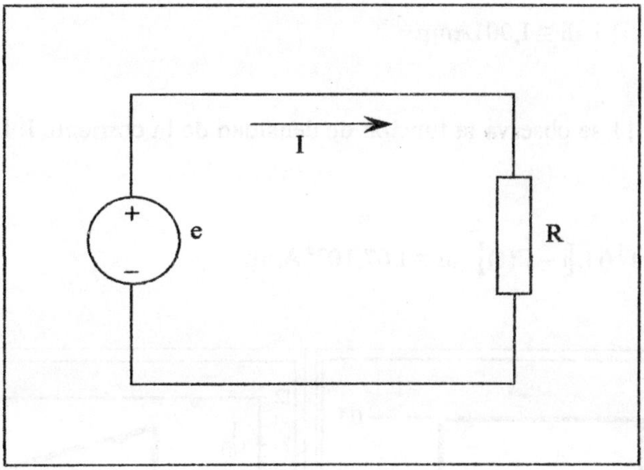

Fig. 4.9 - Tolerancias en circuitos.

Con:

$$|J| = \left|\frac{\partial I}{\partial R}\right| = \left|-\frac{e}{R^2}\right| = \frac{e}{R^2}$$

Luego:

$$f^I(i) = \left(\frac{e}{i^2}\right).f^R(r)\Big|_{R=\frac{e}{i}}$$

Si R está distribuida uniformemente entre 95 Ω y 105 Ω como se observa en la Fig.4.10, entonces:

$$f^I(i) = \frac{10}{i^2} \quad ; \quad 0{,}95 \text{ Amp.} < I < 1{,}05 \text{ Amp.}$$

$$f^I(I) = 0 \quad ; \quad \text{para otro I}$$

La media o esperanza matemática de I será:

$$E(I)=\int_{0,95}^{1,05} f^{I}(i).i.di \cong 1{,}001 Amp.$$

En la Fig. 4.11 se observa la función de densidad de la corriente I. La varianza de I será:

$$Var(I)=\int_{0,95}^{1,05} f^{I}(i).[i-E(I)]^{2}.di \cong 1{,}67.10^{-3} Amp.$$

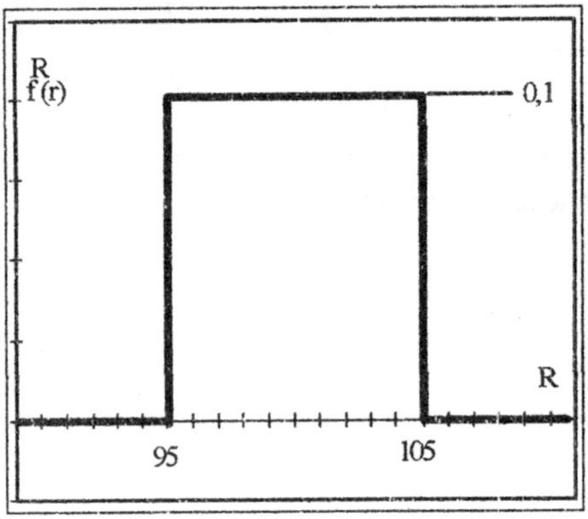

Fig. 4.10 - pdf del resistor R

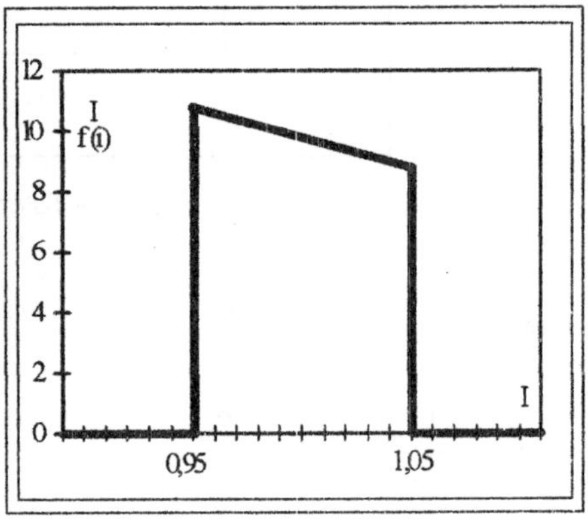

Fig. 4.11 - pdf de la corriente I

Si R estuviese distribuida normalmente con media μ=100Ω y desvío σ =200Ω, como se observa en la Fig.4.12, entonces:

$$f^{I}(i)=\left(\frac{e}{i^{2}}\right).f^{R}(r)\bigg|_{R=\frac{e}{i}}$$

Como:

$$f^{R}(r)=\frac{1}{\sigma.\sqrt{2.\pi}}.\exp\left[-\frac{1}{2}\left(\frac{r-\mu}{\sigma}\right)^{2}\right]$$

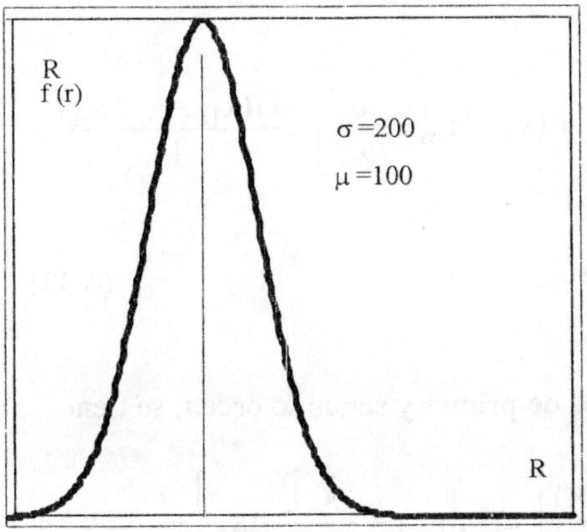

Fig. 4.12 - pdf del resistor R

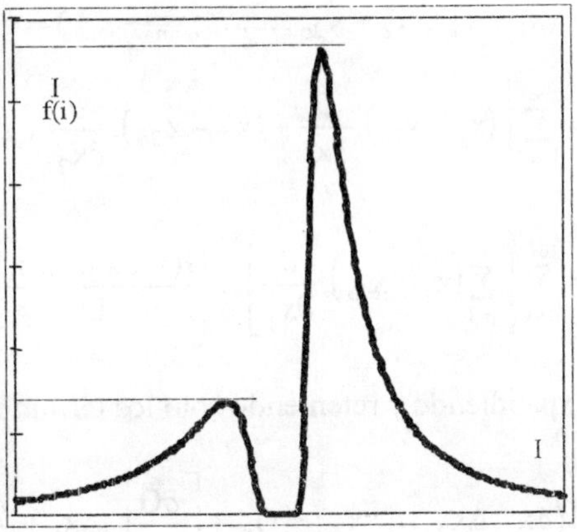

Fig. 4.13 - pdf de la corriente I

Entonces:

$$f^{I}(i) = \frac{e}{i^2 .\sigma .\sqrt{2.\pi}}.\exp\left[-\frac{1}{2}.\left(\frac{e-\mu .i}{i.\sigma}\right)^2\right]$$

En la Fig. 4.13 se observa la forma aproximada de la función $f^{I}(i)$.

4.4.2. Desarrollo de Taylor.

Si $G=G(x_i)$; con $i=1,\ldots\ldots,n$; es la característica de un circuito y x_i los parámetros característicos de sus componentes. Sea:

x_{io} = característica en un determinado punto operativo.

Sea ahora una expansión multivariable alrededor de esos puntos operativos x_{io}:

$$G(x_1 + x_{1o}; x_2 + x_{2o}; \ldots\ldots; x_n + x_{no}) =$$

$$= \sum_{k=0}^{\infty}\left[(x_1 - x_{1o}).\frac{\partial}{\partial x_1} + (x_2 - x_{2o}).\frac{\partial}{\partial x_2} + \ldots + (x_n - x_{no}).\frac{\partial}{\partial x_n}\right]^k . \frac{G(x_1, x_2, \ldots, x_n)}{k!} =$$

$$= \sum_{k=0}^{\infty}\left[\sum_{j=1}^{n}(x_j - x_{jo}).\frac{\partial}{\partial x_j}\right]^k . \frac{G(x_1, x_2, \ldots, x_n)}{k!} \tag{4.33}$$

Expandiendo y reteniendo solo los términos de primer y segundo orden, se tiene:

$$G(\Delta x_1, \Delta x_2, \ldots, \Delta x_n) = G_o + \left[\left.\frac{\partial G}{\partial x_1}\right|_o .\Delta x_1 + \left.\frac{\partial G}{\partial x_2}\right|_o .\Delta x_2 + \ldots + \left.\frac{\partial G}{\partial x_n}\right|_o .\Delta x_n\right] +$$

$$+ \frac{1}{2}.\left[\left.\frac{\partial^2 G}{\partial x_1^{\,2}}\right|_o .\Delta x_1^{\,2} + \left.\frac{\partial^2 G}{\partial x_2^{\,2}}\right|_o .\Delta x_2^{\,2} + \ldots + \left.\frac{\partial^2 G}{\partial x_n^{\,2}}\right|_o .\Delta x_n^{\,2}\right] +$$

$$+ \left[\left.\frac{\partial^2 G}{\partial x_1 . \partial x_2}\right|_o .\Delta x_1 .\Delta x_2 + \left.\frac{\partial^2 G}{\partial x_1 . \partial x_3}\right|_o .\Delta x_1 .\Delta x_3 + \ldots + \left.\frac{\partial^2 G}{\partial x_i . \partial x_j}\right|_o^{\forall i \neq j} .\Delta x_i .\Delta x_j\right]$$

(4.34)

Siendo:

$$(\Delta x_i)^n = (x_i - \mu_i)^n \tag{4.35}$$
$$E(x_i) = \mu_i \tag{4.36}$$
$$\sigma^2(x_i) = Var(x_i) \tag{4.37}$$

Entonces:

$$G(\Delta x_1, \Delta x_2, \ldots, \Delta x_n) = a + \sum_{i=1}^{n} b_i . \Delta x_i + \frac{1}{2}\sum_{i=1}^{n} c_i . \Delta x_i^{\,2} + \sum_{i=1}^{n}\sum_{\substack{j=1 \\ i \neq j}}^{n} d_{ij} . \Delta x_i . \Delta x_j \tag{4.38}$$

Con:

$$a = G_o \tag{4.39}$$

$$b_i = \left.\frac{\partial G}{\partial x_i}\right|_o \tag{4.40}$$

$$c_i = \left.\frac{\partial^2 G}{\partial {x_i}^2}\right|_o \tag{4.41}$$

$$d_{ij} = \left.\frac{\partial^2 G}{\partial x_i . \partial x_j}\right|_o \qquad \forall i \neq j \tag{4.42}$$

Tomando la esperanza matemática de G y su varianza, se tiene:

$$E(G) = a + \frac{1}{2}\sum_{i=1}^{n} c_i.\sigma^2(x_i) + \sum_{\substack{i=1 \\ i\neq j}}^{n}\sum_{j=1}^{n} d_{ij}.Cov(x_i, x_j) \tag{4.43}$$

$$Var(G) = \sum_{i=1}^{n} b_i.\sigma^2(x_i) + 2.\sum_{\substack{i=1 \\ i\neq j}}^{n}\sum_{j=1}^{n} b_i.b_j.Cov(x_i, x_j) \tag{4.44}$$

Donde:

$$Cov(x_i, x_j) = E[(x_i-\mu_i)(x_j-\mu_j)] = \rho.\sigma(x_i).\sigma(x_j) \tag{4.45}$$

Siendo ρ el coeficiente de correlación. Si X_i y X_j son independientes entonces $\rho=0$ y las expresiones dadas se simplifican bastante. Se observa la intervención de valores medios y desvíos en las ecuaciones deducidas. En general, considerando distribuciones normales para las características de los componentes, existen relaciones entre tolerancias y desvíos. Si se llama:

Tol. = tolerancia en el valor nominal.
μ = valor nominal = valor medio
σ = desvío estándar
Tol.(%) = tolerancia porcentual = 100.Tol.
α = riesgo del consumidor.

Entonces, existen tres situaciones específicas a saber:

- Situación 1.

Componentes de alta calidad (militares) de desarrollo estable y conservativo. Fabricante de mucha experiencia.

$$\mu.\text{Tol.} = 3.\sigma$$
$$\text{Tol.}(\%) = \frac{3.\sigma.100}{\mu}$$
$$\alpha = 1\%$$

- Situación 2.

Componentes industriales. Calidad intermedia entre componentes militares y comerciales. Desarrollo estable y fabricante conocido.

$$\mu.\text{Tol.} = 2.\sigma$$
$$\text{Tol.}(\%) = \frac{2.\sigma.100}{\mu}$$
$$\alpha = 5\%$$

- Situación 3.

Componentes comunes comerciales de desarrollo estable pero en etapas todavía experimentales. Fabricante poco conocido y con poca experiencia.

$$\mu.\text{Tol.} = 1.\sigma$$
$$\text{Tol.}(\%) = \frac{1.\sigma.100}{\mu}$$
$$\alpha = 37\%$$

Sea como ejemplo el circuito de la Fig. 4.5 con componentes en la situación 2. Entonces:

$$\left.\frac{\partial e_S}{\partial e_0}\right|_o = \frac{1}{1+\dfrac{R_1}{R_2}} = \frac{1}{4}$$

$$\left.\frac{\partial e_S}{\partial R_1}\right|_o = -\frac{e_S}{R_2.\left(1+\dfrac{R_1}{R_2}\right)^2} = -\frac{1}{16}$$

$$\left.\frac{\partial e_S}{\partial R_2}\right|_o = -\frac{e_S . R_1}{R_2^{\,2}.\left(1+\frac{R_1}{R_2}\right)^2} = \frac{3}{16}$$

$$\left.\frac{\partial^2 e_S}{\partial e_0^{\,2}}\right|_o = 0$$

$$\left.\frac{\partial^2 e_S}{\partial R_1^{\,2}}\right|_o = \frac{2.e_S}{R_1.R_2.\left(1+\frac{R_1}{R_2}\right)^3} = \frac{1}{9600}$$

$$\left.\frac{\partial^2 e_S}{\partial R_2^{\,2}}\right|_o = \frac{2.e_S}{R_2^{\,3}.\left(1+\frac{R_1}{R_2}\right)^3} = -\frac{3}{3200}$$

Además:

$$\sigma_{e_0} = \frac{\text{Tol}.\mu_{e_0}}{2} = 2{,}5 \text{ V}$$

$$\sigma_{e_0} = \frac{\text{Tol}.\mu_{R_1}}{2} = 15\,\Omega$$

$$\sigma_{e_0} = \frac{\text{Tol}.\mu_{R_2}}{2} = 2{,}5\,\Omega$$

En toda la evaluación se consideró independencia de variables. Luego:

$$E(e_S) = 25 + \frac{1}{2}\left[\frac{15^2}{9600}.\frac{3}{3200}.2{,}5^2\right] \cong 24{,}98 \text{ V}$$

$$\text{Var}(e_S) = \left(\frac{1}{4}\right)^2.2{,}5^2 + \left(-\frac{1}{16}\right)^2.15^2 + \left(\frac{3}{16}\right)^2.2{,}5^2 \cong 1{,}47 \text{ V}^2$$

Así:

$\mu_{e_S} \cong 25$ V
$\sigma_{e_S} \cong 1{,}21$ V

La tolerancia en e_S será:

$$\text{Tol. } e_S = 2.\sigma_{e_S}$$

$$\text{Tol. } e_S(\%) = \frac{2.\sigma_{e_S}.100}{\mu_{e_S}} \cong 9{,}7\,\%$$

4.4.3. Método de Monte Carlo.

Sea $G=G(x_i)$ tal como se ha definido en los puntos anteriores con $i=1,\ldots,n$. El problema consiste, nuevamente en dados $f^{X_i}(x_i)$ de los componentes, evaluar $f^G(g)$ para el circuito. Esta determinación puede hacerse a partir de programas generadores de números pseudo aleatorios. Existen programas que a partir de un número "Semilla", generan una secuencia de números aleatorios con distribución relativamente uniforme entre 0 y 1, como se observa en la Fig.4.14. El más conocido es la subrutina "Randu" de IBM. Otras subrutinas de este tipo ya han sido incorporadas a programas comerciales como las planillas de cálculo Excel.

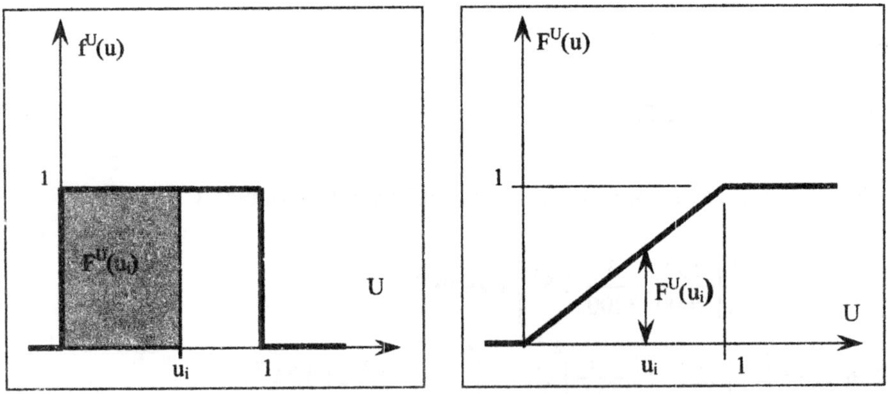

Fig. 4.14 - pdf y Cdf uniformes.

A partir de esta generación de número pseudo aleatorios, cualquier otra distribución puede deducirse por transformación de variables.

En particular, aprovechando las condiciones impuestas por el Teorema Central del límite, por suma de variables con distribución uniforme pueden obtenerse variables con distribución normal (Subrutina Gauss de IBM). Por transformación de variables (transformación inversa) se tiene que si $f^{Xi}(x_i)$ es una función de densidad cualquiera y $F^{Xi}(x_i)$ su correspondiente función de distribución como se muestra en la Fig.4.15, entonces:

$$F^{X_i}(x_i) = u_i \tag{4.46}$$

$$x_i = F^{-X_i}(u_i) \tag{4.47}$$

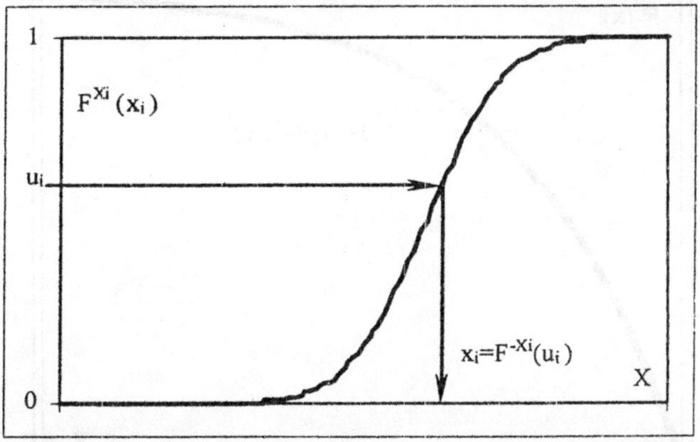

Fig. 4.15 - Cdf para una variable X.

Para una distribución uniforme de la variable U que originará valores u_i corresponderá una distribución de X de acuerdo a $F^{-X}(u)$ que generará valores x_i. Así, por ejemplo para la Cdf siguiente:

$F^X(x) = 1\text{-exp.}(-\lambda.x)$

En la Fig. 4.16 se observa esta distribución. Entonces:

$\mu_i = 1\text{-exp.}(-\lambda.x_i)$

De aquí:

$$x_i = -\frac{\ln .(u_i)}{\lambda}$$

$u_i \equiv$ uniformemente distribuida entre 0 y 1.
$x_i \equiv$ exponencialmente distribuida entre 0 y ∞.

Cada vez que se recurre a la distribución uniforme (subrutina Randu) se obtiene un número u_i con esa distribución. Luego, a partir de la transformación inversa de variables se obtiene un número x_i con distribución adecuada al problema.

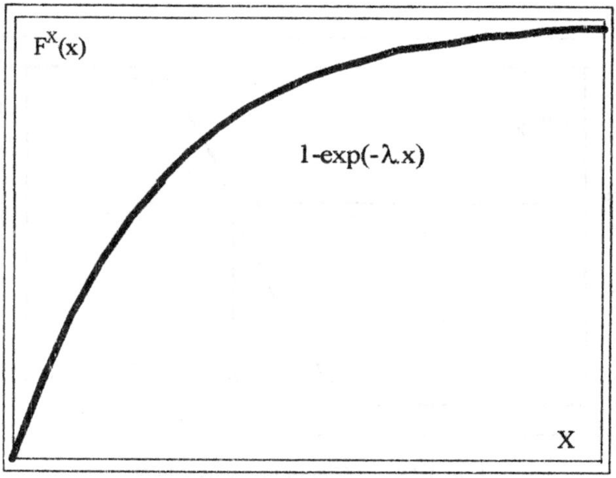

Fig. 4.16 - Cdf para una variable X de distribución exponencial.

Obtenidos, entonces los distintos valores $x_i=\psi(u_j)$ se calcula $G_j=G(x_i)$. Con los distintos valores G_j se grafica en forma de histograma $f^G(g)$ como se observa en la Fig.4.17. Sean m la cantidad de iteraciones. Con los m valores de G_j se puede, utilizando la expresión de Sturges, evaluar el número óptimo de intervalos de clase entre G y G. Este número K será:

$$K = 1+3{,}33.\text{Log.}m \qquad (4.48)$$

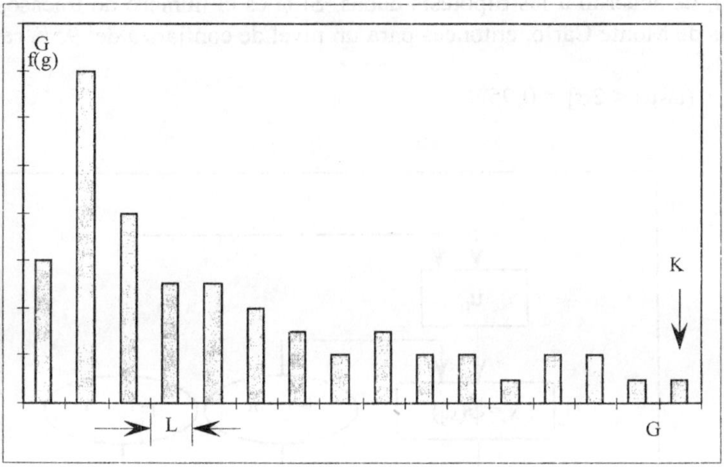

Fig. 4.17 - Histograma de frecuencias relativas

La longitud de cada intervalo de clase es:

$$L = \frac{G_{max} - G_{min}}{K} \qquad (4.49)$$

El esquema de la Fig. 4.18 muestra el proceso de generación de los distintos valores de G_j. Si son "m" la pruebas independientes con dos únicos resultados éxito o fracaso, la distribución correspondiente a los resultados del experimento es del tipo binominal con:

p = probabilidad de éxito.
q = probabilidad de fracaso.
p+q = 1

Para "m" muy grande la distribución tiende a ser normal. El problema reside en evaluar la cantidad "m" de pruebas necesarias para acotar el error o exactitud en la prueba de Monte Carlo. Estos errores, desvíos del verdadero, disminuyen como $1/\sqrt{m}$, siendo "m" el número de pruebas realizadas. Para determinar el valor de "m" para un determinado nivel de confianza, se aproxima la Binominal a una normal, de acuerdo a las hipótesis dadas. Si ω es el número de fracasos en las m pruebas de Monte Carlo, entonces para un nivel de confianza del 95% resulta:

$$P\ [-2\sigma < (\omega-\mu) < 2\sigma] = 0{,}95 \qquad (4.50)$$

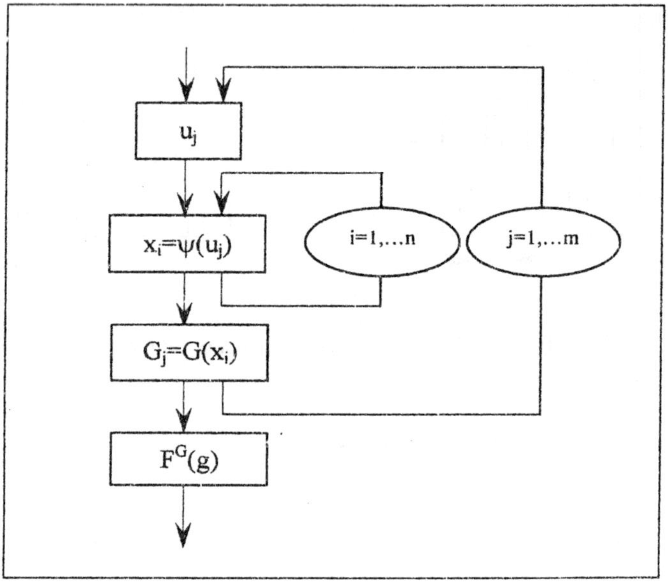

Fig. 4.18 - Proceso de generación del histograma de frecuencias relativas

Sustituyendo:

$$\mu = m.q \qquad (4.51)$$

$$\sigma = \sqrt{m.p.q} \qquad (4.52)$$

Queda:

$$P\left\{-2.\sqrt{\frac{p.q}{m}} < \frac{\omega}{m} - q < 2.\sqrt{\frac{p.q}{m}}\right\} = 0{,}95 \qquad (4.53)$$

Con:

q ≡ verdadero valor.
ω/m ≡ salidas pruebas de Monte Carlo.

El error porcentual entre el verdadero valor de fracasos q y el de la prueba de Monte Carlo ω/m es:

$$e(\%) = \frac{100.\left(\frac{\omega}{m} - q\right)}{q} \cong \frac{100.2.\sqrt{\frac{p.q}{m}}}{q} \qquad (4.54)$$

Entonces:

$$e(\%) = 200.\sqrt{\frac{p}{q.m}} = 200.\sqrt{\frac{\frac{1}{q} - 1}{m}} \qquad (4.55)$$

En la Fig. 4.19 se observa la expresión de error porcentual paramétrica en m.

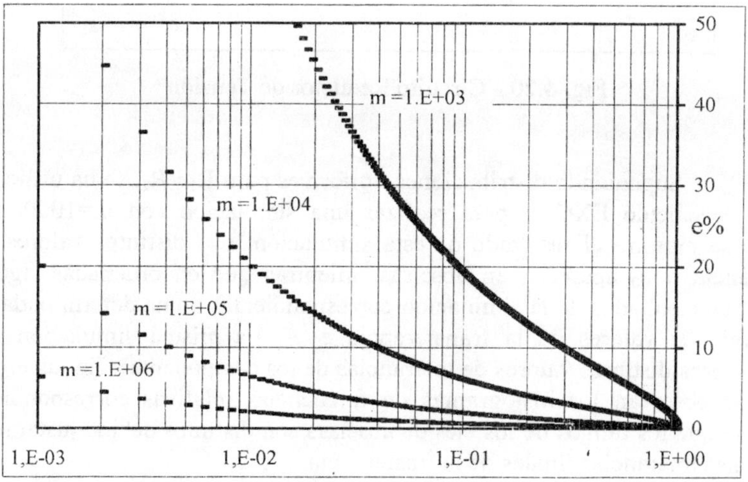

Fig. 4.19 - Error porcentual en las pruebas de Monte Carlo

Como ejemplo de la utilización del método de Monte Carlo, sea el circuito de la Fig. 4.20 con las siguientes especificaciones:

$R_1 = 1000\ \Omega \pm 5\ \%$
$R_2 = 2000\ \Omega \pm 10\ \%$

A partir de las distribuciones de R_1 y R_2 se quiere determinar la distribución de la transferencia del reductor de tensión:

$e_S/e_0 = R_2/(R_1+R_2)$

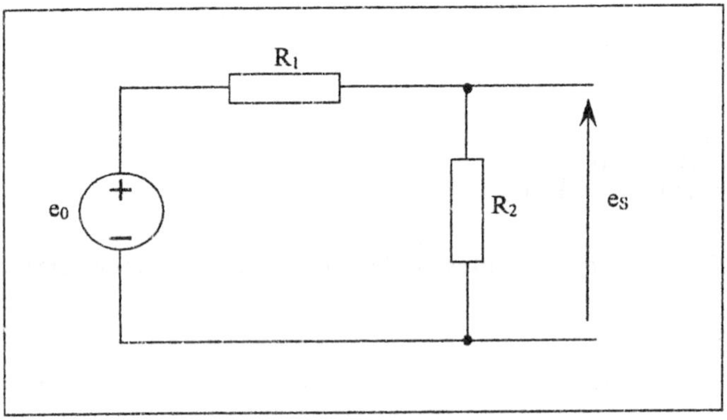

Fig. 4.20 - Circuito Reductor de Tensión

Suponiendo distribuciones uniformes para R_1 y R_2, se ha utilizado la planilla de cálculo EXCEL para realizar una simulación con m=1000. En la Fig.4.21 se muestra el resultado de esta simulación. Los distintos valores de la transferencia e_S/e_0 aparecen en abscisas, mientras que en ordenadas figura la cantidad de resultados de la simulación correspondientes a una determinada clase o intervalo de valores de la transferencia e_S/e_0. La misma simulación se ha realizado para distintos valores de tolerancias de los componentes. En las Fig.4.21 y 4.22 se observan los histogramas de frecuencias relativas correspondientes. Obsérvese que los rangos de los ejes de abscisas son distintos debido justamente a las distintas tolerancias finales de la trasferencia e_S/e_0.

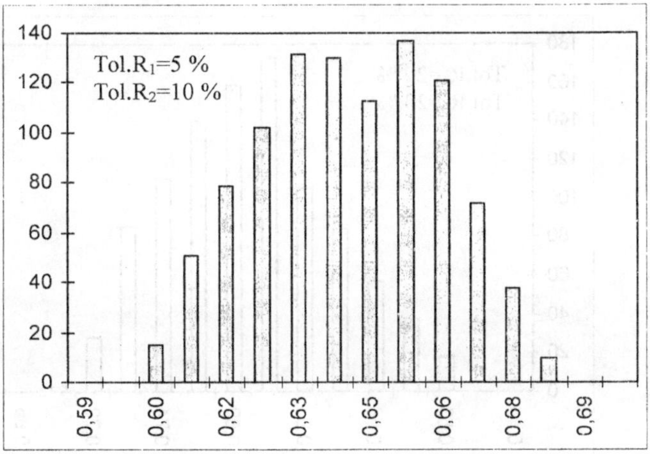

Fig. 4.21 - Histograma de frecuencias relativas

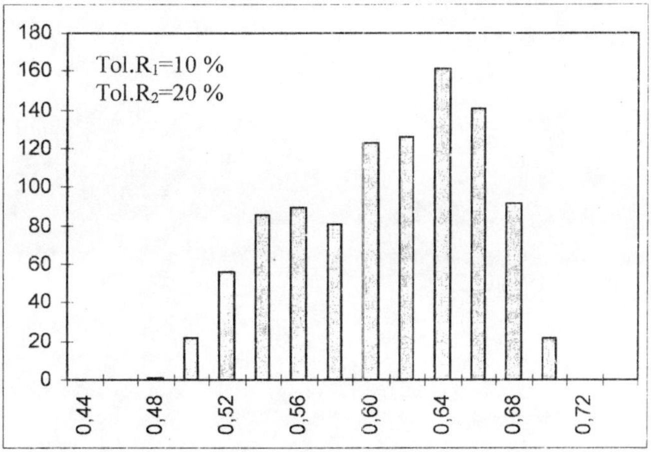

Fig. 4.22 - Histograma de frecuencias relativas

Obsérvese además la presencia de dos prestaciones distintas en el caso de la Fig.4.22 y de una sola prestación bastante dispersa en el caso de la Fig.4.23.

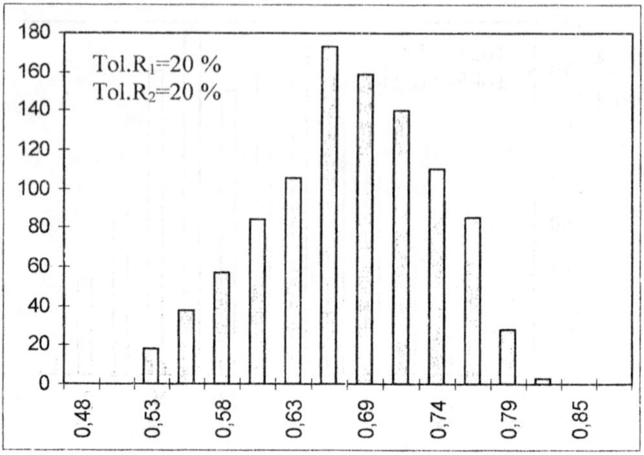

Fig. 4.23 - Histograma de frecuencias relativas

CAPITULO 5

CONFIABILIDAD DE SISTEMAS

5.1. Estructura de sistemas.

Conocida la ley de probabilidad de fallas de un determinado componente y el tiempo de misión del mismo, es posible deducir su probabilidad de falla o éxito (confiabilidad). Cuando estas componentes forman parte de un sistema, la confiabilidad de éste, estará estrechamente ligada a la confiabilidad de sus elementos constitutivos como así también a la estructura del mismo.
La estructura del sistema determina su comportamiento frente a los distintos fallas de sus componentes y el tiempo de misión o duración del funcionamiento estará íntimamente ligado a la noción de probabilidad de sobrevivir C(t) de cada elemento del sistema.
Así al especificar C(t)=0,95 es necesario también especificar para que t es válido C(t), por ejemplo t≡1000 hs., sin lo cual, carecerá de sentido el valor de probabilidad dado. Dejando, entonces, por el momento de lado la dependencia temporal de la confiabilidad, sea C(t) = C.
Se estudiará a continuación la confiabilidad de un sistema en función de la confiabilidad de los distintos subsistemas que lo componen para un tiempo de misión dado. Estos modelos de confiabilidad se denominan modelos de confiabilidad a tiempo de misión fijo.

Es necesario clarificar, en este punto la definición de sistema. Sistema es una entidad determinística compuesta por un conjunto interactivo de elementos discretos.
Un sistema puede estar representado por un equipo y sus elementos serán sus componentes: resistores, capacitores, circuitos integrados, etc. Sin embargo un conjunto de equipos interconectados puede constituir también un sistema. Varios sistemas, llamémosle subsistemas, pueden generar un gran sistema.
Se observa, entonces que, es muy importante definir el sistema a analizar y la profundidad de análisis, es decir antes de proceder al estudio es necesario definir el sistema y los elementos asociados.
Junto a esto, también es necesario especificar la confiabilidad de los elementos asociados y la estructura del sistema, definiendo además a partir de esa estructura causa y efecto de las fallas, como así también la existencia o no de independencia estadística (i.e.) de las mismas.
Son tres las estructuras básicas a analizar, en lo que sigue, la estructura serie, la estructura paralelo y la estructura mixta.
Además se verán otras dos importantes, a saber la estructura stand-by y la denominada r de n.

5.1.1. Configuración serie.

Sea un sistema constituido por un conjunto de al menos dos subsistemas de tal forma que el sistema no funcione correctamente si todos los subsistemas no funcionan correctamente.
El sistema será del tipo Serie desde el punto de vista de la confiabilidad. Si S es el evento el sistema funciona correctamente y S_i el evento el subsistema i funciona correctamente, entonces la confiabilidad C_S del sistema o sea la probabilidad de que el sistema funcione correctamente será:

$$C_S = P(S) = P(S_1 \cap S_2 \cap ...... \cap S_i \cap ...... \cap S_n) \qquad (5.1)$$

Siendo n la cantidad de subsistemas involucrados en la definición del sistema serie.
Si los eventos S_i son estadísticamente independientes, entonces:

$$C_S = P(S) = P(S_1).P(S_2)......P(S_i)......P(S_n) \qquad (5.2)$$

En notación compacta:

$$C_S = \prod_{i=1}^{n} P(S_i) = \prod_{i=1}^{n} C_i \qquad (5.3)$$

Siendo C_i la confiabilidad del subsistema i. Es posible representar el sistema serie mediante un diagrama de confiabilidad como el siguiente:

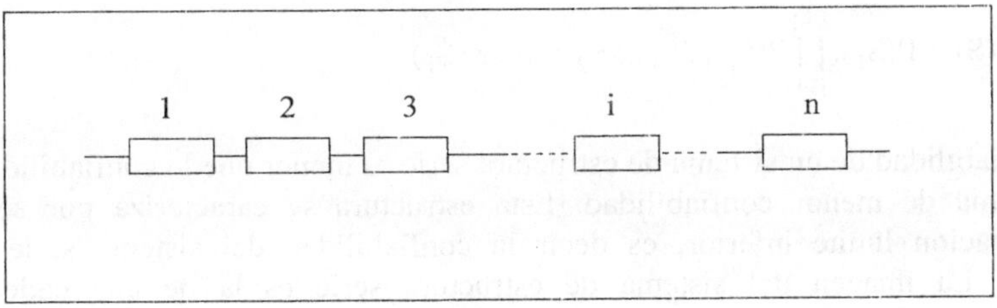

Fig. 5.1 - Diagrama de Confiabilidad - Sistema Serie

A este diagrama se le puede asociar un grafo que relaciona causa con efecto:

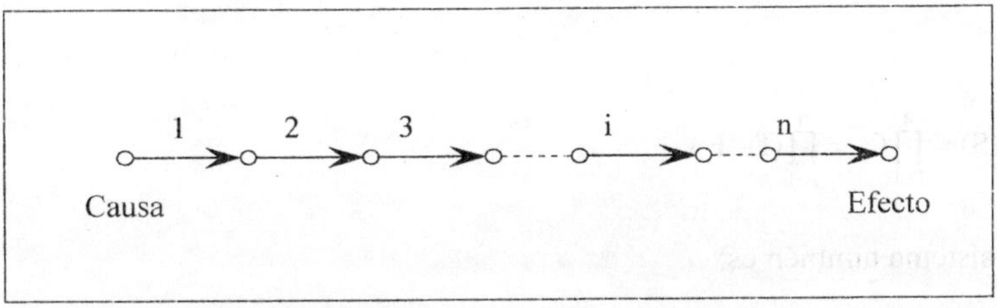

Fig. 5.2 - Grafo de Confiabilidad - Sistema Serie

En ambos casos, ya sea en el diagrama como en el grafo de confiabilidad cada elemento que lo constituye representa un determinado evento. Esos eventos están asociados a los distintos modos de no fallar de cada subsistema asociado al sistema. Por lo tanto pueden existir más eventos asociados a modos de no fallar de subsistemas que numero de subsistemas en el sistema.

Cuando los eventos S_i no son estadísticamente independientes, la expresión C_S puede generalizarse de la siguiente forma:

$$P(S_1 \cap S_2 \cap .....\cap S_n) = P(S_1).P(S_2 / S_1).P(S_3 / S_2 \cap S_1).P(S_4 / S_3 \cap S_2 \cap S_1)..........$$

$$........P(S_n / S_{n-1} \cap ....\cap S_3 \cap S_2 \cap S_1) \quad (5.4)$$

O en forma compacta:

$$C_S = P(S) = P(S_1).\prod_{i=1}^{n-1} P(S_{i+1} / S_1 \cap S_2 \cap .....\cap S_i) \quad (5.5)$$

La confiabilidad de un sistema de estructura serie es menor que la confiabilidad del subsistema de menor confiabilidad. Esta estructura se caracteriza por ser una configuración límite inferior, es decir la confiabilidad del sistema serie es la mínima. La imagen del sistema de estructura serie es la de una cadena de eslabones, en la cual la resistencia de la cadena no puede ser mayor que la resistencia del eslabón de menor resistencia (weakest link-chain model). Si para cada subsistema se cumple:

$$C_i + F_i = 1 \quad (5.6)$$

Entonces:

$$C_S = P(S) = \prod_{i=1}^{n} C_i = \prod_{i=1}^{n}(1 - F_i) \quad (5.7)$$

Para el sistema también es:

$$F_S = 1 - C_S = 1 - \prod_{i=1}^{n} C_i = 1 - \prod_{i=1}^{n}(1 - F_i) \quad (5.8)$$

5.1.2. Configuración paralelo.

Sea un sistema constituido por un conjunto de al menos dos subsistemas de tal forma que el sistema funcione correctamente sí solo uno de ellos funciona correctamente. El sistema será del tipo paralelo desde el punto de vista de la confiabilidad. Llamando a los eventos S y S_i como en el punto 5.1.1., la confiabilidad del sistema C_P será:

$$C_p = P(S) = P(S_1 \cup S_2 \cup ..... \cup S_i \cup ...... \cup S_n) \quad (5.9)$$

Siendo n la cantidad de subsistemas involucrados en la definición de sistema paralelo. Expandiendo la expresión anterior:

$$C_p = P(S) = [P(S_1) + P(S_2) + P(S_3) + ... + P(S_n)] +$$

$$- [P(S_1 \cap S_2) + ... + P(\underset{i \neq j}{S_i \cap S_j})] + [P(S_1 \cap S_2 \cap S_3) + ... + P(\underset{i \neq j \neq k}{S_i \cap S_j \cap S_k})] +$$

$$+ .... + (-1)^n . P(S_1 \cap S_2 \cap .... \cap S_n) \quad (5.10)$$

De la misma definición surge que la probabilidad de que el sistema falle $P(\overline{S})$ resulta igual a la probabilidad de que fallen todos los subsistemas S_i. Así:

$$C_p = 1 - P(\overline{S}) = 1 - P(\overline{S_1} \cap \overline{S_2} \cap \overline{S_3} \cap ...... \cap \overline{S_n}) \quad (5.11)$$

Si los eventos S_i son estadísticamente independientes, se tiene:

$$C_p = 1 - [P(\overline{S_1}).P(\overline{S_2}).P(\overline{S_3})........P(\overline{S_n})] \quad (5.12)$$

Siendo:

$$P(S_i) = 1 - P(\overline{S_i}) = C_i \quad (5.13)$$

Luego:

$$C_p = 1 - \prod_{i=1}^{n} (1 - C_i) \quad (5.14)$$

O de otra forma:

$$C_p = 1 - \prod_{i=1}^{n} F_i \quad (5.15)$$

Es posible también aquí, representar el sistema paralelo por un diagrama de confiabilidad y un grafo asociado que relaciona causa con efecto, como se observa en las Fig.5.3 y Fig.5.4, respectivamente.

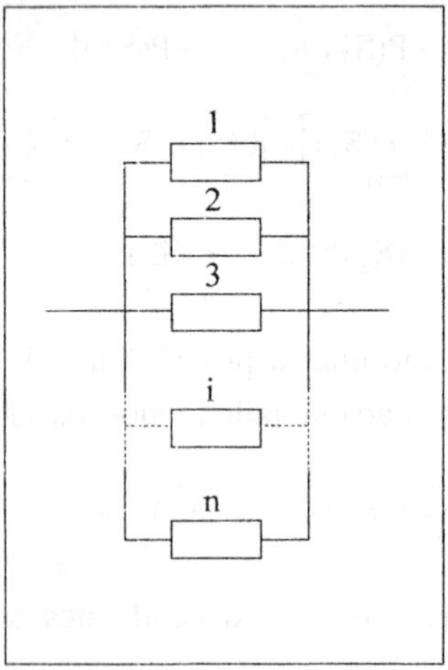

Fig. 5.3 - Diagrama de Confiabilidad - Sistema Paralelo

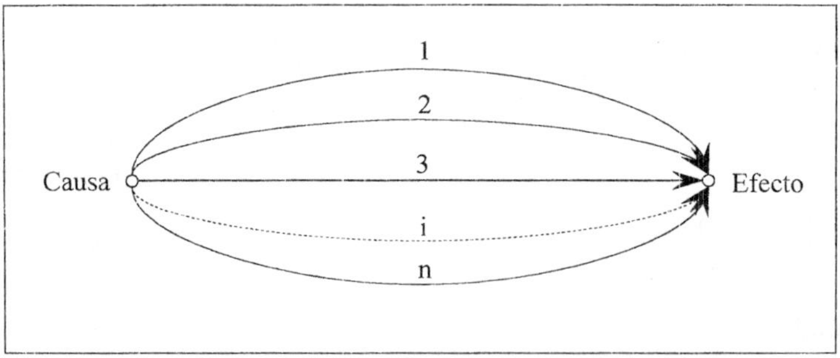

Fig. 5.4 - Grafo de Confiabilidad - Sistema Paralelo

Si los eventos S_i no son estadísticamente independientes, entonces:

$$P(\overline{S_1} \cap \overline{S_2} \cap ..... \cap \overline{S_n}) = P(\overline{S_1}).P(\overline{S_2} / \overline{S_1}).P(\overline{S_3} / \overline{S_2} \cap \overline{S_1}).P(\overline{S_4} / \overline{S_3} \cap \overline{S_2} \cap \overline{S_1}).........$$

$$........P(\overline{S_n} / \overline{S_{n-1}} \cap .... \cap \overline{S_3} \cap \overline{S_2} \cap \overline{S_1}) \qquad (5.16)$$

En forma compacta:

$$C_p = 1 - P(S) = 1 - P(\overline{S_1}).\prod_{i=1}^{n-1} P(\overline{S_{i+1}} / \overline{S_1} \cap \overline{S_2} \cap ...... \cap \overline{S_i}) \qquad (5.17)$$

Esta estructura se denomina redundante y se caracteriza por ser una configuración límite superior, es decir la confiabilidad del sistema paralelo es máxima.
Para un período de tiempo fijo, la confiabilidad del sistema paralelo es mayor que la confiabilidad del subsistema de mayor confiabilidad. La redundancia introducida provee un camino accesorio para que el sistema cumpla sus requerimientos funcionales.
Existen dos tipos fundamentales de redundancia: activa y pasiva. En la redundancia activa, todos los subsistemas trabajan simultáneamente para cumplir los requerimientos funcionales del sistema. La falla de un subsistema no implica la falla de todo el sistema, pues existen varios del mismo tipo trabajando con el mismo fin.
En la redundancia pasiva (stand-by), los distintos subsistemas trabajan aisladamente y en forma sucesiva para cumplir los requerimientos funcionales del sistema. Mientras trabaja uno de estos subsistemas, los otros se encuentran fuera de servicio pero preparados para trabajar ante la falla del que se encuentra operando. Todo esto implica la existencia de subsistemas detectores de fallas que monitoreen y controlen el proceso de puesta en servicio cuando sea necesario.
Un sistema con redundancia activa responderá, en lo que respecta a la confiabilidad, a la expresión 5.17.
Si los subsistemas no son estadísticamente independientes, pero bien puede responder a la expresión 5.12, en el caso que lo sean. En cambio, un sistema en redundancia pasiva responderá siempre a la primera de estas dos expresiones pues existirá dependencia en lo que respecta a fallas en los distintos subsistemas componentes.
Este caso de redundancia pasiva (stand-by) será tratado separadamente en el punto 5.1.4. En la tabla de la Fig. 5.5, se vuelcan los resultados previamente deducidos.
Existen diferencias fundamentales entre el diagrama en bloques de un sistema y el diagrama o grafo de confiabilidad del mismo.

El primero es un diagrama funcional del sistema a analizar. El segundo es un esquema que sólo tiene sentido desde el punto de vista de la interacción de los subsistemas componentes en el marco de las probabilidades de falla o éxito de cada uno de ellos en el sistema total.

Estructura	Tipo de Fallas	Expresión de la Confiabilidad
Serie	General	$P(S_1).\prod_{i=1}^{n-1} P(S_{i+1} / S_1 \cap S_2 \cap ..... \cap S_i)$
	Independencia estadística	$\prod_{i=1}^{n} P(S_i) = \prod_{i=1}^{n} C_i$
	Independencia estadística sistemas idénticos	$\prod_{i=1}^{n} P(S_i) = C^n ;\ P(S_i) = C, \forall i$
Paralelo	General	$1 - P(\overline{S_1}).\prod_{i=1}^{n-1} P(\overline{S_{i+1}} / \overline{S_1} \cap \overline{S_2} \cap ...... \cap \overline{S_i})$
	Independencia estadística	$1 - \prod_{i=1}^{n} [1 - P(S_i)] = 1 - \prod_{i=1}^{n} (1 - C_i)$
	Independencia estadística sistemas idénticos	$1 - \prod_{i=1}^{n} (1 - C_i) = 1 - [1 - C]^n ;\ P(S_i) = C, \forall i$

Fig.5.5 - Resumen Confiabilidad de Sistemas Serie y Paralelo.

Sea, por ejemplo, el caso clásico de dos relés. Si el mayor defecto de los relés consiste en fallar al abrirse, el esquema funcional será el de la Fig. 5.6 dada que con esta configuración se mejora la confiabilidad del conjunto.
En cambio, el diagrama y grafo de confiabilidad serán respectivamente los de las Figs.5.7 y 5.8 que corresponden a un sistema paralelo.
Si el defecto mayor es fallar al cerrarse, el esquema funcional de mayor confiabilidad será el de la Fig. 5.9. Sin embargo, el esquema y grafo de confiabilidad serán los de las Figs.5.10 y 5.11 respectivamente.

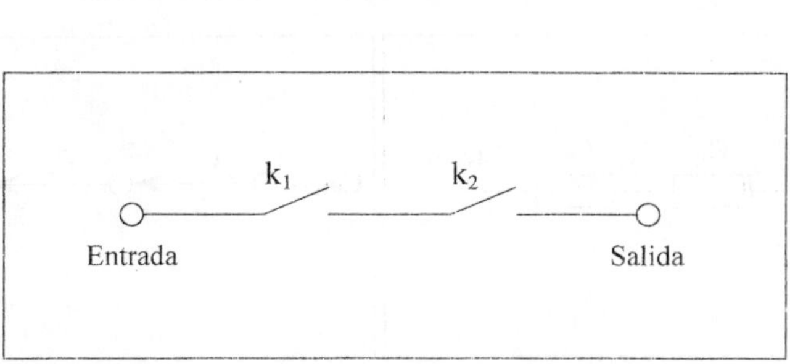

Fig. 5.6 - Esquema funcional relés en serie

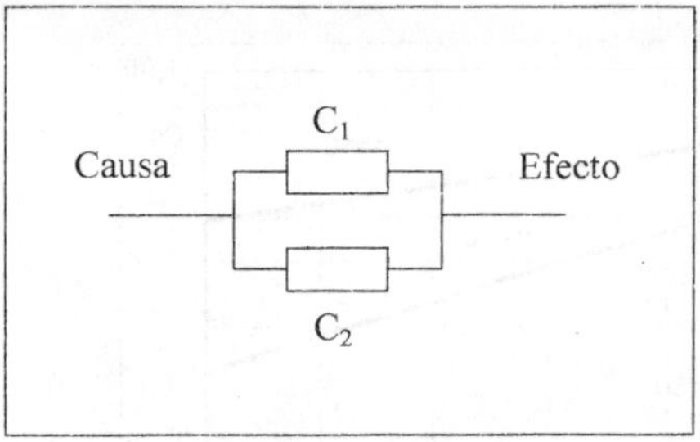

Fig. 5.7 - Diagrama de Confiabilidad sistema paralelo

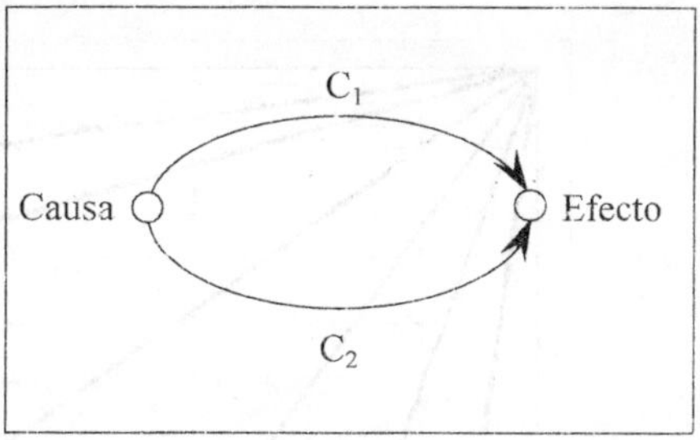

Fig. 5.8 - Grafo de Confiabilidad sistema paralelo

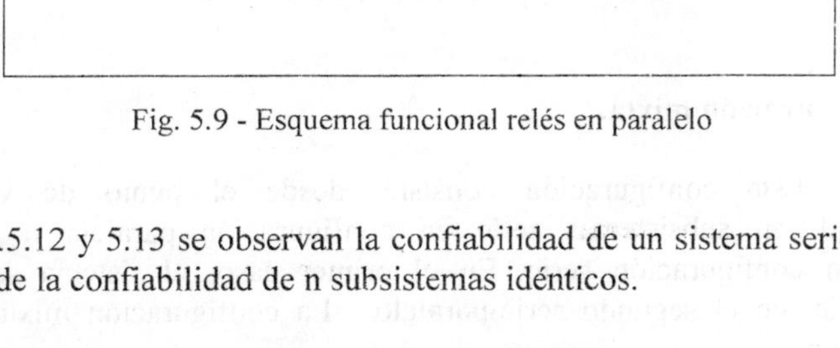

Fig. 5.9 - Esquema funcional relés en paralelo

En las Figs.5.12 y 5.13 se observan la confiabilidad de un sistema serie y paralelo en función de la confiabilidad de n subsistemas idénticos.

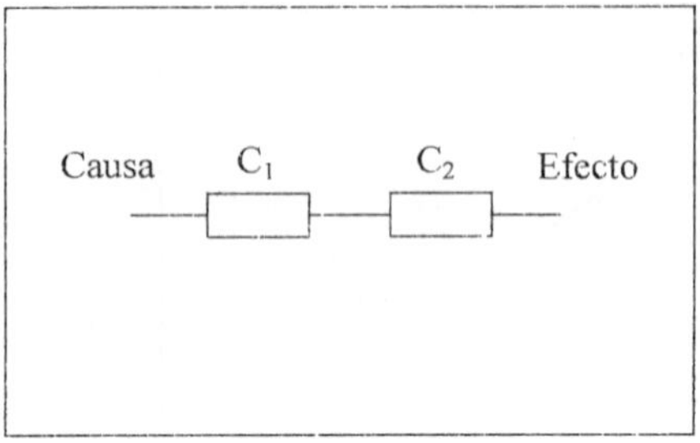

Fig. 5.10 - Diagrama de Confiabilidad sistema serie

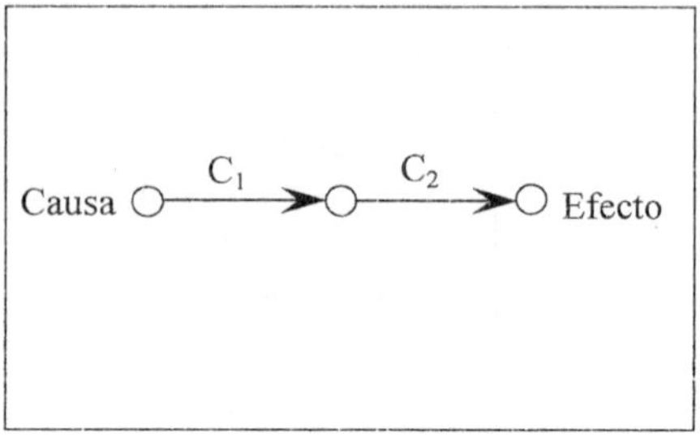

Fig. 5.11- Grafo Confiabilidad sistema serie

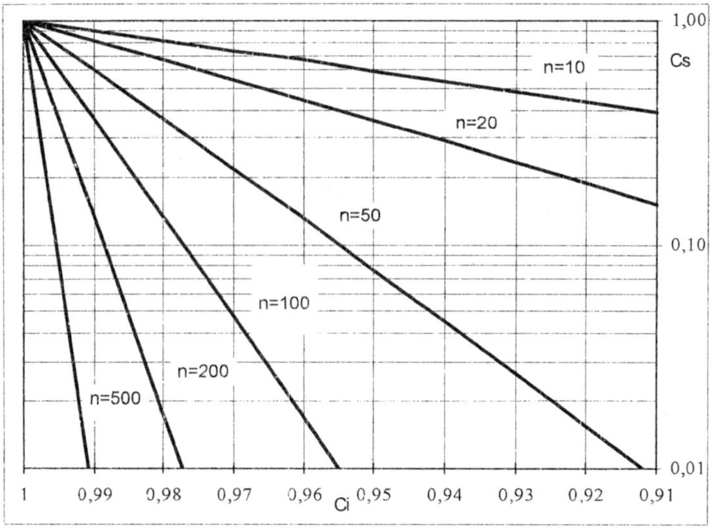

5.12 - Confiabilidad de un sistema serie

5.1.3. Configuración mixta.

Esta configuración consiste, desde el punto de vista de la confiabilidad, en subsistemas serie en configuración paralela o subsistemas paralelos en configuración serie. En el primer caso, el sistema se denomina paralelo-serie, en el segundo serie-paralelo. La configuración mixta puede ser simétrica o no.

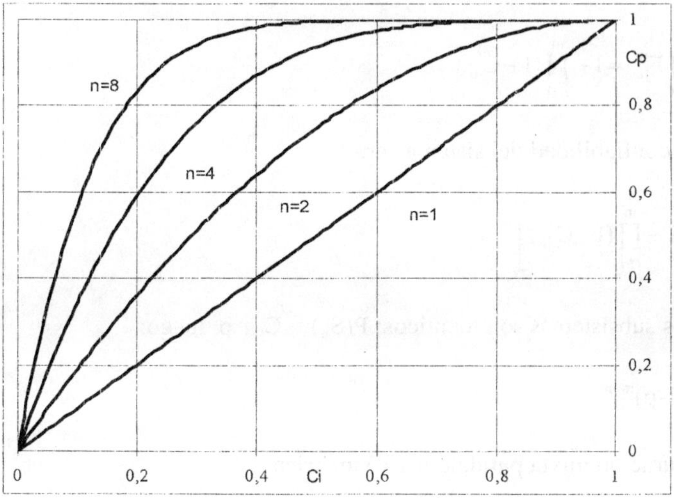

Fig. 5.13 - Confiabilidad de un sistema paralelo

- Configuración mixta serie-paralelo simétrica.

Se Trata de m subsistemas en paralelo dispuestos en serie de a n.

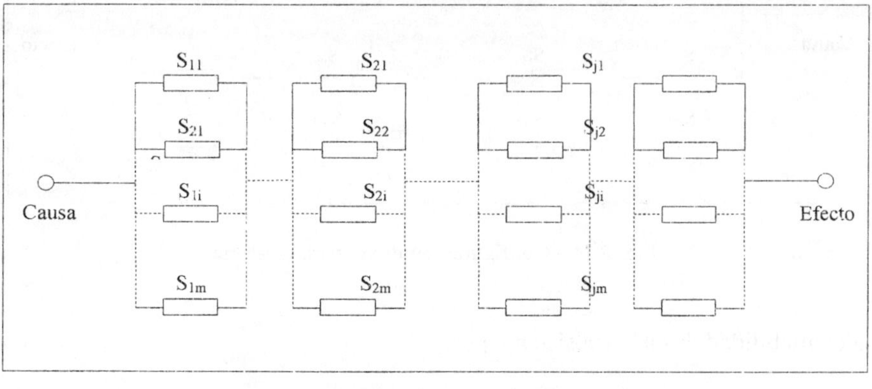

Fig. 5.14- Configuración mixta serie-paralelo

La confiabilidad de cada subsistema j es:

$$C_j = 1 - \prod_{i=1}^{m} F_{ji}^{m} = 1 - \prod_{i=1}^{m} (1 - C_{ji}) \qquad (5.18)$$

De aquí la confiabilidad del sistema será:

$$C_{sp} = \prod_{j=1}^{n} \left[1 - \prod_{i=1}^{m} (1 - C_{ji}) \right] \qquad (5.19)$$

Si todos los subsistemas son idénticos; $P(S_{ji}) = C_{ji} = p$, luego:

$$C'_{sp} = [1-(1-p)^m]^n \qquad (5.20)$$

- Configuración mixta paralelo-serie simétrica.

Se trata de "n" subsistemas en serie dispuestos en "m" ramas en paralelo:

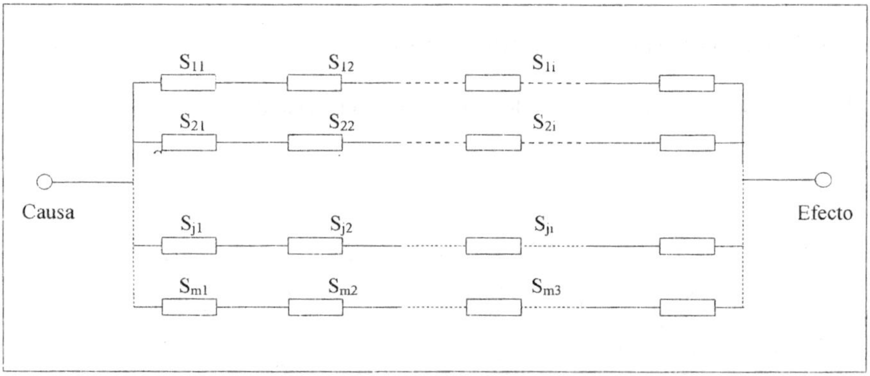

Fig. 5.15 - Configuración mixta paralelo-serie

La confiabilidad de cada subsistema j es:

$$C_j = \prod_{i=1}^{n} C_{ji} = \prod_{i=1}^{n} (1 - F_{ji}) \tag{5.21}$$

Entonces la confiabilidad del sistema será:

$$C_{ps} = 1 - \prod_{j=1}^{m} (1 - \prod_{i=1}^{n} C_{ji}) \tag{5.22}$$

Si todos los subsistemas resultan idénticos; P $(S_{ji}) = C_{ji} = p$, luego:

$$C'_{pS} = [1 - (1 - p)^n]^m \tag{5.23}$$

En la Figs.5.16 y 5.17 se observan las representaciones de las expresiones C'_{sp} y C'_{ps} en función de n para los valores p=0,5 y p=0,9 y para m =1,2 y 3 como parámetro.

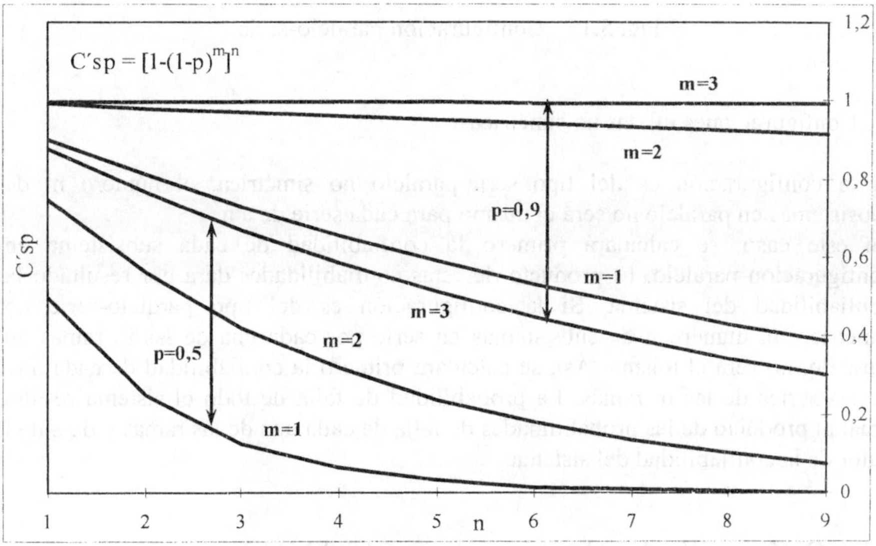

Fig. 5.16 - Configuración serie-paralelo

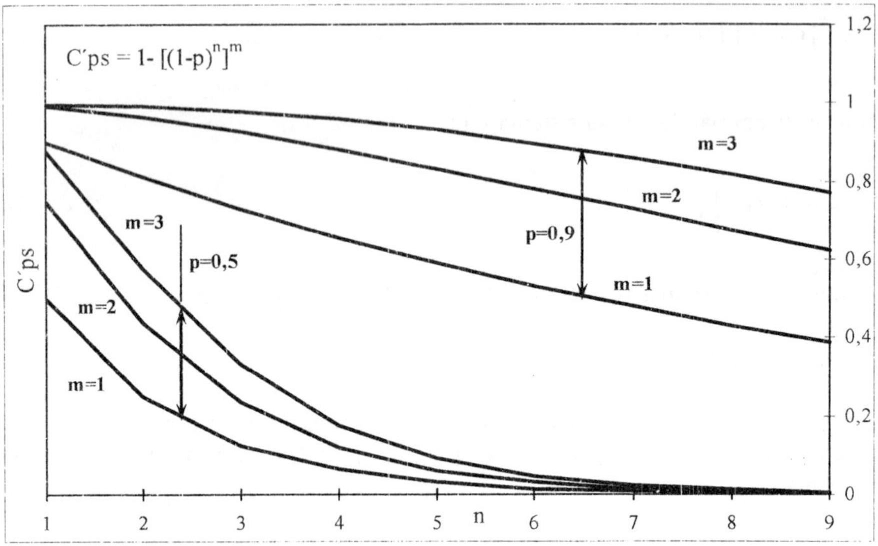

Fig. 5.17 - Configuración paralelo-serie

- Configuraciones mixtas no simétricas.

Si la configuración es del tipo serie-paralelo no simétrica, el número m de subsistemas en paralelo no será el mismo para cada serie de a n.
En este caso, se calculará primero la confiabilidad de cada subsistema en configuración paralelo. El producto de estas confiabilidades dará por resultado la confiabilidad del sistema. Si la configuración es del tipo paralelo-serie no simétrico, el número n de subsistemas en serie por cada una de las m ramas en paralelo, no será el mismo. Así, se calculará primero la confiabilidad de cada uno de las series de las m ramas. La probabilidad de falla de todo el sistema resulta igual al producto de las probabilidades de falla de cada una de las ramas y de ahí el valor de la confiabilidad del sistema.

5.1.4. Configuración de redundancia pasiva (stand-by).

Sea el siguiente sistema de redundancia pasiva de la Fig. 5.18, constituido por dos subsistemas y sea S_i el evento el subsistema i funciona correctamente. S es el evento el sistema funciona correctamente. Entonces, considerando la llave k perfecta, la probabilidad de que el sistema funcione correctamente durante el periodo de tiempo t considerado, será la probabilidad que el subsistema 1 funcione correctamente durante todo el período considerado o bien que el subsistema 1 falle un cierto tiempo $T_1=t_1$ antes que t y la unidad 2 no falle después de $T_1=t_1$ y se mantenga funcionando correctamente el resto de la misión operativa, como se observa en la Fig. 5.19.

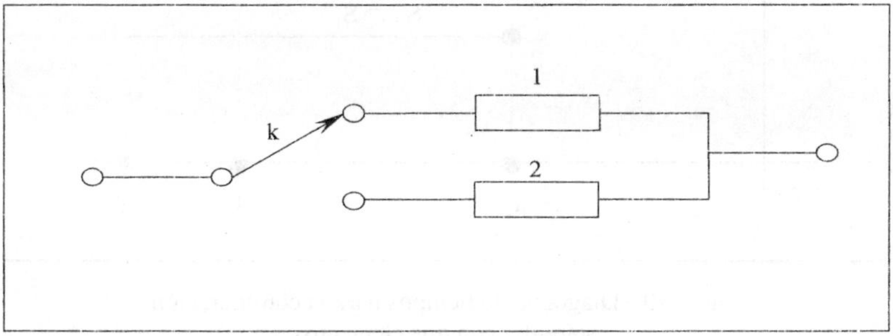

Fig. 5.18 - Configuración stand-by con dos elementos

Existen por lo tanto dos situaciones características de funcionamiento del sistema, la A y la B. Ambos eventos A y B son mutuamente excluyentes:

$$A : \{T_1 > t\} \tag{5.24}$$

$$B : \{(t \geq T_1) \cap (T_2 > t - T_1)\} \tag{5.25}$$

Entonces:

$$P(S) = P(T_1 > t) + P[(t \geq T_1) \cap (T_2 > t - T_1)] \tag{5.26}$$

De donde:

$$P(S) = C_1(t) + \int_0^t f_1^{T_1}(t_1).C_2(t - t_1).dt_1 \tag{5.27}$$

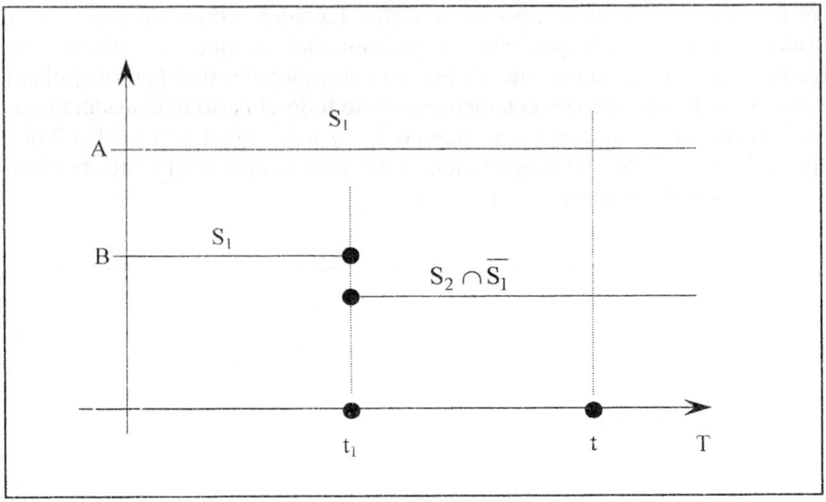

Fig. 5.19 - Diagrama de tiempos para la configuración stand-by con dos elementos

Si fuesen tres los subsistemas a considerar como se observa en la Fig.5.20, el diagrama de tiempos será el de la Fig. 5.21, entonces la probabilidad de que el sistema funcione correctamente será:

$$P(S) = P(A \cup B \cup C) \tag{5.28}$$

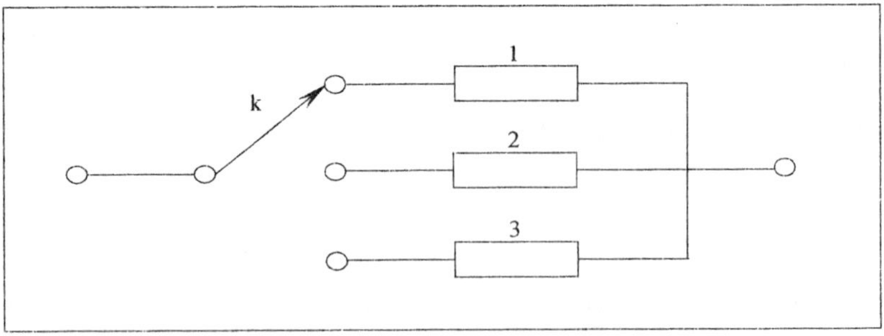

Fig. 5.20 - Configuración stand-by con tres elementos

Donde los eventos A y B son los descriptos anteriormente y el evento C será:

$$C:\{(t \geq T_1) \cap (T_2 > t - T_1) \cap (T_3 > t - T_1 - T_2)\} \quad (5.29)$$

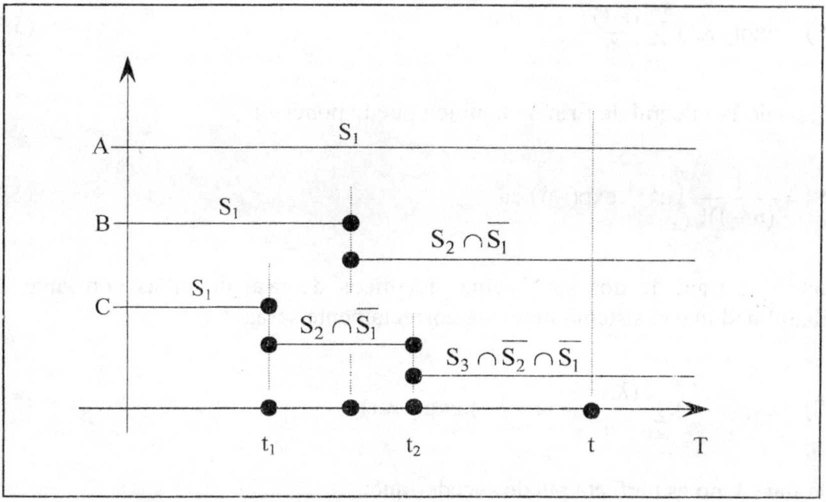

Fig. 5.21- Diagrama de tiempos para la configuración stand-by con tres elementos

Luego, la probabilidad buscada es:

$$P(S) = P(T_1 > t) + P[(t \geq T_1) \cap (T_2 > t - T_1)] +$$

$$+ P[(t \geq T_1) \cap (T_2 < t - T_1) \cap (T_3 > t - T_1 - T_2)] \quad (5.30)$$

De donde :

$$P(S) = C_1(t) + \int_0^t f_1^{T_1}(t_1).C_2(t - t_1).dt_1 +$$

$$+ \int_0^t f_1^{T_1}(t_1). \int_0^{t-t_1} f_2^{T_2}(t_2).C_3(t - t_1 - t_2).dt_2\, dt_1 \quad (5.31)$$

Esta última expresión puede generalizarse para n subsistemas. Si todos son idénticos y la tasa de fallas permanece constante e igual a λ, entonces la probabilidad de que fallen 1, 2, 3 . . . ó (n -1) subsistemas será la confiabilidad del sistema, pues éste funcionará correctamente mientras quede uno haciéndolo. Así:

$$P(S) = \exp(-\lambda.t).\sum_{i=0}^{n-1}\frac{(\lambda.t)^i}{i!} \qquad (5.32)$$

Utilizando la integral de Erlang, también puede ponerse:

$$P(S) = \frac{1}{(n-1)!}.\int_{\lambda.t}^{\infty} u^{n-1}.\exp(-u).du \qquad (5.33)$$

Cuando se trata de dos subsistemas idénticos de tasa de fallas constante λ la probabilidad que el sistema funcione correctamente será:

$$P(S) = \exp(-\lambda.t).\sum_{i=0}^{1}\frac{(\lambda.t)^i}{i!} = (1+\lambda.t).\exp(-\lambda.t) \qquad (5.34)$$

Si la llave k no es perfecta puede suceder que:

a - La llave falla antes o después de ser usada en forma aleatoria con tasa de fallas constante λ_k

b - La llave falla en el momento de actuar, es decir cuando su acción es requerida con probabilidad p_k

En el caso a, la confiabilidad de la llave es:

$$C_k(t) = \exp(-\lambda_k.t) \qquad (5.35)$$

La confiabilidad del sistema será:

$$P(S) = P\{(T_1 > t) \cup [(T_1 \leq t) \cap (T_k > T_1) \cap (T_2 > t - T_1]\} \qquad (5.36)$$

Donde T_k es el tiempo en que falla la llave k. Luego:

$$P(S) = C_1(t) + \int_0^t f_1^{T_1}(t_1).C_2(t - t_1).C_k(t_1).dt_1 \tag{5.37}$$

Para el caso considerado, resolviendo, queda:

$$P(S) = \exp(-\lambda_k.t).\left\{1 + \frac{\lambda}{\lambda_k}.[1 - \exp(-\lambda_k.t)]\right\} \tag{5.38}$$

Para el caso b se tendrá directamente:

$$P(S) = C_1(t) + p_k.\int_0^t f_1^{T_1}(t_1).C_2(t - t_1).dt_1 = p_k(1 + \lambda.t).\exp(-\lambda.t) \tag{5.39}$$

En la Fig.5.22 se muestra en forma condensada la confiabilidad de un sistema stand-by de dos elementos con llave perfecta e imperfecta.

Llave Perfecta	Llave Imperfecta	
n = 2	n = 2	
(1+λt).exp.(-λ.t)	a	$\exp(-\lambda_k.t).\left\{1 + \frac{\lambda}{\lambda_k}.[1 - \exp(-\lambda_k.t)]\right\}$
	b	$p_k(1 + \lambda.t).\exp(-\lambda.t)$

Fig. 5.22 - Confiabilidad de un sistema stand-by de dos elementos y llave de conmutación

Es posible comparar en un solo gráfico las diferencias entre valores de confiabilidad de un solo subsistema, dos en redundancia activa y dos en stand-by de llave perfecta, como se observa en la Fig.5.23. Para ello sea p la probabilidad de cero fallas de uno de los elementos del sistema redundante, es decir su confiabilidad. Por definición resulta:

$p = exp.(-\lambda.t)$

$\lambda = - ln.p$

De aquí, se tendrá:

- C=p; para un sistema constituido por un solo elemento.
- $C=1-(1-p)^2 = 2.p-p^2$; para un sistema de dos elementos con redundancia activa.
- C=p.(1-ln.p); para un sistema de dos elementos con redundancia pasiva o stand-by y llave perfecta.

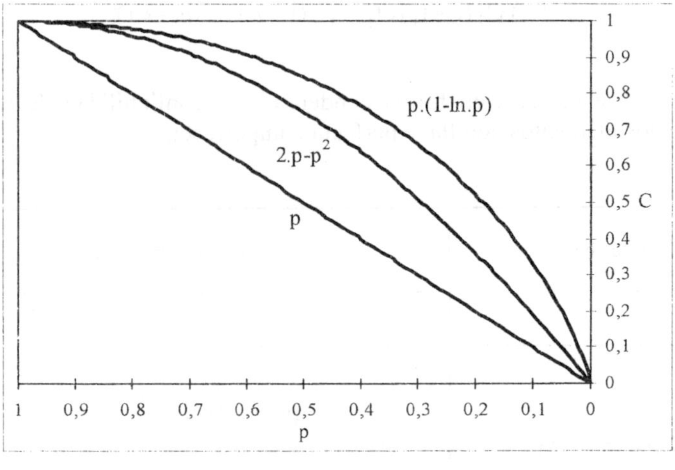

Fig. 5.23 - Gráfico comparativo de confiabilidades de sistemas con redundancia activa y pasiva

5.1.5. Configuración r de n.

Sea un sistema constituido por un conjunto de n subsistemas, siendo $n \geq 2$, tal que todo el sistema funcione correctamente si r de los n subsistemas funciona correctamente.

Tal sistema posee una configuración de tipo r de n con r = 1,2, . . . n. Si se denomina S al evento "el sistema funciona correctamente" y A_1, A_2, A_3,.......A_n, los eventos "r de los n subsistemas funcionan correctamente". Entonces la confiabilidad del sistema será:

$$P(S) = P(A_1 \cup A_2 \cup ...... \cup A_h) \quad (5.40)$$

Con:

$$h = \binom{n}{r} = \frac{n!}{(n-r)!.r!}$$

Obsérvese que los eventos A_1, A_2,……A_h no son mutuamente excluyentes. Luego esta expresión puede expandirse así:

$$P(S) = \left[P(A_1) + P(A_2) + P(A_3) + ... + P(A_n)\right] +$$
$$- \left[P(A_1 \cap A_2) + ... + P(\underset{i \neq j}{A_i \cap A_j})\right] + \left[P(A_1 \cap A_2 \cap A_3) + ... + P(\underset{i \neq j \neq k}{S_i \cap S_j \cap S_k})\right] +$$
$$+ .... + (-1)^h.P(S_1 \cap S_2 \cap .... \cap S_h) \quad (5.41)$$

Así mismo el resultado puede deducirse a partir de la distribución binomial, siempre y cuando todos los subsistemas en configuración r de n sean idénticos con p = probabilidad de funcionar correctamente. Luego:

$$P(S) = \sum_{k=r}^{n} p^k.(1-p)^{n-k} \quad (5.42)$$

Para un sistema dos de tres se verificará lo siguiente:

$X_1 \equiv$ el subsistema 1 funciona correctamente.
$X_2 \equiv$ el subsistema 2 funciona correctamente.
$X_3 \equiv$ el subsistema 3 funciona correctamente.

Sean:

$A_1 \equiv X_1 \cap X_2$
$A_2 \equiv X_2 \cap X_3$
$A_3 \equiv X_1 \cap X_3$

De acuerdo a la expresión general h = 3. Luego:

$P(S) = P(A_1 \cup A_2 \cup A_3) = P[(X_1 \cap X_2) \cup (X_1 \cap X_3) \cup (X_2 \cap X_3)]$

Resolviendo:

$P(S) = P(X_1 \cap X_2) + P(X_2 \cap X_3) + P(X_1 \cap X_3) - 2.P(X_1 \cap X_2 \cap X_3)$

Si los eventos X_1, X_2, X_3 son independientes y los subsistemas 1, 2 y 3 idénticos con probabilidad p de sobrevivir, entonces:

$$P(S) = 3p^2 - 2p^3 \qquad (5.43)$$

En la Fig. 5.24 se observan las curvas comparativas entre un subsistema único, dos en configuración serie, tres en la misma configuración, dos en configuración paralela y tres en configuración dos de tres. Considerando siempre cada subsistema idéntico con probabilidad p de sobrevivir.

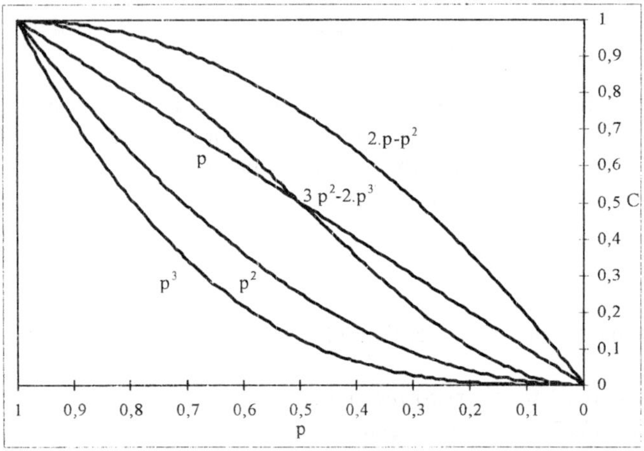

Fig. 5.24 - Gráfico comparativo de confiabilidades de sistemas

Obsérvese que para este particular caso, con subsistemas de alta confiabilidad, es más confiable un dos de tres que un único elemento, en cambio con subsistemas de baja confiabilidad es más confiable un único elemento que un dos de tres (muchos elementos de baja confiabilidad empeoran la situación). Del gráfico también se deduce que siempre es más confiable un sistema redundante con elementos similares.

5.2. Técnicas de análisis de confiabilidad de sistemas.

En muchos casos, la estructura de los sistemas es tal que no puede utilizarse ninguna de las configuraciones vistas anteriormente y ocurre, muchas veces, que la estructura no puede reducirse a ninguna más sencilla (serie o paralelo simple). Es entonces que otras técnicas más generales son utilizadas. Se verán tres técnicas, a saber:

- Enumeración de Eventos.
- Descomposición Bayesiana.
- Grafos de confiabilidad.

Además de estas tres técnicas básicas, se verá, pero como un punto apartado otra técnica de gran importancia, muy utilizada cuando se trata de análisis de sistemas con mantenimiento preventivo y/o correctivo. Su importancia merece un tratamiento aparte y esto último es lo que se ha hecho. Se trata de los modelos de Markov, de gran potencialidad en la evaluación de la confiabilidad de sistemas. En este último caso los modelos suele denominarse modelos de tiempo de misión variable.

5.2.1. Enumeración de Eventos.

Se trata de enumerar todos los eventos concomitantes a la concreción o no de fallas en un determinado sistema cuya estructura se conoce. Una vez trazado el diagrama de confiabilidad, el listado de los eventos, posibles estados del sistema, surge inmediatamente. Este listado contiene los eventos que conducen a la falla del sistema y los que no conducen a ella.
Si este listado está convenientemente preparado, todos los eventos serán mutuamente excluyentes, entonces, la probabilidad de que el sistema no falle será la suma de las probabilidades de los eventos que originan esa situación.
De igual manera, la probabilidad de falla del sistema será la suma de las probabilidades de los eventos que concurren a la falla del mismo.
A los efectos de ilustrar el empleo de esta técnica, sea el diagrama de confiabilidad de la Fig. 5.25. El evento A estará asociado a la falla del elemento **a**, mientras el A

a su correcto funcionamiento. Así para los demás eventos, correspondientes a la falla o no de los distintos elementos del sistema.
Existirán cinco grupos de eventos, en cada uno de los cuales habrá cero, uno, dos, tres, cuatro o cinco elementos del sistema fallados.
En la tabla de la Fig. 5.26, se vuelcan estos grupos de eventos señalando con un recuadro sombreado, los eventos desencadenantes de la falla del sistema. Si son n los componentes del sistema, cada grupo de eventos i contendrá n!/(n-i)!.i! eventos.

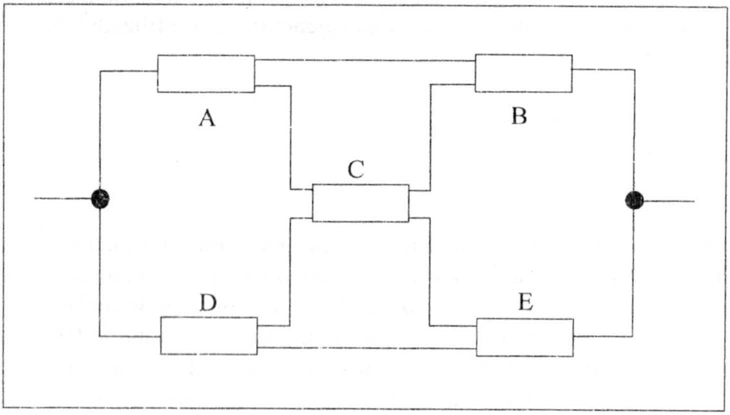

Fig. 5.25 - Diagrama de confiabilidad de un sistema complejo

Luego, Cada evento Ej con j = 0,1,2, ... 2^n-1, es mutuamente exclusivo, por construcción. Luego la probabilidad de falla será la suma de las probabilidades de los eventos Ej que implican falla del sistema (los eventos marcados con asterisco en la Fig. 5.26).
De la misma forma, la probabilidad de no falla será la suma de la probabilidades de los eventos Ej que implican funcionamiento correcto del sistema (los no marcados con asterisco de la Fig.5.26).
Si además, los eventos asociados a las fallas de los componentes son estadísticamente independientes, las probabilidades de las intersecciones se convierten en producto de probabilidades.

Para facilitar el cálculo, supongamos que:

$$P(A) = P(B) = P(C) = P(D) = P(E) = p \tag{5.44}$$

$$P(\overline{A}) = P(\overline{B}) = P(\overline{C}) = P(\overline{D}) = P(\overline{E}) = 1 - p \tag{5.45}$$

Grupo 0

$E_0 = A \cap B \cap C \cap D \cap E$

Grupo 1

$E_1 = \overline{A} \cap B \cap C \cap D \cap E$

$E_2 = A \cap \overline{B} \cap C \cap D \cap E$

$E_3 = A \cap B \cap \overline{C} \cap D \cap E$

$E_4 = A \cap B \cap C \cap \overline{D} \cap E$

$E_5 = A \cap B \cap C \cap D \cap \overline{E}$

Grupo 2

$E_6 = \overline{A} \cap \overline{B} \cap C \cap D \cap E$

$E_7 = \overline{A} \cap B \cap \overline{C} \cap D \cap E$

$E_8 = \overline{A} \cap B \cap C \cap \overline{D} \cap E$ *

$E_9 = \overline{A} \cap B \cap C \cap D \cap \overline{E}$

$E_{10} = A \cap \overline{B} \cap \overline{C} \cap D \cap E$

$E_{11} = A \cap \overline{B} \cap C \cap \overline{D} \cap E$

$E_{12} = A \cap \overline{B} \cap C \cap D \cap \overline{E}$ *

$E_{13} = A \cap B \cap \overline{C} \cap \overline{D} \cap E$

$E_{14} = A \cap B \cap \overline{C} \cap D \cap \overline{E}$

$E_{15} = A \cap B \cap C \cap \overline{D} \cap \overline{E}$

Grupo 3

$E_{16} = \overline{A} \cap \overline{B} \cap \overline{C} \cap D \cap E$

$E_{17} = \overline{A} \cap \overline{B} \cap C \cap \overline{D} \cap E$ *

$E_{18} = \overline{A} \cap \overline{B} \cap C \cap D \cap \overline{E}$ *

$E_{19} = \overline{A} \cap B \cap \overline{C} \cap \overline{D} \cap E$ *

$E_{20} = \overline{A} \cap B \cap \overline{C} \cap D \cap \overline{E}$ *

$E_{21} = \overline{A} \cap B \cap C \cap \overline{D} \cap \overline{E}$ *

$E_{22} = A \cap \overline{B} \cap \overline{C} \cap \overline{D} \cap E$ *

$E_{23} = A \cap \overline{B} \cap C \cap \overline{D} \cap \overline{E}$ *

$E_{24} = A \cap \overline{B} \cap \overline{C} \cap D \cap \overline{E}$ *

$E_{25} = A \cap B \cap \overline{C} \cap \overline{D} \cap \overline{E}$

Grupo 4

$E_{26} = \overline{A} \cap \overline{B} \cap \overline{C} \cap \overline{D} \cap E$ *

$E_{27} = \overline{A} \cap \overline{B} \cap \overline{C} \cap D \cap \overline{E}$ *

$E_{28} = A \cap \overline{B} \cap \overline{C} \cap \overline{D} \cap \overline{E}$ *

$E_{29} = \overline{A} \cap \overline{B} \cap C \cap \overline{D} \cap \overline{E}$ *

$E_{30} = \overline{A} \cap B \cap \overline{C} \cap \overline{D} \cap \overline{E}$ *

Grupo 5

$E_{31} = \overline{A} \cap \overline{B} \cap \overline{C} \cap \overline{D} \cap \overline{E}$ *

Fig. 5.26 - Grupos de eventos para el sistema de la Fig.5.25

Luego, la probabilidad de que el sistema se encuentre libre de fallas será:

$$P_S = p^5 + 5.p^4.(1-p) + 8.p^3.(1-p)^2 + 2.p^2.(1-p)^3 \tag{5.46}$$

Resolviendo:

$$P_S = 2.p^5 - 5.p^4 + 2.p^3 + 2.p^2 \tag{5.47}$$

En forma análoga, puede evaluarse la probabilidad de falla del sistema:

$$P_F = 1 - P_S = 1 - 2.p^5 + 5.p^4 - 2.p^3 - 2.p^2 \qquad (5.48)$$

o bien:

$$P_F = 2.p^3(1-p)^2 + 8.p^2.(1-p)^3 + 5.p.(1-p)^4 + (1-p)^5 \qquad (5.49)$$

que efectuando operaciones se reduce a la anterior.

5.2.2. Descomposición Bayesiana.

Se trata de descomponer la estructura compleja de un sistema en subestructuras más simples. Aplicando sucesivamente la definición de probabilidad condicional, en forma más precisa los teoremas de la probabilidad total y el de Bayes. La técnica consiste en seleccionar un determinado evento asociado a la falla o no de uno de los componentes del sistema, denominado en general elemento pivote (keystone). Sobre el mismo se efectúa la descomposición. Este elemento pivote es el que liga de alguna manera a los demás elementos de la estructura básica del sistema.
Así, si:

G = evento asociado al funcionamiento sin falla del sistema.
A_k = evento asociado al funcionamiento sin falla del componente pivote.
$\overline{A_k}$ = evento asociado al mal funcionamiento del componente pivote.

Luego de la Fig. 5.27, se tiene:

$$P(G) = P\left[G \cap (A_k \cup \overline{A_k})\right] = P(G / A_k).P(A_k) + P(G / \overline{A_k}).P(\overline{A_k}) \qquad (5.50)$$

Las probabilidades condicionales son más simples y permiten reducir la complejidad del problema inicial. Esta descomposición puede seguirse hasta obtener aún estructuras más simples. Lo afortunado o no en la selección del componente pivote no impide aplicar la técnica recursivamente.
Sea, por ejemplo, el problema de la Fig.5.26. Si se toma como elemento pivote el C, se tiene:

$$P_S = P(G/C).P(C) + P(G/\overline{C}).P(\overline{C}) \tag{5.51}$$

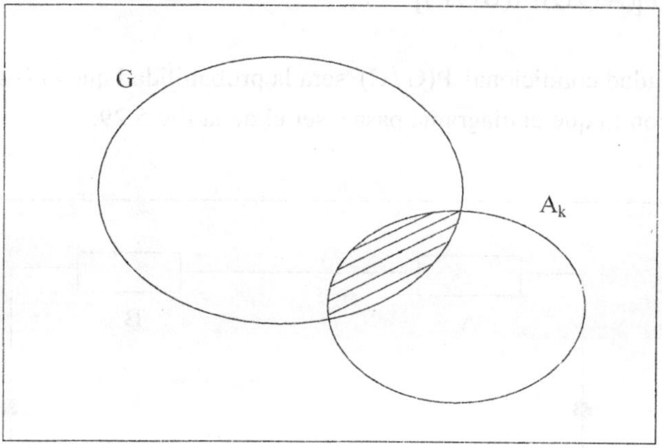

Fig. 5.27 - Descomposición Bayesiana

La probabilidad condicional $P(G/C)$ implica que el sistema no falla si C no falla. Entonces el diagrama de la Fig. 5.26 se reduce al de la Fig.5.28:

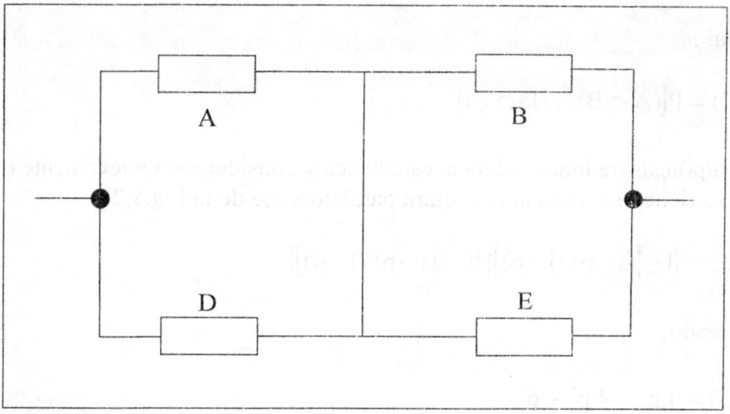

Fig. 5.28 - Diagrama reducido de confiabilidad del sistema suponiendo que C no falla

De aquí:

$$P(G/C) = P[(A \cup D) \cap (B \cup E)] \tag{5.52}$$

La probabilidad condicional $P(G/\overline{C})$ será la probabilidad que el sistema no falle si C falla, con lo que el diagrama pasa a ser el de la Fig.5.29:

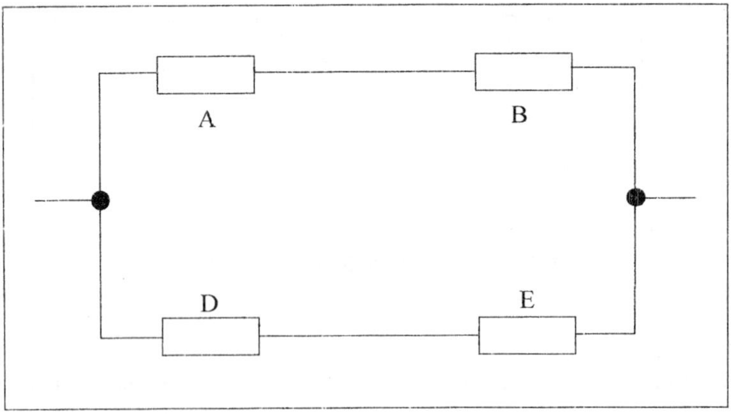

Fig. 5.29 -Diagrama reducido de confiabilidad del sistema sabiendo que C falla

y de aquí :

$$P(G/C) = P[(A \cap B) \cup (D \cap E)] \tag{5.53}$$

Con la hipótesis de independencia estadística y considerando nuevamente (5.44) y (5.45), se tiene que, para la estructura paralelo-serie de la Fig.5.28:

$$P(G/C) = \{1 - [(1-p).(1-p)]\}.\{1 - [(1-p).(1-p)]\} \tag{5.54}$$

Resolviendo:

$$P(G/C) = 4.p^2 - 4.p^3 + p^4 \tag{5.55}$$

Para la estructura serie-paralelo de la Fig.5.29:

$$P(G/C) = \{1 - [(1 - p.p).(1 - p.p)]\} \quad (5.56)$$

Resolviendo queda:

$$P(G/C) = 2.p^2 - p^4 \quad (5.57)$$

Luego:

$$P(G) = (4.p^2 - 4.p^3 + p^4).p + (2.p^2 - p^4).(1 - p) = 2.p^5 - 5.p^4 + 2.p^3 + 2.p^2 \quad (5.58)$$

5.2.3. Grafos de Confiabilidad.

Un grafo es una serie de ramas o arcos dirigidos y nodos. El conjunto de ramas representan los eventos falla o no asociados a los componentes del sistema. En particular, como se va a trabajar con grafos de confiabilidad, las ramas estarán asociadas a los eventos no falla de los componentes. Un paso estará definido como una serie de ramas dirigidas en el mismo sentido. Interesará en particular, los pasos que vinculan entrada y salida del grafo. Se define como conjunto de empalme (tie-sets) al conjunto de pasos que vinculan entrada con salida de grafo, y como conjunto de corte (cut-sets) al conjunto de pasos cuyo corte interrumpe la conexión entre entrada y salida del grafo.

Todos estos pasos poseerán desde una a varias ramas, sin embargo existirá un conjunto mínimo de empalme que contendrá pasos con un mínimo número de ramas y un conjunto mínimo de corte que también contendrá pasos con un mínimo número de ramas. Sean T_i y C_j a estos conjuntos de pasos respectivamente, se define como probabilidad de funcionamiento correcto (no falla) o confiabilidad:

$$P_S = P[T_1 \cup T_2 \cup T_3 \cup ..... \cup T_i] \quad (5.59)$$

y la probabilidad de falla será :

$$P_F = P[\overline{C_1} \cup \overline{C_2} \cup \overline{C_3} \cup ...... \cup \overline{C_j}] \quad (5.60)$$

Sea el diagrama de confiabilidad de la Fig. 5.25 que traducido a un grafo de confiabilidad será el de la Fig. 5.30. Nótese que el componente C actúa en forma bidireccional, luego debe aparecer dos veces en el grafo, como C y C'.

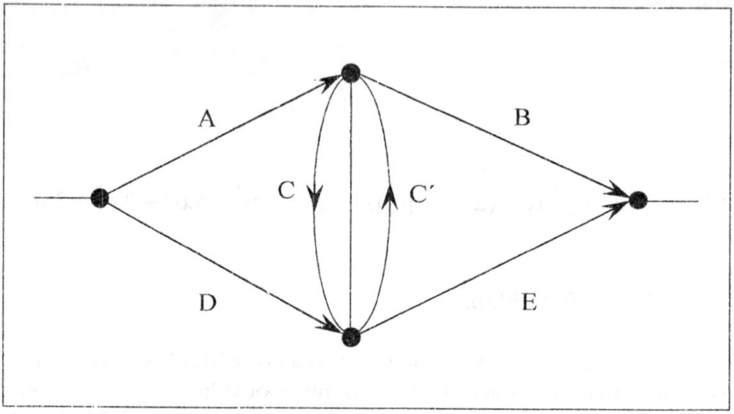

Fig. 5.30 - Grafo de confiabilidad del sistema de la Fig.5.25

El conjunto de empalme será:

$$\begin{aligned}T_1 &= A \cap B\\ T_2 &= D \cap E\\ T_3 &= A \cap C \cap E\\ T_4 &= D \cap C' \cap B\\ T_5 &= A \cap C \cap C' \cap B\\ T_6 &= D \cap C \cap C' \cap E\end{aligned} \qquad (5.61)$$

El conjunto mínimo de empalme está constituido por T_1, T_2, T_3 y T_4 pues T_5 y T_6 pasan dos veces por el mismo nodo, luego no poseen un número mínimo de ramas.

El conjunto de corte será:

$$\begin{aligned}C_1 &= A \cap D\\ C_2 &= B \cap E\\ C_3 &= A \cap C' \cap D\\ C_4 &= A \cap C' \cap E\\ C_5 &= A \cap C \cap D\\ C_6 &= D \cap C \cap B\end{aligned} \qquad (5.62)$$

El conjunto mínimo de corte estará constituido por C_1, C_2, C_4 y C_6 pues C_3 y C_5 están implícitos en C_1, luego no poseen un número mínimo de ramas. La confiabilidad del sistema será:

$$
\begin{aligned}
P_S &= P\left[T_1 \cup T_2 \cup T_3 \cup T_4\right] = \\
&= P\left[(A \cap B) \cup (D \cap E) \cup (A \cap C \cap E) \cup (D \cap C' \cap B)\right]
\end{aligned}
\qquad (5.63)
$$

Análogamente, la probabilidad de falla:

$$
\begin{aligned}
P_F &= P\left[\overline{C_1} \cup \overline{C_2} \cup \overline{C_4} \cup \overline{C_6}\right] = \\
&= P\left[\overline{(A \cap D)} \cup \overline{(B \cap E)} \cup \overline{(A \cap C' \cap E)} \cup \overline{(D \cap C \cap B)}\right]
\end{aligned}
\qquad (5.64)
$$

Evaluemos la confiabilidad P_S bajo las mismas hipótesis de siempre; independencia estadística y (5.44), (5.45). Entonces:

$$
\begin{aligned}
P_S &= P(A \cap B) + P(D \cap E) + P(A \cap C \cap E) + P(D \cap C' \cap B) - P(A \cap B \cap D \cap E) + \\
&- P(A \cap B \cap C \cap E) - P(A \cap B \cap C' \cap D) - P(D \cap E \cap A \cap C) - P(D \cap E \cap C' \cap B) + \\
&- P(A \cap C \cap C' \cap D \cap E \cap B) + P(A \cap B \cap D \cap E \cap C) + P(A \cap B \cap D \cap E \cap C') + \\
&+ P(A \cap C \cap C' \cap D \cap E \cap B) + P(A \cap C \cap C' \cap D \cap E \cap B) + \\
&- P(A \cap B \cap C \cap C' \cap D \cap E)
\end{aligned}
\qquad (5.65)
$$

Luego:

$$P_S = 2.p^2 + 2.p^3 - 5.p^4 + 2.p^5 \qquad (5.66)$$

5.3. Los modelos de Markov.

Existen cuatro tipos fundamentales de modelos estocásticos de Markov. En su descripción intervienen dos variables aleatorias:

X ≡ estados del sistema
T ≡ tiempo de observación

Cada una de estas dos variables puede ser discreta o continua y sus combinaciones dan origen a cuatro modelos fundamentales como se observa en la Fig.5.31.

Modelo	$T \equiv$ tiempo	$X \equiv$ estados
I	discreto	continuo
II	continuo	continuo
III	discreto	discreto
IV	continuo	discreto

Fig. 5.31 - Clasificación de los modelos de Markov

Todo modelo de Markov tiene asociado un conjunto de probabilidades de transición p_{ij} que solamente dependen de los estados inicial i y final j, es decir, serán completamente independientes de los estados anteriores. De estos cuatro modelos, es de interés en confiabilidad, el estudio del modelo IV.
Sea, entonces un sistema de un solo elemento, componente o dispositivo no reparable X. Existirán dos únicos posibles estados del dispositivo asociados a la falla o no del mismo. Así:

$X \equiv S_0 \equiv$ sistema operativo (elemento no fallado)
$X \equiv S_1 \equiv$ sistema no operativo (elemento fallado)

Para t=0 se tendrán las condiciones iniciales del modelo, es decir los estados iniciales del sistema. Los estados finales serán los de equilibrio. El conjunto de ecuaciones de estado de Markov describen las transiciones de los estados iniciales a los finales. Las hipótesis necesarias para el desarrollo del modelo son las siguientes:

- La probabilidad de transición en un pequeño intervalo de tiempo Δt de un estado a otro es $h(t).\Delta t$. Donde h(t) es la función de probabilidad asociada a los estados del sistema en cuestión.
- La probabilidad de más de una transición en Δt es despreciable es decir que constituye un infinitésimo de orden mayor que Δt.

Si h (t)= λ es una constante el modelo se denomina homogéneo, caso contrario no homogéneo.

La probabilidad de que el sistema se encuentre en el estado S_0 en $t+\Delta t$ es:

$P_{S_0}(t+\Delta t)$

y es igual a la probabilidad de que esté en el estado S_0 en t:

$Ps_0(t)$

por la probabilidad de que no exista falla en Δt (el sistema no pasa al estado S_1):

$[1\text{-}h(t).\Delta t]$

más la probabilidad de que el sistema esté en el estado S_1 en t:

$Ps_1(t)$

por la probabilidad de reponer el sistema en Δt, volviendo al estado operativo S_o (probabilidad igual a cero para este caso). Así:

$$P_{S_0}(t+\Delta t) = P_{S_0}(t).\left[1-h(t).\Delta t\right] + P_{S_1}(t).0 \tag{5.67}$$

En forma análoga, la probabilidad de que el sistema se encuentre en el estado S_1 en $t+\Delta t$ será:

$$P_{S_1}(t+\Delta t) = P_{S_0}(t).\left[h(t).\Delta t\right] + P_{S_1}(t).1 \tag{5.68}$$

$h(t).\Delta t$ es la probabilidad de falla (pasaje del estado S_0 a S_1) y la probabilidad de permanecer en el estado de falla o no operativo S_1, una vez alcanzado éste es unitaria. En este caso, al no existir reposición, el estado S_1 se denomina absorbente o ergódico. Esto se debe a qué cuando el sistema cae en ese estado ya no puede volver al estado de funcionamiento correcto o estado operativo.
Esquemáticamente, se puede escribir el sistema de ecuaciones de transición en forma matricial como se observa en la Fig.5.32.
La matriz de la Fig. 5.32 tiene como característica que la suma de sus filas debe ser unitaria. De las ecuaciones (5.67) y (5.68) se tiene:

$$\frac{P_{S_0}(t+\Delta t) - P_{S_0}(t)}{\Delta t} = -h(t).P_{S_0}(t) \tag{5.69}$$

$$\frac{P_{S_1}(t+\Delta t) - P_{S_1}(t)}{\Delta t} = h(t).P_{S_0}(t) \tag{5.70}$$

		Estados Finales	
		$S_0(t+\Delta t)$	$S_1(t+\Delta t)$
Estados Iniciales	$S_0(t)$	$1-h(t).\Delta t$	$h(t).\Delta t$
	$S_1(t)$	0	1

Fig. 5.32 - Matriz de transición para un sistema de un componente sin reposición

Pasando al límite, cuando Δt tiende a cero:

$$\frac{\partial P_{S_0}(t)}{\partial t} + h(t).P_{S_0}(t) = 0 \tag{5.71}$$

$$\frac{\partial P_{S_1}(t)}{\partial t} - h(t).P_{S_0}(t) = 0 \tag{5.72}$$

En la Fig. 5.33 puede observarse un grafo característico para el modelo propuesto. En el mismo, los nodos representan los estados y las ramas, las transiciones entre ellos.

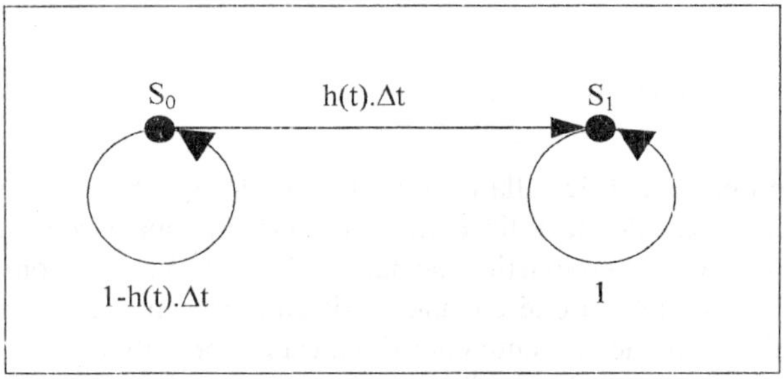

Fig. 5.33 - Grafo de Markov para un sistema de un componente sin reposición

Tratando a los nodos como fuentes de señal y a las probabilidades de transición como coeficientes de transición, las ecuaciones de estado pueden ser escritas directamente por inspección del grafo correspondiente. Así, la probabilidad de estar es un estado cualquiera en $t+\Delta t$ es igual a la suma de todas las señales que arriban a ese modo. Cuando el componente (el sistema es en este caso un solo elemento) puede ser repuesto y volver al estado inicial por reparación, por ejemplo, el grafo de la Fig. 5.33 se transforma en el de la Fig. 5.34. Donde g(t).Δt es la probabilidad de transición en un pequeño intervalo Δt de un estado no operativo a uno operativo.

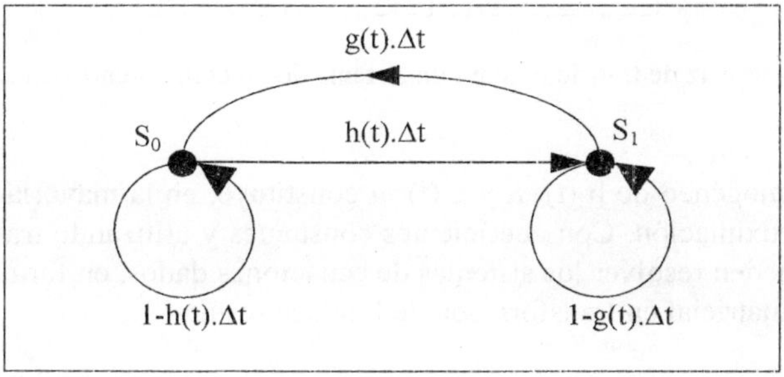

Fig. 5.34 - Grafo de Markov para un sistema de un componente con reposición

Esto es la probabilidad de reparación del elemento. Si g(t)=μ es constante el modelo se denomina homogéneo. En este caso de estado las ecuaciones de estado se transforman en:

$$P_{S_0}(t+\Delta t) = P_{S_0}(t).[1-h(t).\Delta t] + P_{S_1}(t).[g(t).\Delta t] \quad (5.73)$$

$$P_{S_1}(t+\Delta t) = P_{S_0}(t).[h(t).\Delta t] + P_{S_1}(t).[1-g(t).\Delta t] \quad (5.74)$$

Pasando el límite, cuando Δt tiende a cero:

$$\frac{\partial P_{S_0}(t)}{\partial t} + h(t).P_{S_0}(t) - g(t).P_{S_1}(t) = 0$$

(5.74)

$$\frac{\partial P_{S_1}(t)}{\partial t} + g(t).P_{S_1}(t) - h(t).P_{S_0}(t) = 0 \quad (5.75)$$

La matriz de transición correspondiente puede observarse en la Fig.5.35.

		Estados Finales	
		$S_0(t+\Delta t)$	$S_1(t+\Delta t)$
Estados Iniciales	$S_0(t)$	$1-h(t).\Delta t$	$h(t).\Delta t$
	$S_1(t)$	$g(t).\Delta t$	$1-g(t).\Delta t$

Fig. 5.35 - Matriz de transición para un sistema de un componente con reposición

El modelo homogéneo de h (t)≡λ y g (t)≡μ constituye, en la mayoría de los casos, una buena aproximación. Con coeficientes constantes y utilizando transformada de Laplace, se pueden resolver los sistemas de ecuaciones dados, en forma matricial. La expresión matricial en transformada de Laplace resulta:

$$\left| \; T \; \right| \times \left| \; P^*_{S_i}(w) \; \right| = \left| \; P_{S_i}(0) \; \right| \tag{5.76}$$

Donde:

$P^*_{S_i}(w)$: transformada de Laplace de $P_{S_i}(t)$, w : variable de Laplace.

$\left| \; T \; \right|$: matriz de transición del sistema.

$\left| \; P_{S_i}(0) \; \right|$: matriz correspondiente al estado inicial del sistema (t=0).

Para el caso del sistema sin reposición correspondiente al grafo de la Fig.5.33, la matriz de transición será:

$$\left| \; T \; \right| = \begin{vmatrix} w+\lambda & 0 \\ -\lambda & w \end{vmatrix} \tag{5.77}$$

Para el caso del sistema con reposición correspondiente al grafo de la Fig.5.34, se tiene:

$$\left| \; T \; \right| = \begin{vmatrix} w+\lambda & -\mu \\ -\lambda & w+\mu \end{vmatrix} \tag{5.78}$$

Las matrices $\left| P^*_{S_i}(w) \right|$ y $\left| P_{S_i}(0) \right|$ vienen dados por las siguientes expresiones:

$$\left| P^*_{S_i}(w) \right| = \left| \begin{matrix} P^*_{S_0}(w) \\ \\ P^*_{S_1}(w) \end{matrix} \right| \tag{5.79}$$

$$\left| P_{S_i}(0) \right| = \left| \begin{matrix} P_{S_0}(0) \\ \\ P_{S_1}(0) \end{matrix} \right| \tag{5.80}$$

La matriz (5.80) encierra las condiciones iniciales del sistema, en general:

$Ps_0\ (0) = 1$
$Ps_0\ (0) = 0$

Resueltos ambos sistemas matriciales, queda para el primer caso:

$$P^*_{S_0}(w) = \frac{1}{w + \lambda} \tag{5.81}$$

y para el segundo :

$$P^*_{S_0}(w) = \frac{w + \mu}{w^2 + w.(\lambda + \mu)} \tag{5.82}$$

Antitransformando, para el primer caso se tiene:

$$P_{S_0}(t) = \exp(-\lambda.t) \tag{5.83}$$

Para el segundo:

$$P_{S_0}(t) = \frac{\lambda}{\lambda + \mu} \exp\left[-(\lambda + \mu).t\right] + \frac{\mu}{\mu + \lambda} \tag{5.84}$$

La importancia del cálculo de $Ps_0(t)$ reside en el hecho de que es identificable con la confiabilidad del sistema, cuando no existe mantenimiento o con su disponibilidad, cuando existe mantenimiento ya sea correctivo y/o preventivo. Cuando se trata de sistemas sin mantenimiento, entonces:

$Ps_0\,(t) \equiv C\,(t) \equiv$ Confiabilidad

Puede ser de interés el cálculo del tiempo medio entre fallas MTBF:

$$\text{MTBF} = \int_0^{\infty} C(t).dt = \int_0^{\infty} \exp(-\lambda.t).dt = \frac{1}{\lambda} \qquad (5.85)$$

Para sistemas con mantenimiento, ya sea preventivo como correctivo, conviene expresarse en términos de disponibilidad, entonces:

$Ps_0\,(t) \equiv A\,(t) \equiv$ Disponibilidad

Es de interés, en estos casos, la evaluación de la disponibilidad media y de la denominada disponibilidad en estado estacionario (del inglés steady-state availability). La primera tiene sentido para sistemas con mantenimiento correctivo y preventivo, la segunda solo para sistemas con mantenimiento correctivo. La disponibilidad en estado estacionario se define como:

$$\lim_{t \to \infty} A(t) \equiv A_{\infty} \qquad (5.86)$$

Si se trabaja con transformada de Laplace, también se puede evaluar de la siguiente forma:

$$\lim_{w \to 0} \left[w.P^{*}_{S_0}(w) \right] \equiv A_{\infty} \qquad (5.87)$$

La diferencia fundamental entre confiabilidad y disponibilidad es su comportamiento asintótico, mientras que la primera tiende a cero a medida que el tiempo tiende a infinito; la segunda tiende a un valor fijo distinto de cero. Para los sistemas asociados a los grafos de las Figs.5.33 y 5.34 se tiene respectivamente:

$$\lim_{t \to \infty} C(t) \equiv \lim_{t \to \infty} \left[\exp(-\lambda.t) \right] = 0 \qquad (5.88)$$

$$\lim_{t \to \infty} A(t) \equiv \lim_{t \to \infty} \left[\frac{\lambda}{\lambda + \mu} \exp[-(\lambda + \mu).t] + \frac{\mu}{\mu + \lambda} \right] = \frac{\mu}{\mu + \lambda} \tag{5.89}$$

En la Fig. 5.36 se observan ambas expresiones en función de t.

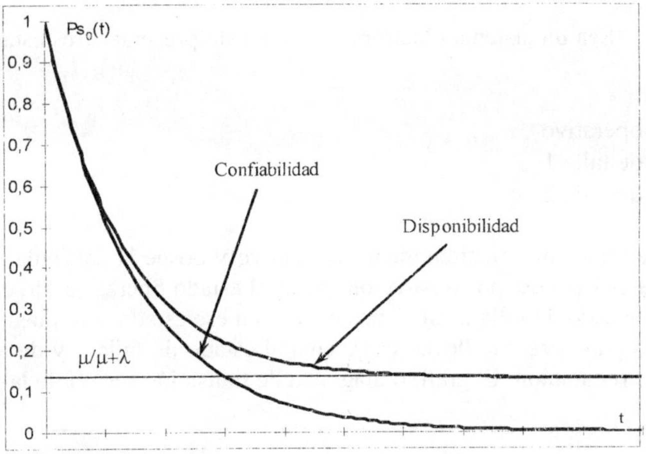

Fig. 5.36 - Confiabilidad y Disponibilidad de sistemas

En general, el tiempo medio de reparación (MTTR=$1/\mu$) es mucho más pequeño que el tiempo medio hasta la falla (MTTF=$1/\lambda$) por lo que en el estado estacionario es posible expandir en serie la expresión de la disponibilidad truncando la misma cuando sea necesario. Cuando el sistema admite mantenimiento correctivo y preventivo tiene sentido hablar de disponibilidad media (o promedio). Esta se define siempre entre períodos de prueba, recambio o tests preventivos T_t. Concluido el mismo, el sistema se encuentra en las mismas condiciones iniciales. Así:

$$\overline{A} = \frac{1}{T_t} \cdot \int_0^{T_t} A(t).dt \tag{5.90}$$

En el presente análisis no se tienen en cuenta las contribuciones del test o prueba a la disminución de la disponibilidad, ya sea introduciendo fallas con o sin riesgo al sistema. T_t representa el tiempo total entre tests o recambios periódicos y $\overline{A}$ la disponibilidad media.

5.3.1. Ejemplo 1.

Sea un sistema electrónico que puede presentar tres estados de falla, a saber:

$S_0 \equiv$ estado operativo
$S_1 \equiv$ estado de falla 1
$S_2 \equiv$ estado de falla 2

El sistema admite solo mantenimiento correctivo y posee la particularidad que del estado de falla 1 puede, por reparación, pasar al estado operativo directamente. No así desde el estado de falla 2. Si el sistema cae en ese estado solo pueden realizarse reparaciones parciales que llevan el sistema al estado de falla 1 y de ahí al estado operativo de reparación. El grafo o diagrama de transición será el de la Fig.5.37.

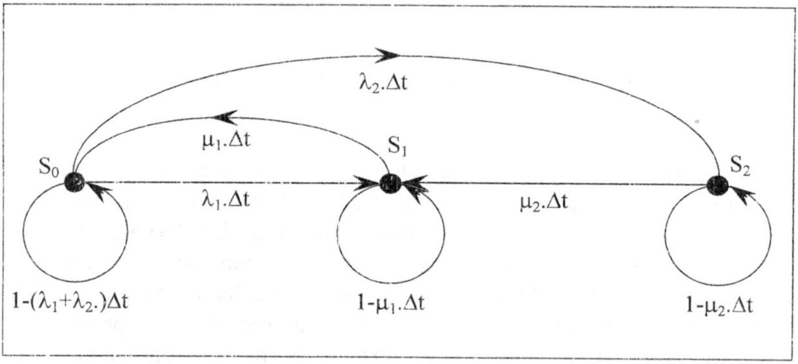

Fig. 5.37 - Grafo de Markov para el sistema del ejemplo 1

Las ecuaciones representativas del comportamiento del sistema serán:

$$\frac{\partial P_{S_0}(t)}{\partial t} = P_{S_0}(t).[-(\lambda_1 + \lambda_2)] + P_{S_1}(t).\mu_1$$

$$\frac{\partial P_{S_1}(t)}{\partial t} = P_{S_0}(t).\lambda_1 + P_{S_1}(t).[-\mu_1] + P_{S_2}(t).\mu_2 \qquad (5.91)$$

$$\frac{\partial P_{S_2}(t)}{\partial t} = P_{S_0}(t).\lambda_2 + P_{S_2}(t).[-\mu_2]$$

La matriz de transición característica será:

$$|\ T\ | = \begin{vmatrix} w + \lambda_1 + \lambda_2 & -\mu_1 & 0 \\ -\lambda_1 & w + \mu_1 & -\mu_2 \\ -\lambda_2 & 0 & w + \mu_2 \end{vmatrix}$$

Con las condiciones iniciales:

$$P_{S_0}(0) = 1$$

$$P_{S_1}(0) = P_{S_2}(0) = 0 \qquad (5.92)$$

y trabajando en transformada de Laplace, se obtiene:

$$P^*_{S_0}(w) = \frac{(w + \mu_1).(w + \mu_2)}{w.(w + a).(w + b)} \qquad (5.93)$$

Siendo a y b las raíces de la siguiente ecuación:

$$w^2 + w.(\lambda_1 + \lambda_2 + \mu_1 + \mu_2) + \mu_1.\mu_2 + \lambda_1.\mu_2 + \lambda_2.\mu_1 + \lambda_2.\mu_2 \qquad (5.94)$$

La expresión de la función disponibilidad será:

$$A(t) = \frac{\mu_1.\mu_2}{a.b} + \frac{(\mu_1 - a).(\mu_2 - a)}{a.(a - b)}.\exp(a.t) + \frac{(\mu_1 - b).(\mu_2 - b)}{b.(b - a)}.\exp(b.t) \qquad (5.95)$$

Para el estado estacionario, se tendrá:

$$A_{\infty} = \frac{\mu_1 . \mu_2}{a.b} \tag{5.96}$$

5.3.2. Ejemplo 2.

Sea un sistema que admite dos tipos de fallas, unas denominadas con riesgo y otras sin riesgo. Los estados en que puede caer el sistema son:

$S_0 \equiv$ estado operativo
$S_1 \equiv$ estado de falla con riesgo
$S_2 \equiv$ estado de falla sin riesgo

Las fallas con riesgo son del tipo no expuestas. Profundicemos un poco más sobre este tipo de sistemas. Cuando uno de los factores primordiales es la seguridad, se trata de que cualquier tipo de falla que ocurra, entere o alerte al operador, a los fines de que éste tome las precauciones y acciones del caso.
En el diseño de equipos para estos sistemas es de intención primordial tener en cuenta estos aspectos. Por lo tanto, la mayoría de las fallas, se auto exponen de alguna manera, ya sea excitando alguna alarma o dando origen a acciones automáticas de seguridad. Este tipo de fallas se denominan sin riesgo en contraposición a las denominadas con riesgo. Estas últimas, no se exponen y permanecen ocultas (debido, en general, a la redundancia de los sistemas de medición) hasta que, realizando un test periódico, son descubiertas y corregidas.
Es evidente que si todas las fallas se auto exponen el equipo nunca cumplirá el objetivo para el que fue diseñado. Del mismo modo sucede si todas las fallas permanecen ocultas.
Es así que, de alguna manera, el equipo cumplirá alguna especificación acorde a las funciones para las que fue diseñado y las fallas podrán identificarse como seguras y no seguras, tratando de que el diseño contemple una proporción más alta de fallas seguras que inseguras.
Recapitulando, cuando el sistema cae en el estado de falla sin riesgo S_S es devuelto al estado operativo S_0, reparando mediata o inmediatamente la falla (depende de la política de mantenimiento). Si por otro lado, el sistema cae en un estado de falla con riesgo S_i, sólo podrá ser devuelto al estado operativo al cumplirse el período entre tests.
En la Fig. 5.38 se observa el diagrama de transiciones característico para un sistema de este tipo.

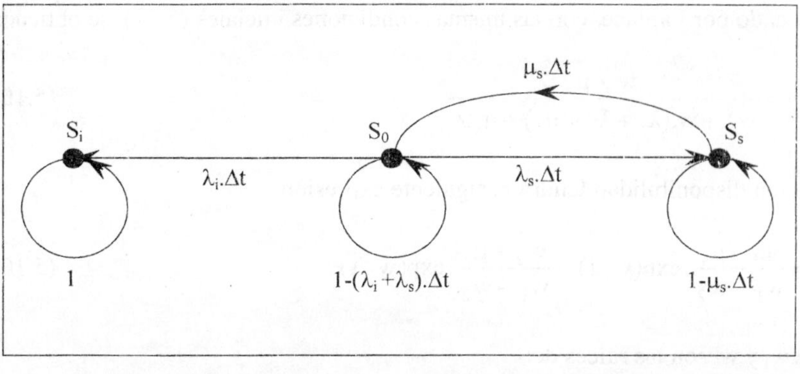

Fig. 5.38 - Grafo de Markov para el sistema del ejemplo 2

Las ecuaciones representativas del comportamiento del sistema serán:

$$\frac{\partial P_{S_0}(t)}{\partial t} = P_{S_0}(t).[-(\lambda_i + \lambda_s)] + P_{S_S}(t).\mu_s$$

$$\frac{\partial P_{S_I}(t)}{\partial t} = P_{S_0}(t).\lambda_i \qquad (5.97)$$

$$\frac{\partial P_{S_S}(t)}{\partial t} = P_{S_0}(t).\lambda_s + P_{S_S}(t).[-\mu_s]$$

Si T_t es el tiempo entre tests periódicos del sistema, entonces el conjunto de ecuaciones establecidas son válidas para:

$$k.T_t \leq t \leq (k+1).T_t \qquad (5.98)$$

Con k= 0, 1, 2,….., n. La matriz de transición será:

$$|T| = \begin{vmatrix} w+\lambda_i+\lambda_s & 0 & -\mu_s \\ -\lambda_i & w & 0 \\ -\lambda_s & 0 & w+\mu_i \end{vmatrix} \qquad (5.99)$$

Resolviendo por Laplace, con las mismas condiciones iniciales (5.92), se obtiene:

$$P^*_{S_0}(w) = \frac{w + \mu_s}{w^2 + w.(\lambda_i + \lambda_s + \mu_s) + \mu_s.\lambda_i} \qquad (5.100)$$

La función disponibilidad tendrá la siguiente expresión:

$$A(t) = \frac{w_1 - \mu_s}{w_1 - w_2}.\exp(w_1.t) - \frac{w_2 - \mu_s}{w_1 - w_2}.\exp(w_2.t) \qquad (5.101)$$

Donde w_1 y w_2 son las raíces de:

$$w^2 + w.(\lambda_i + \lambda_s + \mu_s) + \mu_s.\lambda_i = 0 \qquad (5.102)$$

En este caso carece de sentido hablar de disponibilidad en estado estacionario, pues se trata de un sistema con mantenimiento preventivo y correctivo.
Si lo tiene, evaluar la disponibilidad media entre tests o pruebas periódicas. Así, aplicando (5.90) se tiene:

$$\overline{A} = \frac{\left(1 - \frac{\mu_s}{w_1}\right).[1 - \exp(w_1.T_t] - \left(1 - \frac{\mu_s}{w_2}\right).[1 - \exp(w_2.T_t]}{\left(w_1 - w_2).T_t\right)} \qquad (5.103)$$

En la Fig.5.39 puede observarse la indisponibilidad media U como porcentaje (complemento a uno porcentual de la disponibilidad media) en función del tiempo medio de reparación MTTR en hs. y el tiempo entre tests periódicos T_t en semanas, para valores de tasas de fallas inseguras y seguras correspondientes a un sistema real:

$\lambda_i = 5{,}8.10^{-6}\ hs^{-1}$
$\lambda_s = 10{,}7.10^{-6}\ hs^{-1}$

Se observa que la disponibilidad disminuye abruptamente a medida que los tiempos entre test aumentan, mientras que disminuye moderadamente a medida que los tiempo medios de reparación suben.

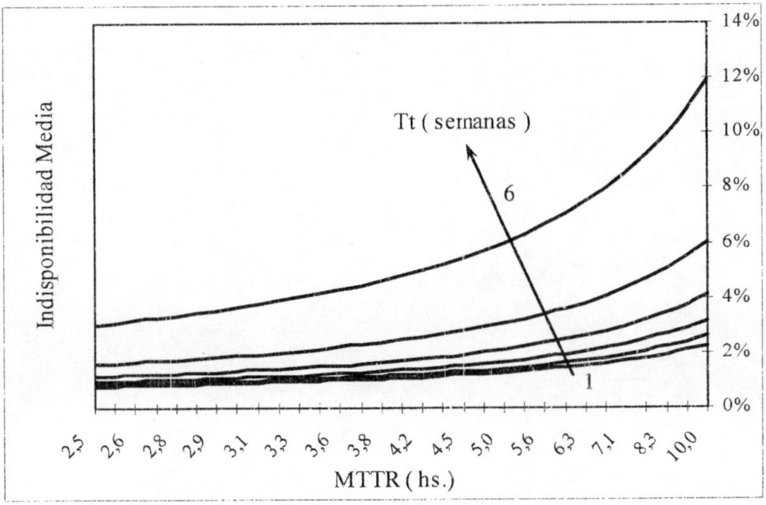

Fig.5.39 - Indisponibilidad media para el sistema del ejemplo 2

CAPITULO 6

CONFIABILIDAD EN EL DISEÑO Y EL PROYECTO

6.1. Diseño conservativo y creativo.

En electrónica suelen darse, en general, dos características extremas en cuanto a diseños: diseños pobres o diseños tremendamente complejos. En ambos casos se está incurriendo en errores de concepción.

Un diseño pobre puede cumplir especificaciones técnicas básicas pero la falta de creatividad se ve normalmente reflejada en la mala utilización de los componentes que intervienen en el mismo. Un diseño altamente complejo, por otro lado, incrementa la probabilidad de fallas y no siempre cumple especificaciones básicas a no ser por la utilización de componentes de alta confiabilidad. En todo equipo o sistema, y la experiencia así lo induce las fallas son debidas a la mala utilización de los componentes.

Esta mala utilización implica, por ejemplo, el uso de un componente fuera de las características operativas normales, en general por encima de los máximos valores tolerable. En otros casos, el problema es debido a vicios del proyectista. Un ejemplo clásico es la afición del ingeniero de desarrollo a utilizar elementos de tolerancias muy estrictas (resistores al 1% o menos). Cuando en realidad el buen diseño puede ser llevado a cabo con componentes de tolerancias más amplias y menos costosos y no por ello menos confiables.

El proyectista tiende inconscientemente a complicar el diseño y lo que en la mayoría de los casos puede hacerse más simple, es hecho en forma más compleja y sofisticada.
Esto no quiere decir que un sistema o equipo por ser más sofisticado es menos confiable. Aunque la simplicidad parece elemental e intuitiva, ella juega un papel fundamental en el área confiabilidad.
La idea de colocar o funcionar componentes por debajo de sus especificaciones nominales es fundamental desde el punto de vista de confiabilidad en el diseño.
Son dos los elementos que cobran importancia a la hora de mejorar y optimizar un diseño, desde el ámbito de la Ingeniería de Confiabilidad, a saber:

i.- Revisión final del diseño.
ii.- Verificaciones del diseño durante el desarrollo del mismo.

La revisión final del diseño es fundamental si se desea un diseño confiable, ésta da la pauta del esfuerzo realizado en función de los recursos utilizados. Las verificaciones parciales en el transcurso del desarrollo del diseño aseguran que la meta propuesta sea alcanzada con éxito.
La creatividad juega un papel fundamental respecto de la confiabilidad. El diseño debe pues tender a ser creativo y a mejorar la confiabilidad en función de la de los componentes seleccionados y su utilización en la estructura del circuito.
Un ejemplo clásico es la estructura push-pull que se observa en la Fig.6.1. Se trata de un amplificador que alimenta a un servomotor. Esta estructura provee dos elementos básicos:

- Redundancia; pues la falla en una mitad del circuito no impide, en general, que siga funcionando la otra mitad.
- Mejora las condiciones de linealidad y potencia de salida.

Los transistores Q_2 y Q_3 generan bastante calor y las condiciones del equipo prevén un montaje similar para ambos, además de estar próximos uno del otro.
Esto ocasiona una dependencia térmica entre ellos. Q_1 es alojado lejos del par Q_2, Q_3 de tal forma que no exista dependencia térmica respecto del par.
Si se asume que cada componente es necesario para que el circuito opere correctamente y que además ambas mitades del sistema push-pull deben funcionar a los efectos de obtener la mejor performance del esquema, tolerando como aceptable que solo una mitad opere, entonces el grafo de confiabilidad del circuito es el de la Fig.6.2.

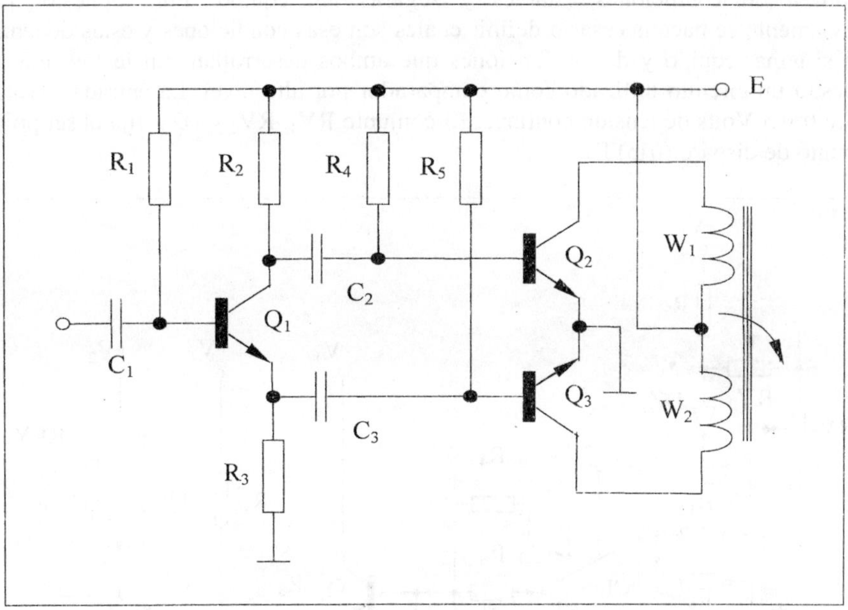

Fig. 6.1 - Amplificador de servomotor

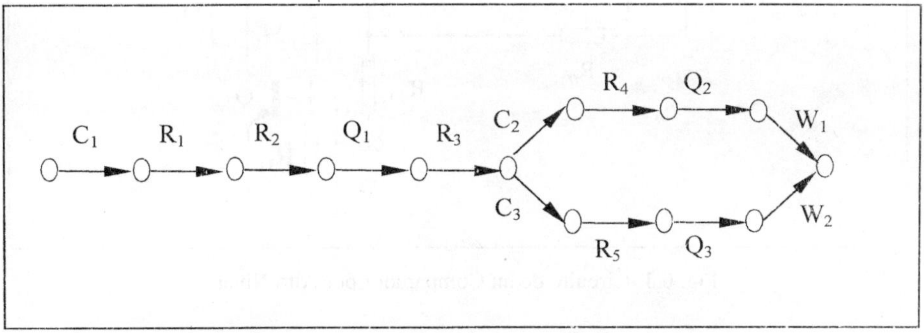

Fig. 6.2 -Grafo de confiabilidad del circuito de la Fig.6.1

Otro ejemplo considerado, en general, como un principio de diseño es el denominado de falla segura (fail-safe) o fallas sin riesgo. Este principio o lema indica diseñar el o los circuitos de tal forma que cualquier falla en componentes se traduzca en condiciones estables y seguras del equipo. Por supuesto que previamente se hace necesario definir cuales son esas condiciones y estas depende del sistema, equipo y de las funciones que ambos desarrollan. En la Fig. 6.3 se muestra un circuito utilizado como comparador por alto nivel. La entrada E varía entre 0 y 5 Volts de tensión continua. El conjunto RV_1, RV_2 y DZ_1 fija el set point o punto de disparo (trip) E_T .

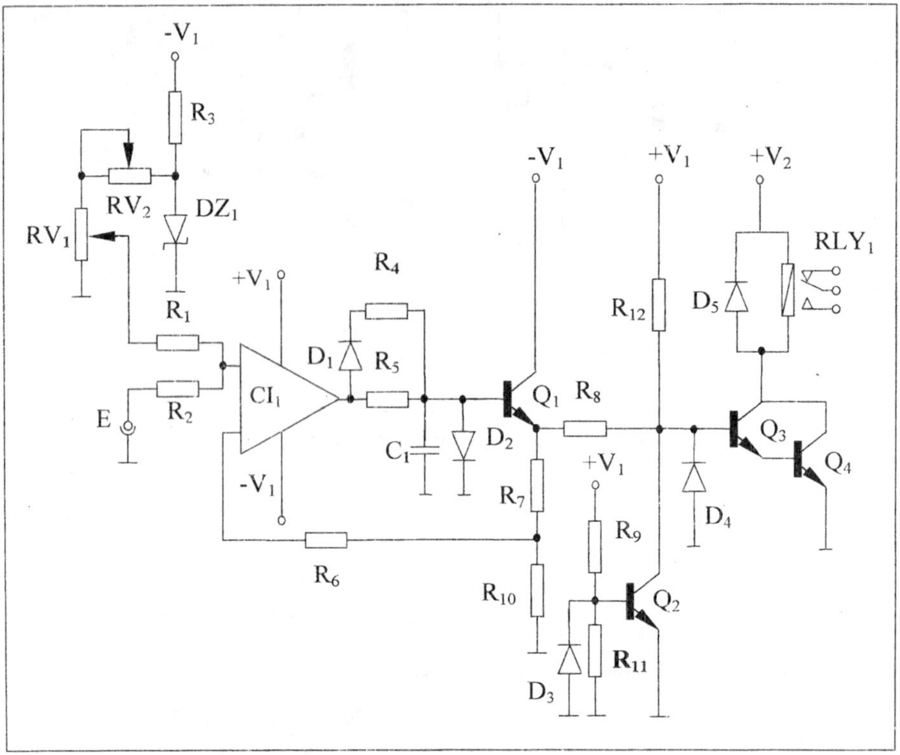

Fig. 6.3 -Circuito de un Comparador por Alto Nivel

Cuando E se encuentra por debajo de E_T el relé de salida RLY_1 permanece tomado, si E supera E_T, el relé se desenergiza, liberándose. Este tipo de accionamiento del relé configura una performance segura, en el sentido de que si el relé falla se desenergiza, entonces es posible definir el estado de funcionamiento estable y seguro del circuito así: Cualquier falla de componentes que libera el relé de salida configura una falla segura; en otras palabras: Cualquier falla de componentes que provoque igual efecto que cuando E supera E_T configura una falla del tipo segura. El efecto de la falla coincide con la acción que realiza el circuito. Por otro lado cualquier falla que impide este accionar es considerada insegura.

Así es posible definir dos tipos de accionamientos de circuito:

- Accionamiento Normal

$E < E_T$ Relé tomado
$E \geq E_T$ Relé liberado

- Accionamiento Anormal

- Falla segura:

$E < E_T$ Relé liberado
$E \geq E_T$ Relé liberado

- Falla insegura:

$E < E_T$ Relé tomado
$E \geq E_T$ Relé tomado
$E < E_T$ Relé liberado
$E \geq E_T$ Relé tomado

Obsérvese además la transferencia del circuito en la Fig.6.4. El conjunto D_1, R_4, R_5 provee un lazo de histéresis para la misma. Este es asimétrico y asegura protección contra ruido y disparos (trips) erráticos.
Todos los corrimientos en este ciclo de histéresis no pueden ser detectados inmediatamente vía el relé de salida y pueden bien ser consideradas fallas inseguras. Se observa, entonces que el mismo relé está utilizándose para detectar las fallas de los componentes del circuito y de sí mismo.
Además otros circuitos accesorios, como el formado por Q_2, R_9, R_{11}, y D_3 permiten detectar la falta de tensiones de alimentación $\pm V_1$ y liberar el relé en esos casos.
Como se aprecia todo el diseño contribuye a que cualquier falla de componentes se vea reflejada en el accionamiento del relé de salida.
Se vuelve a hacer hincapié en que la definición de falla segura o condición estable depende de la utilización del circuito en el sistema o equipo.

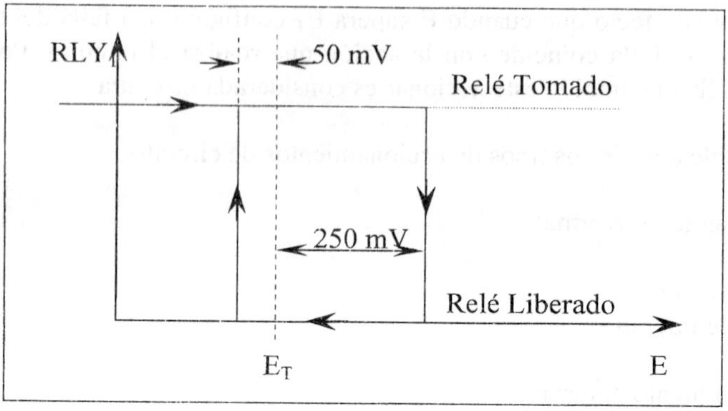

Fig. 6.4 - Histéresis del Comparador por Alto Nivel

Un último ejemplo de diseño creativo a los efectos de incrementar la confiabilidad de un circuito se verá a continuación. Sea un conjunto de baterías de baja potencia en cascada como se observa en la Fig.6.5.

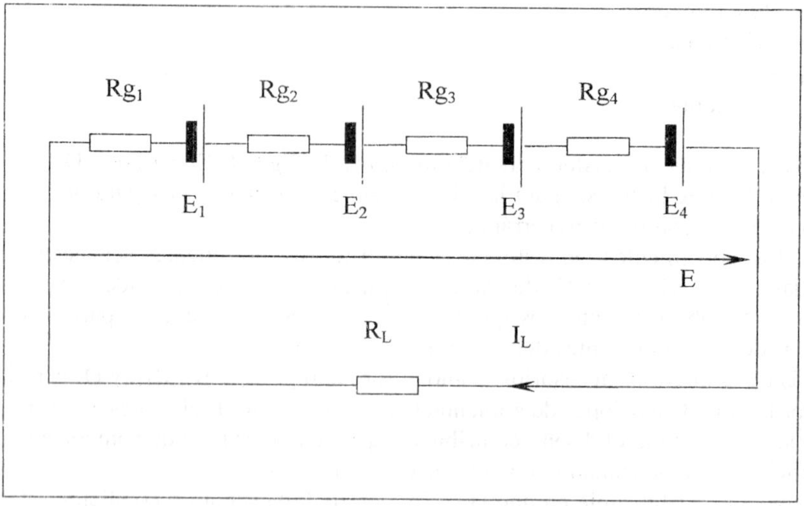

Fig. 6.5 - Conjunto de Baterías en Cascada.

Este conjunto alimenta una determinada carga R_L, tal que:

$E_1 = E_2 = E_3 = E_4 = E_0$
$Rg_1 = Rg_2 = Rg_3 = Rg_4 = Rg \approx 0$

Las resistencias internas de las baterías serán cero en el caso de que todas se encuentren en buen estado. Sea por ejemplo que la batería E_3 falle y su resistencia interna Rg_3 comience a aumentar, la corriente I_L disminuirá por la caída de tensión sobre Rg_3 hasta que se anule.
Sin embargo, considerando cómo tolerante que el circuito funcione con solo la tensión provista por tres de las cuatro baterías, es posible rediseñar el mismo como en la Fig.6.6.

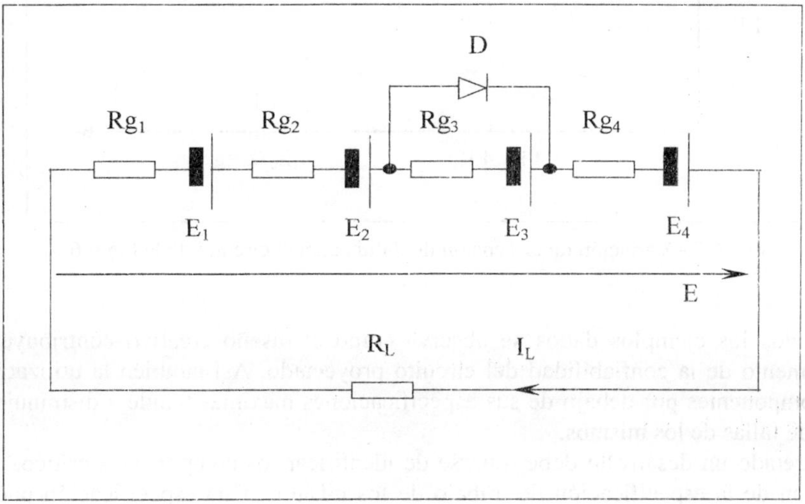

Fig. 6.6 - Conjunto de Baterías en Cascada Rediseñado.

El agregado de un diodo en derivación con la batería dañada se convierte en solución del problema. Cuando la corriente de carga I_L es suficiente como para que E sea igual a $3E_0$, la caída de tensión a través de Rg_3 es - E_0 y en ese punto el diodo D comienza a conducir, cortocircuitando las terminales de la batería faliada. La tensión sobre la carga se mantendrá en $3E_0$. En la Fig. 6.7 se observa esta situación. En la práctica se coloca un diodo en derivación con cada una de las baterías de la serie.

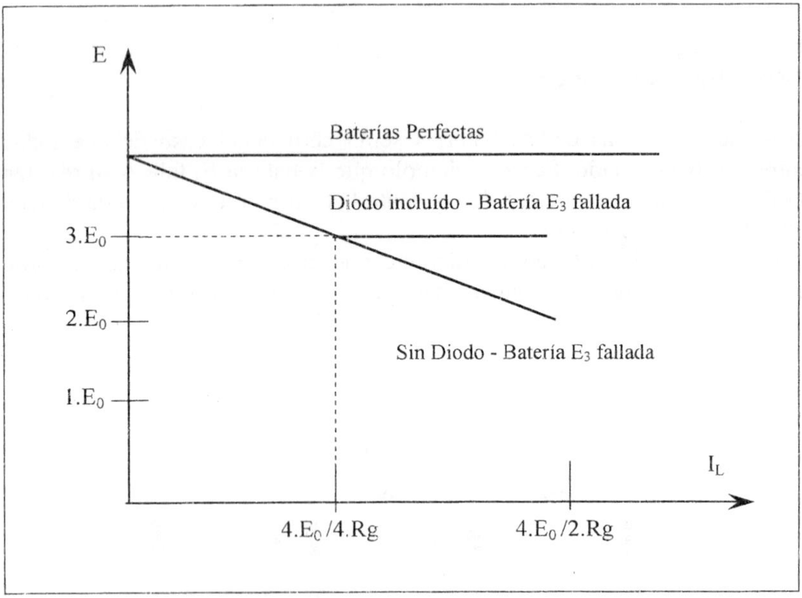

Fig. 6.7 - Variación de la Tensión de Salida para el circuito de la Fig.6.6.

En todos los ejemplos dados se observa como el diseño creativo contribuye al incremento de la confiabilidad del circuito proyectado. Así también la utilización de componentes por debajo de sus especificaciones máximas tiende a disminuir la tasa de fallas de los mismos.

Concretado un desarrollo debe tratarse de identificar los componentes críticos, en función de la especificación de trabajo de los mismos. Esta especificación puede ser tensión, corriente, potencia térmica, torque, esfuerzos, velocidades, temperaturas, etc., dependiendo del tipo de componente.

En la ingeniería de confiabilidad la idea de factor de seguridad es básica. En electrónica también debe ser importante esta idea en cuanto al diseño. De la norma MIL-HDBK-217 en sus diversas versiones puede observarse las reducciones de tasa de fallas, variando el factor de trabajo o carga.

En la tabla de la Fig.6.8 se muestra como tiene efecto la reducción de tasas de fallas con datos tomados de la norma de referencia.

Componente	λ (hs^{-1})	Nominal	λ' (hs^{-1})	% de Nominal	λ/λ'	Observaciones
Transistores	2.10^{-6}	Potencia	$0,55.10^{-6}$	50 %	3,6/1	Temperatura Ambiente=25°C
Diodos	10^{-6}	Potencia	$0,3.10^{-6}$	50 %	3,3/1	Temperatura Ambiente=25°C
Integrados	2.10^{-8}	Potencia	$0,5.10^{-6}$	50 %	4/1	Temperatura Ambiente=25°C
Resistores Composición	6.10^{-8}	Potencia	1.10^{-8}	50 %	6/1	Temperatura Ambiente=40°C
Capacitores Papel	$7,5.10^{-7}$	Tensión	$0,5.10^{-7}$	50 %	15/1	Temperatura Ambiente=40°C
Transformadores	$1,1.10^{-5}$	Temperatura Interna 100°C	$0,05.10^{-5}$	Temperatura Interna Nominal 60°C	22/1	Temperatura de Material de Aislación=105°C

Fig. 6.8 - Mejora de la Confiabilidad de Componentes.

En casi todos los casos la reducción de tasa de fallas es notable con solo una disminución del 50 % en la especificación nominal. El énfasis tecnológico en microelectrónica se ve reflejado en la reducción de tasa de fallas con el aumento de densidad de componentes. Compárese la tasa de fallas de un transistor contra la de un integrado común. La mayor proposición de fallas de un integrado se debe al conexionado entre la pastilla (chip) y los terminales de acceso al integrado mismo. La tecnología y el fácil uso de redundancia a nivel de chip hacen posible la baja tasa de fallas.

6.2. El concepto de redundancia.

La redundancia, en el sentido más amplio, consiste en crear un nuevo camino en una determinada estructura y colocarlo en paralelo al ya existente. En general son dos los tipos de redundancia utilizados en electrónica, uno a nivel componente y otro a nivel sistema. Es posible demostrar que la redundancia a nivel componente es superior a la de nivel sistema. En la Fig.6.9 se observa el grafo de confiabilidad para un sistema formado por dos componentes (a), el mismo sistema pero con redundancia a nivel sistema (b) y por último el sistema con redundancia a nivel componente (c).

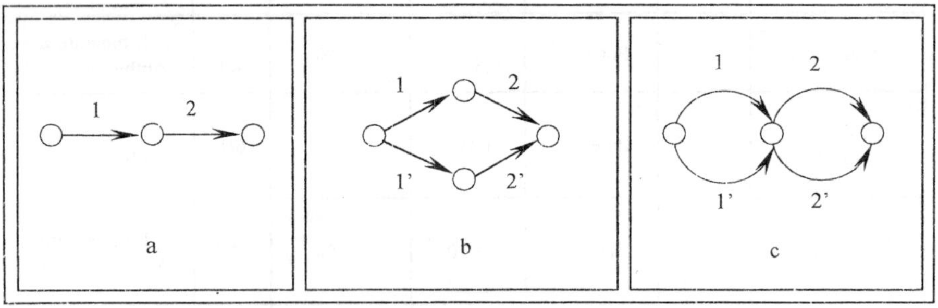

Fig. 6.9 - Grafos de un Sistema de Dos Componentes

Se ve que el sistema (b) es una duplicación en paralelo del (a), en cambio el (c) es una duplicación en paralelo de cada componente. Si S es el evento El sistema funciona correctamente y S_i, el evento el componente i funciona correctamente. Entonces, considerando independencia estadística de fallas, la confiabilidad del sistema (a) será:

$$C_a = P_a(S) = P(S_1 \cap S_2) = P(S_1).P(S_2) \tag{6.1}$$

Para el (b):

$$\begin{aligned} C_b = P_b(S) &= P[(S_1 \cap S_2) \cup (S_1' \cup S_2')] = \\ &= P(S_1).P(S_2) + P(S_1').P(S_2') - P(S).P(S_2).P(S_1').P(S_2') \end{aligned} \tag{6.2}$$

Para el (c):

$$\begin{aligned} C_c = P_c(S) &= P[(S_1 \cup S_2) \cap (S_1' \cup S_2')] = P(S_1 \cup S_2).P(S_1' \cup S_2') = \\ &= [P(S_1) + P(S_2) - P(S_1).P(S_2)].[P(S_1' + P(S_2') - P(S_1').P(S_2')] \end{aligned} \tag{6.3}$$

Si además:

$$P(S_1) = P(S_2) = P(S_1') = P(S_2') = p \qquad (6.4)$$

Se tiene para el (a):

$$C_a = p^2 \qquad (6.5)$$

para el (b):

$$C_b = p^2.(2-p^2) \qquad (6.6)$$

y para el (c):

$$C_c = p^2.(2-p)^2 \qquad (6.7)$$

Comparando (b) con (c):

$$\frac{C_c}{C_b} = \frac{(2-p)^2}{2-p^2} = 1 + \frac{2.(1-p)^2}{2-p^2} \qquad (6.8)$$

Como:

$$0 < p < 1$$

Entonces:

$$2 - p^2 > 0 \qquad (6.9)$$

y

$$C_c / C_b > 1 \qquad (6.10)$$

Esta superioridad de la redundancia a nivel componente sobre la implementada a nivel sistema se mantiene aún para elementos no idénticos, como así también para estructuras de n componentes:

$$\frac{C_c^n}{C_b^n} = \frac{(2-p)^n}{2-p^n} > 1 \qquad (6.11)$$

Otro caso interesante donde es posible comparar estos dos tipos de redundancia es en los sistemas de configuración r de n. Si r = n la estructura es del tipo serie y todos los resultados anteriores pueden aplicarse. Si r = 1 la estructura se reduce a n elementos en paralelo, entonces los dos tipos de redundancia son idénticos.

Cuando $2 \le r < n$, que constituyen los casos interesantes, la redundancia a nivel componente continúa siendo superior a la de nivel sistema. Esta superioridad puede ser evidenciada considerando los conjuntos de empalme (tie-sets).

Por ejemplo para una configuración cuatro de cinco existirán cinco conjuntos de empalme. Si en cambio se utiliza redundancia a nivel sistema habrá diez conjuntos de empalme.

Si se utiliza redundancia a nivel componente habrá en total ochenta conjuntos de empalme incluyendo los diez anteriores.

Este resultado generalizado evidencia la superioridad de la redundancia a nivel componente. En la Fig. 6.10 se observa este resultado para un sistema tres de cuatro.

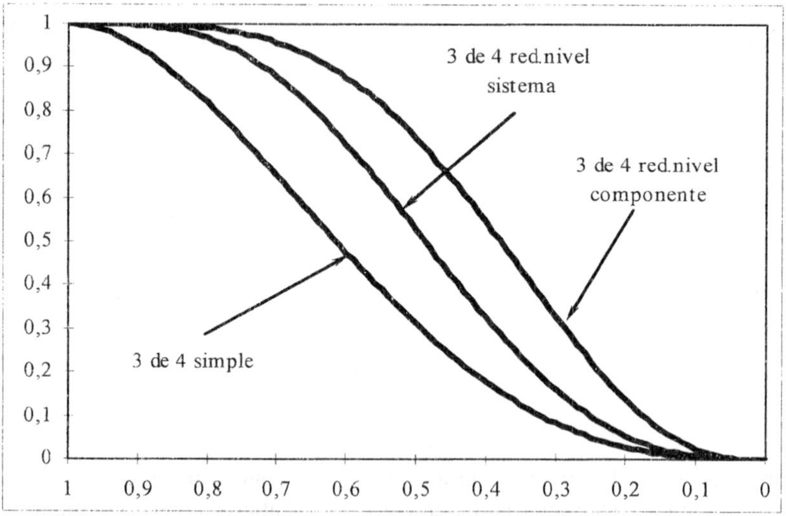

Fig. 6. 10 - Sistema redundante 3 de 4

Las configuraciones mixtas vistas en el capítulo 5 constituyen un buen ejemplo de estos dos tipos de redundancia. Así en la Fig.5.16 la redundancia es a nivel componente, en cambio en la Fig.5.17 es del tipo redundancia a nivel sistema. Los beneficios de la redundancia suelen perderse cuando los componentes poseen tres estados en lugar de dos.
En todos los ejemplos dados se ha supuesto dos estados: el de falla y el de funcionamiento solamente. Trasladado esto a un grafo de confiabilidad resultaba en una apertura de la línea efecto-causa, en el caso de falla.

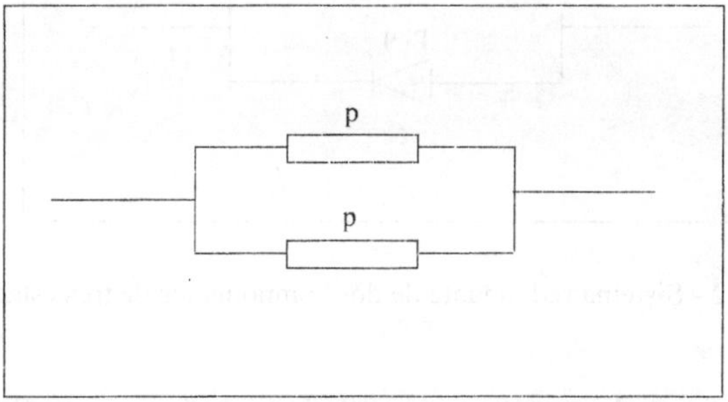

Fig. 6.11 - Sistema redundante de dos componentes de dos estados

La línea efecto-causa permanecía en el caso de funcionamiento normal. De esta forma y utilizando la misma nomenclatura, se tiene que, para un sistema redundante con dos componentes de dos únicos estados como el que se observa en la Fig.6.11, la confiabilidad viene dada por:

$$C_{2p} = p^2 - 2.p = 1 - q^2 \qquad (6.12)$$

Siendo los dos componentes iguales y p+q=1 y considerando además fallas estadísticamente independientes.
Si los componentes poseen tres estados, lo anterior no es válido. Sea por ejemplo el sistema de la Fig. 6.12. Cada diodo poseerá tres estados: uno de funcionamiento y dos de falla. Falla por circuito abierto y por cortocircuito. Así llamando:

$q_O \equiv$ probabilidad de falla por circuito abierto.
$q_S \equiv$ probabilidad de falla por cortocircuito.

Entonces:

$$p + q_O + q_S \equiv 1 \qquad (6.13)$$

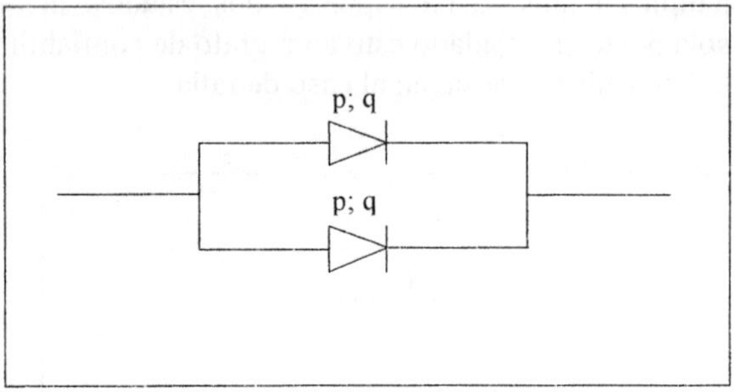

Fig. 6.12 - Sistema redundante de dos componentes de tres estados.

La confiabilidad de este sistema, considerando independencia estadística de fallas será:

$$C_{3p} = p^2 + 2.p.q_O = 1 - q_O{}^2 + q_S{}^2 - 2.q_S \qquad (6.14)$$

Como:

$$C_{2p} = 1 - q^2 \qquad (6.15)$$

y

$$q = q_O + q_S \qquad (6.16)$$

Entonces:

$$C_{2p} = 1 - (q_O + q_S) = 1 - q_O{}^2 - 2.q_O.q_S - q_S{}^2 \qquad (6.17)$$

Operando:

$$C_{2p} = 1 - q_O{}^2 + q_S{}^2 - 2.q_S + 2.q_S.(1 - q) = C_{3p} + 2.q_S.(1 - q) \qquad (6.18)$$

Como:

$$0 < 2.q_S.(1-q) < 1 \tag{6.19}$$

Resulta:

$$C_{2p} > C_{3p} \tag{6.20}$$

La presencia de fallas por cortocircuito desvirtúa la redundancia planteada. Debido a este motivo es que la confiabilidad no puede aumentarse indefinidamente colocando más de estos componentes en paralelo. Se llega a un máximo y luego decrece. Existe, por lo tanto un número óptimo de componentes que hace máxima la confiabilidad del sistema. Sea, por ejemplo, el ya visto compuesto por diodos de la Fig.6.13.

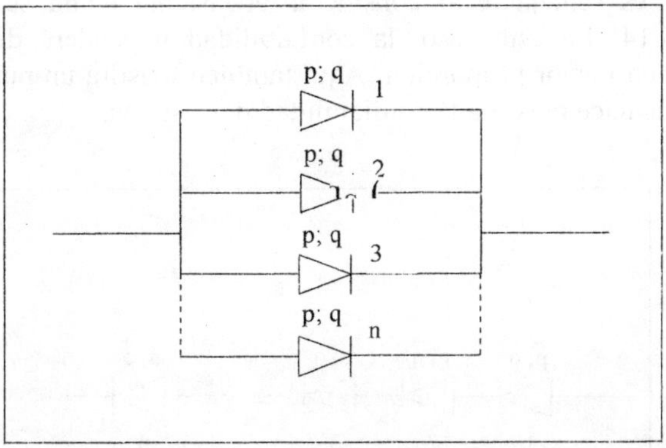

Fig. 6.13 - Sistema redundante de n componentes en paralelo de tres estados.

Para este sistema, la confiabilidad viene dada por:

$$C = \prod_{i=1}^{n}(1-q_{S_i}) - \prod_{i=1}^{n} q_{O_i} \tag{6.21}$$

Si todos los componentes son iguales, se tiene:

$$C = (1-q_S)^n - q_O{}^n \tag{6.22}$$

Derivando respecto de n, e igualando a cero:

$$\frac{\partial C}{\partial n} = (1 - q_S)^n . \text{Ln}\,(1 - q_S)^n - q_O . \text{Ln}\, q_O = 0 \tag{6.23}$$

Resulta:

$$n = -\frac{\text{Ln}\left(\text{Ln}\,\dfrac{q_O}{1 - q_S}\right)}{\text{Ln}\left(\dfrac{q_O}{1 - q_S}\right)} \tag{6.24}$$

Este desarrollo es semejante al considerar el sistema como serie en lugar de paralelo Fig. 6.14. En este caso, la confiabilidad dependerá de las fallas por circuito abierto en mayor proporción. Aquí también existirá un número óptimo de componentes que hace máxima la confiabilidad del sistema.

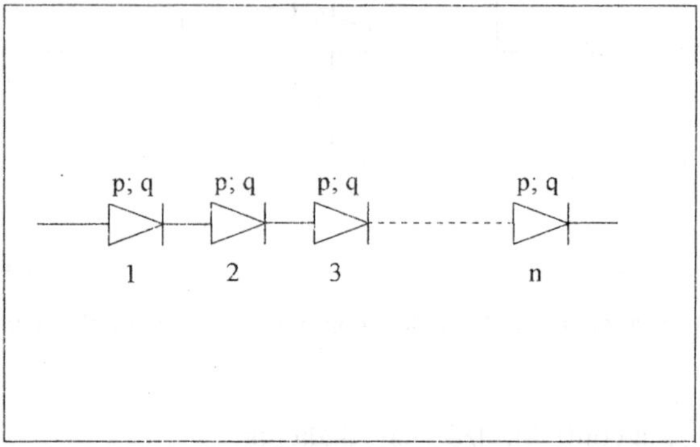

Fig. 6.14 - Sistema redundante de n componentes en serie de tres estados.

En la Fig. 6.15 se vuelcan estos números óptimos para ambos sistemas. Serie y paralelo en función q_S y q_O, probabilidades de falla por cortocircuito y circuito abierto. El gráfico es de doble entrada y dependerá del tipo de sistema. Las superficies de corte para n son de dos en dos

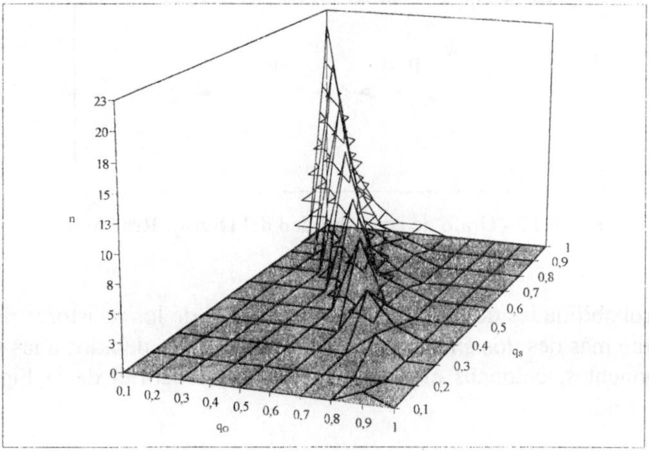

Fig. 6.15 - Número óptimo de componentes serie o paralelo

6.3. Redundancia práctica.

Sea por ejemplo la implementación de una redundancia práctica como la del divisor resistivo de la Fig. 6.16.

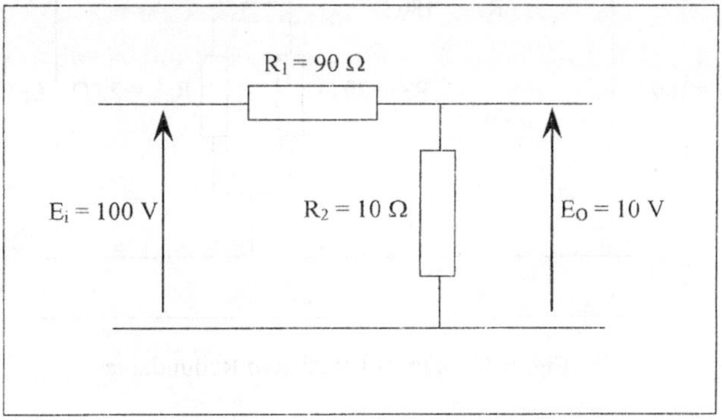

Fig. 6.16 - Divisor Resistivo

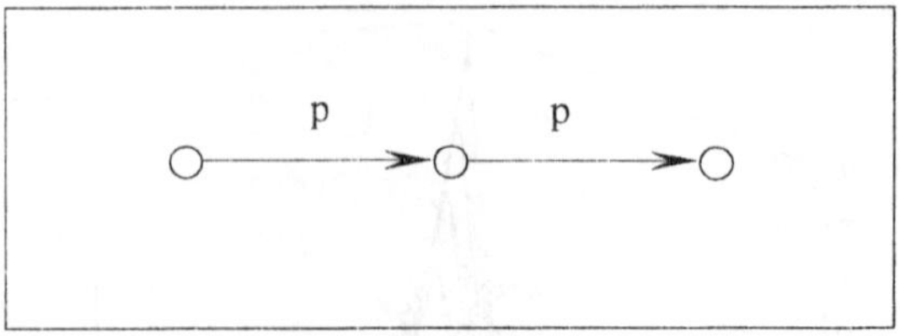

Fig. 6.17 - Grafo de confiabilidad del Divisor Resistivo

Sean p las probabilidades de funcionamiento correcto de los resistores del circuito. Si no se toleran más desvíos en la tensión de salida que los debidos a las tolerancias de los componentes, entonces el grafo representativo será el de la Fig. 6.17. La confiabilidad será:

$$C = p^2 \tag{6.25}$$

Utilizando redundancia a nivel componente, el circuito de la Fig.6.17 pasa a tener el aspecto de la Fig.6.18.

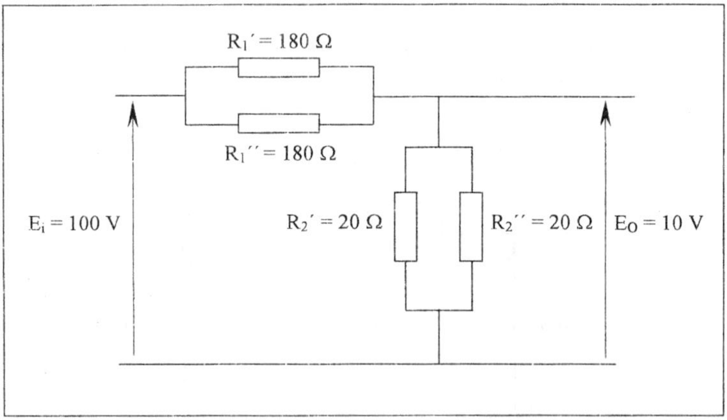

Fig. 6.18 - Divisor Resistivo Redundante

Si aquí tampoco se admiten mas desvíos en la tensión de salida que los ocasionados por las tolerancias de los componentes, la confiabilidad del esquema será:

$$C = p^4 \tag{6.26}$$

y el grafo correspondiente el de la Fig.6.19.

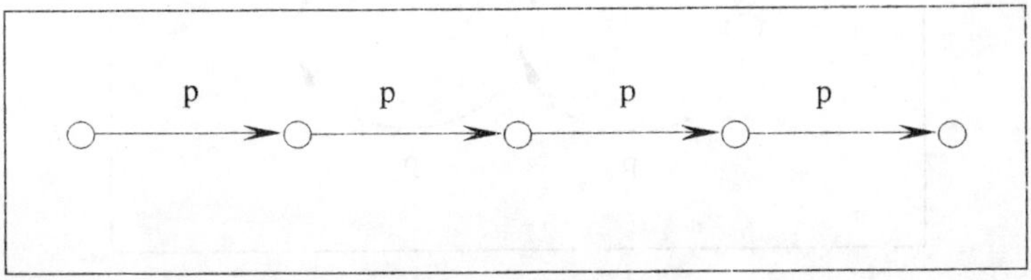

Fig. 6.19 - Grafo de confiabilidad del Divisor Resistivo Redundante No Tolerante

La redundancia vía componente pierde sentido cuando no se especifican los límites de tolerancia en la tensión de salida. Así, si falla R_1' ó R_1'' (en general los resistores fallan en el modo de circuito abierto), entonces:

$E_{O_{mín}} = 5{,}25$ Volts.

Si falla R_2' ó R_2'' será:

$E_{O_{máx}} = 18{,}2$ Volts.

Si se toleran valores de tensión de salida entre $E_{O_{mín}}$ y $E_{O_{máx}}$ entonces la confiabilidad vendrá dada por:

$$C = (2.p - p^2)^2 \tag{6.27}$$

y el grafo de confiabilidad será el de la Fig.6.20. Como puede observarse la especificación es un factor determinante en la evaluación de la confiabilidad de un circuito. Se puede pensar, también en otro tipo de implementación redundante para este divisor resistivo.

Por ejemplo algún tipo de llave con relés o diodos de tal manera que el componente redundante pasivo comience a actuar si y solo si el componente redundante activo presente falla. Esto constituye una implementación del tipo Stand By y es notable como, en general, la mayor cantidad de redundancias prácticas se resuelven de esta última forma.

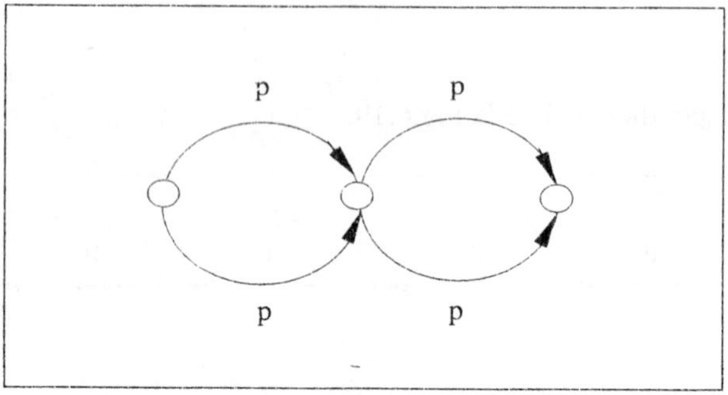

Fig. 6.20 - Grafo de confiabilidad del Divisor Resistivo Redundante Tolerante.

Otro ejemplo de redundancia práctica puede extraerse de la utilización de circuitos integrados. Es notorio y a veces digno de atención el hecho de que un circuito integrado tenga a primera vista igual confiabilidad que uno solo de los transistores componentes del mismo, independientemente de la densidad de elementos en el Chip. Estudios más profundos demuestran que la tasa de fallas de un circuito integrado sube lentamente con el número de elementos componentes del Chip de acuerdo a la siguiente ley:

$$\lambda = \lambda_0 . \sqrt{n} \tag{6.28}$$

Donde:

λ_0 = Constante de proporcionalidad.
n = Cantidad de elementos componentes del Chip.

Entonces la confiabilidad del Chip será:

$$C = 1 - \exp\left(- \lambda_0 . \sqrt{n} . t\right) \tag{6.29}$$

Si $\lambda_0 \sqrt{n}.t << 1$, entonces:

$$C \cong 1 - \lambda_0 . \sqrt{n} . t \tag{6.30}$$

Sea que se quiera implementar un circuito con dos integrados de densidad n=10, en cascada. La confiabilidad de este esquema será:

$$C_1 = \left[\exp(-\lambda_0.\sqrt{n}.t)\right]^2 \cong 1 - 2.\lambda_0.\sqrt{10}.t \tag{6.31}$$

Si la redundancia es a nivel sistema se tendrá:

$$C_2 = 2.\exp(-\lambda_0.\sqrt{10}.t - \exp(-4.\lambda_0.\sqrt{10}.t \cong 1 - 40.\lambda_0^2.t^2 \tag{6.32}$$

Si los mismos Chips son utilizados con redundancia pero a nivel componente, entendiéndose, en este caso, por componente al Chip, será:

$$C_3 = \left[2.\exp(-\lambda_0.\sqrt{10}.t) - \exp(-2.\lambda_0.\sqrt{10}.t)\right]^2 \cong 1 - 20.\lambda_0^2.t^2 \tag{6.33}$$

Otra posibilidad sería utilizar dos Chips de mayor densidad en paralelo, por ejemplo n = 20. Así:

$$C_4 = 2.\exp(-\lambda_0.\sqrt{20}.t) - \exp(-2.\lambda_0.\sqrt{20}.t) \cong 1 - 20.\lambda_0^2.t^2 \tag{6.34}$$

Se observa, entonces, como dos Chips de mayor densidad de elementos en configuración paralelo o cuatro Chips de menor densidad de elementos en configuración redundante a nivel componente resultan más confiables que cuatro Chips utilizados en configuración redundante a nivel sistema y ésta última mas confiable que dos de estos Chips en configuración serie:

$$C_4 \cong C_3 > C_2 > C_1 \tag{6.35}$$

Cuando se trata de circuitos o sistemas digitales, la redundancia se puede implementar en función de la misma naturaleza de la lógica que los caracteriza. En general la redundancia en circuitos digitales resulta especialmente atractiva por las siguientes razones:

- La naturaleza binaria de las señales. O se trata de ceros o de unos lógicos. Aquí no aparecen condicionamientos sobre Ganancia, Impedancia o Distorsión que son muy comunes en circuitos analógicos.
- Un sistema digital puede ser especificado por un conjunto de funciones Booleanas y pueden existir varias implementaciones para la misma función.

- En general se manejan unas pocas funciones lógicas elementales, por lo que la redundancia puede ser implementada muchas veces a nivel función o a nivel circuito.
- Los circuitos integrados digitales son simples y de alto nivel de integración, es decir de alta densidad.

En la Fig.6.21 se observa una compuerta AND y su equivalente utilizando redundancia a nivel de compuerta o función. Esta redundancia no provee un incremento de la confiabilidad, esto es que, en muchas oportunidades, la redundancia a este nivel no provee, en forma directa una más alta confiabilidad. Así, si la probabilidad de funcionamiento correcto de cada compuerta es p, para una sola compuerta la confiabilidad será:

$$C = p \tag{6.36}$$

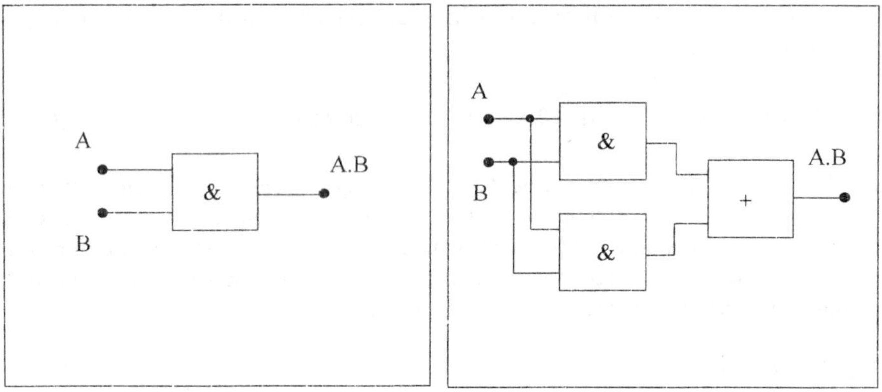

Fig. 6.21 - Compuerta AND y su equivalente Redundante a Nivel Función.

Para el esquema redundante equivalente será:

$$C' = p.(2.p - p^2) \tag{6.37}$$

Siempre y cuando las compuertas fallen colocando un cero lógico a la salida independientemente de las entradas. En el caso en que las compuertas fallen, colocando un uno lógico a la salida independientemente de las entradas, se tendrá:

$$C'' = p^3 \tag{6.38}$$

Si se comparan C′ y C′′ respecto de C:

$$\frac{C'}{C} = p.(2 - p) \tag{6.39}$$

$$\frac{C''}{C} = p^2 \tag{6.40}$$

En la Fig.6.22 se grafican estas dos relaciones.

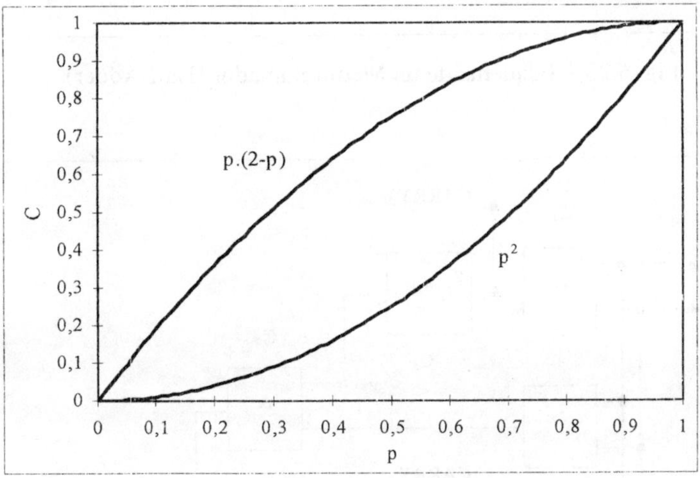

Fig. 6.22 - Relación entre confiabilidades de una compuerta para distintos modos de falla

Como se observa para todo el rango de p se verifica que:

$$\frac{C'}{C} < 1 \quad y \quad \frac{C''}{C} < 1 .$$

Por lo que C′< C y C′′< C.

Véase otro ejemplo de implementación de redundancia en un sistema lógico a nivel circuito. En la Fig.6.23 se muestra un medio sumador (Half-Adder) binario.

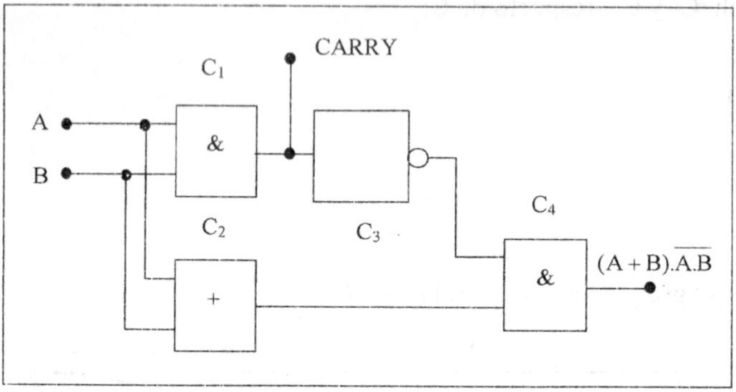

Fig. 6.23 - Esquema de un Medio Sumador (Half-Adder).

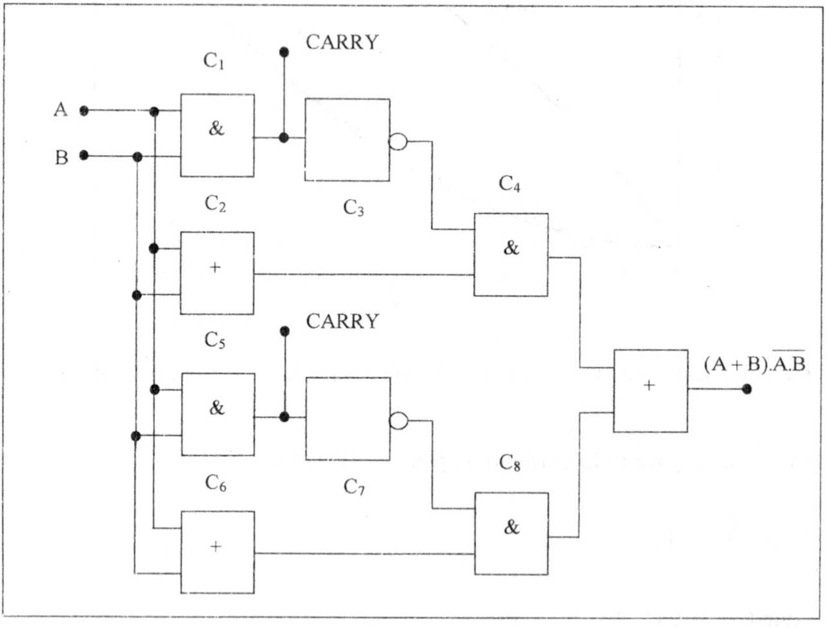

Fig. 6.24 - Esquema de un Medio Sumador Redundante a Nivel Circuito (Redundant-Half-Adder).

La probabilidad de funcionamiento correcto de cada compuerta será p. La del medio sumador será:

$$C_S = p^4 \tag{6.41}$$

En la Fig.6.24 se observa la implementación redundante a nivel circuito. El grafo de confiabilidad se muestra en la Fig.6.25 y la confiabilidad de esta configuración redundante será:

$$C_R = p.(2.p^4 - p^8) \tag{6.42}$$

Comparando ahora C_R con C_S:

$$\frac{C_R}{C_S} = 2.p - p^5 \tag{6.43}$$

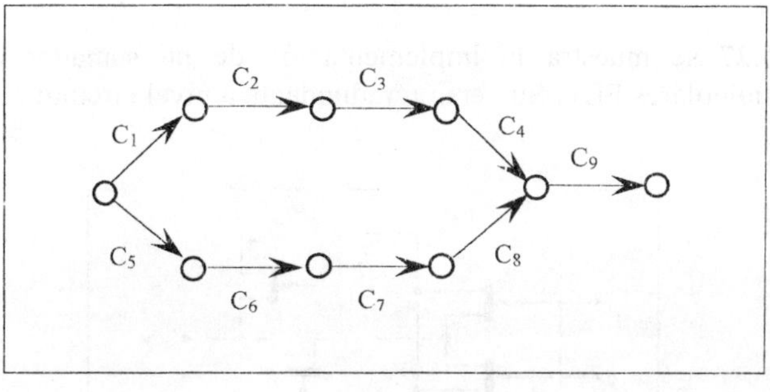

Fig. 6.25 - Grafo de Confiabilidad del Medio Sumador Redundante a Nivel Circuito

En la Fig.6.26 se grafica esta relación. Se observa que para $0,59<p<1$, la relación C_R/C_S es mayor que la unidad. Esto implica un incremento de la confiabilidad del sistema lógico, cuando se utiliza redundancia a nivel circuito y la confiabilidad de cada compuerta lógica es alta. En el análisis se ha supuesto que el modo de falla de las compuertas lógicas es por cero lógico a la salida independientemente de las entradas. En caso contrario no habría incremento de la confiabilidad del sistema. Esta pasaría a ser p^9, producto de las probabilidades de funcionamiento correcto de cada una de las compuertas lógicas.

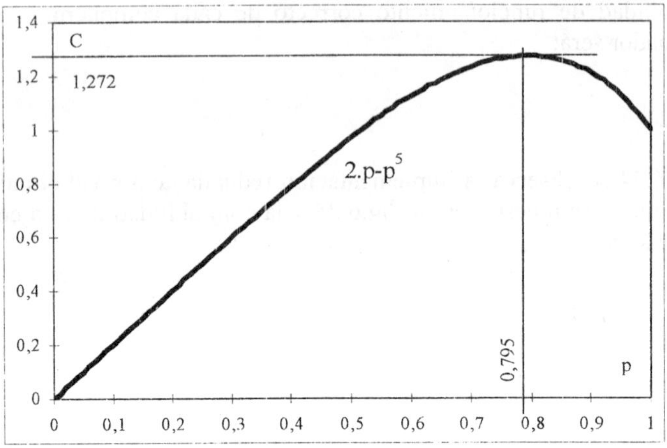

Fig. 6.26 - Medio Sumador - Configuración No Redundante.

En la Fig.6.27 se muestra la implementación de un sumador completo con transistores unipolares FET. Su versión redundante a nivel circuito se observa en la Fig.6.28.

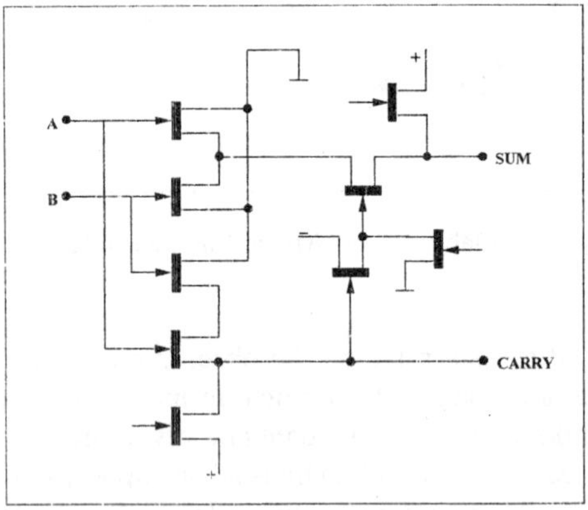

Fig. 6.27 - Relación entre las confiabilidades del medio sumador Redundante a Nivel Circuito y No Redundante

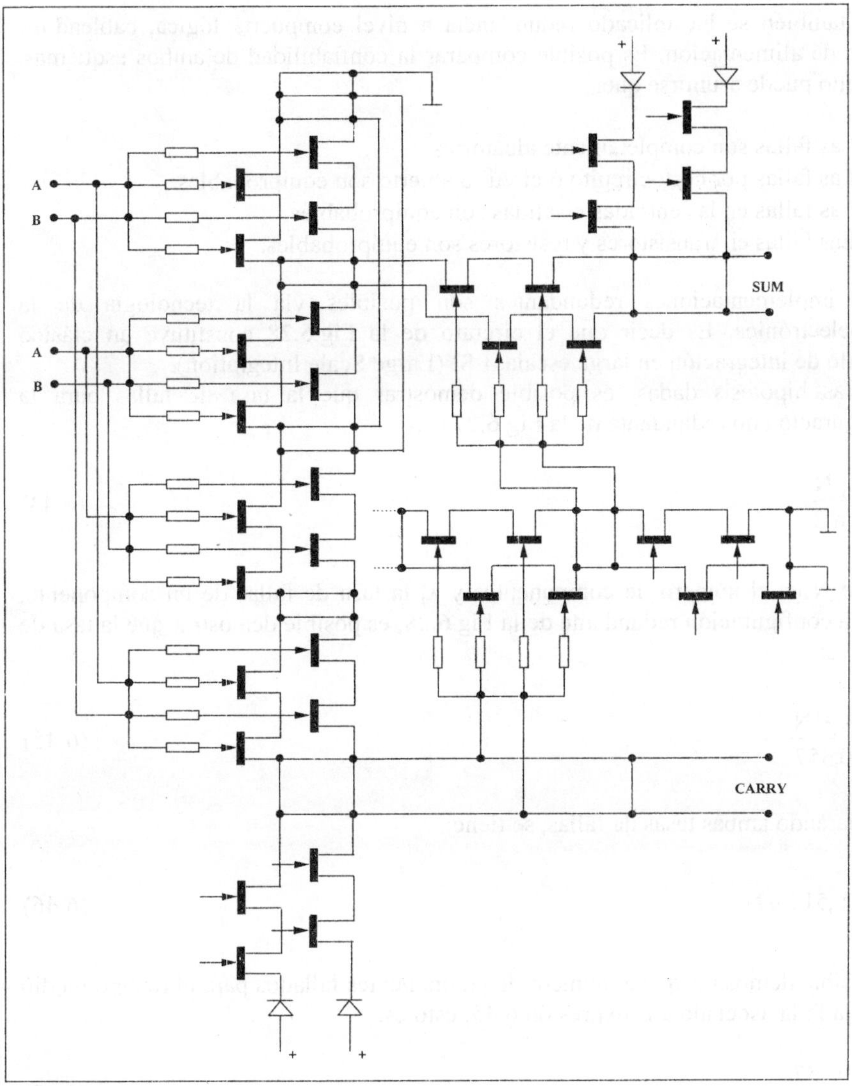

Fig. 6.28 - Medio Sumador - Configuración Redundante a Nivel Circuito

Aquí también se ha aplicado redundancia a nivel compuerta lógica, cableado y fuente de alimentación. Es posible comparar la confiabilidad de ambos esquemas, para ello puede asumirse que:

- Las fallas son completamente aleatorias.
- Las fallas por cortocircuito ó circuito abierto son equiprobables.
- Las fallas en las entradas o salidas son equiprobables.
- Las fallas en transistores y resistores son equiprobables.

Estas implementaciones redundantes son posibles vía la tecnología de la microelectrónica. Es decir que el circuito de la Fig.6.28 constituye un clásico ejemplo de integración en larga escala, LSI (Large Scale Integration).
Con las hipótesis dadas, es posible demostrar que la tasa de fallas para la configuración no redundante de la Fig.6.27 es:

$$\lambda' = \frac{\lambda_i . N}{Ln\ 2} \qquad (6.44)$$

Donde N es el número de componentes y λ_i la tasa de fallas de un componente. Para la configuración redundante de la Fig.6.28, es posible demostrar que la tasa de fallas es:

$$\lambda'' = \frac{\lambda_i \sqrt{N}}{0{,}357} \qquad (6.45)$$

Comparando ambas tasas de fallas, se tiene:

$$\frac{\lambda'}{\lambda''} = 0{,}515.\sqrt{N} \qquad (6.46)$$

Es posible demostrar que el número de componentes fallados para el tiempo medio hasta la falla asociado a la expresión 6.45, esto es:

$$T'' = \frac{0{,}357}{\lambda_i \sqrt{N}} \qquad (6.47)$$

Será:

$$n_{T''} = 2{,}86.\sqrt{N} \qquad (6.48)$$

Para el caso de la configuración no redundante, esto es para el tiempo medio hasta la falla asociado a la expresión 6.44:

$$T' = \frac{\ln 2}{\lambda_i . N} \qquad (6.49)$$

Este número será igual a la unidad. Toda esta información se esquematiza en el gráfico de la Fig.6.29 y en el cuadro de la Fig.6.30 para algunos valores típicos de N.

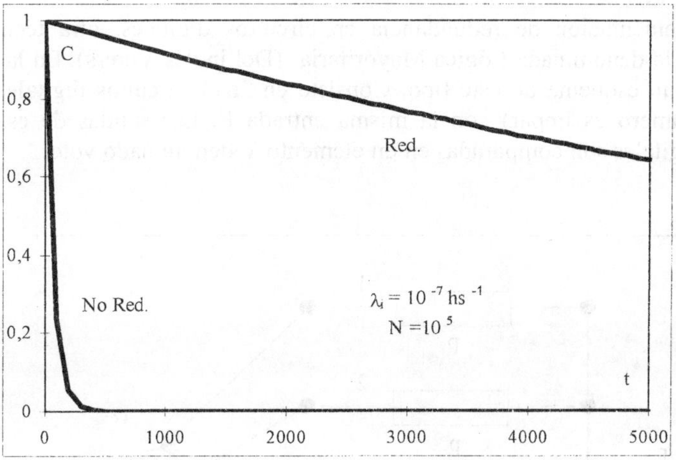

Fig. 6.29 - Confiabilidad para configuraciones Redundante a Nivel Circuito y No Redundante

Uno de los resultados de importancia en la tecnología de la microelectrónica es que el numero relativo de componentes fallados, esto es n_T/N disminuye a medida que aumenta N. Esto quiere decir que, aún con redundancia, existe un límite en el número de componentes que pueden económicamente integrarse.

N	10^3	10^4	10^5	10^6	10^7
n_T	90	286	904	2859	9040
λ'/λ''	16	52	163	515	1630

Fig. 6.30 - Número de componentes fallados para un tiempo hasta la falla y factor de mérito como función del numero de componentes totales.

En la implementación de redundancia en circuitos digitales, otra técnica muy utilizada es la denominada Lógica Mayoritaria (Del inglés Voters). En la Fig.6.31 se muestra un esquema de este tipo. Consiste en 2n+1 circuitos digitales (nótese que este número es impar) con la misma entrada E. Las salidas de estos 2n+1 circuitos digitales son comparadas en un elemento V denominado voter.

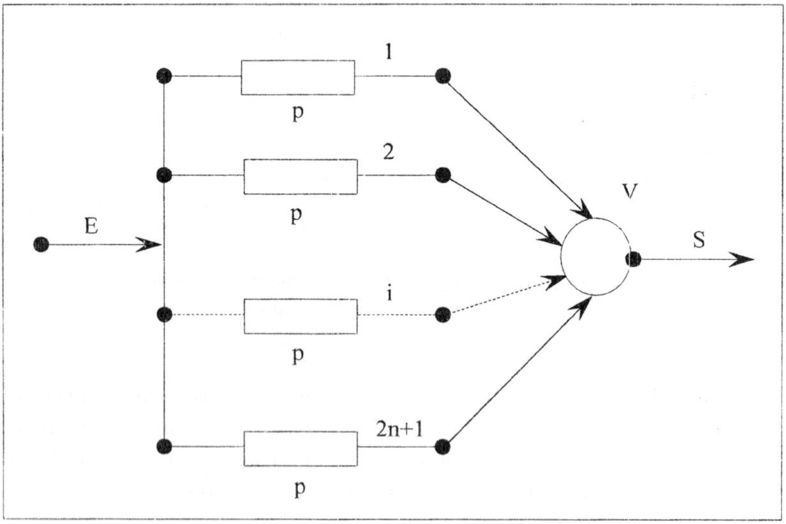

Fig. 6.31 - Esquema de Lógica Mayoritaria

Este último elemento decide por mayoría, dando una salida S que concuerda con la mayoría de las salidas de los circuitos digitales que concurren al voter. La confiabilidad de la configuración es:

$$C = \sum_{i=n+1}^{2.n+1} \binom{2.n+1}{i} . p^{i} . (1-p)^{2.n+1-i} \tag{6.50}$$

Siendo p la probabilidad de que funcione correctamente cada uno de los 2n+1 circuitos digitales. Se supone en el presente análisis que el elemento V es perfecto. Véase con mas detenimiento el caso de la Fig.6.32 con n=1.

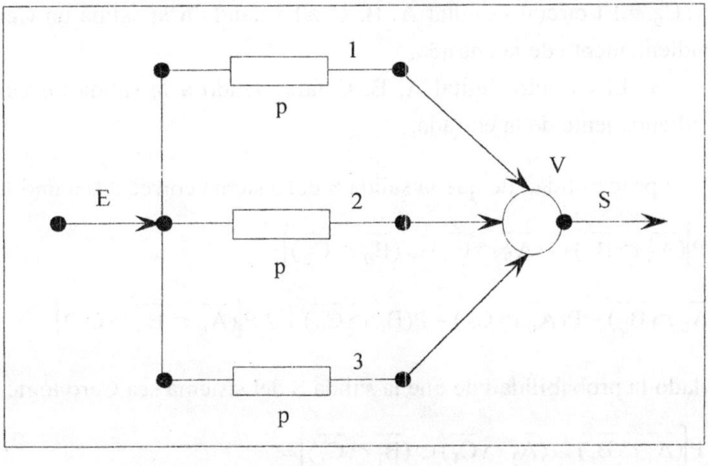

Fig. 6.32 - Esquema de Lógica Mayoritaria para n=1

Si el voter es perfecto, entonces la confiabilidad de esta configuración será:

$$C = p^{2}.(3-2.p) \tag{6.51}$$

Si los tres circuitos operan correctamente, las salidas de ellos coinciden y la salida del sistema S es correcta. Si uno de los circuitos falla, produciendo una salida incorrecta en ese circuito, entonces la salida S del sistema será nuevamente correcta, pues los otros dos circuitos digitales arrojaron salidas correctas pues no fallan. En cambio, si dos de los circuitos digitales fallan, la salida S del sistema

será incorrecta pues coincidirá con la mayoría ya que dos de los tres circuitos digitales dieron salida incorrecta.
Por supuesto que si los tres circuitos digitales fallan, la salida S del sistema será incorrecta. En todo este análisis se supuso que si el circuito digital falla lo hace dando una salida complementaria de la correcta, esto constituye el pero caso sin embargo muchas veces esto no es el caso. Para analizar en profundidad el funcionamiento de un sistema como el descripto en la Fig.6.32, es necesario introducir un modelo de tres estados para cada circuito lógico. Así, si se denominan con las letras A, B y C a los distintos circuitos lógicos y se definen los siguientes eventos:

- A, B, C ≡ El circuito digital A, B, C funciona correctamente.
- $\overline{A_0}, \overline{B_0}, \overline{C_0} \equiv$ El circuito digital A, B, C falla dando a la salida un Cero Lógico independientemente de la entrada.
- $\overline{A_1}, \overline{B_1}, \overline{C_1} \equiv$ El circuito digital A, B, C falla dando a la salida un Uno Lógico independientemente de la entrada.

Entonces, la probabilidad de que la salida S del sistema correcta sea uno lógico, es:

$$P_1 = 1 - P\left[(\overline{A_0} \cap \overline{B_0}) \cup (\overline{A_0} \cap \overline{C_0}) \cup (\overline{B_0} \cap \overline{C_0})\right] =$$

$$= 1 - P(\overline{A_0} \cap \overline{B_0}) - P(\overline{A_0} \cap \overline{C_0}) - P(\overline{B_0} \cap \overline{C_0}) + 2.P\left[(\overline{A_0} \cap \overline{B_0} \cap \overline{C_0})\right] \tag{6.52}$$

Por otro lado la probabilidad de que la salida S del sistema sea Cero lógico es:

$$P_0 = 1 - P\left[(\overline{A_1} \cap \overline{B_1}) \cup (\overline{A_1} \cap \overline{C_1}) \cup (\overline{B_1} \cap \overline{C_1})\right] =$$

$$= 1 - P(\overline{A_1} \cap \overline{B_1}) - P(\overline{A_1} \cap \overline{C_1}) - P(\overline{B_1} \cap \overline{C_1}) + 2.P\left[(\overline{A_1} \cap \overline{B_1} \cap \overline{C_1})\right] \tag{6.53}$$

Denominando:

$$\begin{aligned} &P(A) = P(B) = P(C) = p \\ &P(\overline{A_0}) = P(\overline{A_0}) = P(\overline{A_0}) = q_0 \\ &P(\overline{A_1}) = P(\overline{A_2}) = P(\overline{A_3}) = q_1 \end{aligned} \tag{6.54}$$

Se tiene:

$$P_1 = 1 - 3.q_0^2 + 2.q_0^3 \qquad (6.55)$$

$$P_0 = 1 - 3.q_1^2 + 2.q_1^3 \qquad (6.56)$$

$$P_0 = 1 - 3.q_1^2 + 2.q_1^3$$

Asumiendo que, en los circuitos lógicos, una salida Cero lógico tenga igual probabilidad que una salida Uno lógico, la confiabilidad del sistema será el promedio entre las probabilidades P_1 y P_0. Así:

$$P = \frac{(P_1 + P_0)}{2} = \frac{1}{2} + 3.\frac{p}{4} - \frac{p^3}{4} \qquad (6.57)$$

En la Fig.6.33 se comparan las confiabilidades de un solo elemento con las de un sistema de lógica mayoritaria para n=1 con dos estados y la del mismo sistema con tres estados.

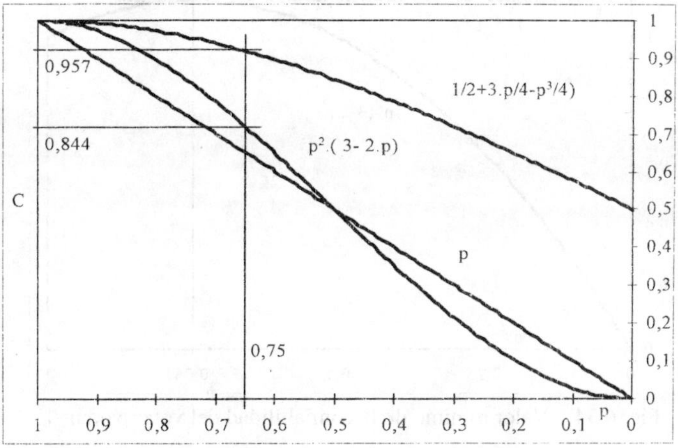

Fig. 6.33 - Comparación Lógica Mayoritaria para n=1 con dos estados y con tres estados.

Del gráfico surge que si después de un tiempo de operación la confiabilidad de cada circuito digital cae a 0,75, entonces la confiabilidad del sistema caerá a 0,844, sin embargo la probabilidad de que cualquier señal de entrada sea acusada correctamente por el sistema será de 0,957. Si el elemento voter no es perfecto, para la configuración de la Fig.6.32, la confiabilidad será:

$$C = p_V.(3.p^2 - 2.p^3) \quad (6.58)$$

Siendo p_V la probabilidad de que el voter funcione correctamente. Comparando este valor con la confiabilidad p de un solo elemento:

$$C/p = p_V.p.(3 - 2.p) \quad (6.59)$$

El mínimo valor de p_V a los efectos de incrementar la confiabilidad del sistema se obtendrá para C/p =1. El máximo valor del producto p.(3-2.p) será 9/8 para p=0,75. Luego el valor de p_V mínimo será 8/9.

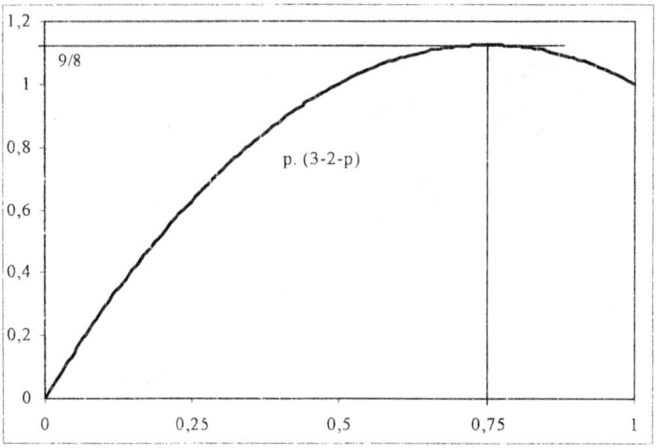

Fig. 6.34 – Valor mínimo de la confiabilidad del voter para n=1.

n	3	5	7	9	11	∞
pv	0,889	0,837	0,807	0,789	0,777	0,75

Fig. 6.35 – Valor mínimo de la confiabilidad del voter para varios esquemas.

En la Fig 6.34 se observa este comportamiento y en la fig. 6.35 el mínimo valor de p_V para varios esquemas redundantes. La confiabilidad del elemento voter deber ser considerablemente más alta que la de cada circuito digital integrante de la lógica mayoritaria. Además si $p_V < 0,75$, con ninguna implementación por lógica mayoritaria se logrará incrementar la confiabilidad del sistema.

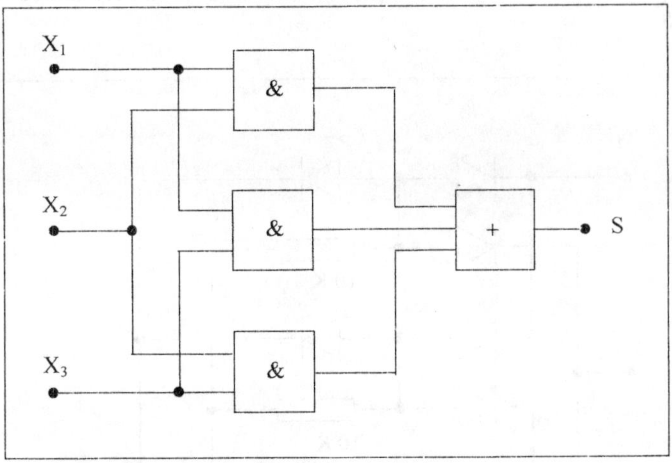

Fig. 6.36 – Implementación de Lógica Mayoritaria dos de tres.

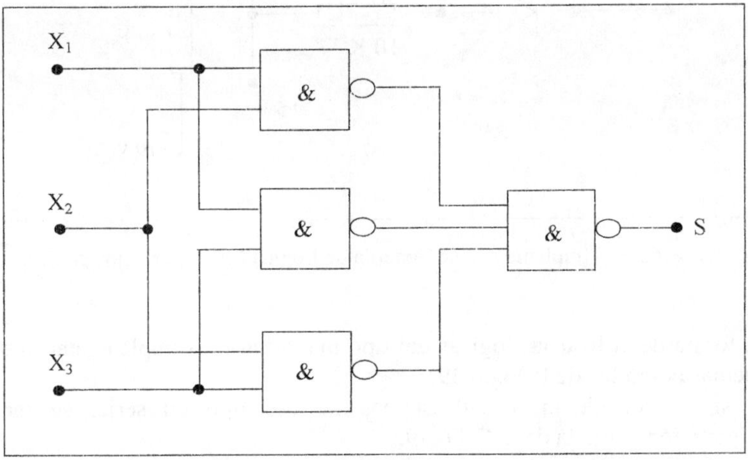

Fig. 6.37 – Otra Implementación de Lógica Mayoritaria dos de tres.

En las Fig.6.36 y 6.37 se observan dos implementaciones por lógica mayoritaria. En ambos casos la salida del sistema resulta:

$S = X_1.X_2 + X_1.X_3 + X_2.X_3$

Una implementación muy simple para el esquema de la Fig.6.36 se muestra en la Fig.6.38.

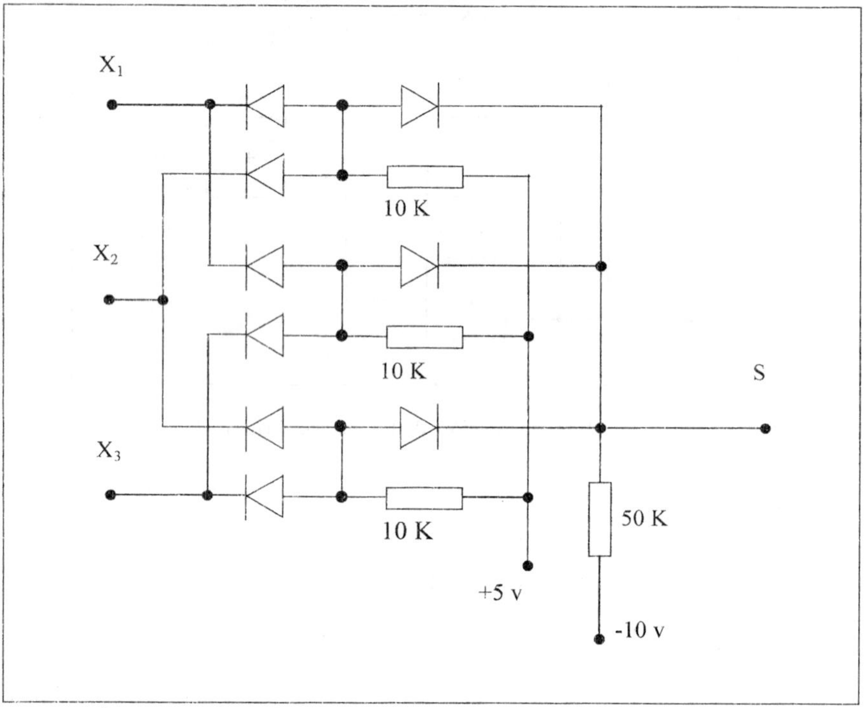

Fig. 6.38 – Implementación Sencilla de Lógica Mayoritaria dos de tres.

Otra forma de utilizar las lógicas del tipo mayoritario es implementar una serie de esquemas como los de la Fig.6.39.
Así, si se consideran m subsistemas de ese tipo en serie, se tendrá una configuración como la de la Fig.6.39.

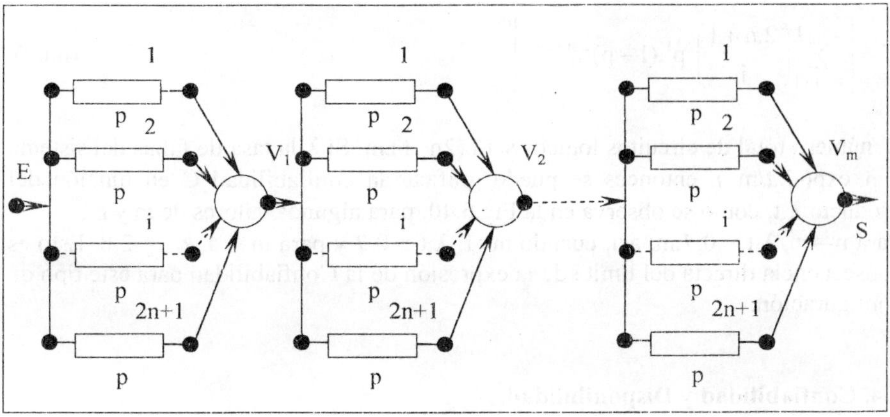

Fig. 6.39 – Implementación de una Lógica Mayoritaria Serie.

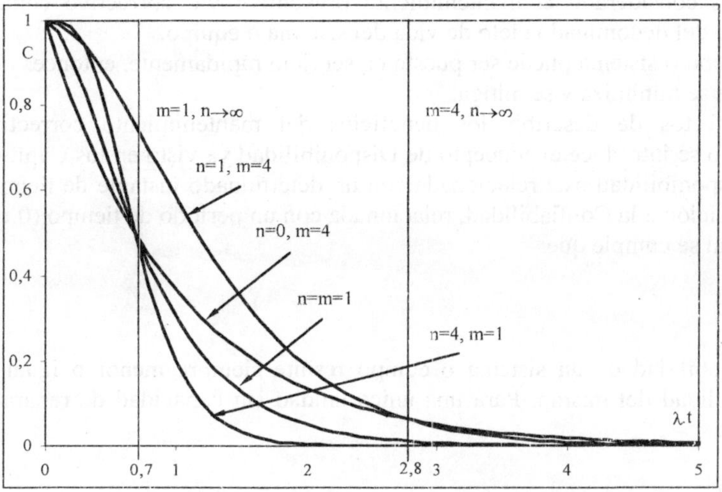

Fig. 6.40 – Confiabilidad de una Lógica Mayoritaria Serie.

Si la confiabilidad de los elementos voters es unitaria, es decir son perfectos, entonces la confiabilidad de la implementación de la Fig.6.39 es la siguiente:

$$C = \left[\sum_{i=n+1}^{2.n+1} \binom{2.n+1}{i} . p^i . (1-p)^{2.n+1-i} \right]^m \qquad (6.60)$$

El número total de circuitos lógicos será (2n+1).m. Si λ la tasa de fallas del sistema y p=exp(-λ.t/m), entonces se puede graficar la confiabilidad C en función del producto λ.t, como se observa en la Fig.6.40, para algunos valores de m y n .
Para $n \to \infty$, λ.t = 0,7.m. así, cuando m=1, λ.t = 0,7 y para m = 4, λ.t = 2,8. Esto es consecuencia directa del límite de la expresión de la Confiabilidad para este tipo de configuración.

6.4. Confiabilidad y Disponibilidad.

En general, cuando el costo medio de reparación e indirectamente el tiempo medio para realizarla es una fracción del costo inicial del equipo o sistema, es que es considerado el mantenimiento preventivo y/o correctivo como parte integrante del denominado ciclo de vida del sistema o equipo.
Si tal equipo o sistema puede ser puesto en servicio rápidamente, entonces el efecto de la falla se minimiza y se mitiga.
A los efectos de describir los beneficios del mantenimiento correctivo y/o preventivo se introduce el concepto de Disponibilidad ya visto en los Capítulos 1 y 5. La Disponibilidad esta relacionada con un determinado instante de tiempo t ,en contraposición a la Confiabilidad, relacionada con un período de tiempo (0,t).
En general se cumple que:

$$C(t) \leq A(t) \qquad (6.61)$$

La Confiabilidad de un sistema o equipo resulta siempre menor o igual que la Disponibilidad del mismo. Para una única unidad sin capacidad de reparación se tiene que:

$$C(t) = A(t) \qquad (6.62)$$

Si en cambio admite reparación ya sea mediante mantenimiento correctivo o reposición mediante mantenimiento preventivo, la Disponibilidad aumenta respeto a la Confiabilidad.
En la Fig. 6.41 se observa el diagrama de transiciones de Markov de Confiabilidad para una unidad.

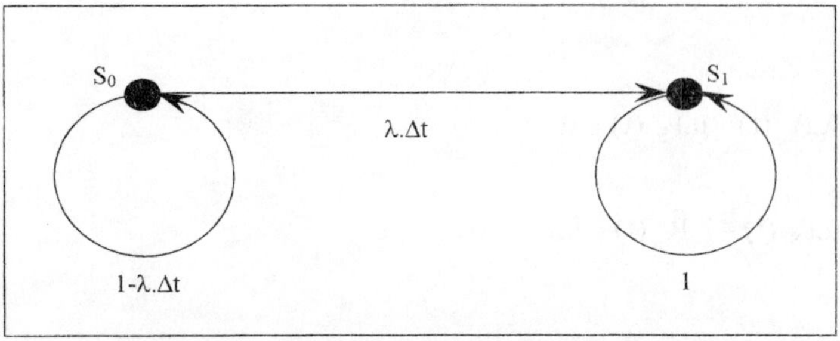

Fig. 6.41 – Diagrama de Confiabilidad para una sola unidad

En la Fig.6.42, el diagrama de transiciones de Markov de Disponibilidad también para una unidad.

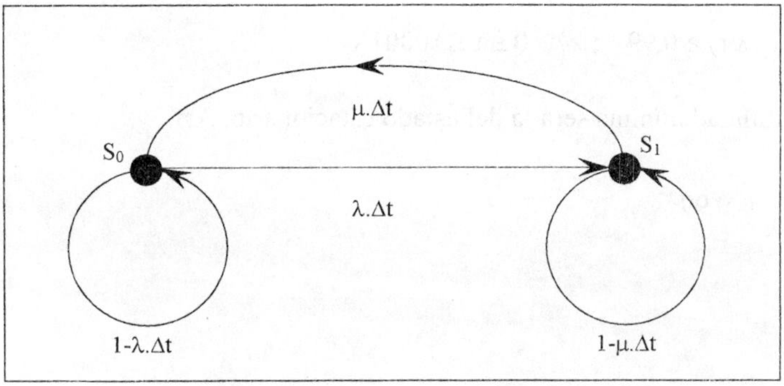

Fig. 6.42 – Diagrama de Disponibilidad para una sola unidad

Para el diagrama de la Fig.6.41 las ecuaciones representativas de la transición son:

$$\frac{\partial P_{S_0}(t)}{\partial t} + \lambda . P_{S_0}(t) = 0$$

$$\frac{\partial P_{S_1}(t)}{\partial t} - \lambda . P_{S_0}(t) = 0 \qquad (6.63)$$

Para el diagrama de la Fig.6.42 serán:

$$\frac{\partial P_{S_0}(t)}{\partial t} + \lambda.P_{S_0}(t) - \mu.P_{S_1}(t) = 0$$
$$\frac{\partial P_{S_1}(t)}{\partial t} + \mu.P_{S_1}(t) - \lambda.P_{S_0}(t) = 0 \qquad (6.64)$$

Estos dos modelos de Markov ya fueron estudiados en el Capítulo 5. En la Fig.5.36 se observa el comportamiento de Ps_0 (t) que resulta la Confiabilidad y la Disponibilidad respectivamente, dependiendo del diagrama y de la capacidad de reparación.

Supóngase que un sistema electrónico ha sido diseñado para poseer una Confiabilidad de 0,90 durante un período de tiempo de 1000 horas y una Disponibilidad mínima de 0,99 sobre cualquier instante de ese período. Entonces:

$$C(t) = \exp(-\lambda.t) \geq 0{,}99 \quad ; \quad \forall \ 0 \leq t \leq 1000\,\text{hs}. \qquad (6.65)$$

La Disponibilidad mínima será la del estado estacionario. Así:

$$A_\infty = \frac{\mu}{\mu + \lambda} = 0{,}99 \qquad (6.66)$$

De donde:

$$\mu \cong 100.\lambda \qquad (6.67)$$

y de la expresión de Confiabilidad:

$$C = \exp(-\lambda.1000\ \text{hs}) \cong 1 - \lambda.1000\ \text{hs} = 0{,}9 \qquad (6.68)$$

Entonces:

$$\lambda \geq 10^{-4}\ \text{hs}^{-1} \qquad (6.69)$$

$$\mu = 100.\lambda = 10^{-2}\ \text{hs}^{-1} \qquad (6.70)$$

Es posible utilizar un solo componente o unidad con una tasa de fallas de 10^{-4} $hs.^{-1}$ o un tiempo medio entre fallas (MTBF) de 10^4 hs., un tiempo medio de reparación de 100 hs. (Aproximadamente 4 días) a los efectos de cumplir con éxito la misión operativa de 1000 hs. (Aproximadamente 6 semanas). De otra forma la probabilidad de que el sistema no se encuentre operativo, esto es, en reparación en cualquier instante de tiempo entre t=0 y t=1000 hs. es menor que el 1%.
Un caso mucho más interesante resulta cuando se trata de un sistema de dos unidades. Estos pueden estar estructuralmente en Serie, Paralelo o Stand By. En las Fig.6.43 y 6.44 se muestran los diagramas de Confiabilidad correspondientes y en las Fig.6.45 y 6.46 los de Disponibilidad para estos tres casos.

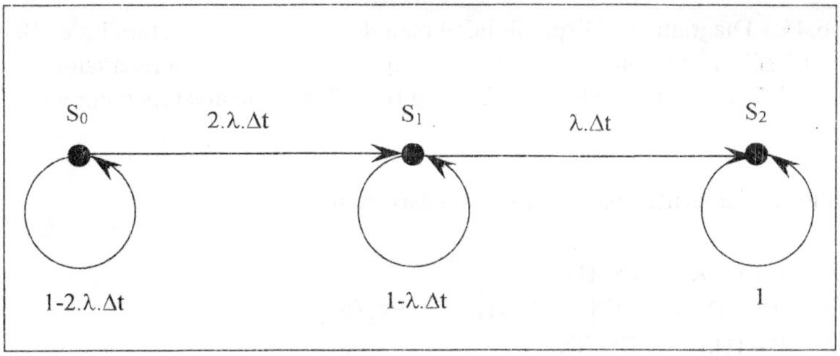

Fig. 6.43 – Diagrama de Confiabilidad para dos unidades estructuradas en Serie

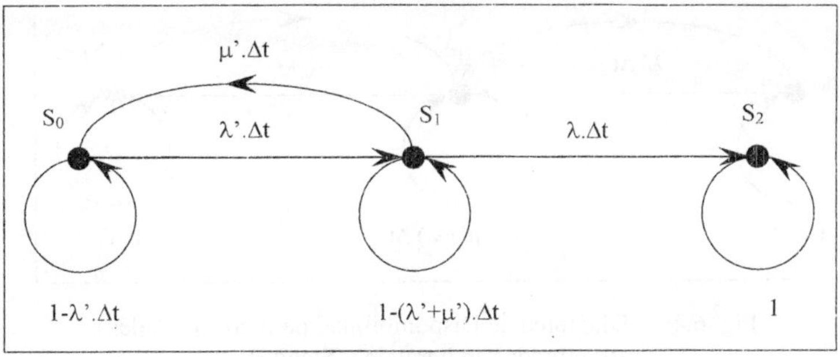

Fig. 6.44 – Diagrama de Confiabilidad para dos unidades estructuradas en Paralelo y Stand By.
$\lambda' = 2.\lambda$ (modelo Paralelo); $\lambda' = \lambda$ (modelo Stand By)
$\mu' = \mu$ (un solo reparador); $\mu' = k.\mu$ ($k > 1$, más de un reparador).

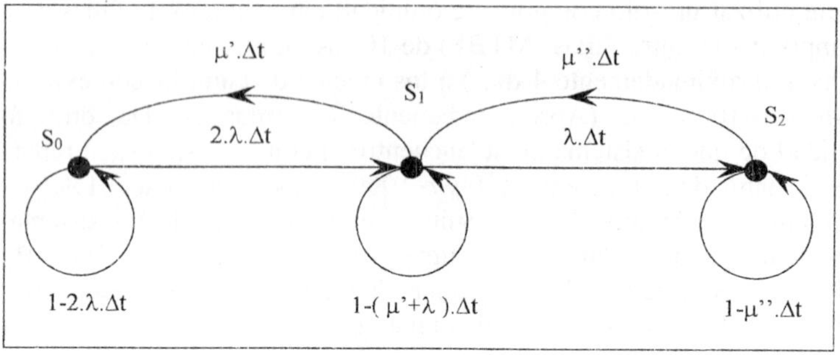

Fig. 6.45 – Diagrama de Disponibilidad para dos unidades estructuradas en Serie.
$\mu' = \mu'' = \mu$ (un solo reparador); $\mu' = k_1.\mu$ ($k_1 > 1$, mas de un reparador)
$\mu'' = 2.\mu$ (dos reparadores); $\mu'' = k_2.\mu$ ($k_2 > 2$, mas de dos reparadores)

Las ecuaciones generales para todos los casos son:

$$\partial Ps_0(t)/\partial t + Ps_0(t).\lambda' = Ps_1(t).\mu'$$
$$\partial Ps_1(t)/\partial t + Ps_1(t).[\lambda + \mu'] = Ps_0(t).\lambda' + Ps_2(t).\mu'' \qquad (6.71)$$
$$\partial Ps_2(t)/\partial t + Ps_2(t).\mu'' = Ps_0(t).\lambda$$

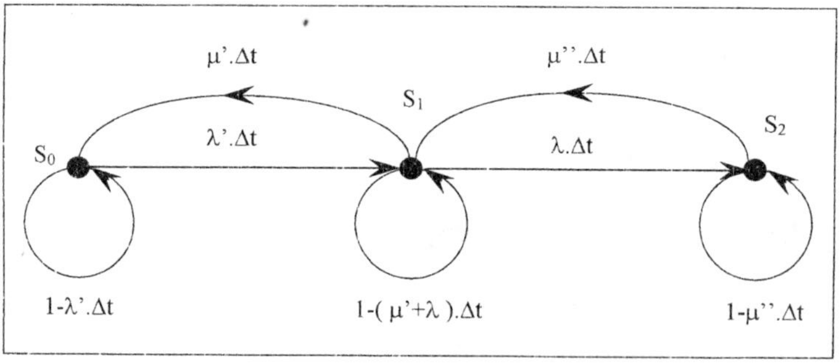

Fig. 6.46 – Diagrama de Disponibilidad para dos unidades estructuradas en Paralelo y Stand By.
$\lambda' = 2.\lambda$; (modelo Paralelo); $\lambda' = \lambda$ (modelo Stand By)
$\mu' = \mu'' = \mu$ (un solo reparador); $\mu' = k_1.\mu$ ($k_1 > 1$, mas de un reparador)
$\mu'' = 2.\mu$ (dos reparadores); $\mu'' = k_2.\mu$ ($k_2 > 2$, mas de dos reparadores)

En el cuadro de la Fig.6.47 se observan los distintos valores de λ', μ'y μ'' para los casos ya vistos. La Confiabilidad y Disponibilidad para el sistema estructurado serie están dadas por $Ps_0(t)$ en el diagrama que corresponda. Si el sistema tiene una configuración paralelo o stand by, entonces la Confiabilidad y la Disponibilidad vienen dadas por $Ps_0(t)+Ps_1(t)$ en el diagrama que corresponda.

Estructura	**Diagrama**	**λ'**	**μ'**	**μ''**	**Observaciones**
Serie	Confiabilidad	$2.\lambda$	0	0	
Serie	Disponibilidad	$2.\lambda$	$k_1.\mu$	$k_2.\mu$	$k_1=k_2=1$ un solo reparador $k_1>1$ más de un reparador $k_2>1$ más de dos reparadores
Paralelo	Confiabilidad	$2.\lambda$	$k.\mu$	0	$k_1=1$ un solo reparador $k_1>1$ más de un reparador
Paralelo	Disponibilidad	$2.\lambda$	$k_1.\mu$	$k_2.\mu$	$k_1=k_2=1$ un solo reparador $k_1>1$ más de un reparador $k_2>1$ más de dos reparadores
Stand By	Confiabilidad	λ	$k.\mu$	0	
Stand By	Disponibilidad	λ	$k_1.\mu$	$k_2.\mu$	$k_1=k_2=1$ un solo reparador $k_1>1$ más de un reparador $k_2>1$ más de dos reparadores

Fig. 6.47 – Distintos valores adoptados por λ', μ' y μ'' para dos unidades estructuradas en Serie, Paralelo y Stand By.

En el cuadro de la Fig.6.48 se vuelcan algunos valores de Confiabilidad y Disponibilidad para la relación $\mu=10.\lambda$. Nótese que el mantenimiento correctivo no afecta la Confiabilidad de un sistema estructurado Serie, pues el sistema fallará cuando falle alguno de los dos elementos componentes del sistema.

Estructura	**Rep.**	**λ'**	**μ'**	**μ''**	**C(t=1/μ)**	**C(t=1/λ)**	**A_∞**	**δ**
Serie	0	2.λ	0	0	0,818	0,1350	0	2/λ
Serie	1	2.λ	μ	μ	0,8180	0,1350	0,8190	0,482/λ
Serie	2	2.λ	2.μ	2.μ	0,8180	0,1350	0,9050	0,235/λ
Paralelo	0	2.λ	0	0	0,9920	0,6010	0	4/λ
Paralelo	1	2.λ	μ	μ	0,9934	0,8500	0,9840	0,482/λ
Paralelo	2	2.λ	2.μ	2.μ	0,9936	0,9090	0,9955	0,235/λ
Stand by	0	λ	0	0	0,9950	0,7360	0	5/λ
Stand by	1	λ	μ	μ	0,9956	0,9070	0,9910	0,511/λ
Stand by	2	λ	2.μ	2.μ	0,9978	0,9520	0,9980	0,242/λ

Fig. 6.48 -- Valores de Confiabilidad y Disponibilidad de dos unidades estructuradas en Serie, Paralelo y Stand By, para μ=10.λ y para distinta cantidad de reparadores.

Cuando se quiera utilizar el mantenimiento como factor determinante de la Confiabilidad de un sistema habrá que recurrir a estructuras del tipo paralelo o stand by. En la zona de Confiabilidad alta, esto es para t≤1/10.λ=1/μ, esta probabilidad va aumentando con el esfuerzo de mantenimiento (cantidad de reparadores).

De la Fig. 6.48, se observa un crecimiento muy lento en su valor. Este efecto no permanece uniforme a medida que el tiempo avanza. Por ejemplo, para t=1/λ es algo mejor utilizar una configuración Paralelo con dos reparadores que una estructura Stand By con un reparador.

La conclusión es que, si se desean altos niveles de Confiabilidad por un pequeño lapso de tiempo o durante un período mas largo será necesario utilizar estrategias distintas (estructuras diferentes). Todo esto dependerá, en general, de los costos involucrados, peso, dimensiones, accesibilidad, etc.
La solución será por supuesto de compromiso entre los distintos factores intervinientes. La disponibilidad en estado estacionario A_∞ y el tiempo transcurrido δ hasta alcanzar ese estado figuran en las dos últimas columnas del cuadro de la Fig.6.48. Nótese nuevamente que una estructura del tipo Paralelo con dos reparadores resulta más efectiva que una Stand By con un solo reparador.

6.5. Disponibilidad y Mantenibilidad.

Una medida de la performance de un sistema es la Disponibilidad. En esa medida se conjugan los efectos de la confiabilidad del sistema y de su capacidad de mantenimiento, comúnmente denominada Mantenibilidad. Se profundizará de aquí en adelante el concepto de Mantenibilidad, introduciéndose otras medidas o figuras que permiten determinar la performance de un sistema. En muchas ocasiones se desea programar el mantenimiento mediante una cantidad determinada de partes de repuesto necesarias al efecto de mantener la disponibilidad del sistema.
Entonces un parámetro de importancia resultará el número medio de partes de repuesto (spare parts). En otros casos el tiempo el tiempo medio en que el sistema esta disponible es de fundamental importancia.
Todos estos conceptos están contemplados en lo que se denomina "Teoría de la Renovación" (Del inglés Renewal Theory) y de la cual se expondrán algunos conceptos en lo que sigue.
Sea un sistema que admite reparación, tal que ésta consiste en el reemplazo del sistema por otro equivalente. Evidentemente podrá tratarse de un sistema formado por un solo componente o unidad o algo más complejo.
Sea T la variable aleatoria asociada a los tiempos de falla del sistema. En la Fig.6.49 se observan los distintos valores de tiempos hasta la falla asumidos por la variable T a saber T_1', T_2', T_3',....,T_n', así mismo se observan los valores de tiempo de los períodos de funcionamiento libre de fallas a saber T_1, T_2, T_3,...., T_n, siendo $T_j' - T_{j-1}' = T_j$, con $j \geq 1$.
Cuando el sistema falla en T_1' (primera falla), el mismo se reemplaza por otro equivalente y así sucesivamente. El tiempo total de operación del sistema es τ_n, para n-1 reemplazos del sistema por otro equivalente.

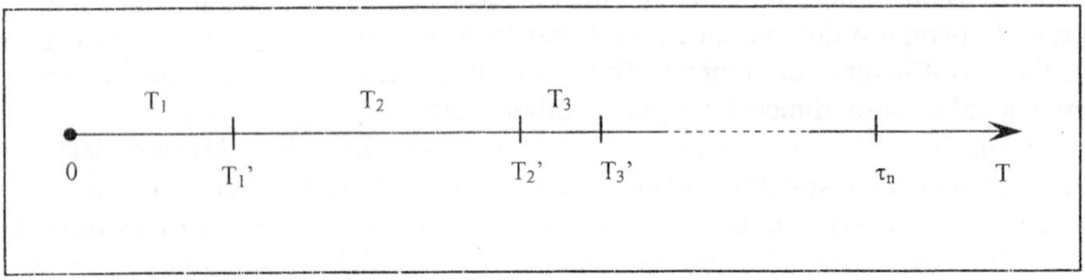

Fig. 6.49 – Diagrama de tiempos – Teoría de la Renovación – Con reemplazo

Entonces:

$$\tau_n = \sum_{i=1}^{n} T_i = T_1 + T_2 + T_3 + \dots\dots\dots + T_n \quad (6.72)$$

Nótese que $T_n \neq \tau_n$ pues τ_n es el tiempo en que se produce la falla enésima del sistema y T_n es el tiempo que transcurre entre la falla n-1 y la enésima n. Se puede demostrar que la función de densidad de probabilidad de la variable τ_n es el producto de convolución de las funciones de densidad de probabilidad de las variables T_i. Así:

$$f^{\tau_n}(t) = f^{T_1}(t) \circ f^{T_2}(t) \circ \dots\dots\dots\dots \circ f^{T_n}(t) \quad (6.73)$$

La transformada de Laplace del producto de convolución será igual al producto de las transformadas de Laplace de las funciones convolucionadas. Así llamando $f^*(w)$ a la transformada de Laplace de $f(t)$, se tendrá:

$$f^{\tau_n *}(t) = f^{T_1 *}(w) . f^{T_2 *}(w) \dots\dots\dots\dots f^{T_n *}(w) \quad (6.74)$$

Si:

$$f^{T_1 *}(w) = f^{T_2 *}(w) = \dots\dots\dots\dots = f^{T_n *}(w) = f^{T^*}(w) \quad (6.75)$$

Entonces:

$$f^{\tau_n *}(t) = \left[f^{T^*}(w) \right]^n \quad (6.76)$$

Para el caso de que:

$$f^{T}(t) = \lambda.\exp(-\lambda.t) \qquad (6.77)$$

La transformada de Laplace será:

$$f^{T^*}(w) = \frac{\lambda}{(w+\lambda)} \qquad (6.78)$$

En consecuencia:

$$f^{\tau_n *}(w) = \left[\frac{\lambda}{(w+\lambda)}\right]^n \qquad (6.79)$$

Antitransformando, se tiene:

$$f^{\tau_n}(t) = \frac{\lambda.(\lambda.t)^{n-1}.\exp(-\lambda.t)}{(n-1)!} \qquad (6.80)$$

Esta función es la "Función de Erlang" y se obtiene a partir de reemplazos de sistemas fallados con tasa de fallas constante λ. Un proceso de renovación de este tipo se denomina de Poisson. A partir de la expresión 6.80 puede evaluarse el número exacto de reemplazos en el intervalo [0,t), que es un parámetro de planificación de stocks de mantenimiento. Así si, N(t) es el número de reemplazos en t horas de operación, entonces el número de reemplazos será menor que n si τn es mayor que t:

$$P[N(t) < n] = P(\tau_n > t) \qquad (6.81)$$

Luego:

$$P[N(t) < n] = 1 - P(\tau_n < t) = 1 - F^{\tau_n}(t) \qquad (6.82)$$

Siendo:

$F^{\tau_n}(t) \equiv$ Función de distribución de probabilidad (Cdf)

$f^{\tau_n}(t) \equiv$ Función de densidad de probabilidad (pdf)

Por lo tanto:

$$P[N(t) = n] = P[N(t) < n+1] - P[N(t) \leq n] = F^{\tau_n}(t) - F^{\tau_{n+1}}(t) \qquad (6.83)$$

Entonces:

$$P[N(t) = n] = \int_0^t f^{\tau_n}(t).dt - \int_0^t f^{\tau_{n+1}}(t).dt =$$

$$= \int_0^t \frac{\lambda.(\lambda.t)^{n-1}.\exp(-\lambda.t)}{(n-1)!}.dt - \int_0^t \frac{\lambda.(\lambda.t)^n.\exp(-\lambda.t)}{n!}.dt \qquad (6.84)$$

Resolviendo las integrales queda:

$$P[N(t) = n] = \sum_{r=0}^{n} \frac{(\lambda.t)^r.\exp(-\lambda.t)}{r!} - \sum_{r=0}^{n-1} \frac{(\lambda.t)^r.\exp(-\lambda.t)}{r!} \qquad (6.85)$$

Finalmente:

$$P[N(t) = n] = \frac{(\lambda.t)^n.\exp(-\lambda.t)}{n!} \qquad (6.86)$$

La media o esperanza matemática del número de reemplazos resulta también una medida de importancia. Esta se puede evaluar de la siguiente forma:

$$E[N(t)] = \sum_{n=0}^{\infty} n.P[N(t) = n] = \sum_{n=0}^{\infty} n.\left[F^{\tau_n}(t) - F^{\tau_{n+1}}(t)\right] = \sum_{n=1}^{\infty} F^{\tau_n}(t) \qquad (6.87)$$

Transformando por Laplace y considerando que:

$$\frac{\partial F^{\tau_n}}{\partial t} = f^{\tau_n}(t)$$

Se tiene:

$$E^*[N(t)] = \sum_{n=1}^{\infty} F^{\tau_n *}(t) = \sum_{n=1}^{\infty} \frac{f^{\tau_n *}(w)}{w} \tag{6.88}$$

Si resulta:

$$f^{\tau_n *}(w) = \left[f^{T*}(w)\right]^n \tag{6.89}$$

Entonces:

$$E^*[N(t)] = \frac{\left\{f^{T*}(w) + \left[f^{T*}(w)\right]^2 + \left[f^{T*}(w)\right]^3 + \ldots\ldots\ldots\ldots\ldots\ldots\right\}}{w} \tag{6.90}$$

$$E^*[N(t)] = \frac{f^{T*}(w)}{w.\left[1 - f^{T*}(w)\right]} \tag{6.91}$$

Si $f^T(t) = \lambda.\exp(-\lambda.t)$

La esperanza matemática de N(t) será la antitransformada de Laplace de:

$$E^*[N(t)] = \frac{\lambda}{w.(w+\lambda)} \cdot \left[1 - \left(\frac{\lambda}{w+\lambda}\right)\right] = \frac{\lambda}{w^2} \tag{6.92}$$

que resulta:

$$E[N(t)] = \lambda.t \tag{6.93}$$

El número medio reemplazos en un proceso de renovación de Poisson aumenta linealmente con el tiempo.

La tasa de renovación $\frac{\partial E[N(t)]}{\partial t} = \lambda$ resulta una constante.

Supóngase ahora que se tengan en cuenta además los tiempos de reparación del sistema y sean estos R_i. El diagrama de la Fig.6.49 se transforma ahora en el de la Fig.6.50.

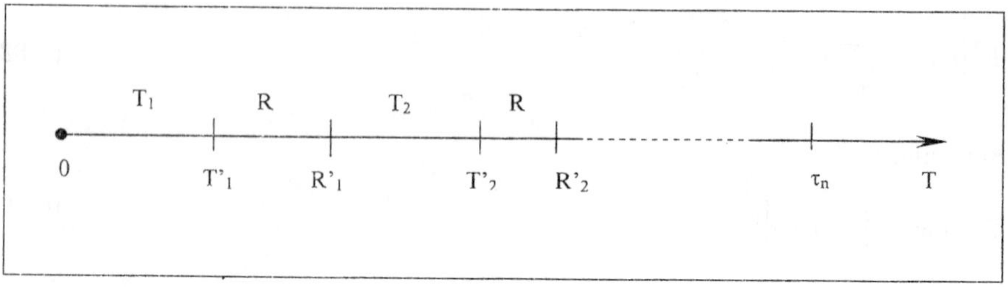

Fig. 6.50 – Diagrama de tiempos – Teoría de la Renovación – Con reparación

El tiempo total de operación del sistema será como antes τ_n, pero ahora vendrá dado por:

$$\tau_n = \sum_{i=1}^{n} T_i + \sum_{i=1}^{n} R_i = U_n + D_n \qquad (6.94)$$

Donde U_n es el tiempo total en que el sistema se encuentra activo y D_n es el tiempo total en el que el sistema se encuentra inactivo. Ambas variables T_i y R_i tendrán asociadas sendas funciones de densidad de probabilidad:

$$T_i \rightarrow f^{T_i}(t)$$
$$R_i \rightarrow g^{R_i}(t)$$

Si se cumple que:

$$f^{T_1*}(w) = f^{T_2*}(w) = \dots\dots\dots\dots = f^{T_n*}(w) = f^{T*}(w) \qquad (6.95)$$

$$g^{R_1*}(w) = g^{R_2*}(w) = \dots\dots\dots\dots = g^{R_n*}(w) = g^{R*}(w) \qquad (6.96)$$

Entonces:

$$f^{\tau_n*}(w) = \left[f^{T*}(w).g^{R*}(w)\right]^n \qquad (6.97)$$

Para evaluar el número medio de reparaciones si ambas funciones de densidad de probabilidad son exponenciales, es decir si:

$$f^{T}(t) = \lambda.\exp(-\lambda.t) \tag{6.98}$$

$$g^{R}(t) = \mu.\exp(-\mu.t) \tag{6.99}$$

Habrá que observar que:

$$f^{\tau_n *}(w) = f^{T*}(w).g^{R*}(w) = \frac{\lambda.\mu}{(w+\lambda).(w+\mu)} \tag{6.100}$$

Entonces:

$$E*[N(t)] = \frac{\lambda.\mu}{(w+\lambda).(w+\mu)}.\left\{1 - \frac{\lambda.\mu}{(w+\lambda).(w+\mu)}\right\} \tag{6.101}$$

Antitransformando:

$$E[N(t)] = \frac{\lambda.\mu.t}{\lambda+\mu} - \frac{\lambda.\mu}{(\lambda+\mu)^2}.\{1-\exp[-(\lambda+\mu).t]\} \tag{6.102}$$

Puede relacionarse, además, la Disponibilidad en estado estacionario con los tiempos totales activos e inactivos:

$$A_{\infty} = \lim_{t\to\infty} \frac{U_n}{U_n + D_n} \tag{6.103}$$

El estudio de los tiempos inactivos o fuera de servicio de un sistema constituye una medida de la performance del mismo. Así la probabilidad de que un sistema sea reparado en t hs, es:

$$M(t) = \int_0^t g^{R}(t).dt \tag{6.104}$$

M (t) se denomina Mantenibilidad del sistema y está directamente relacionada con la capacidad de mantenimiento del sistema. La esperanza matemática de la función de densidad de probabilidad de los tiempos de reparación del sistema $g^{R}(t)$ es el denominado Tiempo Medio de Reparación MTTR (Del inglés Mean Time To Repair).

Así:

$$MTTR = E[g^R(t)] \tag{6.105}$$

Este valor será idéntico a la constante μ para $g^R(t) = \mu.\exp(-\mu.t)$, esto es densidad de tiempos de reparación exponencial.
Otra medida de importancia es el tiempo de inactividad acumulada D(t) que resulta independiente del número de reemplazos n y que para el caso exponencial de $f^T(t)$ y $g^R(t)$ es $P[D(t)<d]$.

$$P[D(t) < d] = \exp\left[\frac{-\Phi(t)}{\mu}\right].\left[1 + \sqrt{\Phi(t)}.\int_0^d \frac{2.B_1.\exp(-\mu.x).\sqrt{\Phi(t)}}{\sqrt{x}}.x.dx\right] \tag{6.106}$$

Donde $\lambda.\mu.(t-d) = \Phi(t)$ y B_I es la función de Bessel de clase y orden igual a uno.

6.6. Indisponibilidad por Mantenimiento Preventivo y/o Correctivo.

Es posible evaluar la disponibilidad de un sistema teniendo en cuenta que:

$$A_S + I_S = 1 \tag{6.107}$$

Siendo:

A_S = Disponibilidad del Sistema
I_S = Indisponibilidad del Sistema

Si los componentes o subsistemas son estadísticamente independientes respecto de las fallas, se tiene:

$$\prod_{i=1}^{n}(A_i + I_i) = 1 \tag{6.108}$$

Con:

A_i = Disponibilidad del Subsistema i
I_i = Indisponibilidad del Subsistema i
n = Número total de Subsistemas

Para el caso de tres subsistemas, se tendrá:

$$A_S + I_S = A_1.A_2.A_3 + A_1.A_2.I_3 + A_1.I_2.A_3 + I_1.A_2.A_3 + \\ + I_1.I_2.A_3 + I_1.A_2.I_3 + A_1.I_2.I_3 + I_1.I_2.I_3 = 1 \quad (6.109)$$

Esta expresión muestra las diferentes combinaciones que se pueden obtener para tres subsistemas y puede utilizarse a los fines de determinar la Disponibilidad e Indisponibilidad para diferentes configuraciones.

En general para estos cálculos se utiliza la Disponibilidad en estado estacionario A_∞ cuando el Mantenimiento es Correctivo (MC) y la Disponibilidad Media cuando el Mantenimiento es Preventivo (MP).

Cuando un componente admite MC solamente y las funciones densidad de probabilidad de tiempos de falla y reparación son exponenciales con parámetros λ y μ respectivamente, se tiene:

$$A = \frac{\lambda}{\lambda + \mu}.\exp[-(\lambda + \mu).t] + \frac{\mu}{\lambda + \mu} \quad (6.110)$$

Que para el estado estacionario resulta:

$$A_\infty = \frac{\mu}{\lambda + \mu} = \frac{\text{MTBF}}{\text{MTBF} + \text{MTTR}} \quad (6.111)$$

En la Fig.6.51 se observa la expresión de la Disponibilidad para este caso.

Si $\lambda << \mu$, entonces:

$$A_\infty \cong 1 - \frac{\lambda}{\mu} = 1 - \lambda.\text{MTTR} \quad (6.112)$$

En cambio cuando sólo se admite MP, es necesario especificar el denominado Tiempo entre Tests o Pruebas Periódicas T_t. Al vencerse este tiempo, se tomará la decisión de reemplazar al componente o equipo por uno nuevo (Mantenimiento Preventivo Puro) o no (Mantenimiento Preventivo con Monitoreo). La disponibilidad media A_m resultará:

$$A_m = \frac{1}{T_t}.\int_0^{T_t} \exp(-\lambda.t).dt \quad (6.113)$$

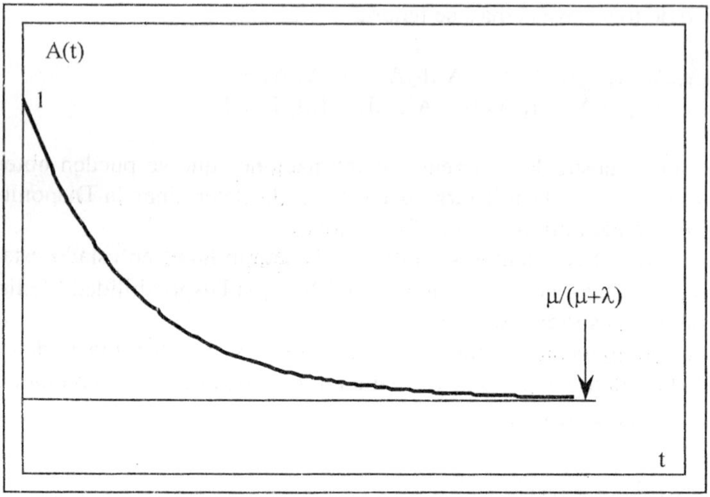

Fig. 6.51 – Disponibilidad en función del tiempo.

Si λ.t<< 1, entonces:

$$A_m = \frac{1}{T_t} \cdot \int_0^{T_t} (1 - \lambda.t).dt = 1 - \frac{\lambda.T_t}{2} \qquad (6.114)$$

En la Fig.6.52 se observa esta aproximación. Por lo tanto, cuando el componente admite sólo MC, la indisponibilidad será:

$$I_C \cong \lambda.MTTR \qquad (6.115)$$

Y si admite sólo MP será:

$$I_P \cong \frac{\lambda.T_t}{2} \qquad (6.116)$$

Si el subsistema admite ambos mantenimientos, entonces se puede utilizar el modelo de Markov de la Fig.6.53.

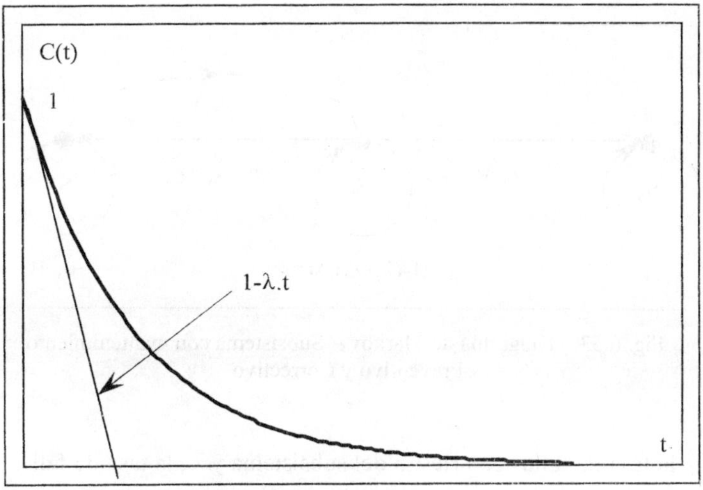

Fig. 6.52 – Confiabilidad en función del tiempo.

Este modelo ya ha sido estudiado en el Capítulo 5 y su resolución lleva a las indisponibilidades siguientes, una por MP y la otra por MC. Así:

$$I'_P \cong \frac{\lambda_I . T_t}{2} \tag{6.117}$$

$$I'_C \cong \frac{\lambda_S}{\mu} + \frac{\lambda_S . \mu^2}{T_t} . [\exp(-\mu . T_t) - 1] \tag{6.118}$$

Este último modelo es sólo válido entre múltiplos del tiempo entre tests periódicos T_t. A partir de estos valores de estos valores de Disponibilidad e Indisponibilidad es posible evaluar la de un sistema en función de las de sus componentes. Obsérvese de las expresiones 6.117 y 6.118 que:

$$I'_P \cong \frac{\lambda_I . T_t}{2} = I_P \,, \ \forall \ \lambda = \lambda_I \tag{6.119}$$

$$I'_C \cong \lambda_S . \mathrm{MTTR} . \left(1 - \frac{\mathrm{MTTR}}{T_t} \right) = I_C \,, \ \forall \ \lambda = \lambda_S \text{ y } \mathrm{MTTR} << T_t \tag{6.120}$$

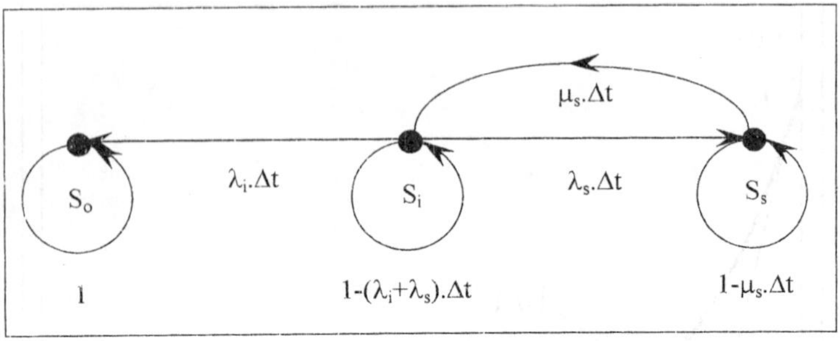

Fig. 6.53 – Diagrama de Markov – Subsistema con mantenimiento Preventivo y Correctivo.

Siendo λ_I la tasa de fallas con riesgo del subsistema y λ_S la tasa de fallas sin riesgo del subsistema.

6.7. Costo del Ciclo de Vida y Soporte Logístico Integral.

El ciclo de vida de un sistema es el lapso en que se lo considera útil. Es lo que se denomina vida útil. Existen costos asociados a la misma que constituyen el medio fundamental de efectivizar su correcta implementación. La función gerencial que tiene como propósito asegurar que un sistema diseñado y desarrollado pueda ser mantenido en condiciones operativas económicamente aceptables se denomina Soporte Logístico Integral ILS (Del inglés Integrated Logistic Support).

Al Costo del Ciclo de Vida suele denominárselo LCC (Del inglés Life Cycle Cost). El ILS incluye todas las fases del desarrollo de un sistema desde la definición de la misión operativa hasta la puesta en marcha. El ILS contribuye al LCC a través de:

- Mantenimiento Planificado.
- Documentación Técnica.
- Partes de Repuesto.
- Equipos de Apoyo.
- Capacitación de Personal.

Analícese el caso de un sistema caracterizado por los siguientes factores:

- n subsistemas en configuración Serie.
- Cada subsistema admite MP y MC..
- Cada subsistema tiene asociada una tasa de fallas con riesgo y otra sin riesgo con distribución exponencial.
- Cada subsistema tiene asociada una tasa de reparación con distribución exponencial.

Para cada subsistema i del sistema se tendrá una indisponibilidad por MP y otra por MC, a saber:

$$I_{P_i} \cong \frac{\lambda_{P_i}.T_{ti}}{2} \tag{6.121}$$

$$I_{C_i} \cong \lambda_{C_i}.MTTR_i \tag{6.122}$$

Si T_O es el tiempo operativo del sistema y T_i es el tiempo entre test periódicos del subsistema i, entonces las demandas de subsistemas componentes por MP y MC serán:

$$u_i = \frac{I_{P_i}.T_O}{T_l} \cong \frac{\lambda_{P_i}.T_O}{2} \tag{6.123}$$

$$v_i = \frac{I_{C_i}.T_O}{T_i} \cong \frac{\lambda_{C_i}.T_O}{\mu_i.T_i} \tag{6.124}$$

El costo asociado a cada uno de los subsistemas i será:

$$C_i = c_i.(u_i + v_i) + T_A.h_i.(u_i + v_i) + C_d.T_{C_1i}.v_i + \frac{C_d.T_O.T_{P_1i}}{T_i.M} + \frac{C_d.u_i T_{P_2i}}{M} \tag{6.125}$$

Donde:

$c_i \equiv$ costo de reparación del subsistema i.
$h_i \equiv$ costo del subsistema i.
$M \equiv$ cantidad de personal de mantenimiento.
$C_d \equiv$ costo del sistema no operativo (pérdida horaria).
$T_{C1i} \equiv$ tiempo medio de trabajo en reparación de MC del subsistema i.
$T_{P1i} \equiv$ tiempo medio de trabajo en inspección de MP del subsistema i.
$T_{P2i} \equiv$ tiempo medio de trabajo en reparación de MP del subsistema i.

$T_A \equiv$ tasa de reembolso o amortización

La tasa de amortización viene dada por:

$$T_A = \frac{I}{(1+I)^N + 1} \qquad (6.126)$$

Con:

$I \equiv$ interés anual.
$N \equiv$ duración del ciclo de vida del sistema.

Si T es el tiempo entre test periódicos del sistema, entonces es posible hacer:

$$T = k_i . T_i \qquad (6.127)$$

Introduciendo 6.123, 6.124 y 6.127 en 6.125 y derivando respecto de k_i con M constante, se tiene:

$$\frac{\partial C_i}{\partial k_i} = 0 \quad \rightarrow \quad k_i$$

$$k_i = \frac{\left(c_i + T_A . h_i + C_d . T_{C_1 i}\right) . M . T . \lambda_{C_i}}{C_d . T_{P_1 i}} \qquad (6.128)$$

k_i resulta función de M y T. Obsérvese en la Fig.6.54 la variación de k_i con T teniendo como parámetro M. El costo para los n subsistemas será:

$$\sum_{i=1}^{n} C_i \qquad (6.129)$$

Sin embargo existen dos costos que pueden ser diferenciados, considerando por un lado los del Cliente y por otro lado los del Contratista. El costo de la inversión total será la suma de ambos. Así:

$$C_t = C_C + C_S \qquad (6.130)$$

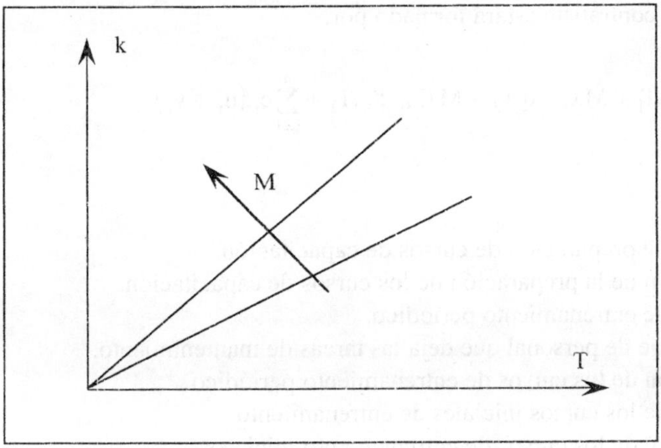

Fig. 6.54 – Variación de k_i con T y parámetro M

Siendo:

C_C ≡ costo del cliente.
C_S ≡ costo del contratista.

El costo del cliente estará formado por:

$$C_C = \frac{T_O.C_O}{T} + M.C_M + \sum_{i=1}^{n} C'_i \tag{6.131}$$

Siendo:

C_O ≡ costo del establecimiento de la inspección periódica del sistema.
C_M ≡ costo de cada personal de mantenimiento.

Además:

$$\sum_{i=1}^{n} C'_i = \sum_{i=1}^{n} C_i - \sum_{i=1}^{n} c_i.(u_i + v_i) \tag{6.132}$$

El costo del contratista estará formado por:

$$C_S = M.C_{1t}.T_1 + M.C_{2t}.q.T_2 + M.C_{3t}.T_A.T_3 + \sum_{i=1}^{n} c_i.(u_i + v_i) \qquad (6.133)$$

Siendo:

$C_{1t} \equiv$ costo de preparación de cursos de capacitación.
$T_1 \equiv$ duración de la preparación de los cursos de capacitación.
$C_{2t} \equiv$ costo de entrenamiento periódico.
$q \equiv$ porcentaje de personal que deja las tareas de mantenimiento.
$T_2 \equiv$ duración de los cursos de entrenamiento periódico.
$C_{3t} \equiv$ costo de los cursos iniciales de entrenamiento.
$T_3 \equiv$ duración de los cursos de entrenamiento iniciales.

CAPITULO 7

ENSAYOS DE CONFIABILIDAD

7.1. Interpretación de datos de ensayos.

Existen dos tipos de análisis de datos de ensayos, uno gráfico y otro analítico. El gráfico está constituido por los denominados Gráficos de Probabilidad (Del inglés Probability Papers) y representa una técnica de estimación de parámetros de gran utilidad por su fácil maniobrabilidad. Desde el punto de vista analítico existen varias metodologías probabilísticas, sin embargo la más empleada es la de la estimación de máxima verosimilitud y es la que se tratará en el presente capítulo.

7.1.1. Gráficos de Probabilidad.

Sea un ensayo de vida realizado sobre 10 componentes electrónicos y sean t_i con i = 1, 2, 3,......., 10 los tiempos de vida de dichos componentes. A partir de estas observaciones es posible trazar un gráfico de la función de distribución de probabilidad empírica $F^{T_i}(t_i)$. En la Fig.7.1 se observa que esta función es del tipo escalera de alturas iguales pero anchos distintos.

Así será $F^{T_i}(t_i) = \frac{i}{10}$, con i = 1, 2, 3, 4, 5,........, 10.

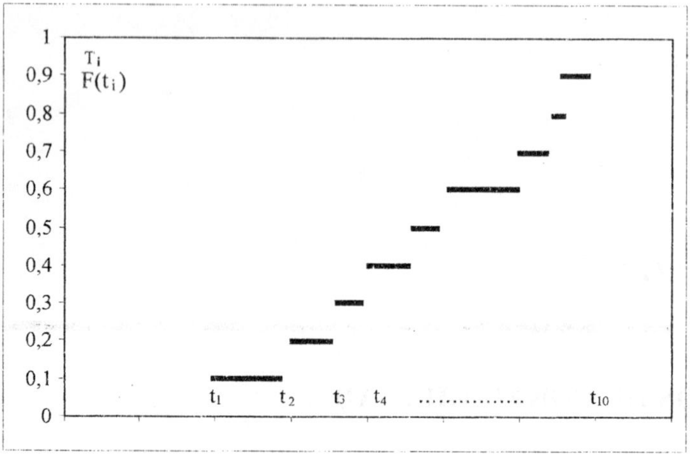

Fig.7.1 – Función de Distribución Empírica.

Estos valores pueden ser volcados en un gráfico de probabilidad construido especialmente a esos efectos, con escalas no lineales en abscisas y ordenadas. Estos gráficos difieren entre si, dependiendo del tipo de distribución que representen. En general si:

$$F^T(t) = 1 - C(t) = 1 - \exp(-\int_0^t \lambda(t).dt \qquad (7.1)$$

Entonces:

$$\frac{1}{1 - F^T(t)} = \exp(-\int_0^t \lambda(t).dt \qquad (7.2)$$

Tomando logaritmos naturales:

$$\ln\left[\frac{1}{1 - F^T(t)}\right] = \int_0^t \lambda(t).dt \qquad (7.3)$$

Si λ (t) es una constante resulta:

$$\ln\left[\frac{1}{1-F^{T}(t)}\right]=\lambda.t \tag{7.4}$$

Llevando en ordenadas la inversa de la función Confiabilidad en escala logarítmica y t en abscisas en escala lineal se obtiene el denominado gráfico de probabilidad exponencial. Ver Fig.7.2. En este gráfico la expresión 7.4, será una recta de pendiente igual a la tasa de fallas λ. Los datos básicos a graficar serán los tiempos hasta la falla de n componentes, que han fallado dentro de período de tiempo de ensayo. Si la población original sobre la que se ha realizado el ensayo esta constituida por n componentes, los valores que toma la función de distribución de probabilidad empírica no se conocen, pero intuitivamente podría decirse que, de acuerdo a lo visto precedentemente serán del tipo:

$$F^{T_i}(t_i)=\frac{i}{n}$$

Sin embargo estos valores deben ser corregidos, tomando la esperanza matemática de la función de distribución de probabilidad empírica. Así, si se tiene un conjunto de n valores de tiempos hasta la falla de n componentes bajo ensayo ordenados en forma creciente:

$t_1, t_2, t_3, t_4, \ldots\ldots\ldots\ldots t_n$

Llamando:

$$F^{T_i}(t_i)=Z \tag{7.5}$$

Entonces la probabilidad de que el evento $\{t_i<T_i< t_i+dt_i\}$ ocurra una sola vez puede ser evaluada mediante la distribución multinomial. En el cuadro de la Fig.7.3 se observan los eventos, frecuencias y probabilidades asociadas. Así:

$$f^{Z}(z).dz=\frac{n!}{(i-1)!.1!\,(n-i)!}.z^{i-1}.f^{T_i}(t_i).(1-z)^{n-i}.dt_i \tag{7.6}$$

Luego:

$$E[Z]=\int_0^1 z.f^{Z}(z).dz=\int_0^1\frac{n!}{(i-1)!.1!\,(n-i)!}.z^{i}.(1-z)^{n-i}.dz \tag{7.7}$$

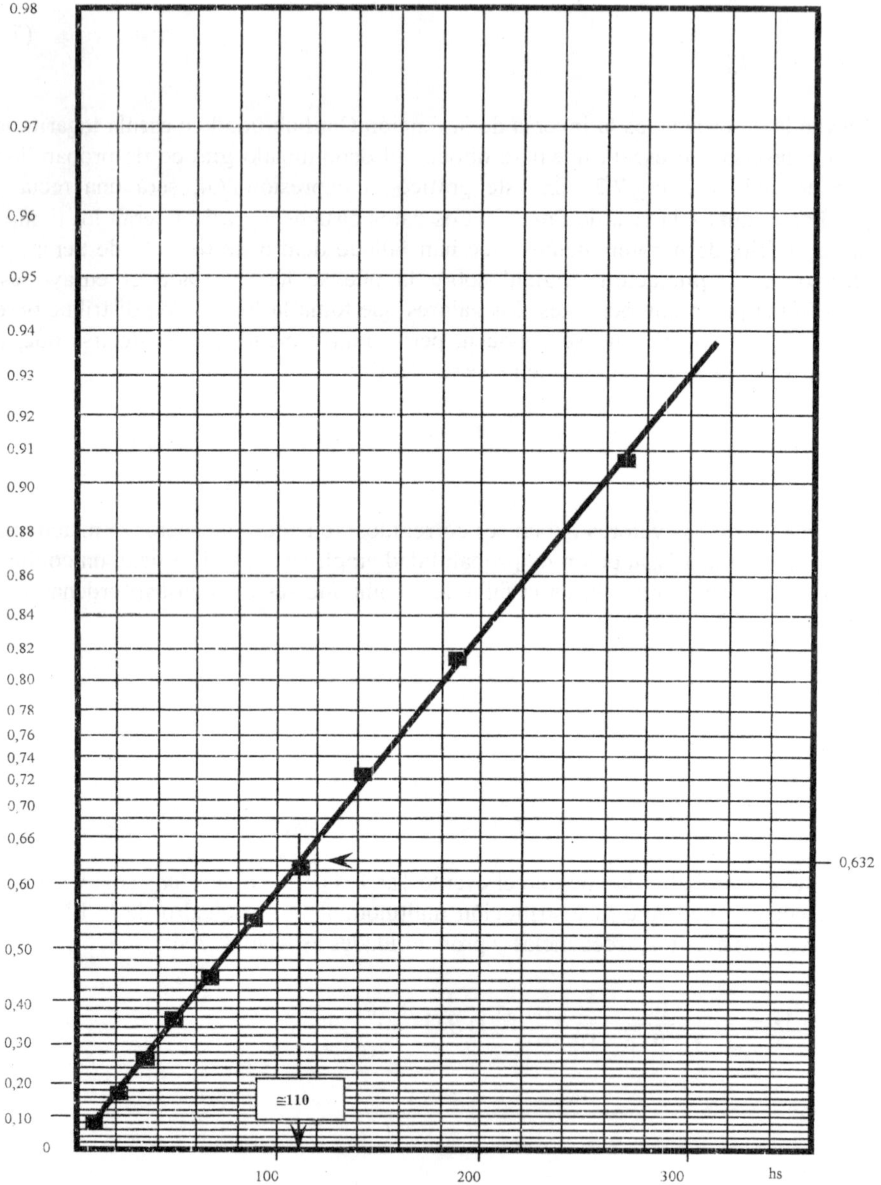

Fig.7.2 – Gráfico de probabilidad exponencial

Evento	$0<T_i<t_i$	$t_i<T_i< t_i+dt_i$	$t_i+dt_i <T_i< \infty$
Frecuencia del Evento	i-1	1	n-i
Probabilidad del Evento	$F^{T_i}(t_i)$	$f^{T_i}(t_i).dt_i$	$1-F^{T_i}(t_i)$

Fig.7.3 – Eventos, frecuencias y probabilidades asociadas a la función multinomial Z.

La integral de la expresión 7.7 es la función Beta (Euler de primera especie). Luego:

$$E[Z]=E\left[F^{T_i}(t_i)\right]=\frac{i}{n+1} \tag{7.8}$$

Reemplazando 7.8 en 7.3 se tiene :

$$\ln\left[\frac{n+1}{n+1-i}\right]=\int_0^t \lambda(t).dt \tag{7.9}$$

Con i = 1, 2, ..., n.

En general en los gráficos de probabilidad se llevan en ordenadas directamente los valores de la expresión 7.8. Sea por ejemplo que se analicen los datos de un ensayo de 10 componentes y sean los tiempos hasta la falla los de la tabla de la Fig.7.4, dados en horas. Entonces:

$$E\left[F^{T_i}(t_i)\right]=\frac{i}{10+1}=\frac{i}{11} \tag{7.10}$$

En la Fig.7.2 se observan los puntos correspondientes a los datos del ensayo de la tabla de la Fig.7.4 y la recta extrapolada. Si $t=1/\lambda$, entonces:

$$\frac{1}{1-F^{T}(t)} = e \qquad (7.11)$$

$$F^{T}(t) \cong 0{,}632 \qquad (7.12)$$

t_i	$\frac{i}{n+1}$
8	0,0909
20	0,1818
34	0,2727
46	0,3636
63	0,4545
86	0,5454
111	0,6363
141	0,7272
186	0,8181
266	0,9090

Fig.7.4 – Datos de ensayo de 10 componentes

En el gráfico de la Fig.7.2 se observa una línea horizontal en la ordenada correspondiente a ese valor. Llevando en abscisas el punto de intersección de esta línea con la recta dibujada se obtiene el valor de $1/\lambda \cong 110$ hs.

Luego $\lambda \cong 0{,}91.10^{-2}$ hs^{-1}. Como se visualiza del gráfico de la Fig.7.2, los datos de prueba se adaptan muy bien al modelo exponencial plasmado en el mismo. Otro de los gráficos de probabilidad utilizados es el normal, de uso un poco restringido en análisis de la confiabilidad por la misma restricción de la variable tiempo a valores únicamente positivos.

En la Fig.7.5 se muestra el gráfico de probabilidad normal. En ordenadas se observan tres valores bien definidos y que corresponden a los números 0,16; 0,5 y 0,84. Estos permiten la estimación gráfica de la media o esperanza matemática y del desvío estándar.

Llevando en ordenadas $F^{T_i}(t_i)$ y los tiempos de falla t_i en abscisas se obtienen los diversos puntos, resultado de los datos de ensayo.

De la recta interpolada a través de los valores de los datos de ensayo y su intersección con las rectas de ordenadas 0,16; 0,5 y 0,84 surgen los valores estimados de la esperanza matemática o media μ y del desvío estándar σ.

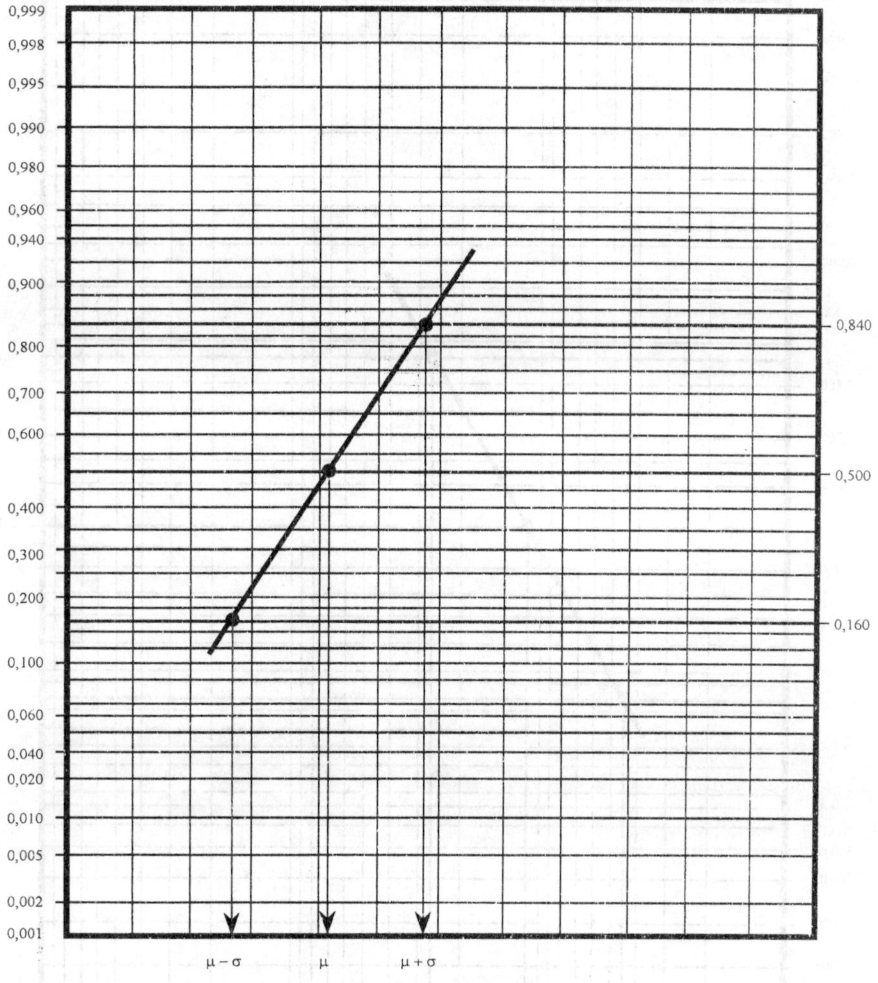

Fig.7.5 – Gráfico de probabilidad normal.

A los efectos de restringir la variable aleatoria T a valores siempre positivos es que se utiliza más a menudo el gráfico probabilístico lognormal. En la Fig.7.6 se muestra este tipo de gráfico.

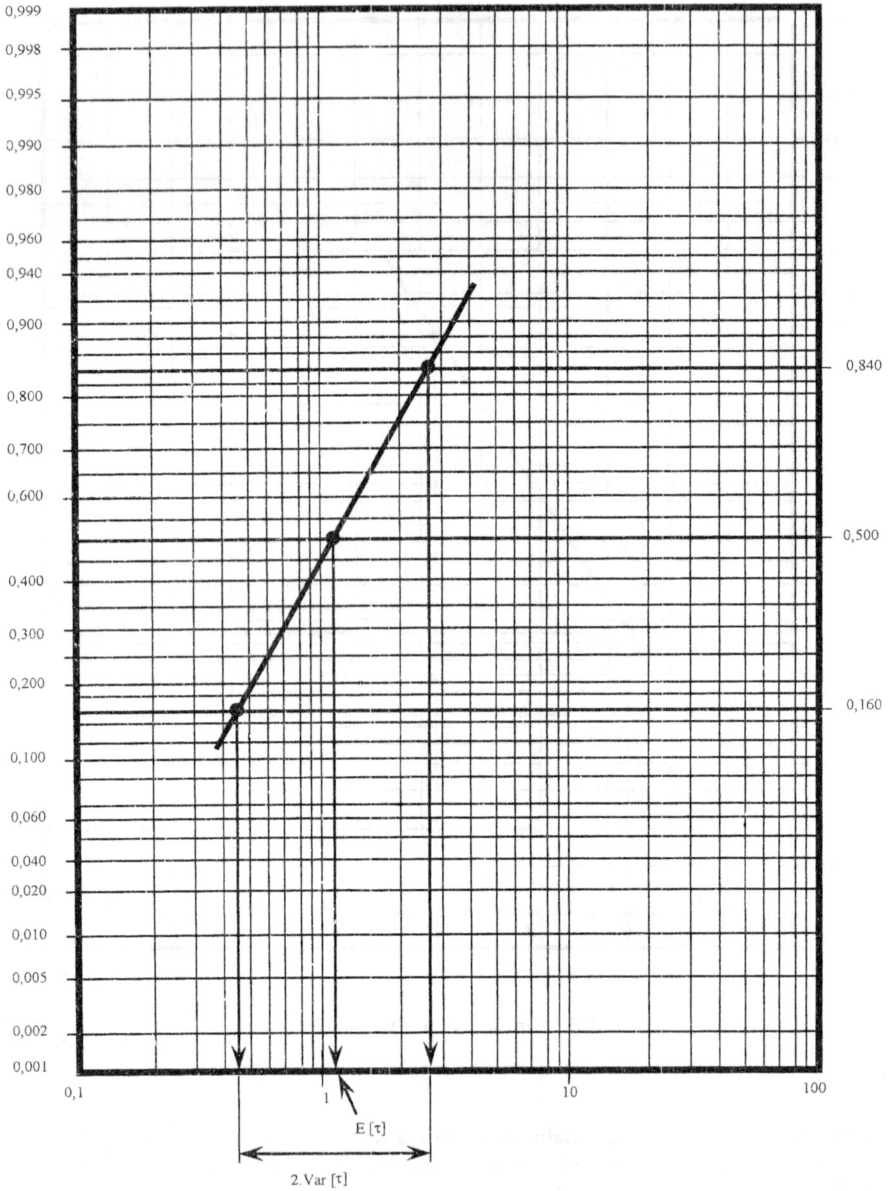

Fig.7.6 – Gráfico de probabilidad lognormal.

Su utilización es de forma similar al normal. En realidad es posible utilizar el mismo gráfico normal realizando el siguiente cambio de variables:

$$T = \log \tau \tag{7.13}$$

Entonces la media μ leída en el gráfico de probabilidad normal será la media de T = log.τ y el desvío leído σ será el de T = log.τ. Si se usa el gráfico lognormal, entonces la media leída será la de τ, es decir:

$$E[\tau] = \exp\left(\mu + \frac{\sigma^2}{2}\right) \tag{7.14}$$

Y el desvío la raíz cuadrada de la varianza:

$$Var[\tau] = \exp(2.\mu + 2.\sigma^2) - \exp(2.\mu + \sigma^2) \tag{7.15}$$

Por último véase el gráfico probabilístico de W.Weibull también denominado de Weibull-Gnedenko de la Fig.7.7. La función de distribución de W.Weibull es:

$$F^T(t) = 1 - \exp\left[-\left(\frac{t-\gamma}{\eta}\right)^\beta\right] \tag{7.16}$$

Tomando dos veces el logaritmo natural de:

$$\frac{1}{1 - F^T(t)} = \exp\left[-\left(\frac{t-\gamma}{\eta}\right)^\beta\right] \tag{7.17}$$

Se tiene:

$$\ln\ln\left[\frac{1}{1 - F^T(t)}\right] = \beta.\ln(t-\gamma) - \beta.\ln\eta \tag{7.18}$$

Si γ=0, la expresión 7.18, volcada en un diagrama con escala de ordenadas doble logarítmicas y abscisas logarítmicas, es la de una recta de pendiente β, de ordenada al origen $\beta.\ln\eta$ y de abscisa al origen $\ln\eta$. En la Fig.7.8 se observa la representación de esta recta. En ordenadas se lleva en escala doble logarítmica natural el primer miembro de la expresión 7.18 y en abscisas en escala logarítmica natural el tiempo t.

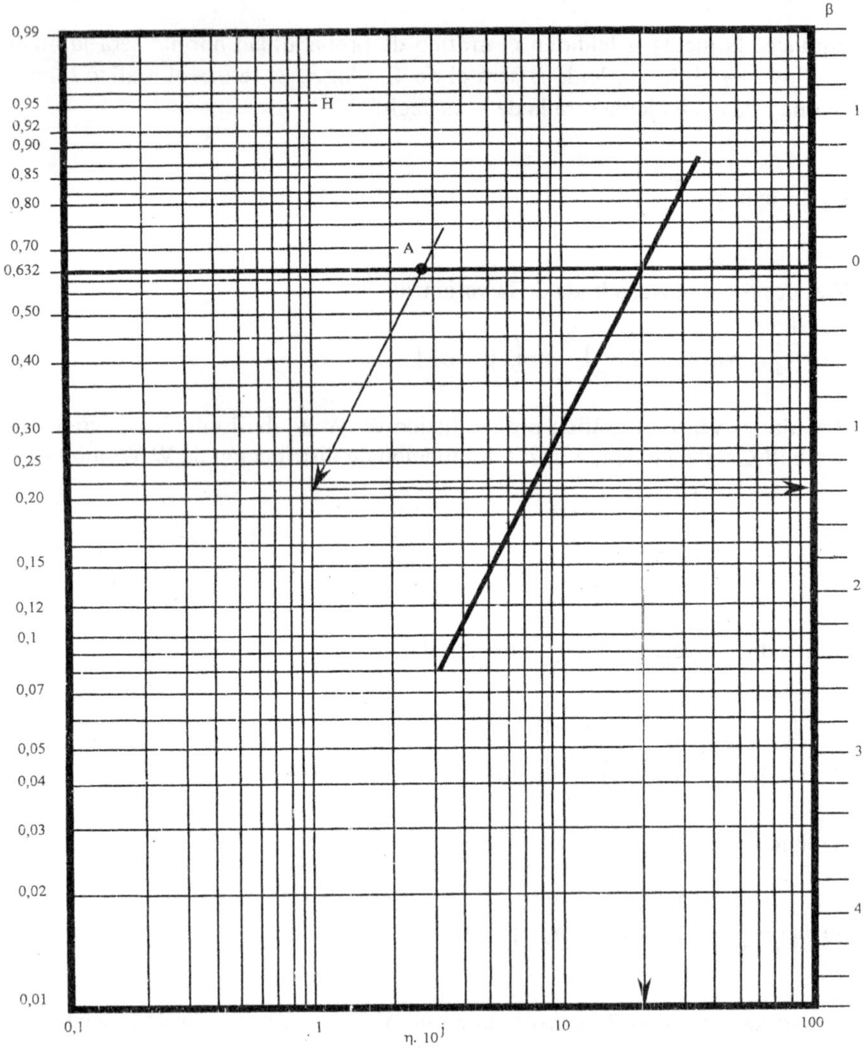

Fig.7.7 – Gráfico de probabilidad de Weibull

No obstante ello, en el gráfico de probabilidad se lleva directamente en ordenadas y sobre el lado izquierdo:

$$E\left[F^{T_i}(t_i)\right] = \frac{i}{n+1}$$

Sobre el borde derecho del gráfico indicado con la letra griega β se lleva la escala:

$$\ln\ln\left[\frac{1}{1-F^T(t)}\right]$$

Esta es utilizada para la estimación del parámetro de forma β. Llevando por el punto marcado A del gráfico y en virtud de la construcción de la Fig.7.8, una paralela a la recta determinada por los datos de ensayo, se obtiene un punto, intersección de aquella con la vertical H. Pasando este punto a la escala de la derecha se obtiene la estimación de β. Para la recta interpolada a partir de los datos llevados en el gráfico de la Fig.7.7 resulta $\beta \cong 1{,}2$.
La intersección de la recta horizontal de ordenada 0,632 con la obtenida a partir de los datos de ensayo determina un punto que volcado en la escala de abscisas estima el valor del parámetro de escala η. Este depende del multiplicador de las décadas j. Para el caso propuesto es $\eta \cong 20.10^{j}$.

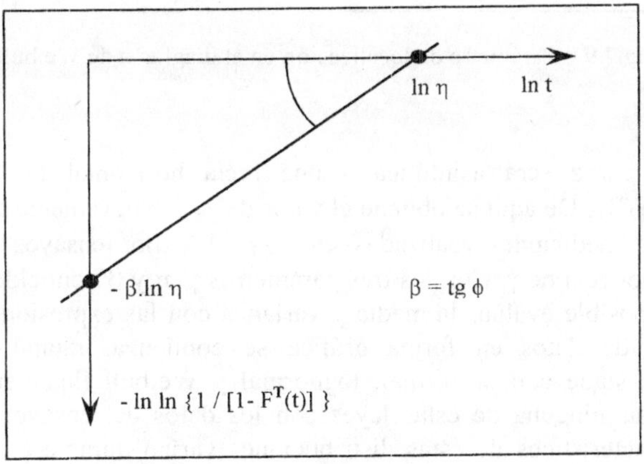

Fig.7.8 – Diagrama de Weibull

En ocasiones no podrá obtenerse una recta a partir de los datos de ensayo. Esto es debido a que el parámetro de localización γ resulta distinto de cero y en lugar de una recta resultará como producto de la interpolación una curva con concavidad hacia abajo ($\gamma > 0$) ó hacia arriba ($\gamma < 0$).
Si $\gamma > 0$, la curva será asintótica a una recta vertical D_1 de abscisa ln $\gamma_{máx}$. De aquí se obtiene el valor de $\gamma_{máx}$ .Ver Fig.7.9.. Con este valor se corrigen las mediciones realizadas en (t_i - $\gamma_{máx}$) y por ensayos sucesivos se aproxima aún más el valor real del parámetro de localización γ.

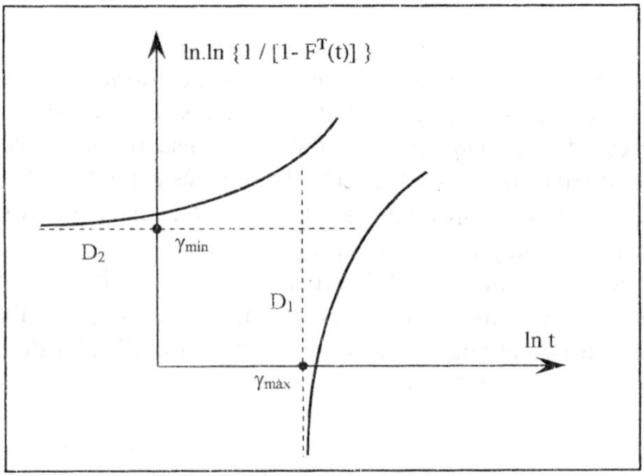

Fig.7.9 – Parámetro de localización en el diagrama de Weibull.

Si $\gamma < 0$, la curva será asintótica a una recta horizontal D_2 de ordenada $1-\exp\{-[(-\gamma_{mín}/\eta)^{\beta}]\}$. De aquí se obtiene el valor de $\gamma_{mín}$. Nuevamente con este valor se corrigen las mediciones realizadas en (t_i-$\gamma_{mín}$) y por ensayos sucesivos se aproxima el valor real de γ. Con los tres parámetros γ, η y β conocidos vía gráfico de Weibull es posible evaluar la media y varianza con las expresiones del Cap.2.
En el análisis de datos en forma gráfica se comienza tratando con la ley exponencial, se sigue con la normal, lognormal y Weibull finalmente. Si no es posible alimentar ninguna de estas leyes con los datos del ensayo, entonces los parámetros característicos de estas distribuciones varían durante el ensayo. Bien podría ser que el dispositivo o los dispositivos bajo ensayo se encuentren en algún período de transición entre el de mortalidad infantil y el de vida útil.

7.1.2. Estimación analítica de parámetros.

En lo que sigue se procederá a realizar la estimación analítica de parámetros por máxima verosimilitud. Esta técnica acusa los efectos de los distintos tipos de ensayos o tests de vida, ya sea el hecho del truncamiento de los ensayos como así también el reemplazo de los elementos que van fallando a medida que progresa la prueba. El objetivo en cada caso es la obtención de la función L de máxima verosimilitud que dependerá de los tiempos de falla t_1, t_2, ..., t_n y de la función de distribución teórica de estos tiempos utilizada como modelo de base con sus parámetros θ_i característicos. Igualando luego a cero las derivadas de L respecto de los parámetros θ_i, se obtendrán los parámetros θ_i adecuados que mejor alimentan la función de distribución propuesta. Si la función de distribución es paramétrica en θ (único parámetro característico), entonces si:

$\theta \equiv$ parámetro a estimar.
$t_i \equiv$ tiempos hasta la falla del elemento i.
L $\equiv$ función de máxima verosimilitud.
$f^T(t,\theta) \equiv$ función de densidad de probabilidad teórica.

Será:

$$L(t_1, t_2, ..., t_n) = \prod_{i=1}^{n} f^T(t_i, \theta) \tag{7.19}$$

La función de densidad de probabilidad propuesta será, para todo el desarrollo que sigue, la exponencial decreciente (tasa de fallas constante durante toda la vida útil). El parámetro característico será la tasa de fallas $\lambda=1/\theta$ ó bien el tiempo medio entre fallas MTBF=θ. Así:

$$f^T(t_i, \theta) = \lambda.\exp(-\lambda.t_i) = \frac{1}{\theta}.\exp\left(-\frac{t_i}{\theta}\right) \tag{7.20}$$

7.1.2.1. Ensayo completo.

Si se colocan n ítems bajo prueba y esta se hace completa, es decir se espera que todos fallen, llamando t_i a los tiempos hasta la falla se tiene:

$$L = \prod_{i=1}^{n} f^T(t_i, \theta) = \prod_{i=1}^{n} \frac{1}{\theta}.\exp\left(-\frac{t_i}{\theta}\right) \tag{7.21}$$

La función de máxima verosimilitud será la probabilidad que el elemento #1 falle en t_1 y el #2 en t_2 hasta el #n en t_n , luego:

$$L=\prod_{i=1}^{n} f^T(t_i,\theta)=\frac{1}{\theta^n}.\exp\left(-\frac{1}{\theta}.\sum_{i=1}^{n} t_i\right) \tag{7.22}$$

Tomando logaritmo natural, pues maximizar ln L es mas sencillo que maximizar L y el valor de θ resulta el mismo en ambos casos, se tiene que:

$$\mathcal{L}=\ln L=-\frac{1}{\theta}.\sum_{i=1}^{n} t_i - n.\ln\theta \tag{7.23}$$

Derivando e igualando a cero:

$$\frac{\partial \mathcal{L}}{\partial\theta}=-\frac{1}{\theta^2}.\sum_{i=1}^{n} t_i - \frac{n}{\theta}=0 \tag{7.24}$$

De donde el estimador $\hat{\theta}$ de θ será:

$$\hat{\theta}=\frac{1}{n}.\sum_{i=1}^{n} t_i \tag{7.25}$$

ó bien el estimador λ* de λ:

$$\hat{\lambda}=\frac{n}{\sum_{i=1}^{n} t_i} \tag{7.26}$$

7.1.2.2. Ensayo truncado por fallas o tiempo sin reemplazo

Sean n elementos bajo ensayo de los cuales fallan r < n, con t_1, t_2,........, t_r tiempos hasta la falla. El ensayo puede terminar considerando un número determinado de elementos fallados o un tiempo acumulado fijo.

La función de máxima verosimilitud L será igual a la probabilidad que el ítem #1 falle en t_1 y el #2 en t_2 hasta el #r que falla en t_r y que (n-r) ítems no fallen hasta t_r, es decir que sobrevivan para $T > t_r$. Así:

$$L' = f^T(t_1,\theta).f^T(t_2,\theta).........f^T(t_r,\theta).\left[1-F^T(t_r,\theta)\right]^{n-r} \tag{7.27}$$

Los tiempos de falla t_1, t_2, ..., t_r pueden ser asignados a los n ítems de varias formas distintas, a saber $V_{n,r} = n! / (n-r)!$. Luego:

$$L = V_{n,r}.L' = \frac{n!}{(n-r)!}.\prod_{i=1}^{r} f^T(t_i,\theta).\left[1-F^T(t_r,\theta\right]^{n-r} \tag{7.28}$$

Si $f^T(t_i,\theta) = \frac{1}{\theta}.\exp\left(-\frac{t_i}{\theta}\right)$; entonces:

$$L = \frac{n!}{(n-r)!}.\prod_{i=1}^{r}\frac{1}{\theta}.\exp\left(-\frac{t_i}{\theta}\right).\left[\exp(-\frac{t}{\theta}\right]^{n-r} \tag{7.29}$$

Tomando logaritmo natural:

$$\mathcal{L} = \ln L = \ln\frac{n!}{(n-r)!} - \frac{1}{\theta}\sum_{i=1}^{r} t_i - r.\ln\theta - \frac{(n-r).t_r}{\theta} \tag{7.30}$$

Derivando respecto de θ e igualando a cero:

$$\frac{\partial \mathcal{L}}{\partial\theta} = \frac{1}{\theta^2}.\sum_{i=1}^{r} t_i - \frac{r}{\theta} + \frac{(n-r).t_r}{\theta} = 0 \tag{7.31}$$

De donde:

$$\hat{\theta} = \frac{\sum_{i=1}^{r} t_i + (n-r).t_r}{r} \tag{7.32}$$

ó bien:

$$\hat{\lambda} = \frac{r}{\sum_{i=1}^{r} t_i + (n-r).t_r} \qquad (7.33)$$

Si el ensayo se trunca por fallas, t_r será el tiempo de ensayo hasta esa falla. Si el ensayo se trunca por tiempo fijo, t_r será ese tiempo y r el número de elementos fallados hasta t_r.

7.1.2.3. Ensayo truncado por fallas o tiempo con reemplazo.

Sean n elementos bajo ensayo, de modo que cada vez que falla uno es reemplazado por otro elemento nuevo. En este caso habría siempre n ítems bajo prueba. Entonces el ensayo total puede ser considerado como una secuencia de ensayos parciales sin reemplazo. En la Fig.7.10 se observa esta secuencia. Para cada ensayo parcial de la secuencia se tiene:

n_j = número de componentes bajo prueba en el ensayo parcial j.

r_j = número de componentes fallados en el ensayo parcial j.

τ_j = tiempo hasta la falla en cada ensayo parcial j.

$n_j = n$ y $r_j = 1$ $\forall j$

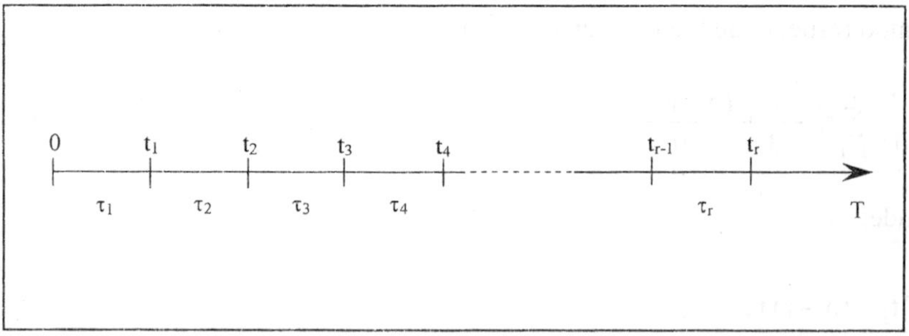

Fig.7.10 – Diagrama secuencial de un ensayo con reemplazo.

En consecuencia, para el ensayo parcial #1 se tiene n_1=n y r_1=1, apareciendo la falla en $t_1 \equiv \tau_1$. Para el ensayo parcial #2 se tiene n_2=n y r_2=1, apareciendo la falla en

t_2-t_1≡τ_2. Así para el ensayo #r se tendrá n_r=n y r_r=1, apareciendo la falla en t_r-t_{r-1}≡τ_r. En general para el ensayo #j de la secuencia se tendrá n_j=n y r_j=1, apareciendo la falla en τ_j. Cada período de la secuencia es estadísticamente independiente, entonces la función de máxima verosimilitud de la distribución de probabilidad correspondiente al ensayo total es el producto de las funciones de máxima verosimilitud de las distribuciones de probabilidad correspondientes al los ensayos parciales. Con lo que puede ponerse:

$$L = \prod_{j=1}^{r} L_j \tag{7.34}$$

Con L_j igual a:

$$L_j = \frac{n_j!}{(n_j - r_j)!} . \prod_{i=1}^{r_j} \frac{1}{\theta} . \exp\left(-\frac{\tau_i}{\theta}\right) . \left[\exp\left(-\frac{\tau_j}{\theta}\right)\right]^{n_j - r_j} \tag{7.35}$$

Tomando logaritmo natural de L:

$$\mathcal{L} = \ln L = \ln \prod_{j=1}^{r} L_j = \sum_{j=1}^{r} \ln L_j = \sum_{j=1}^{r} \mathcal{L}_j \tag{7.36}$$

Luego:

$$\mathcal{L}_j = \ln L_j = \ln \left[\frac{n!}{(n-1)!} + \frac{1}{\theta} . \exp\left(- \frac{n.\tau_j}{\theta} \right) \right] \tag{7.37}$$

Derivando $\mathcal{L}$ respecto de θ e igualando a cero:

$$\frac{\partial \mathcal{L}}{\partial \theta} = \frac{\partial}{\partial \theta} \sum_{j=1}^{r} \mathcal{L}_j = \sum_{j=1}^{r} \frac{\partial \mathcal{L}_j}{\partial \theta} = \sum_{j=1}^{r} \left(-\frac{1}{\theta} + \frac{n.\tau_j}{\theta^2} \right) = 0 \tag{7.38}$$

Extendiendo la sumatoria al corchete:

$$\hat{\theta} = \frac{n.t_r}{r} \tag{7.39}$$

Pues:

$$t_r = \sum_{j=1}^{r} \tau_j \tag{7.40}$$

ó bien:

$$\hat{\lambda} = \frac{r}{n.t_r} \tag{7.41}$$

7.1.2.4. Intervalo de confianza para los estimadores.

Para un ensayo determinado y suponiendo una distribución exponencial del parámetro θ, es posible demostrar utilizando funciones características que si:

$\Delta t_i \equiv$ tiempos de falla

$t_r \equiv$ tiempo total de ensayo

Entonces :

$$\frac{2}{\theta}.\sum_{i=1}^{r} \Delta t_i \equiv \chi^2_{2r} \tag{7.42}$$

Donde χ^2_{2r} es la función ji cuadrado de 2r grados de libertad. Ver Capítulo 2. En la Fig.7.11 se observan los esquemas de secuencia de tiempos para ensayos parciales y el tiempo acumulado t_r.
Siempre el estimador de θ es:

$$\hat{\theta} = \frac{t_r}{r} \tag{7.43}$$

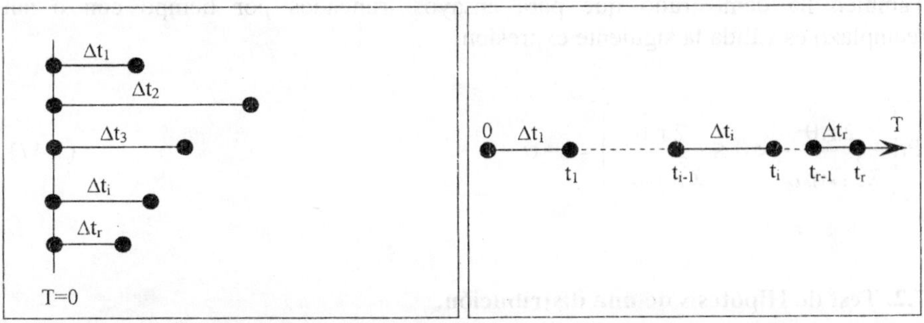

Fig.7.11 – Diagrama secuencial de tiempos para ensayos parciales y tiempo total acumulado

Combinando 7.42 y 7.43 se tiene:

$$\frac{\hat{\theta}}{\theta} \equiv \frac{\chi^2_{2r}}{2.r} \tag{7.44}$$

Luego:

$$\hat{\theta} \equiv \frac{\theta.\chi^2_{2r}}{2.r} \tag{7.45}$$

Es decir que $2.r.\hat{\theta}/\theta$ tiene una distribución ji cuadrado con 2r grados de libertad. Entonces es posible encontrar un intervalo de confianza para la estimación de θ:

$$\Pr\left(\frac{2.r.\hat{\theta}}{\chi^2_{2r,\alpha_2}} < \theta \leq \frac{2.r.\hat{\theta}}{\chi^2_{2r,1-\alpha_1}}\right) = 1-\alpha \tag{7.46}$$

Con $\alpha = \alpha_1 + \alpha_2$.

Epstein ha demostrado que esta expresión es válida para ensayos truncados por fallas con o sin reemplazo.

También ha demostrado que para ensayos truncados por tiempo con o sin reemplazo es válida la siguiente expresión:

$$\Pr\left(\frac{2.r.\hat{\theta}}{\chi^2_{2(r+1),\alpha_2}} < \theta \leq \frac{2.r.\hat{\theta}}{\chi^2_{2r,1-\alpha_1}} \right) = 1-\alpha \qquad (7.47)$$

7.2. Test de Hipótesis de una distribución.

En muchas ocasiones se quiere verificar si los datos de ensayo son compatibles con una determinada distribución de probabilidad teórica $F^T(t)$ bajo ciertos riesgos. Es decir, se parte con una función de distribución de probabilidad teórica $F^T(t)$ como hipótesis, luego con los datos del ensayo se analiza la validez de tal hipótesis.

Dos son en general los test, utilizados a esos efectos. Uno es el denominado Test de Pearson y el otro es el de Kolomogorov-Smirnov. El más utilizado es este último y es el que a continuación se describirá.

Sea $F^T(t)$ la función de distribución de probabilidad teórica y $\mathit{F}^T(t)$ la función de distribución de probabilidad empírica.

Se puede demostrar que:

$$D_N = \text{Max}_t \left| \mathit{F}^T(t) - F^T(t) \right| \qquad (7.48)$$

Sigue una ley de distribución determinada, tal que:

$$\Pr \{ \text{Máx}_t \left| \mathit{F}^T(t) - F^T(t) \right| < D_{N,\alpha} \} = 1-\alpha \qquad (7.49)$$

Los valores de $D_{N,\alpha}$ se encuentran tabulados y son los que hay que sumar o restar a los valores de la función empírica para que exista una probabilidad 1-α de que el intervalo $\mathit{F}^T(t) \pm D_{N,\alpha}$ contenga a $F^T(t)$. En la Fig. 7.12 se observa la banda de riesgo entre las funciones de distribución de probabilidad empírica y teórica. En particular, si el ensayo es truncado por fallas N=r y si es truncado por tiempo N=r+1.

Sea el siguiente ejemplo de un ensayo truncado por tiempo, donde se supone una función de distribución exponencial $F^T(t)=1-\exp(-t/\theta)$.

El ensayo se trunca a las 7231 hs. y los tiempos de falla de los 15 elementos bajo prueba son: 76, 309, 130, 985, 36, 1087, 126, 594, 208, 826, 127, 55, 598, 579 y 1030 hs.

Es necesario evaluar, ahora $F^T(t_i)$ y $\mathit{F}^T(t_i)$ como;

$$F^T(t_i) = 1 - \exp\left(-\frac{t_i}{\hat{\theta}}\right)$$

$$\mathit{F}^T(t_i) = \frac{i}{r+1} \quad \text{con } i = 1, 2, ..., r$$

Donde:

$N = r + 1 = 15 + 1 = 16$

$$\hat{\theta} = \frac{t_r}{r} = \frac{7.231 \text{ hs}}{15} = 482 \text{ hs}$$

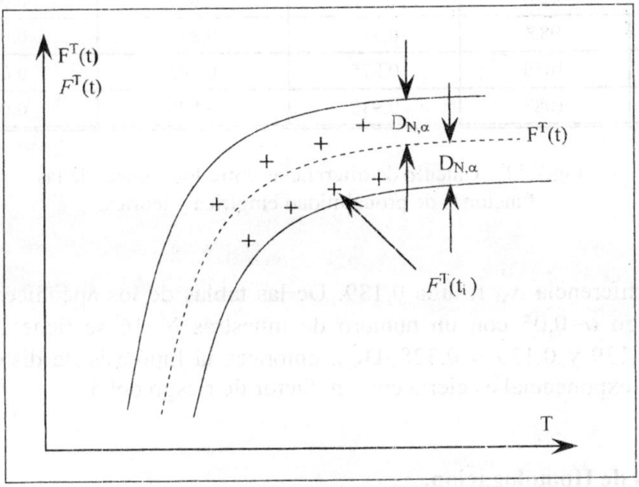

Fig.7.12 – Banda de riesgo entre las funciones de distribución de probabilidad empírica y teórica

En la tabla de la Fig.7.13 se encuentran realizados estos cálculos junto a las diferencias $\Delta_i = |\mathit{F}^T(t_i) - F^T(t_i)|$

i	t_i	$F^T(t_i)$	$\mathrm{F}^T(t_i)$	Δ_i
1	36	0,063	0,072	0,009
2	55	0,125	0,108	0,017
3	76	0,188	0,146	0,042
4	126	0,250	0,230	0,020
5	127	0,313	0,232	0,081
6	130	0,375	0,236	0,139
7	208	0,438	0,350	0,087
8	309	0,500	0,473	0,027
9	579	0,563	0,699	0,137
10	594	0,625	0,708	0,083
11	598	0,688	0,711	0,023
12	826	0,750	0,820	0,070
13	985	0,813	0,870	0,058
14	1030	0,875	0,882	0,007
15	1087	0,938	0,895	0,042

Fig.7.13 – Cálculo de diferencias entre los valores de las funciones de probabilidad empírica y teórica.

La máxima diferencia Δ_M resulta 0,139. De las tablas de los apéndices surge que para un riesgo α=0,05 con un número de muestras N=16 se tiene $D_{N,\alpha}$=0,328. Como Δ_M=0,139 y 0,139 < 0,328=$D_{N,\alpha}$, entonces la hipótesis de distribución de probabilidad exponencial es cierta con un factor de riesgo del 5 %.

7.3. Ensayos de Homologación.

Los ensayos de referencia en los puntos anteriores pueden ser englobados en los denominados ensayos de análisis de confiabilidad. Estos son realizados en general desde un solo punto de vista, el del fabricante, interesado en la performance del producto manufacturado por su empresa.

Cuando la fabricación se estabiliza o se abandona el periodo de la preserie, entonces deviene lo que se denomina Homologación.

Los ensayos de homologación se realizan sobre material relativamente normalizado en su producción, definiendo un límite de aceptación y un límite de tolerancia en el parámetro de interés y asociando riesgos a esos límites: el riesgo del fabricante y el del cliente.

7.3.1. Curva de eficacia y riesgos.

Sea un ensayo truncado con reemplazo, donde:

$n \equiv$ número de elementos bajo ensayo.
$\tau \equiv$ tiempo total de ensayo.
$\lambda \equiv$ número de fallas por unidad de tiempo.
$\theta \equiv$ tiempo medio entre fallas (MTBF).

Llamando m a la media del número de fallas, se tiene que la probabilidad de que se produzcan k fallas sigue una ley de Poisson:

$$\Pr(K = k) = \frac{m^k . \exp(-m)}{k!} \tag{7.50}$$

Con:

$$m = \lambda . n . \tau = \frac{n.\tau}{\theta} \tag{7.51}$$

La probabilidad de que se produzcan c ó menos fallas será:

$$\Pr(K \leq c) = \sum_{k=0}^{c} \frac{(\lambda.n.\tau)^k . \exp(-\lambda.n.\tau)}{k!} \tag{7.52}$$

En la Fig.7.14 se muestra la Pr(K=k). Esta distribución de probabilidad, aunque discreta será representada con su contorno en línea de puntos a los efectos de clarificar la teoría.
Sean ahora:

$H_o \equiv$ Hipótesis Nula.
$H_a \equiv$ Hipótesis Alternativa.

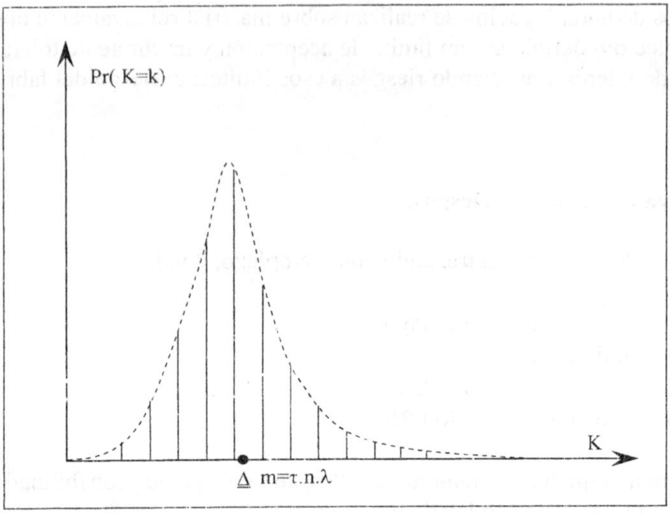

Fig.7.14 – Distribución de probabilidad de Poisson.

Definidas del siguiente modo:

$H_o \equiv$ El lote tiene un tiempo medio entre fallas θ_1, con $\lambda_1 = \dfrac{1}{\theta_1}$.

$H_a \equiv$ El lote tiene un tiempo medio entre fallas θ_2, con $\lambda_2 = \dfrac{1}{\theta_2}$.

Entonces la probabilidad de aceptar un lote tal que $\theta=\theta_1$ (H_o) es de acuerdo a la Fig.7.15:

$$\Pr(K \leq c / \theta = \theta_1) = 1 - \alpha \qquad (7.53)$$

Siendo c= número de elementos fallados en τ. Por otro lado la probabilidad de rechazar la hipótesis nula $\theta=\theta_1$ (H_o) será:

$$\Pr(K > c / \theta = \theta_1) = \alpha \qquad (7.54)$$

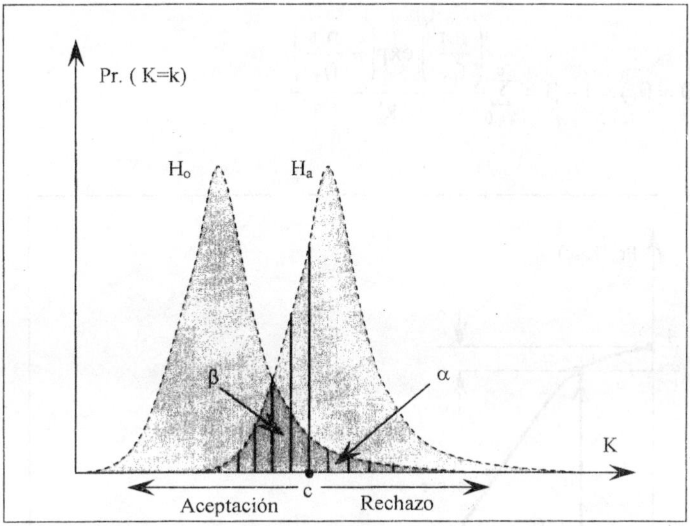

Fig.7.15 – Esquema de Test de Hipótesis de Medias

Rechazar que $\theta=\theta_1$ (H_o) implica aceptar la hipótesis alternativa $\theta=\theta_2$ (H_a), pues solo existen dos opciones en el planteo propuesto. Luego:

$$\Pr(K \le c/\theta = \theta_2) = \beta \tag{7.55}$$

$$\Pr(K > c/\theta = \theta_2) = 1 - \beta \tag{7.56}$$

α y β se denominan respectivamente riesgo del fabricante y riesgo del consumidor o cliente. (1-α) es el nivel de confianza y (1-β) es la potencia del ensayo que permite discriminar lotes de parámetros característicos θ_1 y θ_2. En la Fig.7.16 se observa la representación de la probabilidad de aceptación Pr.($K \le c$) en función del parámetro característico de la distribución θ. Se tiene además que:

$$\Pr(K \le c/\theta = \theta_1) = 1 - \alpha = \sum_{k=0}^{c} \frac{\left(\frac{n.\tau}{\theta_1}\right).\exp\left(-\frac{n.\tau}{\theta_1}\right)}{k!} \tag{7.57}$$

$$\Pr(K > c/\theta = \theta_1) = 1 - \beta = \sum_{k=0}^{c} \frac{\left(\frac{n.\tau}{\theta_2}\right).\exp\left(-\frac{n.\tau}{\theta_2}\right)}{k!} \quad (7.58)$$

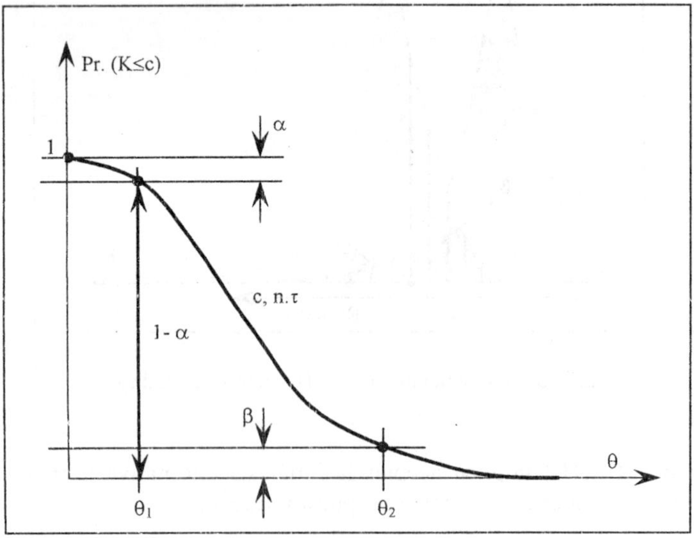

Fig.7.16 – Curva Operativa Característica.

Las expresiones 7.57 y 7.58 son válidas en los puntos de coordenadas (θ_2,β) y (θ_1,α) y delimitan la denominada curva de eficacia o característica, también llamada curva operativa, fijando los valores de c y n.τ. Es decir dados α, β, θ_1, θ_2 se determina c y n.τ. Así, si:

$$\lambda_1 = \frac{1}{\theta_1} = 2.10^{-5}\,\text{hs}^{-1} \quad ; \quad \alpha = 0{,}10$$

$$\lambda_2 = \frac{1}{\theta_2} = 4.10^{-5}\,\text{hs}^{-1} \quad ; \quad \beta = 0{,}10$$

Planteando las expresiones 7.57 y 7.58 para este caso se tiene:

$$\Pr(K \leq c / \theta = \theta_1) = 0{,}9 = \sum_{k=0}^{c} \frac{(2.10^{-5}.n.\tau).\exp(-2.10^{-5}.n.\tau)}{k!}$$

$$\Pr(K > c / \theta = \theta_1) = 0{,}9 = \sum_{k=0}^{c} \frac{(4.10^{-5}.n.\tau).\exp(-2.10^{-5}.n.\tau)}{k!}$$

De este sistema de dos ecuaciones con dos incógnitas surgen los valores de c y n.τ :

c=13
$n.\tau = 4{,}75.10^5$ hs.

7.3.2. Planes de ensayo simples.

Sea un ensayo truncado por tiempo con reemplazo y sea la distribución de probabilidad del tipo Poisson. La probabilidad de aceptación será función del parámetro θ. Así:

$$\Pr(K \leq c / \theta) = \sum_{k=0}^{c} \frac{\left(\frac{n.\tau}{\theta}\right).\exp\left(-\frac{n.\tau}{\theta}\right)}{k!} \qquad (7.59)$$

Siendo:

n ≡ número de componentes a ensayar.
τ ≡ tiempo de duración del ensayo.
c ≡ número de elementos fallados.

Si r es el número de elementos fallados en τ, el criterio de aceptación será observar menos de r elementos fallados en τ, entonces c=r-1. Si el ensayo es truncado por tiempo pero con reemplazo, entonces la probabilidad de aceptación tendrá una distribución del tipo Hipergeométrica. Si la probabilidad acumulada de falla es pequeña, entonces, es posible emplear la distribución Binomial. Así:

$$\Pr(K \leq c / \theta) = \sum_{k=0}^{c} \binom{n}{k} . p_\theta{}^{k} . (1 - p_\theta)^{n-k} \qquad (7.60)$$

Siendo:

$$p_\theta = 1 - \exp\left(-\frac{\tau}{\theta}\right) \tag{7.61}$$

Aquí también el criterio de aceptación será observar menos de r elementos fallados en τ, luego c=r–1. Para un ensayo truncado por fallas con o sin reemplazo se demuestra (Epstein) que la probabilidad de aceptación es:

$$\Pr(K \le c/\theta) = \Pr\left(\frac{2.r.\hat{\theta}}{\theta_1} \ge \chi^2_{2.r,1-\alpha}\right) \tag{7.62}$$

Siendo esta expresión independiente del número de elementos bajo ensayo. El criterio de aceptación será observar un tiempo de ensayo acumulado mayor que T siendo T:

$$T = \frac{\theta_1 . \chi^2_{2.r,1-\alpha}}{2.r} \tag{7.63}$$

7.3.3. Evaluación de parámetros.

7.3.3.1. Ensayo truncado por tiempo con reemplazo.

Los datos útiles al ensayo son en general α, β, θ_1, θ_2 que alimentan el conjunto de ecuaciones 7.57 y 7.58. De aquí se obtienen los valores de n.τ y c=r-1. El tiempo de ensayo es impuesto por cuestiones de organización y económicas y es fijado a priori. Otra forma de evaluar c y n dado τ es la siguiente. Si se tiene que:

$$\frac{2.r.\hat{\theta}_r}{\theta} \equiv \chi^2_{2.r} \tag{7.64}$$

Cuando $\theta = \theta_1$ resulta:

$$\frac{2.r.\hat{\theta}_r}{\theta_1} \equiv \chi^2_{2.r,1-\alpha} \tag{7.65}$$

Cuando $\theta = \theta_2$ resulta:

$$\frac{2.r.\hat{\theta}_r}{\theta_2} \equiv \chi^2_{2.r,\beta} \tag{7.66}$$

Haciendo el cociente:

$$\frac{\chi^2_{2.r,\beta}}{\chi^2_{2.r,1-\alpha}} = \frac{\theta_1}{\theta_2} \tag{7.67}$$

En la práctica es imposible encontrar una relación como la 7.67 con r entero. En consecuencia se buscará el menor valor de r que satisfaga la siguiente desigualdad:

$$\frac{\chi^2_{2.r,\beta}}{\chi^2_{2.r,1-\alpha}} \le \frac{\theta_1}{\theta_2} \tag{7.68}$$

El valor de r encontrado es el número de elementos fallados en el ensayo. Luego seguirá siendo válido c=r-1. El estimador de θ debe satisfacer la siguiente condición:

$$\hat{\theta}_r \ge T$$

Luego la probabilidad de aceptación será:

$$\Pr(K \le c/\theta) = \Pr\left(\hat{\theta}_r \ge T\right) \tag{7.69}$$

O de otra forma:

$$\Pr(K \le c/\theta) = \Pr\left(\frac{2.r.\hat{\theta}_r}{\theta} \ge \frac{2.r.T}{\theta}\right) \tag{7.70}$$

Para $\theta = \theta_1$ resulta:

$$\frac{2.r.T}{\theta_1} \equiv \chi^2_{2.r,1-\alpha} \tag{7.71}$$

Luego:

$$T = \frac{\theta_1 . \chi^2_{2.r,1-\alpha}}{2.r} \tag{7.72}$$

La duración previsible del ensayo con reemplazo para n elementos será:

$$\tau \geq \frac{\theta_1 . \chi^2_{2.r,1-\alpha}}{2.r} \tag{7.73}$$

De donde si τ se fija a priori, como en este esquema de ensayo, el número n de elementos será:

$$n \geq \frac{\theta_1 . \chi^2_{2.r,1-\alpha}}{2.\tau} \tag{7.74}$$

7.3.3.2. Ensayo truncado por tiempo sin reemplazo.

Los datos útiles al ensayo son en general α, β, θ_1, θ_2 que alimentan el siguiente conjunto de ecuaciones derivados de la 7.57 y 7.58:

$$\Pr(K \leq c/\theta_1) = 1 - \alpha = \sum_{k=0}^{c} \binom{n}{k} . p_{\theta_1}{}^{k} .(1 - p_{\theta_1})^{n-k} \tag{7.75}$$

$$\Pr(K \leq c/\theta_2) = 1 - \alpha = \sum_{k=0}^{c} \binom{n}{k} . p_{\theta_2}{}^{k} .(1 - p_{\theta_2})^{n-k} \tag{7.76}$$

Siendo c=r-1 y:

$$p_{\theta_1} = 1 - \exp\left(-\frac{\tau}{\theta_1}\right) \tag{7.77}$$

$$p_{\theta_2} = 1 - \exp\left(-\frac{\tau}{\theta_2}\right) \tag{7.78}$$

Si $\frac{\theta_1}{\tau} \geq 3$ y α y β son pequeños, entonces, se demuestra (Epstein) que:

$$n \leq \frac{r}{1-\exp\left(-\frac{\tau}{T}\right)} \qquad (7.79)$$

Los valores de T y de r se obtienen como en el punto 7.3.3.1 de la expresión 7.71 y de la desigualdad 7.65.

7.3.3.2. Ensayo truncado por fallas con y sin reemplazo.

Los datos útiles al ensayo son en general α, β, θ_1, θ_2. El valor de r puede calcularse a partir de la desigualdad 7.65. El tiempo de ensayo suficiente para la aceptación será el de la expresión 7.73. El número n de elementos a ensayar surge de consideraciones económicas.

Así, llamando:

$C_1 \equiv$ Costo horario del ensayo, suponiendo independencia respecto del número de elementos bajo prueba.
$C_2 \equiv$ Costo de un elemento a ensayar.
$C_3 \equiv$ Costo por elemento de la puesta en marcha del ensayo.
$\tau \equiv$ Estimación del tiempo del ensayo.
$r \equiv$ Número de elementos fallados al final del ensayo.

Si el ensayo es sin reemplazo, entonces será $n \geq r$ y τ será:

$$\tau = \theta_1 . \sum_{i=1}^{r} \frac{1}{(n-i+1)} \qquad (7.80)$$

Entonces el costo total del ensayo C_T será:

$$C_T = C_1 . \theta_1 . \sum_{i=1}^{r} \frac{1}{(n-i+1)} + C_2 . n + C_3 . n \qquad (7.81)$$

C_T pasa por un mínimo que varia desde n=r y tiende a infinito. Si el ensayo es con reemplazo, entonces el estimador del tiempo de ensayo será:

$$\tau = \frac{r.\theta_1}{n} \qquad (7,82)$$

y el costo total del ensayo :

$$C_T = \frac{C_1.\theta_1.r}{n} + C_2.(n + r - 1) + C_3.n \qquad (7.83)$$

C_T tendrá un mínimo en:

$$n = \sqrt{\frac{C_1.\theta_1.r}{(C_2 + C_3)}} \qquad (7.84)$$

7.3.4. Planes de ensayo doble.

Consiste en realizar un ensayo de duración τ_1, fijando los límites de aceptación y rechazo como se vio en 7.3.3. Sea A_1 el número de aceptación y A_2 el número de rechazo. Si el número de elementos fallados es menor que A_1 se acepta el lote. Si en cambio es mayor que A_2 se rechaza el lote. Por otro lado si el número de elementos fallados se encuentra entre esos límites, entonces se pasa a otro ensayo de duración τ_2. Se suman las cantidades de fallados y si esta suma es menor que A_2 se acepta el lote, caso contrario se rechaza el mismo. En la Fig.7.17 se observa este esquema de trabajo.

Luego la probabilidad de aceptación será:

$$Pr[(X_1 \leq A_1) \cup (X_1 + X_2 \leq A_2)] \qquad (7.85)$$

Siendo:

$X_1 \equiv$ número de elementos fallados en el ensayo #1 de duración τ_1.
$X_2 \equiv$ número de elementos fallados en el ensayo #2 de duración τ_2.
$A_1 \equiv$ límite inferior del número de elementos fallados en el ensayo doble.
$A_2 \equiv$ límite superior del número de elementos fallados en el ensayo doble.

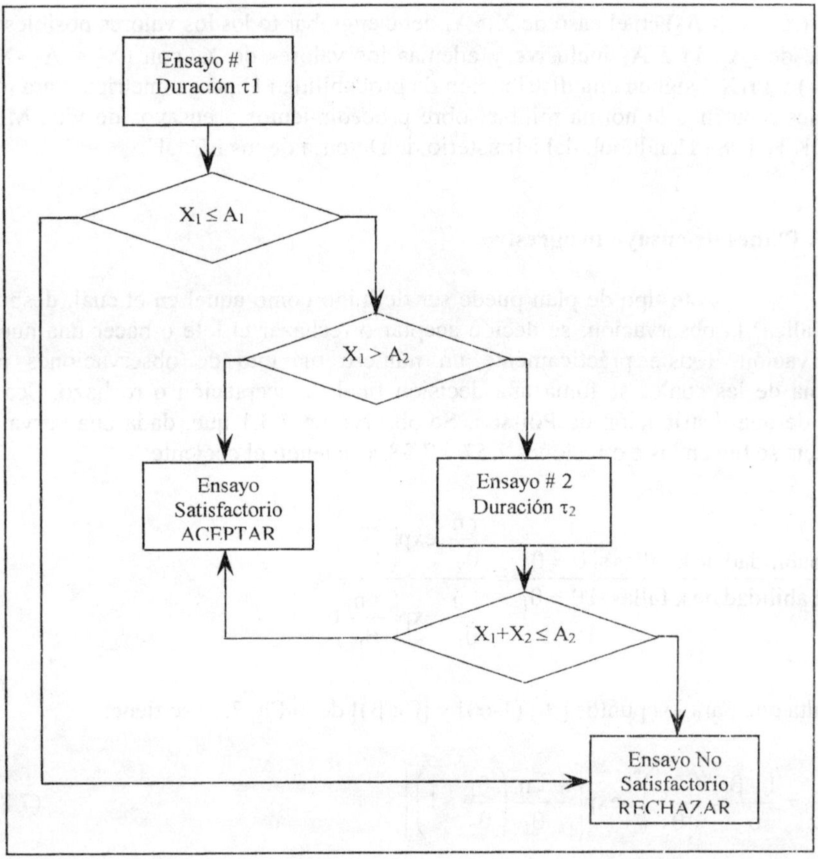

Fig.7.17 – Metodología del Plan de Ensayo Doble

Entonces la probabilidad de aceptación será:

$$\Pr(X_1 \leq A_1) + \Pr(X_1 + X_2 \leq A_2) \tag{7.86}$$

Desarrollando el segundo término:

$$\Pr(X_1 \leq A_1) + \sum_{X_1 = A_1 + 1}^{A_2} \Pr(X_1).\Pr(X_2 \leq A_2 - X_1) \tag{7.87}$$

La $Pr(X_1+X_2 \leq A_2)$ en el caso de $X_1>A_1$ debe englobar todos los valores posibles de X_1 desde (A_1+1) a A_2 inclusive y además los valores de X_2 con $(X_2 \leq A_2 - X_1)$. $Pr(X_1)$ y $Pr(X_2)$ siguen una distribución de probabilidad Hipergeométrica. Para más detalles recurrir a la norma militar sobre procedimientos y ensayos de vida MIL-HDBK H-108 / Handbook del Ministerio de Defensa de los EE.UU.

7.3.5. Planes de ensayo progresivo.

Este tipo de plan puede ser definido como aquel en el cual, después de realizar la observación, se decide aceptar o rechazar el lote o hacer una nueva observación. Existe prácticamente un número máximo de observaciones por encima de las cuales se toma una decisión final de aceptación o rechazo. Sea el caso de una distribución de Poisson. Se observó en 7.3.1 que, dada una curva de eficacia se tienen las expresiones 7.57 y 7.58. Haciendo el cociente:

$$\frac{\text{Probabilidad de k fallas si } \theta = \theta_2}{\text{Probabilidad de k fallas si } \theta = \theta_1} = \frac{\frac{\tau.n}{\theta_2}.\exp\left(\frac{\tau.n}{\theta_2}\right)}{\frac{\tau.n}{\theta_1}.\exp\left(\frac{\tau.n}{\theta_1}\right)}$$

Resulta que para los puntos $[\theta_1; (1-\alpha)]$ y $[\theta_2; \beta)]$ de la Fig.7.16 se tiene:

$$\frac{\beta}{1-\alpha} = \frac{1-\beta}{\alpha} = \left(\frac{\theta_1}{\theta_2}\right)^k.\exp\left[-\frac{\tau.n}{\theta_1}.\left(\frac{\theta_1}{\theta_2}-1\right)\right] \qquad (7.88)$$

Tomando logaritmo natural, se tiene:

$$\ln\frac{\beta}{1-\alpha} = k.\ln\left(\frac{\theta_1}{\theta_2}\right).\exp\left[-\frac{\tau.n}{\theta_1}.\left(\frac{\theta_1}{\theta_2}-1\right)\right] \qquad (7.89)$$

$$\ln\frac{1-\beta}{\alpha} = k.\ln\left(\frac{\theta_1}{\theta_2}\right).\exp\left[-\frac{\tau.n}{\theta_1}.\left(\frac{\theta_1}{\theta_2}-1\right)\right] \qquad (7.90)$$

En un sistema de coordenadas cartesianas ortogonales [k; ($\tau.n / \theta_1$)] las 7.89 y 7.90 representan dos rectas de igual pendiente y distinta ordenada al origen. Ver Fig.7.18. Así:

$$\frac{\tau.n}{\theta_1} = \frac{k.\ln\left(\frac{\theta_1}{\theta_2}\right) - \ln\frac{\beta}{1-\alpha}}{\frac{\theta_1}{\theta_2} - 1} \qquad (7.91)$$

$$\frac{\tau.n}{\theta_1} = \frac{k.\ln\left(\frac{\theta_1}{\theta_2}\right) - \ln\frac{1-\beta}{\alpha}}{\frac{\theta_1}{\theta_2} - 1} \qquad (7.92)$$

La expresión 7.91 es la de la denominada *recta de aceptación* y la 7.92 es la de la denominada *recta de rechazo* .En consecuencia puede escribirse:

$$\frac{\tau.n}{\theta_1} = \frac{k.m}{\theta_1} - \frac{b_1}{\theta_1} \qquad (7.93)$$

$$\frac{\tau.n}{\theta_1} = \frac{k.m}{\theta_1} - \frac{b_2}{\theta_1} \qquad (7.94)$$

Con:

$$m = \frac{\theta_1.\ln\left(\frac{\theta_1}{\theta_2}\right)}{\frac{\theta_1}{\theta_2} - 1} \qquad (7.95)$$

$$b_1 = \frac{\theta_1.\ln\left(\frac{\beta}{1-\alpha}\right)}{\frac{\theta_1}{\theta_2} - 1} \qquad (7.96)$$

$$b_1 = \frac{\theta_1 . \ln\left(\frac{1-\beta}{\alpha}\right)}{\frac{\theta_1}{\theta_2} - 1} \qquad (7.97)$$

Si el ensayo es sin reemplazo, entonces τ.n debe ser cambiado por:

$$\sum_{i=1}^{r} t_i + (n-r).t_r \qquad (7.98)$$

de acuerdo a 7.1.2.2.

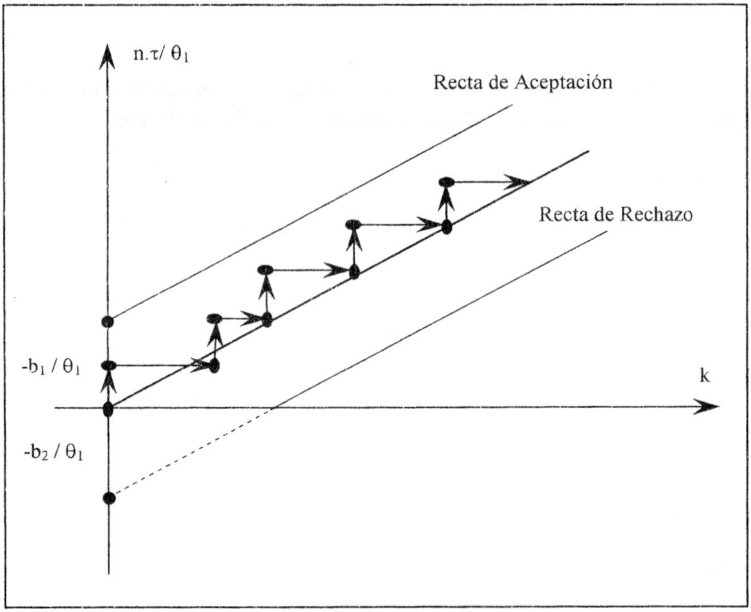

Fig.7.18 – Evolución de un Ensayo Progresivo

Puede darse el caso de un ensayo progresivo que no termine nunca, es decir que los distintos pasos del ensayo caigan siempre dentro del área comprendida entre las rectas de aceptación y la de rechazo.

A los fines de evitar este inconveniente se trunca el ensayo como se observa en la Fig.7.19, mediante sendas rectas A y R. Epstein propone un trunque en $k_0 = 3.r$, siendo r el número de elementos fallados en un ensayo truncado con reemplazo que responda a una curva de igual eficacia. Este límite afecta poco los riesgos α y β, no obstante ello el valor límite de los primeros miembros de las 7.93 y 7.94 resulta alto, como así también el de k_0.

Para más detalles sobre otros truncamientos, recurrir a la norma militar sobre procedimientos y ensayos de vida MIL-HDBK.H-108 / Handbook del Ministerio de Defensa de los EE.UU.

El tiempo mínimo de ensayo antes de decidir aceptar es el que corresponde al punto $-b_1/\theta_1$ donde la recta de aceptación corta al eje del tiempo. En la práctica se toma el tiempo de aceptación correspondiente a k=1. El número de elementos fallados mínimo antes de decidir rechazar es el que corresponde a punto donde la recta de rechazo corta al eje k. En la práctica se toma un valor de k inmediatamente superior, para el cual se tiene un valor mínimo para el tiempo de ensayo y para rechazo.

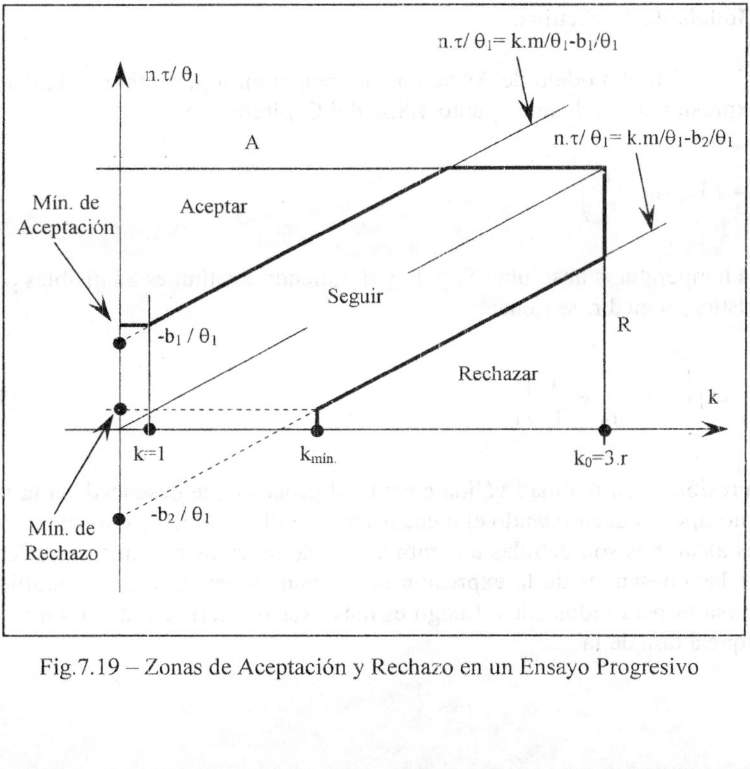

Fig.7.19 – Zonas de Aceptación y Rechazo en un Ensayo Progresivo

7.4. Ensayos acelerados.

Cuando se requiere obtener resultados de ensayos rápidamente, a efectos de realimentar información a los distintos sectores productivos, es que se recurre a este tipo de pruebas. Por lo tanto, un factor inherente a este tipo de ensayos es la reducción del tiempo de prueba y eventualmente del costo. Este es otro parámetro para tener en cuenta.
Un ensayo menos extenso no es necesariamente más barato, depende de varios factores, entre ellos, del equipo a utilizar. Una buena programación de las pruebas es muchas veces la solución de todos los problemas. Existen actualmente varias técnicas al respecto, originadas en los modelos utilizados como hipótesis de trabajo. Uno de los modelos es el denominado modelo cinético-químico o de Arrhenius basado en la energía de activación .Ver Capítulo 3, punto 3.8.2. Otro es el modelo de esfuerzo-resistencia (Del inglés stress-strengh), que tiene en cuenta la microestructura del material de base y su comportamiento ante distintas solicitaciones.

7.4.1. Modelo de Arrhenius.

En el modelo de Arrhenius, la temperatura juega un rol fundamental. Así la expresión de Arrhenius, punto 3.8.2. del Capítulo 3, es:

$$\lambda = \frac{k}{m} = c.\overline{T}.\exp\left(-\frac{b}{T}\right) \qquad (7.99)$$

Para dos temperaturas absolutas T_1 y T_2 y definiendo los límites admisibles para las características a medir, se tiene:

$$\lambda_2 = \lambda_1.\exp\left[-b.\left(\frac{1}{T_2}-\frac{1}{T_1}\right)\right] \qquad (7.100)$$

Esta expresión es en realidad válida cuando el proceso que desencadena la falla es de un solo tipo, es decir cuando el mecanismo de falla es único y conocido. Cuando las fallas aleatorias son debidas a combinación de diversos mecanismos diferentes, entonces las constantes de la expresión de Arrhenius tienen poca probabilidad de ser las mismas para todos ellos. Luego es más exacto referirse a duración o tiempo de vida que a tasa de fallas:

$$t_2 = t_1.\exp\left[-b.\left(\frac{1}{T_2}-\frac{1}{T_1}\right)\right] \tag{7.101}$$

Dos son en general las técnicas de ensayo utilizadas. La primera consiste en realizar ensayos a diferentes temperaturas, de tal forma que el número de elementos a ensayar sea tal que se presenten igual cantidad de fallas para una misma duración del ensayo. Es decir que si para una diferencia de temperaturas de 50 a 60 CEL se divide por dos la duración o tiempo de vida, el número de elementos a ensayar será dos veces mas pequeño a 60 CEL que a 50 CEL.
La segunda técnica es la más utilizada y consiste en realizar ensayos a incrementos de temperatura escalonados fijos. Son en general ensayos completos y de periodos de tiempo prefijados iguales. El conjunto de elementos se mantiene constante en número.
Será necesario definir:

- $t_i \equiv$ La duración de cada escalón de temperatura.
- $T_i \equiv$ La dimensión de cada escalón de temperatura.

Los escalones de temperatura deben ser lo suficientemente grandes como para que los componentes no conserven la memoria de lo sucedido en el escalón anterior y lo suficientemente pequeños como para que todos los componentes no fallen en un solo escalón de temperatura.

Así para cada conjunto de N componentes bajo ensayo se tendrá:

$t_1 \rightarrow\ T_1 < T_2 < T_3 <.....< T_{n-1} < T_n$
$t_2 \rightarrow\ T_1 < T_2 < T_3 <.....< T_{n-1} < T_n$
$t_3 \rightarrow\ T_1 < T_2 < T_3 <.....< T_{n-1} < T_n$
....
$t_m \rightarrow\ T_1 < T_2 < T_3 <..... < T_{n-1} < T_n$

Con: $t_1 < t_2 < t_3 < ....< t_m$

Sea que se suponga que la función de distribución de fallas es normal. En un gráfico del tipo normal – lineal, como el de la Fig.7.20 se lleva en ordenadas la función de distribución de probabilidad y el parámetro acelerador en abscisas, es decir la temperatura o su inversa.
En la Fig.7.20 se observan cuatro ensayos de diferente duración de escalones: 20 min., 2 hs., 24 hs. y 180 hs.

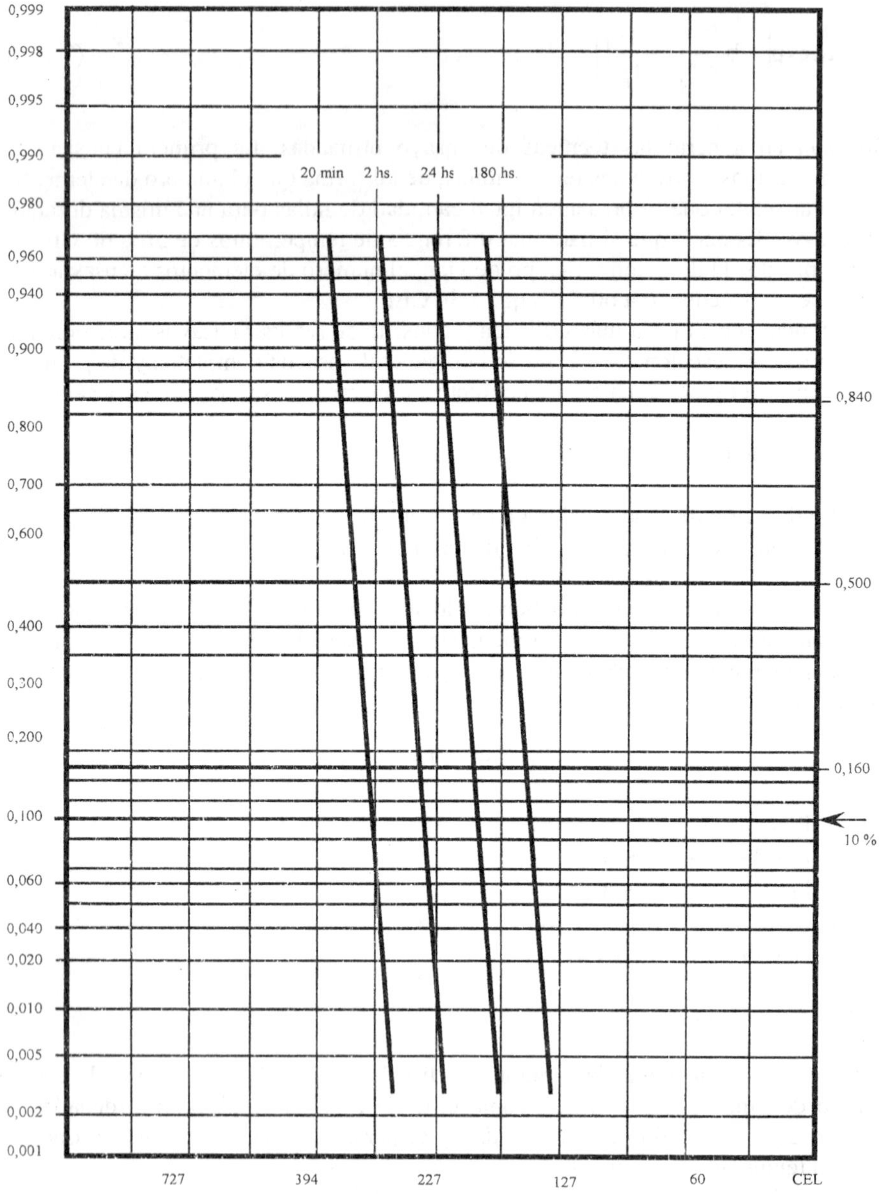

Fig.7.20 – Ensayo acelerado en función de la temperatura.

A partir de estas curvas es posible trazar la función temperatura – tiempo de vida de la Fig.7.21, para, por ejemplo, un 10 % de elementos fallados, es decir $F^T(t)=0,1$. La duración del funcionamiento podría ser: 20 min. a 260 CEL, 2 hs. a 205 CEL, 24 hs. a 166 CEL y 180 hs. a 122 CEL.
Es posible de la Fig.7.20 extrapolar duraciones de vida para temperaturas menores que 122 CEL. Así para 70 CEL, se tiene una duración de funcionamiento de 2000 hs. para un 10 % de elementos fallados.

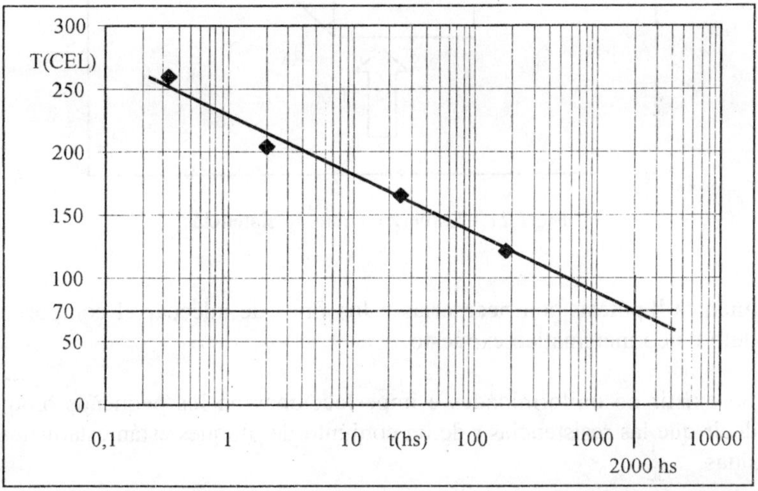

Fig.7.20 – Ensayo acelerado. Tiempo versus Temperatura.

7.4.2. Modelo Esfuerzo - Resistencia.

Todo cuerpo material como se observa en la Fig.7.21 puede ser considerado como formado por pequeños bloques sobre los que se ejercen acciones, esfuerzos y solicitaciones provenientes del medio exterior al cuerpo. Llámese a tales acciones, condiciones de prueba o ensayo u. Por otro lado estos pequeños bloques presentan una resistencia r a esa solicitación del medio externo.
Cuando resulta $u > r$ el elemento falla, es decir deja de poseer las propiedades que lo hacían útil dentro del cuerpo material. Si $u \leq r$ el elemento no falla, sigue siendo útil.

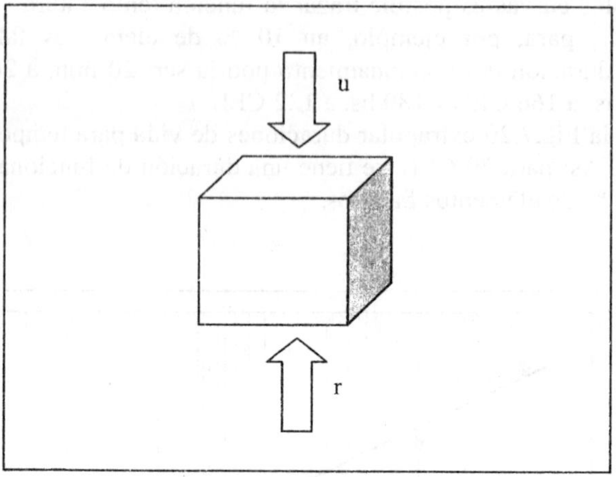

Fig.7.21 – Esfuerzo versus Resistencia

Las siguientes hipótesis son necesarias a los fines de adecuar el comportamiento del modelo físico-matemático expuesto:

i. Al no existir no uniformidades e imperfecciones en los pequeños bloques, se puede decir que las resistencias r de un conjunto de bloques están estadísticamente distribuidas.

ii. Existen varios y diferentes factores que fijan las resistencias r de cada conjunto de bloques y cada uno de estos factores tiene una distribución asociada.

iii. Para casi todas las combinaciones de estas distribuciones se cumple el teorema central del límite. Llamando:

$g^R(r) \equiv$ pdf asociada a las resistencias
$h^U(u) \equiv$ pdf asociada a los esfuerzos o solicitaciones.

Estas funciones serán aproximadamente normales, como se observa en la Fig. 7.22.

iv. A los efectos de evitar problemas conceptuales que surgen cuando las variables aleatorias u y r son negativas, se considera que las áreas de $g^R(r)$ y $h^U(u)$ para

$-\infty < r < 0$ y $-\infty < u < 0$ son despreciables. En otras palabras, para ambas funciones $\sigma/\mu \approx 0$.

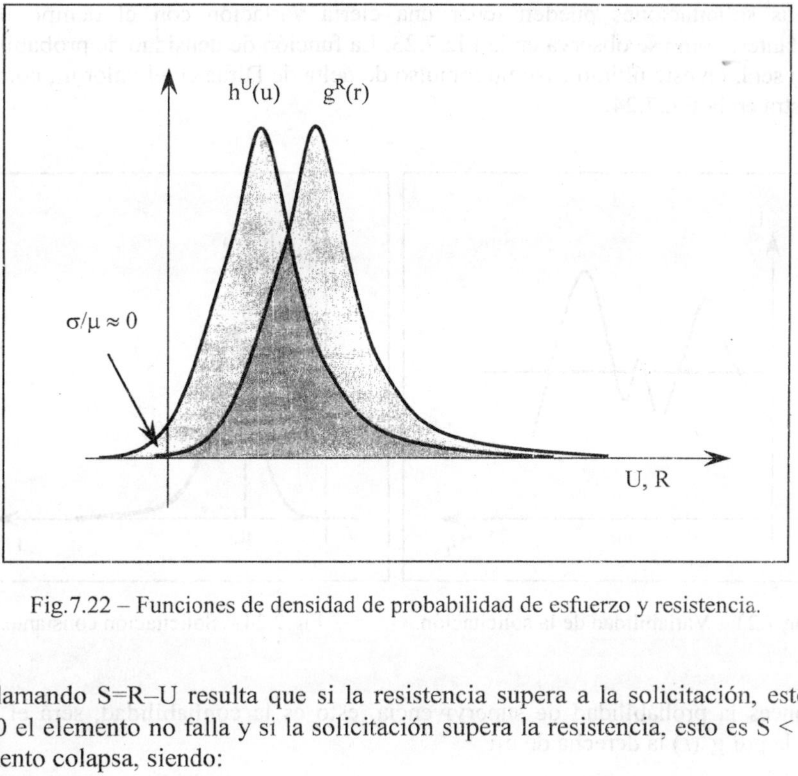

Fig.7.22 – Funciones de densidad de probabilidad de esfuerzo y resistencia.

v. Llamando S=R–U resulta que si la resistencia supera a la solicitación, esto es $S \geq 0$ el elemento no falla y si la solicitación supera la resistencia, esto es $S < 0$ el elemento colapsa, siendo:

$$E(S)=E(R)-E(U) \tag{7.102}$$

$$Var(S)=Var(R)+Var(U) \tag{7.103}$$

$\varphi^S(s)$ será la nueva pdf de la variable S=R–U. Entonces las probabilidades de falla p_f y la de supervivencia p_s serán:

$$p_f = \int_{-\infty}^{0} \varphi^S(s).ds \tag{7.104}$$

$$p_s = \int_0^{\infty} \varphi^S(s).ds \tag{7.105}$$

vi. Las solicitaciones pueden tener una cierta variación con el tiempo o ser constantes, como se observa en la Fig.7.23. La función de densidad de probabilidad $h^U(u)$ será, en este último caso un impulso de delta de Dirac en el valor u_1, como se muestra en la Fig.7.24.

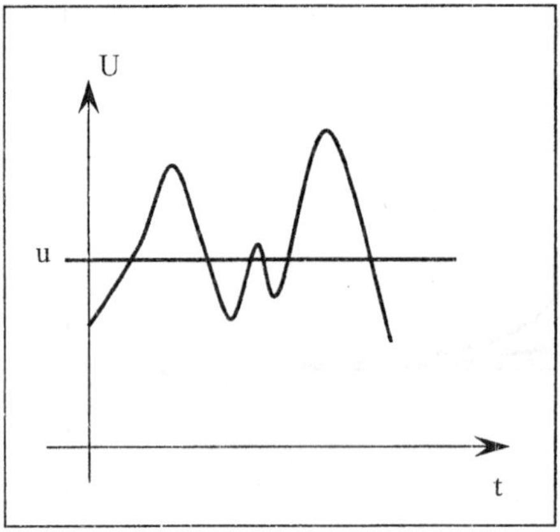

Fig.7.23 – Variabilidad de la solicitación.

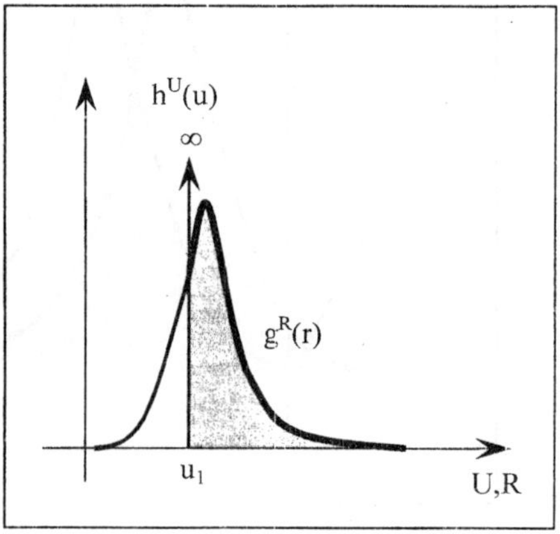

Fig.7.24 – Solicitación constante.

Entonces la probabilidad de supervivencia, esto es la confiabilidad, será el área bajo la pdf $g^R(r)$ la derecha de u_1:

$$p_s = \int_{u_1}^{\infty} g^R(r).dr \tag{7.106}$$

y la de falla:

$$p_f = \int_0^{u_1} g^R(r).dr \tag{7.107}$$

Pues $\sigma / \mu \approx 0$.

A partir de estas seis hipótesis y mediante la introducción de un modelo de Weibull de resistencias es posible establecer relaciones básicas entre tasas de fallas valores del parámetro acelerador U. Así si $g^R(r)$ es del tipo Weibull con parámetro de localización γ nulo:

$$g^R(r) = \beta.\left(\frac{r}{\eta}\right)^{\beta}.\exp\left[-\left(\frac{r}{\eta}\right)^{\beta}\right] \quad (7.108)$$

Entonces la probabilidad de supervivencia será:

$$p_s(u_1) = \int_{u_1}^{\infty} \beta.\left(\frac{r}{\eta}\right)^{\beta}.\exp\left[-\left(\frac{r}{\eta}\right)^{\beta}\right].dr = \exp\left[-\left(\frac{u_1}{\eta}\right)^{\beta}\right] \quad (7.109)$$

$p_s(u_1)$ es la función confiabilidad $C^T(u_1,t)$, donde la dependencia con el tiempo aparece en η^{β}. Llamando $K(u_1,t)=1/\ \eta^{\beta}$ se tiene:

$$p_s(u_1) = \exp\left[K(u_1,t).u_1^{\beta}\right] \quad (7.110)$$

La experiencia, hasta el momento indica una variación exponencial con el tiempo para $K(u_1,t)$ del tipo:

$$K(u_1,t) = K_1(u_1).\exp(K_2.t) \quad (7.111)$$

Si se toma $K(u_1,t) \approx K(\ t\ )$, es decir solo función del tiempo, resulta:

$$K(u_1,t) \approx K(t) = K_1.\exp(K_2.t) \quad (7.112)$$

Esta última expresión puede expandirse en serie de potencias, conservando únicamente los términos de interés. En la Fig.7.25 se observan las distintas formas de variación de K(t) con las sucesivas aproximaciones. Por otro lado $K_1(u_1)$ puede especificarse, estableciendo su dependencia con el esfuerzo o solicitación, de forma de concertar el modelo físico con la realidad. Luego considerando la 7.110, la probabilidad de supervivencia o confiabilidad será:

$$C(u_1,t) = \exp\left[-K_1.u_1^{\beta}.\exp(K_2.t)\right] \quad (7.113)$$

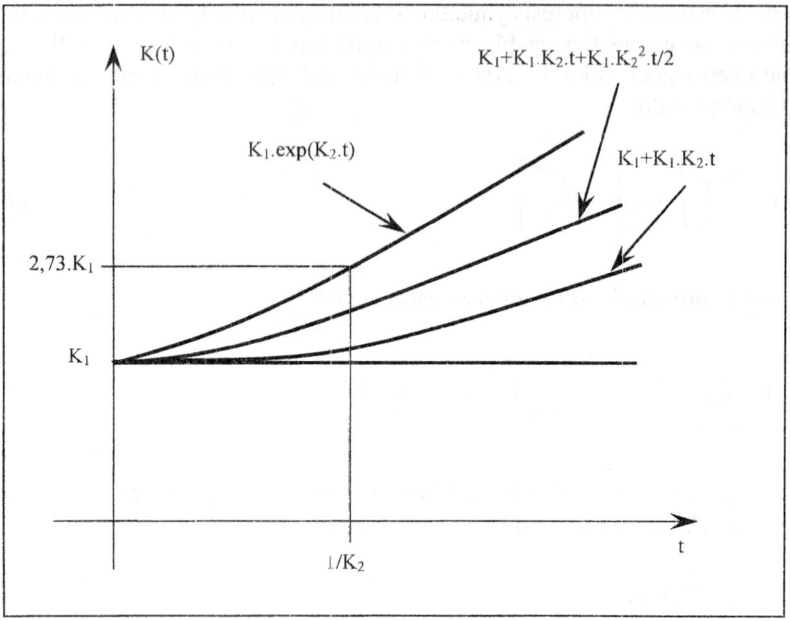

Fig.7.25 – Expansión en serie de potencias de K(t)

Reteniendo de la expansión en serie de potencias de k(t) los dos primeros términos, se tiene:

$$C(u_1, t) = \exp\left[-(K_1.u_1^{\beta} + K_1.K_2.u_1^{\beta}.t)\right]$$
(7.114)

Establézcase ahora una comparación entre las funciones de confiabilidad para dos condiciones distintas, observándose los efectos operativos bajo dos exigencias u_1 para el tiempo t_1 y u_2 para el tiempo t_2. Es decir:

$$C(u_1, t_1) = C(u_2, t_2) \quad (7.115)$$

Así:

$$\exp\left[-(K_1.u_1^{\beta} + K_1.K_2.u_1^{\beta}.t_1)\right] = \exp\left[-(K_1.u_2^{\beta} + K_1.K_2.u_2^{\beta}.t_2)\right] \quad (7.116)$$

Esta expresión puede simplificarse asumiendo que la probabilidad de falla para t=0 es baja, como ocurre, por ejemplo en ensayos del tipo Burn In. Bajo estas premisas se tiene:

$$C(u_1,0) \equiv \exp\left[-(K_1.u_1^{\beta}\right] \approx 1$$

$$C(u_2,0) \equiv \exp\left[-(K_1.u_2^{\beta}\right] \approx 1$$

Y de aquí:

$$\exp\left[-(K_1.K_2.u_1^{\beta}.t_1)\right] = \exp\left[-(K_1.K_2.u_2^{\beta}.t_2)\right] \qquad (7.117)$$

Tomando logaritmos naturales en ambos miembros, resulta:

$$\frac{t_1}{t_2} = \left(\frac{u_2}{u_1}\right)^{\beta} \qquad (7.118)$$

Siendo $\left(\frac{u_2}{u_1}\right)^{\beta}$ el coeficiente o factor de aceleración. Entonces puede ponerse:

$$\frac{\lambda_1}{\lambda_2} = \frac{t_2}{t_1} = \left(\frac{u_1}{u_2}\right)^{\beta} = a^{\beta} \qquad (7.119)$$

considerando como prioritario un determinado mecanismo de falla. En la Fig. 7.26 puede observarse está última expresión. Todo ello permite clasificar el ensayo en tres tipos bien definidos:

- Ensayos fuertemente acelerados, $\beta > 1$.
- Ensayos escasamente acelerados, $\beta < 1$.
- Ensayos medianamente acelerados, $\beta = 1$.

Téngase claro que el factor de forma β corresponde a la distribución de probabilidad de las resistencias del elemento y no a la de probabilidad de fallas. Las frecuencias de fallas para t = 0, pueden ser utilizadas para estimar valores de β y K_1.

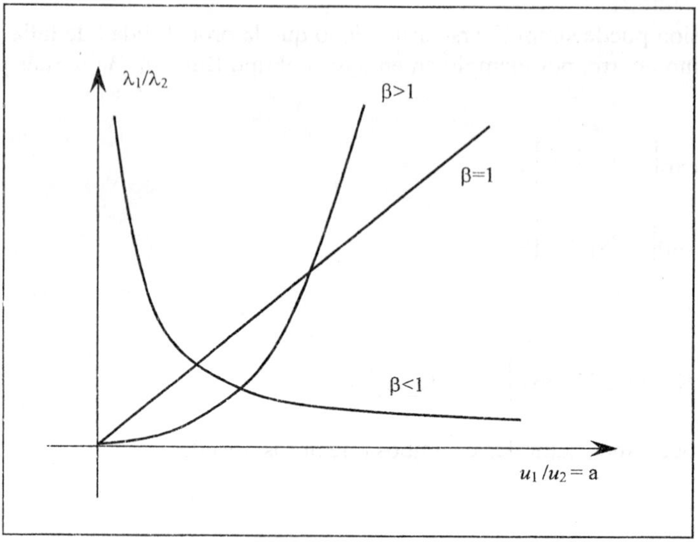

Fig.7.26 – Clasificación de ensayos acelerados.

Así, si n_1 es el número inicial de elementos fallados ante una solicitación u_1 y n_2 es el número inicial de elementos fallados ante una solicitación u_2, siendo N el número total de elementos bajo prueba, entonces:

$$\frac{N}{n_1} \equiv \exp\left[-(K_1.u_1^{\beta}\right]$$

$$\frac{N}{n_2} \equiv \exp\left[-(K_1.u_2^{\beta}\right]$$

Sistema de dos ecuaciones con dos incógnitas β y K_1 de fácil resolución. Un caso conservativo resulta para β=2, con lo cual la distribución de resistencias del elemento pasa a ser la de Rayleigh en lugar de la de Weibull y la relación entre tasas de fallas y solicitaciones resulta las siguiente:

$$\frac{\lambda_1}{\lambda_2} = \frac{t_2}{t_1} = \left(\frac{u_1}{u_2}\right)^2 = a^2 \qquad (7.122)$$

CAPITULO 8

CONFIABILIDAD DE SOFTWARE

8.1. Generalidades.

En el diseño de un sistema electrónico, es necesario tener en cuenta tres elementos fundamentales a saber:

- La estructura circuital de la electrónica asociada denominada usualmente hardware.
- La estructura lógica o programa que permite el funcionamiento adecuado de la estructura circuital sobre la cual se soporta, denominada usualmente software.
- Interfase operativa, a cargo de seres humanos, que toman acciones de acuerdo a la información que presenta el sistema.

El análisis de la confiabilidad del hardware puede ser resuelto con el apoyo de las técnicas descriptas en los capítulos anteriores.
Sobre la interfase operativa existe mucha discusión sobre todo en lo que respecta al modelo del operador humano. Los mayores esfuerzos han sido volcados sobre el estudio del comportamiento del ser humano dentro de los sistemas de control. No es mucho lo que se ha trabajado en lo que respecta al problema de la estimación de la confiabilidad del ser humano dentro del sistema. Un problema típico resulta de la cantidad de información provista en los tableros de control de un sistema. Esta

debe ser la necesaria y suficiente para que el ser operador pueda manejarla y tomar alguna acción en consecuencia. Aquí son dos las situaciones que se pueden presentar al operador:

- La presentación de la información es fluctuante y el operador toma acciones de acuerdo a la variación de la información presentada. En este caso todas las lecturas son equiprobables e independientes con lo cual la cantidad de información en bits será:

$H = \log_2 n$ (8.1)

Donde:

n=Cantidad de lecturas distintas, equiprobables e independientes de la presentación de la información.
H=Cantidad de información de la presentación de la información en bits.

- La presentación de la información no es fluctuante (ocasionalmente puede serlo) y el operador debe controlar el sistema de acuerdo a dicha fluctuación de la información. En este caso una lectura predomina sobre las demás y la expresión 8.1 debe ser modificada.

Uno de los modelos que contempla el tiempo requerido para el procesamiento de información del ser humano en estas situaciones es:

$\tau = a + b.H$ (8.2)

Donde:

τ=Tiempo de respuesta del ser humano en seg.
a=Límite inferior de la respuesta del ser humano $\cong$ 0,2 seg.
b=Inversa de la tasa de manejo de información del ser humano $\cong$ 15 bits/seg.
H=Cantidad de información de la presentación de la información en bits.

Respecto del software es bastante lo que se ha trabajado para el análisis de su confiabilidad, como así también en la estimación de los parámetros característicos de los modelos utilizados, sobre todo por el hecho de que en los proyectos de sistemas electrónicos actuales el software ocupa un lugar de verdadera importancia en lo que respecta a costos.

En la Fig.8.1 se observa la variación de los costos relativos durante las décadas que van de los años 55 a los 85, durante las cuales el progreso de la inserción del software en los sistemas electrónicos fue espectacular.

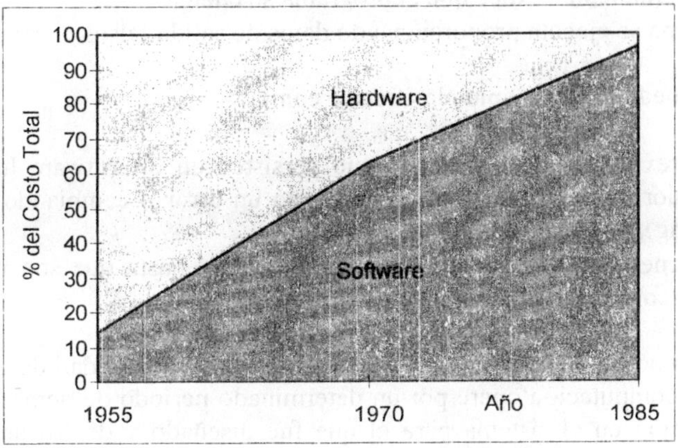

Fig. 8.1 - Relación de costos Hardware - Software

El software no puede ser tratado como un componente electrónico más, las fallas que presenta no son de la misma índole. No son ni catastróficas ni paramétricas.
El software ni se cortocircuita ni se abre en el sentido que estos términos pueden ser aplicados a un componente electrónico. Tampoco se degrada con el tiempo. Mientras que el hardware posee variabilidad el software no, de modo que las diferentes copias del mismo software poseen, simplemente, la variabilidad asociada al soporte físico que lo sustenta pero no al programa mismo. Si el entorno es el mismo el software se ejecutara siempre de la misma manera.
Es así que el análisis de la confiabilidad del software merece un tratamiento completamente distinto en función de la misma génesis de las fallas inherentes a un programa de computación. En adelante se utilizará la palabra software y programa de computación o simplemente programa, en forma indistinta.

8.2. Fallas y errores de un software.

Las fallas de un software se deben a errores presentes en el mismo al momento de ejecutarse. A estos errores se los suele denominar bugs. La fallas pueden ser de dos tipos diferentes:

- El programa falla antes de terminar su ejecución sin proporcionar datos de salida. Literalmente se dice que el programa se cuelga.
- El programa se ejecuta proporcionando datos de salida falsos o erróneos.

Los errores pueden en principio clasificarse como:

- Errores previos fijos que son los que persisten en el software luego que el programador ha trabajado en él corrigiendo un error o cambiando un código (Debugging).
- Errores generados que no existen en el software, hasta que son introducidos durante la corrección o debugging del mismo.

La Confiabilidad de un Software se define como: La probabilidad de que un dado programa de computación opere por un determinado período de tiempo sin errores de programación en el sistema para el que fue diseñado y dentro de los límites especificados para el mismo. Sea, formalmente:

E=Conjunto de entradas posibles del software.
S=Conjunto de salidas posibles del software.
F*= Función programada (deseada o estimada).
F=Función ejecutada (real).

Entonces:

$$E = \{E_i / i=1,2,3,\ldots\ldots\ldots,N\} \qquad (8.3)$$

Con N = Cantidad de conjuntos de valores de entrada E_i que permiten correr el programa. El software falla cuando:

$$F(E_i) \neq F^*(E_i) \qquad (8.4)$$

En la Fig.8.2. se esquematiza esta situación. La medida del conjunto E' para el cual se verifica la expresión 8.4 constituye una estimación de la confiabilidad del software. En realidad la falla aparece cuando el flujo de datos de entrada interacciona con el o los errores remanentes en el programa, auto exponiéndolos (causa) mediante la falla (efecto). Es así, entonces que los errores pueden estar ocultos y solamente serán expuestos en el caso de que los datos de entrada interaccionen con ellos.

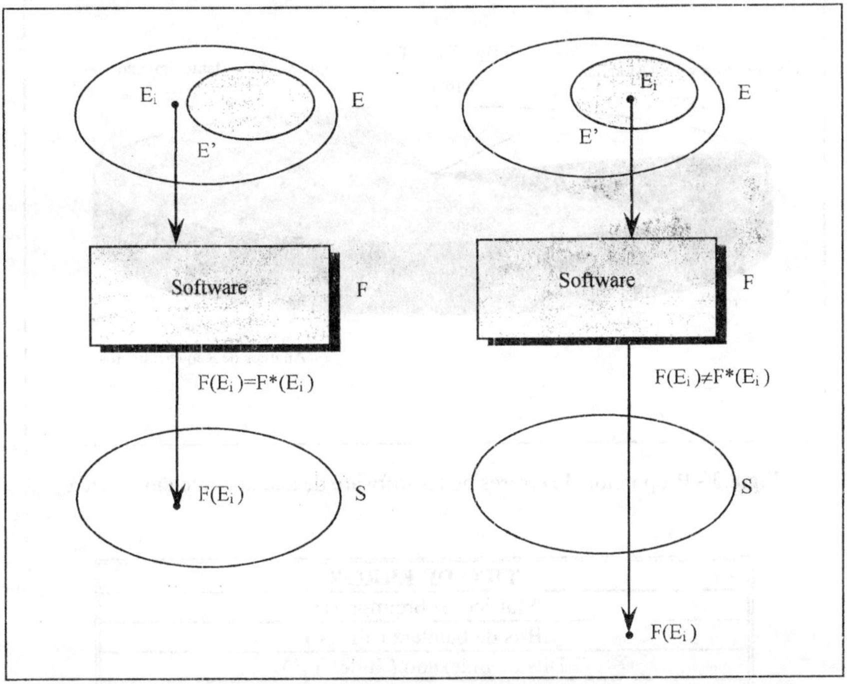

Fig.8.2 - Esquema de falla del software

Es por ello que el ambiente o entorno de trabajo del software debe estar bien definido mediante requerimientos consistentes. En el diagrama de torta de la Fig.8.3 se observan las fuentes principales de errores de un software de acuerdo al modelo de ciclo de vida del mismo. La principal fuente de errores se encuentra en el análisis de los requerimientos con un total del 55 %. En la Fig.8.4 se presenta una tabla donde se observan los errores clásicos que normalmente se exponen durante el debugging. Es así que la respuesta a la pregunta: Porqué falla el software? puede estar descripta por :

- Ignorancia de los requerimientos del usuario.
- Ignorancia del entorno a ambiente en el que se utiliza el software.

- Escaso flujo de información entre programador y usuario.
- Escasa documentación sobre el software.

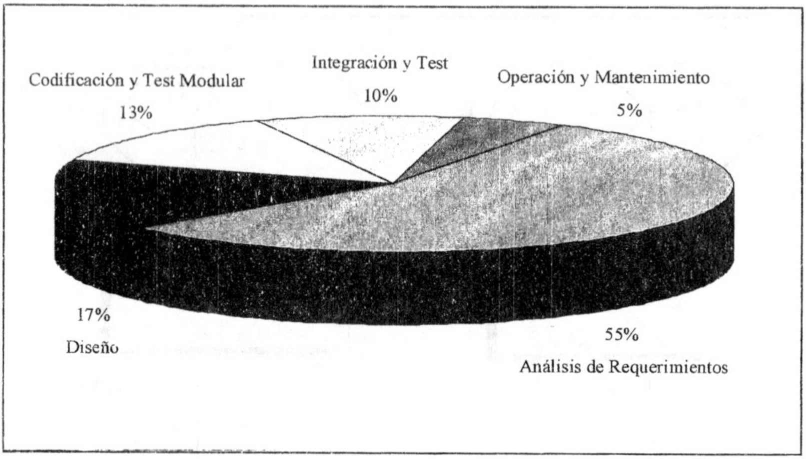

Fig.8.3 - Proporción de errores de un software de acuerdo al ciclo de vida

TIPO DE ERROR
Matrices sobreimpresas
Bits de bandera (Flags)
Bits de indexado (Indexing)
Bits de desplazamiento (Shifting)
Complementación aritmética
Puntero (Pointer)
Transferencia de control
Direccionamiento indirecto
Reinicio del programa

Fig.8.4 - Listado de errores clásicos de un software

8.3. Confiabilidad y Complejidad.

La complejidad de un programa de computación es una medida de la dificultad para llevar a cabo esa computación y está muy relacionada con su confiabilidad. Es evidente que cuanto más complejo sea el algoritmo de cómputo tanto mas probabilidad existe de que se cometan errores en su programación y por lo tanto de fallas del software y deterioro de su confiabilidad. Esta demostrado que bajando la complejidad de un software su confiabilidad mejora. Existen diversas teorías que permiten evaluar la complejidad del software. Algunas son más utilizadas que otras por su sencillez, sin embargo son dos las principales: La complejidad de McCabe y la teoría de Halstead. McCabe es uno de los pioneros en establecer una métrica de complejidad relacionada con las características topológicas de un grafo asociado a un diagrama de flujo. Por otro lado Halstead introduce una medida de complejidad basada en la teoría de la información.

8.3.1. Complejidad McCabe.

Thomas McCabe desarrolla una medida de complejidad basada en la teoría de grafos. Mucha de esta teoría esta reflejada en el trabajo de C.Berge. McCabe utiliza el denominado número ciclomático V(G) de un grafo G asociado a la estructura del diagrama de control del flujo de información de un software. Así, si el grafo posee n vértices, e bordes y p componentes separados, entonces es:

$$V(G)=e-n+p \qquad (8.5)$$

En un grafo fuertemente conexo, el número ciclomático V(G) es igual al máximo número de circuitos linealmente independientes. Una aplicación sencilla puede visualizarse a partir del grafo de la Fig.8.5. Dado un programa, se asocia al diagrama de control de flujo de información un grafo directo que tiene una única entrada a y una única salida f. Cada nodo en el grafo corresponde a un bloque de código en el programa, donde el flujo de información es del tipo secuencial. Los arcos corresponden a las distintas ramas o caminos tomados en el programa vía decisiones. Si el grafo es fuertemente conexo cada nodo puede ser alcanzado por el nodo de entrada y cada nodo puede alcanzar el nodo de salida. El grafo no es fuertemente conexo sin el arco #10 en línea de puntos. En general ningún software podrá asociarse a un grafo fuertemente conexo. Si se añade el camino #10 el grafo se convierte en fuertemente conexo y entonces podrá aplicarse a él, la teoría de grafos y en particular la expresión de la complejidad ciclomática que arrojará el número máximo de caminos linealmente independientes. Así para el ejemplo de la Fig.8.5 aplicando la expresión 8.5 se tiene:

n=10 (teniendo en cuenta el camino #10)
e=6
p=1 (existe sólo una parte separada)

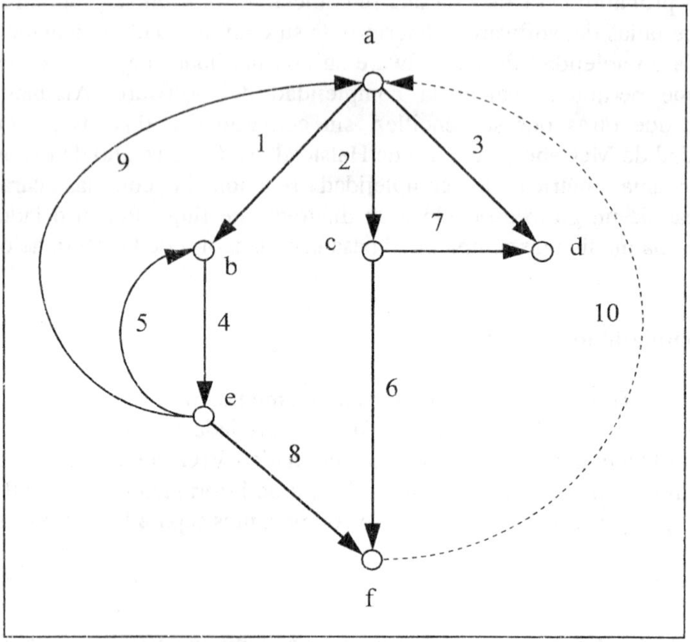

Fig.8.5 - Grafo asociado al diagrama de control de flujo de información de un software

Luego:

V(G)=10-6+1=5

Los cinco caminos linealmente independientes serán:

a - b - e - f - a
b - e - b
a - b - e - a
a - c - f - a
a - d - c - f - a

Cualquier otro circuito del grafo puede ser expresado como una combinación lineal de los cinco caminos básicos descriptos. Asi:

a - b - e - a - b - e - b - e - b - e - f = {a - b - e - a} + 2. {b - e - b} +{a - b - e - f - a}

Existen varias propiedades de la medida de la complejidad McCabe, a saber:

- $V(G) \geq 1$
- V(G) es el máximo número de caminos linealmente independientes.
- Insertar o eliminar líneas de código secuencial en G no afecta V(G).
- G tiene un solo camino si y solo si V(G)=1.
- Insertar un nuevo borde en G aumenta V(G) en una unidad.
- V(G) depende solo de la estructura de decisiones de G.

Para estructuras puramente secuenciales V(G)=1. Para estructuras de decisión simples como "If Then Else" o "Do While" será V(G) =2. El índice p será siempre la unidad si el programa es único y no admite niveles de subrutinas. Para el caso de que el programa posea varios niveles, el índice p será el número de niveles más el programa principal. McCabe provee además un cálculo sencillo por observación ya que la complejidad ciclomática para un grafo simple resulta también igual al número de regiones cerradas en que queda dividido el plano por el grafo. Por otro lado también puede evaluarse la complejidad ciclomática de un grafo simple .como el número de decisiones mas uno o en términos de sintaxis como el número de predicados más uno. Para el ejemplo de la Fig.8.5 existen cuatro decisiones, dos asociadas al nodo a y dos asociadas al nodo e.
Se ha verificado que con V(G)>10, los programadores tienen usualmente problemas de comprensión y de integración, por lo que se sugiere trabajar con complejidades ciclomáticas menores. Asimismo es posible utilizar esta misma métrica como herramienta de prueba haciendo exhaustiva e igual al número ciclomático la cantidad de pruebas mínima, de modo de testear los posibles caminos o circuitos del software.

8.3.2. Complejidad Halstead.

M. Halstead introduce una métrica de complejidad basada en la teoría de la información. Para un software codificado y siguiendo la notación de Halstead, se define:

η_1 = Cantidad de operadores distintos que aparecen el el software.
η_2 = Cantidad de operandos distintos que aparecen el el software.
N_1 = Cantidad total de ocurrencias de operadores en el software.
N_2 = Cantidad total de ocurrencias de operandos en el software.

Aunque los términos operadores y operandos tienen un significado intuitivo es necesario definir exactamente unos y otros a los fines de evitar ambigüedades. Por ejemplo un par de paréntesis es considerado un operador simple, como así también un par "begin-end". Un "level" es considerado un operador si es utilizado como fin de un "go to" pues esta trabajando como un elemento de control, caso contrario es considerado un comentario. Un "go to" aplicado a un "level" es considerado un operando. Halstead define la longitud del programa como:

$$N = N_1 + N_2 \tag{8.6}$$

y el *vocabulario* utilizado en el programa como:

$$\eta = \eta_1 + \eta_2 \tag{8.7}$$

En principio existen relaciones simples como:

$$\acute{N} \leq \eta \tag{8.8}$$

Es posible derivar un límite inferior para N como función de η. Es poco probable que un software tenga varias partes iguales es decir que posea substrings de longitudes mayores que η. De hecho cuando una porción de código es utilizado varias veces, entonces forma parte de un función o subrutina y es almacenada como una variable temporaria. Como es poco probable que repetidas porciones de código contengan todos los operandos y operadores, se puede asumir que un software de longitud N consiste en N/η substrings de longitud η, de modo que ninguno de ellos ocurra más de una vez en el software. Entonces para cualquier alfabeto de medida k, existen k^r strings de longitud r, de modo que se puede escribir:

$$\frac{N}{\eta} \leq \eta^{\eta} \tag{8.9}$$

De aquí:

$$N \leq \eta^{\eta+1} \tag{8.10}$$

Los operandos y operadores tienden a alternarse de modo el límite superior de la expresión 8.10 se puede refinar. Así:

$$N \leq \eta.\eta_1^{\eta_1}.\eta_2^{\eta_2} \qquad (8.11)$$

El límite superior debe incluir no solamente el conjunto ordenado de N elementos sino también contener todos los posibles subconjuntos de ese conjunto ordenado. La familia de todos los posibles subconjuntos de un conjunto de N elementos es la denominada potencia del conjunto. Esta familia posee 2^N elementos. Luego:

$$2^N = \eta_1^{\eta_1}.\eta_2^{\eta_2} \qquad (8.12)$$

De aquí tomando logaritmos en base 2 se tiene:

$$N = \eta_1.\log_2 \eta_1 + \eta_2.\log_2 \eta_2 \qquad (8.13)$$

La teoría de Halstead tiene varios problemas de interpretación en el sentido de que un software no es realmente un simple conjunto ordenado de elementos distintos, sino un string con posibles repeticiones.
Así si se tiene el string aba, el conjunto de todos los posibles strings obtenidos tomando cualquier subconjunto de estos será:

$\varnothing$, {a}, {b} , {c} , {ab} , {ba} , {aa} , {aba} , {baa} , {aab}

Este conjunto contiene más de 2^3=8 elementos y podría eventualmente contener menos. Algunas mediciones realizadas establecen un error relativo de aproximadamente 10% en el valor de N.
La longitud de un software es una razonable formalización del concepto de longitud pero no coincide con el concepto tradicional del término (número de caracteres en el código fuente, número de líneas de código, número de comandos, etc.).
La longitud física del programa (número de caracteres en el código) depende entre otros factores de la forma de identificar operadores y operandos. Halstead introduce el concepto de volumen de un software, a los fines de evitar esta dependencia que produce, en general, diferentes medidas para esencialmente el mismo software. Así:

$$V = (N_1 + N_2).\log_2(\eta_1 + \eta_2) = N.\log_2 \eta \qquad (8.14)$$

Intuitivamente el volumen de un software es el mínimo número de bits necesarios para codificarlo.

El volumen potencial V* se define como el mínimo volumen posible del software a los fines de codificar un determinado algoritmo. Para un determinado lenguaje de programación es posible tener un simple operador que ejecute una operación o cómputo de un determinado algoritmo. Sea éste OP y sean d_1, d_2, d_3,......., d_n , los datos de entrada y salida que este algoritmo maneja. El software más sucinto que ejecute esto será:

$$OP\ (d_1, d_2, d_3, \ldots\ldots, d_n) \tag{8.15}$$

Esto implica que $\eta_1=2$; $\eta_2=n$; $N_1=2$; $N_2=n$; luego:

$$V^* = (2+n).\log_2(2+n) \tag{8.16}$$

Donde n resulta el número de operandos de entrada-salida necesarios para el programa. Halstead introduce el nivel de abstracción para la formulación de un determinado algoritmo asumiendo que el nivel de abstracción máximo posible es aquel asociado a la formulación del algoritmo que lleve a un software de volumen potencial V*. Así:

$$L = \frac{V^*}{V} \tag{8.17}$$

Otra medida importante introducida por Halstead es el esfuerzo de programación definido como:

$$E = \frac{V}{L} = \frac{V^2}{V^*} \tag{8.18}$$

El esfuerzo de programación puede ser interpretado, según Halstead, como el número de discriminaciones mentales requeridas para implementar un software así también como el esfuerzo requerido para leer y comprender el software. El número de errores es definido por Halstead como:

$$B = \frac{V}{S^*} \tag{8.19}$$

Donde S* es el número de discriminaciones mentales entre errores. Halstead establece un valor empírico para S*=3000.En la Fig.8.6. se observa un programa en Pascal como ejemplo de aplicación de las métricas de Halstead. En la Fig.8.7 se observa el listado de operandos y operadores para la Función Pascal de la Fig.8.6.

```
FUNCTION wtag ( i : INTEGER ) : twochtag ;

BEGIN
         i := i MOD 7 ;
         IF i < 0 THEN i := 7 + i ;
         CASE i OF
            0 : wtag := so ;
            1 : wtag := mo ;
            2 : wtag := di ;
            3 : wtag := mi ;
            4 : wtag := don ;
            5 : wtag := fr ;
            6 : wtag := sa ;
         END ;
END { wtag } ;
```

Fig.8.6 - Función Pascal - Ejemplo

De aquí surgen los valores N_1=30, N_2=30, η_1=9 y η_2=16. Luego; N=60 y η=25. La aplicación de la métrica de Halstead arroja los siguientes valores:

V = 278,63
V* = 8
L = 0,0287
E = 9708,36
B = 0,093

8.4. Modelos de confiabilidad.

Los modelos de confiabilidad de software pueden ser clasificados en dos grandes grupos, los denominados macromodelos en los que no se tiene en cuenta la estructura interna del software y los micromodelos, en los que si se tiene en cuenta. A los primeros se los suele llamar también modelos de caja negra (Del inglés Black Box Models).
Existe una tercera categoría de modelos aplicativos que son los modelos de disponibilidad de software, utilizados a menudo durante la fase de operativa y de mantenimiento del software.

En el cuadro de la Fig.8.8 se observa la clasificación de modelos con sus nombres característicos, la mayoría de ellos coincidentes con el o los nombres de sus investigadores.

Operadores	**N_1**	**η_1**
:=	9	1
;	8	1
:	7	1
BEGIN .. END	1	1
CASE .. OF .. END	1	1
IF .. END	1	1
<	1	1
MOD	1	1
+	1	1
Total	**30**	**9**
Operandos	**N_2**	**η_2**
i	6	1
wtag	9	1
1	1	1
2	1	1
3	1	1
4	1	1
5	1	1
6	1	1
so	1	1
mo	1	1
di	1	1
mi	1	1
don	1	1
fr	1	1
sa	1	1
0	2	1
Total	**30**	**16**

Fig.8.7 - Listado de Operandos y Operadores
para la Función Pascal Ejemplo

8.4.1. Macromodelos.

Los macromodelos recurren al concepto de caja negra (Black Box), de modo de que el software es tratado como una caja negra y su comportamiento

delineado a través de los resultados emergentes de la aplicación de teorías que conforman modelos con parámetros característicos.
Los dos primeros macromodelos del cuadro de la Fig.8.8 son modelos basados en teoría estadística y no tienen en cuenta la variable tiempo en las estimaciones de los parámetros que de ellos se derivan. El resto de los macromodelos tiene en cuenta la variable tiempo y se conocen con el nombre de modelos de confiabilidad creciente (SRGM - Del inglés Software Reliability Growth Models).

MACROMODELOS
Modelo de Nelson
Modelo de Mills
Modelo de Shooman
Modelo de Jelinsky-Moranda
Modelo de Schick-Wolverton
Modelo de Musa
Modelo de Littlewood-Verral
Modelo de Goel-Okumoto
MICROMODELOS
Modelo de Shooman
MODELOS DE DISPONIBILIDAD
Modelo de Shooman-Trivedi

Fig.8.8 - Clasificación de los Modelos de Confiabilidad del Software

8.4.1.1. Modelo de Nelson.

El modelo de Nelson se basa en el dominio del conjunto de las entradas. Sea el esquema de falla propuesto en la Fig.8.2, y sea:

- E_i =Conjunto de valores de entradas que permiten correr el programa.
- F =Función programada (deseada o estimada).
- F*=Función ejecutada (real).
- P_i=Probabilidad de que el conjunto de valores de entrada E_i constituya realmente una entrada válida del programa (entorno).
- N=Cantidad de conjuntos de valores de entrada E_i que permiten correr el programa.
- X_i=Variable de modo que $X_i=0$; si $F(E_i)\neq F^*(E_i)$ y $X_i=1$; si $F(E_i)=F^*(E_i)$

Entonces, para una ejecución o corrida del programa será:

$$C(1)=\sum_{i=1}^{N} P_i.X_i \qquad (8.20)$$

Para n ejecuciones o corridas se verificará que:

$$C(n)=\prod_{j=1}^{n} C_j(1) \qquad (8.21)$$

Si la secuencia del conjunto de entradas no son seleccionadas en forma independiente. En caso contrario será:

$$C(n)=[C(1)]^n \qquad (8.22)$$

C(1) puede estimarse ejecutando el programa para varias secuencias de conjuntos de entradas de acuerdo a la función de distribución de probabilidades de E_i .
Así:

$$\hat{C}(1)=1-\frac{K_f}{K_t} \qquad (8.23)$$

Donde:

K_f=Número de corridas no exitosas
K_t=Número de corridas totales

Sea el siguiente ejemplo de un software que es corrido 264 veces, de las cuales 12 veces falla.
De todos los tipos de conjuntos de entradas, un conjunto de 120 entradas se presenta a la entrada del programa 60% de las veces y el resto, es decir 144 se presenta el 40% de las veces.
Por otro lado, de la cantidad total de ejecuciones fallidas, 3 se presentan cuando las entradas son del primer tipo y el resto cuando las entradas son del segundo tipo.

El calculo de C(1) será:

$$C(1)=\frac{3}{120}.0,6+\frac{9}{144}.0,4=0,96$$

La estimación de C(1) será:

$$\hat{C}(1) = 1 - \frac{12}{264} = 0{,}955$$

8.4.1.2. Modelo de Mills.

El modelo de Mills es conocido también como modelo de semilla y responde al esquema que a continuación se describe. Sea un programa que contiene una cantidad de errores remanentes determina da y sea esta N_r . Si se le siembran a este programa una cantidad adicional de errores N_s, entonces procediendo al debugging los programadores podrían encontrar una cantidad de errores n_r pertenecientes a la clase de los remanentes y una cantidad de errores n_s pertenecientes a la clase de los sembrados, de modo que se mantiene la relación:

$$\frac{N_r}{N_r + N_s} = \frac{n_r}{n_r + n_s} \qquad (8.24)$$

De aquí es posible estimar el valor de N_r.

Es posible cambiar este esquema de modo de utilizar dos programadores independientes para el debugging en lugar de sembrar errores, bajo las siguientes hipótesis de trabajo:

- Las características de los errores permanecen invariables durante todo el proceso de debugging. Esto implica que cuando se corrige un programa extenso, los errores encontrados en las primeras semanas de trabajo son representativos del número total.
- En programas similares las correcciones resultan independientes. Esto implica que cuando dos correctores trabajan en forma independiente uno del otro en un programa extenso, entonces la evolución del debugging es tal que la diferencia entre las dos versiones del mismo no es significativa.
- Los errores comunes son representativos. Esto implica que cuando dos correctores trabajan independientemente en un programa extenso, los errores comunes encontrados por ambos son representativos de la población total.

Bajo las hipótesis dadas, sea la situación que se observa en la Fig.8.9, donde:

B_0: Número inicial de errores en el programa.

B_1: Número de errores encontrados en el programa por el corrector #1, hasta $\tau=\tau_1$.
B_2: Número de errores encontrados en el programa por el corrector #2, hasta $\tau=\tau_1$.
b_c: Número de errores encontrados en el programa por los correctores #1 y #2 en forma totalmente independiente hasta $\tau=\tau_1$.

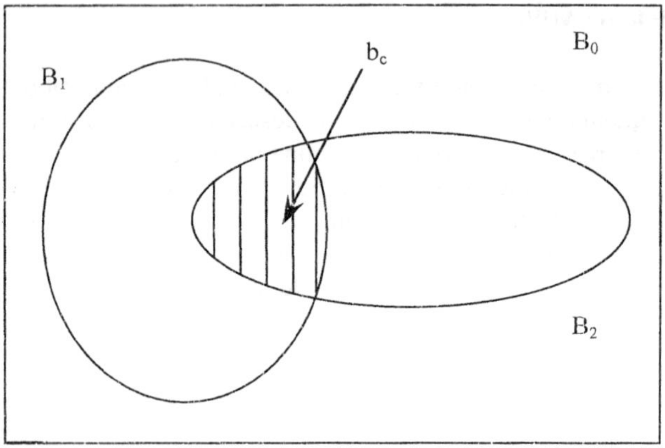

Fig.8.9 - Situación de debugging realizada por dos correctores independientes.

En esas condiciones se mantiene la relación:

$$\frac{b_c}{B_2} = \frac{B_1}{B_0} \qquad (8.25)$$

De aquí puede estimarse B_0 como:

$$\hat{B}_0 = B_1 . \frac{B_2}{b_c} \qquad (8.26)$$

Si $B_1>0$; $B_2>0$ y $b_c \cong 0$, entonces la varianza de B_0 puede calcularse como:

$$\mathrm{Var}\left[\hat{B}_0\right] = \frac{B_1^{\,2} . B_2^{\,2}}{b_c^{\,3}} \qquad (8.27)$$

Sea, por ejemplo que, durante el debugging de un software por dos correctores, el #1 encuentre 55 errores, el #2, 25 errores y sean 10 los errores comunes a ambos correctores, entonces:

B_1=55
B_2=25
b_c=10

Luego:

$$\hat{B}_0 = B_1.\frac{B_2}{b_c} = 55.\frac{25}{10} \cong 138$$

$$Var\left[\hat{B}_0\right] = \frac{{B_1}^2.{B_2}^2}{{b_c}^3} = \frac{55^2.25^2}{10^3} \cong 1891$$

8.4.1.3. Modelo de Shooman.

El modelo de M.L.Shooman es llamado también modelo de remoción de errores. Asume que el número total de errores de un software es fijo y que si se registra el número de errores corregidos durante el debugging, su diferencia con el total representa el número de errores remanentes. Así se definen:
E_T=Número total de errores de un software.
I_T=Número total de instrucciones de un software.
τ=Tiempo de debugging.

Aquí el tiempo de debugging es el tiempo operativo o de corrida del software más el tiempo empleado en la corrección del mismo, es el tiempo calendario. A los efectos de establecer comparaciones entre programas largos y cortos se recurre a la normalización de errores, dividiendo el número de errores absoluto por la cantidad de instrucciones del software. Así se obtiene la denominada densidad de errores:

$$e_T = \frac{E_T}{I_T} \quad (8.28)$$

Shooman llego a la conclusión de que en programas similares la densidad de errores se mantenía aproximadamente constante. Así:

$0{,}5.10^{-2}<e_T<2.10^{-2}$ (8.29)

Sean los siguientes errores:

$E_c(\tau)$=Errores corregidos en el intervalo de debugging $[0,\tau)$
$E_d(\tau)$=Errores detectados en el intervalo de debugging $[0,\tau)$
$E_r(\tau)$=Errores remanentes en el intervalo de debugging $[0,\tau)$
$E_g(\tau)$=Errores generados en el intervalo de debugging $[0,\tau)$

Y sus respectivas tasas:

$r_c(\tau)=\dfrac{\partial E_c(\tau)}{\partial \tau}$ =Tasa de corrección de errores del software.

$r_d(\tau)=\dfrac{\partial E_d(\tau)}{\partial \tau}$ = Tasa de detección de errores del software.

$r_r(\tau)=\dfrac{\partial E_r(\tau)}{\partial \tau}$ = Tasa de remoción de errores del software.

$r_g(\tau)=\dfrac{\partial E_g(\tau)}{\partial \tau}$ =Tasa de generación de errores del software.

Dividiendo por I_T se obtienen las respectivas densidades de errores y de tasas de errores. La hipótesis fundamental del modelo de Shooman se refiere a la proporcionalidad entre la tasa de detección de errores y el número de errores remanentes en un software. Así:

$$r_d(\tau)=\frac{\partial E_d(\tau)}{\partial \tau}=k.E_r(\tau) \qquad (8.30)$$

Si todos los errores detectados son corregidos, entonces las tasas de detección y corrección de errores coinciden.

$$r_d(\tau)=\frac{\partial E_d(\tau)}{\partial \tau}=r_c(\tau)=\frac{\partial E_c(\tau)}{\partial \tau}=k.E_r(\tau) \qquad (8.31)$$

El número de errores remanentes después de un periodo de debugging $[0,\tau)$ es:

$$E_r(\tau)=E_T-E_c(\tau)+E_g(\tau)=E_T-E_d(\tau)+E_g(\tau) \qquad (8.32)$$

Reemplazando 8.32 en 8.31 y normalizando se tiene:

$$\frac{\partial^2 e_c(\tau)}{\partial \tau^2} + k.\frac{\partial e_c(\tau)}{\partial \tau} = k.\frac{\partial e_g(\tau)}{\partial \tau} \qquad (8.33)$$

Si no se generan errores durante el debugging, entonces $e_g(\tau)=0$ y la expresión 8.33 se transforma en:

$$\frac{\partial^2 e_c(\tau)}{\partial \tau^2} + k.\frac{\partial e_c(\tau)}{\partial \tau} = 0 \qquad (8.34)$$

Cuya solución es:

$$e_c(\tau) = e_T.[1 - \exp(-k.\tau)] \qquad (8.35)$$

En la Fig.8.10 se observa la variación de la densidad de errores corregidos en función del tiempo de debugging τ.

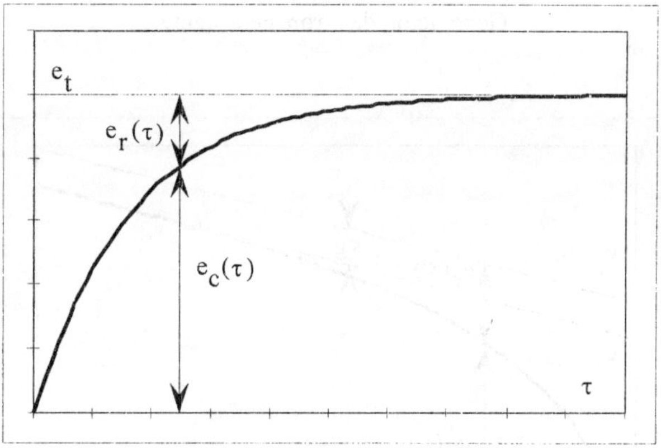

Fig.8.10 - Densidad de errores corregidos.
No existe generación de errores.

Si no existe generación de errores nuevos, esto es que el volumen de errores generados se mantiene constante, entonces $e_g(\tau)$=cte. y la solución para la 8.33 es ahora:

$$e_c(\tau) = \left[e_T - e_g(\tau)\right].\left[1 - \exp(-k.\tau)\right] \tag{8.36}$$

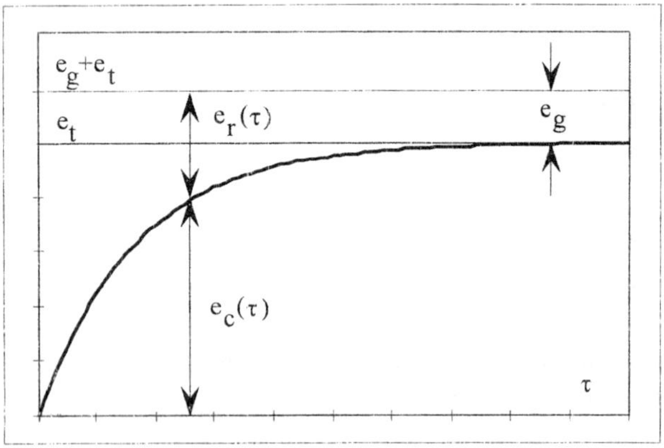

Fig.8.11 - Densidad de errores corregidos
Generación de errores constante.

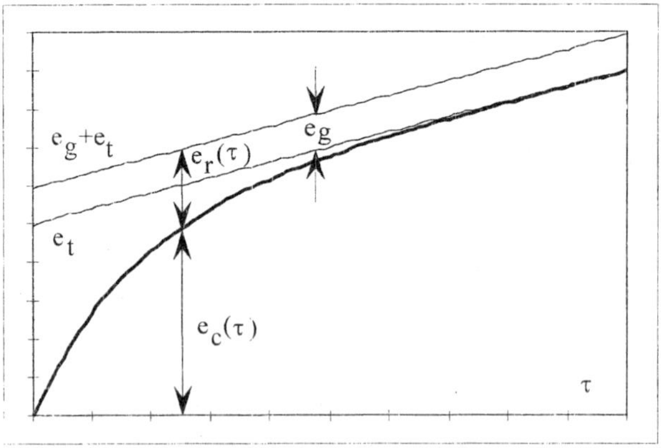

Fig.8.12 - Densidad de errores corregidos
Tasa de Corrección supera a la de Generación de Errores

En la Fig.8.11 se observa la variación de la densidad de errores corregidos en función del tiempo de debugging τ , para este caso. Otros dos casos de interés se presentan cuando la tasa de corrección de errores supera a la de generación y viceversa. En el primer caso se llega a un equilibrio no así en el segundo. El primer proceso se denomina convergente y el segundo divergente. En las Figuras 8.12 y 8.13 se observan ambos procesos de corrección de errores. La función de confiabilidad de un software se asume exponencial con el tiempo de corrida t. Así:

$$C(t) = \exp(-\gamma . t) \qquad (8.37)$$

Siendo γ la tasa de fallas del software. Todas las fallas de un software son debidas a errores residuales o remanentes, en consecuencia la tasa de fallas resulta proporcional al número de errores remanentes en el software, de modo que:

$$\gamma(t) = k.e_r(\tau) = k.\left[e_T - e_c(\tau)\right] \qquad (8.38)$$

Obsérvese que la tasa de fallas resulta equivalente a la tasa de detección o corrección de errores normalizada. EL tiempo medio entre fallas es, como siempre, la inversa de la tasa de fallas. En la Fig. 8.14 se observa la variación de la función confiabilidad parametrizada para diversos tiempos de debugging. Obsérvese que para dos distintos tiempos de debugging $\tau_1 > \tau_0$ se tiene en general:

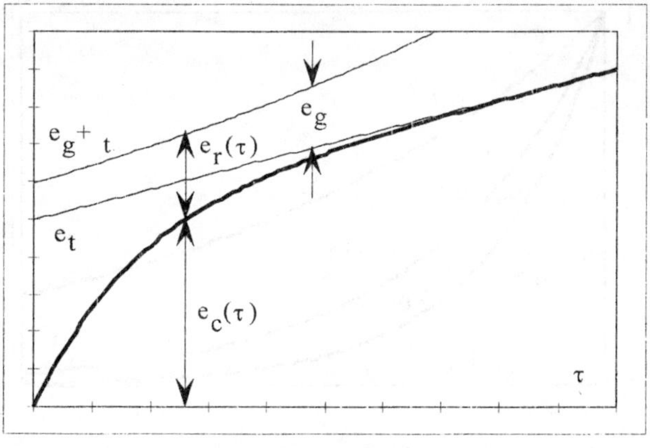

Fig.8.13 - Densidad de errores corregidos
Tasa de Generación supera a la de Corrección de Errores

Siendo γ la tasa de fallas del software. Todas las fallas de un software son debidas a errores residuales o remanentes, en consecuencia la tasa de fallas resulta proporcional al número de errores remanentes en el software, de modo que:

$$\gamma(t) = k.e_r(\tau) = k.[e_T - e_c(\tau)] \tag{8.39}$$

Obsérvese que la tasa de fallas resulta equivalente a la tasa de detección o corrección de errores normalizada. EL tiempo medio entre fallas es, como siempre, la inversa de la tasa de fallas.

En la Fig. 8.14 se observa la variación de la función confiabilidad parametrizada para diversos tiempos de debugging. Obsérvese que para dos distintos tiempos de debugging $\tau_1 > \tau_0$ se tiene en general:

$$e_c(\tau_1) > e_c(\tau_0)$$
$$\gamma(t, \tau_1) < \lambda(t, \tau_0)$$
$$C(t, \tau_1) > C(t, \tau_0)$$

Si la tasa de remoción de errores es constante, entonces:

$$r_c(\tau) = \frac{\partial E_c(\tau)}{\partial \tau} = r_0 \tag{8.40}$$

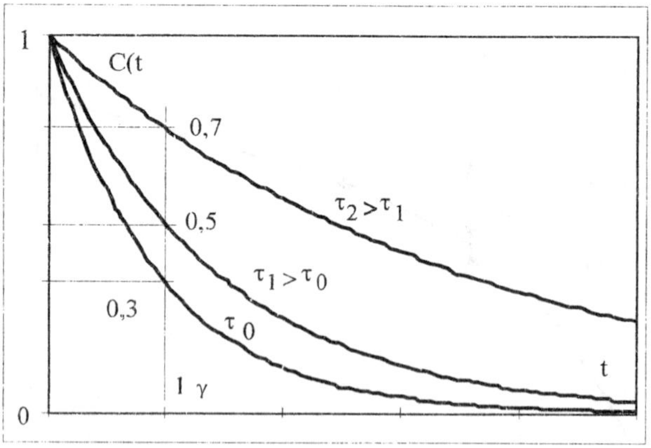

Fig.8.14 - Función Confiabilidad para distintos tiempos de debugging.

De aquí:

$$E_c(\tau) = r_0.\tau \qquad (8.41)$$

Reemplazando 8.40 en 8.38, la expresión del tiempo medio entre fallas MTBF resulta:

$$MTBF = \frac{1}{\beta.(1-\alpha.\tau)} \qquad (8.42)$$

Con:

$$\alpha = \frac{r_0.I_T}{E_T} \quad y \quad \beta = \frac{k.E_T}{I_T}$$

En la Fig.8.15 se muestra como varía el producto β.MTBF con el producto α.τ. Teóricamente, para α.τ tendiendo a uno, el producto β.MTBF tiende a infinito. La realidad es que existe una cota inferior para el número de errores remanentes en el software, con lo que el MTBF tendrá una cota superior dada por la inversa de la expresión 8.39.

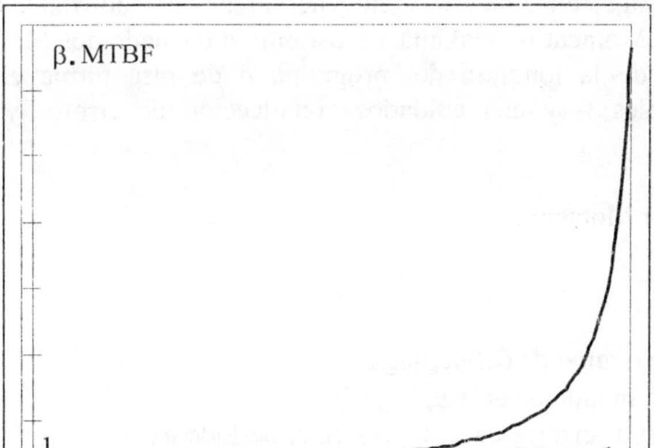

Fig.8.15 - Producto β.MTBF versus producto α.τ

Uno de los problemas clásicos cuando se trata de modelos es la estimación de los parámetros característicos de los mismos a partir de los datos experimentales. El modelo de Shooman no es ajeno a esta circunstancia. Sea entonces un software, para el cual:

n=número de corridas totales del software.
r=número de corridas falladas.
n-r=número de corridas exitosas.
T_i=tiempo de corrida exitosa. Con i=1,….. , n-r.
t_i=tiempo de corrida hasta la falla. Con i=1,….., r.

El tiempo total de corrida exitosa del software será:

$$H = \sum_{i=1}^{n-r} T_i + \sum_{i=1}^{r} t_i \qquad (8.43)$$

La tasa de fallas se evalúa como:

$$\gamma = \frac{r}{H} \qquad (8.44)$$

A partir del conocimiento de γ, pueden estimarse los parámetros característicos del modelo E_T y k. Esta estimación puede en general realizarse utilizando herramientas estadísticas como Momentos, Máxima Verosimilitud o Cuadrados Mínimos y exige el conocimiento de la longitud del programa o de otra forma el número de instrucciones totales I_T y una cuidadosa recolección de errores y tiempos de corrida.

- Estimación por Momentos.

  Sean:

  τ_1 =Periodo de tiempo de debugging #1.
  τ_2 =Periodo de tiempo de debugging #2.
  $E_c(\tau_1)$=Número de errores encontrados en el periodo #1.
  $E_c(\tau_2)$ = Número de errores encontrados en el periodo #2.
  $\gamma_1=r_1/H_1$=Tasa de fallas evaluada en el periodo #1.
  $\gamma_2=r_2/H_2$=Tasa de fallas evaluada en el periodo #2.

Entonces:

$$\gamma_1 = \frac{r_1}{H_1} = k.\left[\frac{E_T}{I_T} - \frac{E_c(\tau_1)}{I_T}\right] \tag{8.45}$$

$$\gamma_2 = \frac{r_2}{H_2} = k.\left[\frac{E_T}{I_T} - \frac{E_c(\tau_2)}{I_T}\right] \tag{8.46}$$

Luego, la estimación de los parámetros será:

$$\hat{E_T} = \frac{\left[E_c(\tau_2) - \frac{\gamma_2}{\gamma_1}.E_c(\tau_1)\right]}{\frac{\gamma_2}{\gamma_1} - 1} \tag{8.47}$$

$$\hat{k} = \frac{\gamma_1.I_T}{\hat{E_T} - E_c(\tau_1)} \tag{8.48}$$

Si los periodos de debugging son tales que en ellos no se corrigen errores, entonces la estimación no sirve y es necesario recurrir a otras metodologías.

- Estimación de Máxima Verosimilitud.

Consiste en hallar la función de densidad de probabilidad conjunta de los tiempos de corrida sin fallas como producto de las funciones de densidad de probabilidad individuales. Esto supone independencia estadística entre corridas. Conformada así la función de máxima verosimilitud, se procede, como siempre, a maximizarla respecto de los parámetros característicos E_T y k, estimándose de este modo los valores óptimos de los mismos para la serie de corridas o pruebas funcionales.

Sean:

m=Número total de periodos de debuging
j=Indice de periodo de debugging.
τ_j =Periodo de tiempo de debugging # j.

$E_c(\tau_j)$=Número de errores encontrados en el periodo # j.

$\gamma_j=r_j/H_j$=Tasa de fallas evaluada en el periodo # j.

Entonces:

$$\hat{E}_T = \frac{\sum_{j=1}^{m} \dfrac{r_j}{\dfrac{E_T}{I_T} - \dfrac{E_c(\tau_j)}{I_T}}}{\sum_{j=1}^{m} H_j} \tag{8.49}$$

$$\hat{k} = \frac{\sum_{j=1}^{m} r_j}{\sum_{j=1}^{m} H_j \cdot \left[\dfrac{E_T}{I_T} - \dfrac{E_c(\tau_j)}{I_T}\right]} \tag{8.50}$$

- Estimación por cuadrados mínimos.

En la estimación por cuadrados mínimos se requiere simplemente interpolar una recta que responde a la expresión 8.39, que reacomodando sus términos queda:

$$\frac{E_c(\tau_i)}{I_T} = \frac{E_T}{I_T} - \frac{\gamma_i}{k} \tag{8.51}$$

Como se observa en la Fig.8.16, llevando en ordenadas el número de errores normalizado, encontrados en cada periodo de debugging y en abscisas la respectiva tasa de fallas, se puede interpolar una recta de pendiente -1/k y ordenada al origen E_T / I_T .

8.4.1.4. Modelo de Jelinski-Moranda.

EL modelo de Jelinski-Moranda o J-M es uno de los primeros modelos utilizados para determinar en un proceso de debugging la tasa de fallas y el número de errores removidos del software.

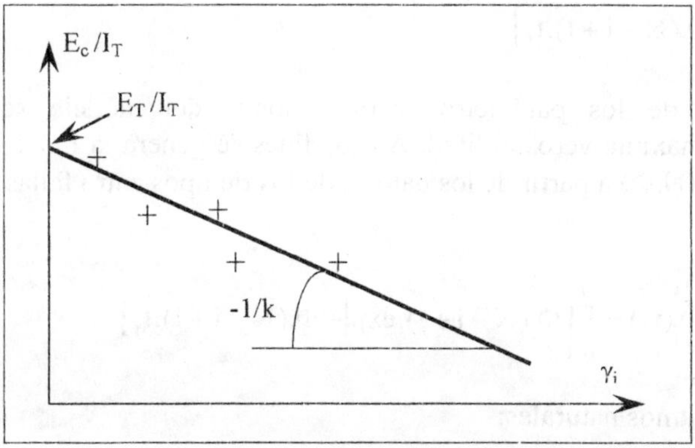

Fig.8.16 - Estimación por Cuadrados Mínimos.

Es también llamado De-eutrophication process model y asume que la tasa de fallas de un software permanece constante para un mismo periodo de debugging y es proporcional al número de errores remanentes. Así:

$$z(t_i) = \Phi.(N - i + 1) \tag{8.52}$$

Donde:

$z(t_i)$=Tasa de fallas del periodo de tiempo t_i de debugging.
t_i=Periodo de tiempo de debugging
Φ=Constante de proporcionalidad.
N=Número total de errores del software.
i=Número de errores encontrados y removidos después del periodo de tiempo t_i de debugging.

El tiempo de debugging es aquí el tiempo operativo o de corrida hasta la falla del software y no incluye el tiempo empleado en la remoción o corrección de los errores. La función confiabilidad se asume exponencial para cada intervalo de debugging, caracterizado por un t_i en particular y por una tasa de fallas $z(t_i)$. Así:

$$C(t_i) = \exp[-z(t_i).t_i] \tag{8.53}$$

De otra forma:

$$C(t_i) = \exp[-\Phi.(N - i + 1).t_i] \tag{8.54}$$

La estimación de los parámetros característicos del modelo se realiza vía estimación de máxima verosimilitud. A esos fines se genera la función de máxima verosimilitud L(N,Φ) a partir de los datos t_i de los tiempos entre fallas del software. Así:

$$L(N, \Phi) = \prod_{i=1}^{n} f^{T_i}(t_i) = \prod_{i=1}^{n} \Phi.(N - i + 1).\exp[-\Phi.(N - i + 1).t_i] \tag{8.55}$$

Tomando logaritmos naturales:

$$\mathcal{L}(N,\Phi) = \ln[L(N, \Phi)] = \sum_{i=1}^{n} [\ln(N - i + 1) + \ln \Phi - \Phi.(N - i + 1).t_i] \tag{8.56}$$

Maximizando $\mathcal{L}(N,\Phi)$ resultan dos ecuaciones con dos incógnitas de las cuales pueden estimarse los parámetros N y Φ:

$$\sum_{i=1}^{n} \frac{1}{N - i + 1} = \Phi. \sum_{i=1}^{n} t_i \tag{8.57}$$

$$\Phi = \frac{n}{N.\sum_{i=1}^{n} t_i - \sum_{i=1}^{n} (i - 1).t_i} \tag{8.58}$$

Para los datos de la tabla de la Fig.8.17, donde los tiempos están dados en días, se obtienen de este modo, los parámetros característicos N y Φ estimados:

$$\hat{N} = 31$$

$$\hat{\Phi} = 0{,}00734 \ \text{dias}^{-1}$$

En las Figuras 8.18, 8.19 y 8.20 se observan respectivamente el número de errores, la tasa de fallas y la función confiabilidad para cada periodo de debugging.

i	t_i	i	t_i
1	9	14	9
2	12	15	4
3	11	16	1
4	4	17	3
5	7	18	3
6	2	19	6
7	5	20	1
8	8	21	11
9	5	22	33
10	7	23	7
11	1	24	91
12	6	25	2
13	1	26	1

Fig.8.17 - Datos de tiempos entre fallas para el Modelo J-M.

Comparando el modelo de J-M con el de Shooman, se observa que ambos responden a las mismas hipótesis y existe una relación clara entre los parámetros característicos de uno y otro:

$$\Phi = \frac{k}{I_T}$$
$$N = E_T$$
$$i = E_c(\tau_i) + 1$$

La estimación de máxima verosimilitud no siempre es finita, por lo que algunas veces la solución del sistema formado por las ecuaciones 8.57 y 8.58 puede divergir. B.Littlewood y J.Verrall estudiaron la función de máxima verosimilitud y establecieron una condición necesaria y suficiente para la estimación finita. Esta condición se puede sintetizar en la siguiente expresión:

$$\frac{\sum_{i=1}^{n}(i-1).t_i}{\sum_{i=1}^{n}(i-1)} > \frac{\sum_{i=1}^{n} t_i}{n} \qquad (8.59)$$

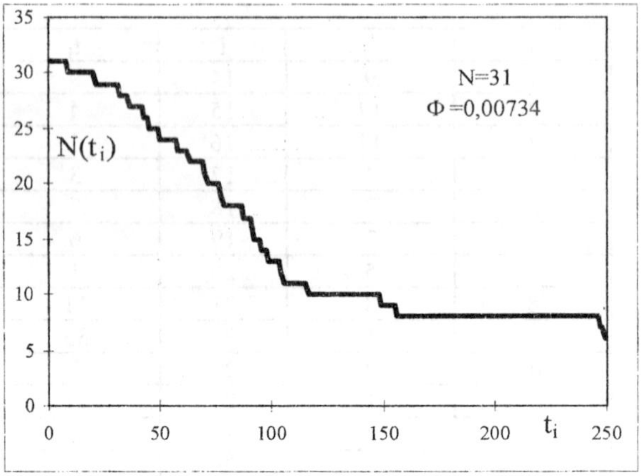

Fig.8.18 - Número de errores remanentes versus tiempo de debugging.

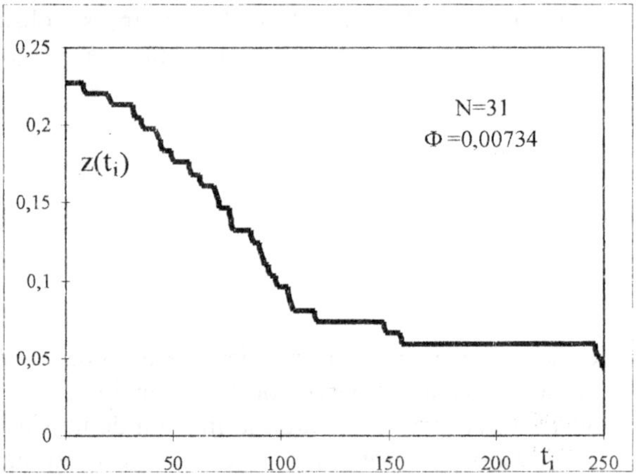

Fig.8.19 - Tasa de fallas versus tiempo de debugging.

8.4.1.5.Modelo de Schick-Wolverton

El modelo de Schick-Wolverton o S-W asume que la tasa de fallas es proporcional no sólo a los errores remanentes en el software sino también al tiempo de debugging.

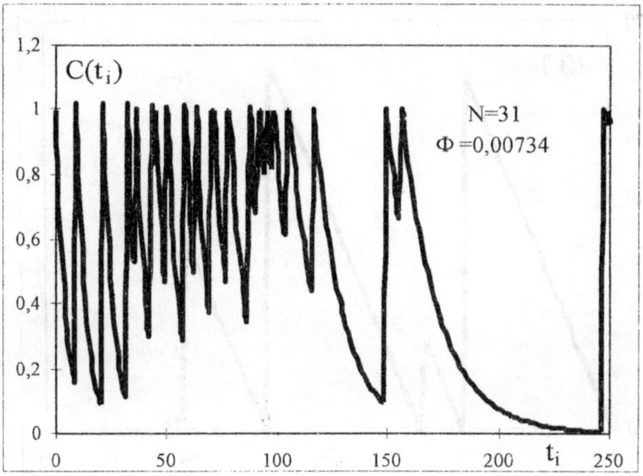

Fig.8.20 - Confiabilidad versus tiempo de debugging.

Aquí también el tiempo de debugging es sólo tiempo de ejecución hasta la falla y no incluye tiempos de corrección de errores. Luego:

$$z(t_i) = \Phi.(N - i + 1).t_i \tag{8.60}$$

Si el debugging no es perfecto, entonces la expresión 8.60 se transforma en:

$$z(t_i) = \Phi.[N - p(i - 1)].t_i \tag{8.61}$$

Siendo p la probabilidad de debugging imperfecto. En la Fig.8.21 se observa la variación de la tasa de fallas con el tiempo de debugging. La estimación de los parámetros característicos del modelo S-W se realiza también vía máxima verosimilitud, en forma similar a la estimación para el modelo J-M, obteniéndose como resultado:

$$n = \Phi.\sum_{i=1}^{n}(N - i + 1).t_i^2 \tag{8.62}$$

$$\sum_{i=1}^{n}\frac{1}{N - i + 1} = \Phi.\sum_{i=1}^{n} t_i^2 \tag{8.63}$$

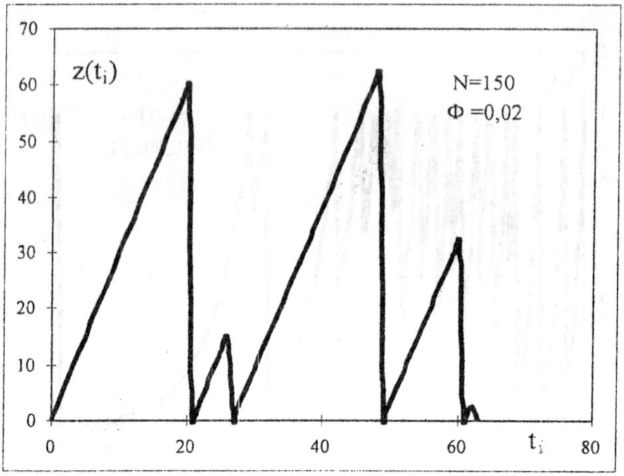

Fig.8.21 - Tasa de fallas versus tiempo de debugging.

La función confiabilidad sigue siendo exponencial para cada periodo de debugging. Así:

$$C(t_i) = \exp\left[-\Phi.(N-i+1).t_i^2\right] \tag{8.64}$$

En el modelo J-W la tasa de fallas no se mantiene constante, asi que el MTBF para cada tramo de debugging no puede obtenerse simplemente tomando la inversa de la tasa de fallas. Recurriendo a la expresión general del MTBF:

$$MTBF = \int_0^\infty C(t).dt = \int_0^\infty \exp\left[-\Phi.(N-i+1).t_i^2\right].dt \tag{8.65}$$

Resulta:

$$MTBF = \sqrt{\frac{\pi}{2.\Phi.(N-i+1)}} \tag{8.66}$$

Para el último tramo del debugging es i=n+1, luego:

$$\text{MTBF} = \sqrt{\frac{\pi}{2.\Phi.(N - n)}} \qquad (8.67)$$

8.4.1.6. Modelo de Musa

Musa introduce el concepto de frecuencia lineal de ejecución de un software como el promedio de instrucciones ejecutadas por unidad de tiempo dividido por el número de instrucciones del software. Cuando esta frecuencia es constante el modelo de Musa podría, en principio ajustarse al J-M, pues en ese caso la constante de proporcionalidad k entre tasa de fallas y errores remanentes podría incluir esta frecuencia lineal de ejecución. Este no es el caso más general. De modo que utilizando la notación de Musa y considerando nuevamente que todos los errores detectados son corregidos, se tiene:

$$\frac{\partial n(\tau)}{\partial \tau} = z(\tau) = k.f.n_r(\tau) = k.f.[N_0 - n(\tau)] \qquad (8.68)$$

Donde:

N_0=Errores inherentes al software, antes del debugging.
n=Errores corregidos durante el debugging.
n_r=Errores remanentes después del debugging.
τ=Tiempo de ejecución del software antes del debugging.
τ'=Tiempo de ejecución proyectado después del debugging.

Entonces:

$$\frac{\partial n(\tau)}{\partial \tau} + k.f.n(\tau) = k.f.N_0 \qquad (8.69)$$

Siendo para τ=0, n=0, la solución de 8.69 resulta:

$$n(\tau) = N_0.[1 - \exp(-k.f.\tau)] \qquad (8.70)$$

La tasa de fallas será:

$$z(\tau)=\frac{\partial n(\tau)}{\partial \tau}=f.k.N_0.\exp(-k.f.\tau) \quad (8.71)$$

Musa introduce aquí el concepto de tiempo medio hasta la falla MTTF como la inversa de la tasa de fallas. Así:

$$T=MTTF=\frac{\exp(k.f.\tau)}{f.k.N_0} \quad (8.72)$$

El MTTF inicial antes del debugging será:

$$T_0=\frac{1}{f.k.N_0} \quad (8.73)$$

Luego reescribiendo la 8.72, se tiene:

$$T=T_0.\exp\left(\frac{\tau}{N_0.T_0}\right) \quad (8.74)$$

Se observa que el MTTF crece a medida que el debugging progresa. La confiabilidad proyectada del software puede evaluarse de la siguiente forma:

$$C(\tau,\tau')=\exp\left[-\int_0^{\tau'} z(\tau).dx\right]=\exp\left[-\tau'.z(\tau)\right]=\exp\left(-\frac{\tau'}{T}\right) \quad (8.75)$$

Musa va con su modelo mas allá, generalizándolo de modo que contemple el hecho de la generación de errores durante la corrección y las diferencias de entornos de debugging y de utilización normal del software. Así la expresión 8.65 se transforma en:

$$\frac{\partial n(\tau)}{\partial \tau}=B.C.z(\tau) \quad (8.76)$$

Donde:

B=Factor de reducción de errores
C=Factor de compresión de debugging.

El factor de reducción de errores B se define como el cociente promedio entre tasa de reducción de errores y tasa de ocurrencia de fallas. Este factor es generalmente positivo y menor que la unidad y puede ser evaluado para proyectos de desarrollo de software similares en ambientes similares. Pareciera que este factor no varía notablemente de proyecto en proyecto, cuando se trata de grandes desarrollos.
El factor de compresión de debugging C se define como el cociente promedio entre la tasa de detección de errores durante en debugging y la tasa de detección de errores durante la utilización normal.
Este factor es generalmente positivo y mayor que la unidad y no es sencillo cuantificarlo, aunque puede ser evaluado para proyectos de desarrollo de software en ambientes similares.

Sean:

m=Número de fallas experimentadas para corregir n errores.
M_0=Número de fallas experimentadas para corregir N_0 errores.

Entonces, siguiendo la expresión 8.68, se tiene:

$$\frac{\partial m(\tau)}{\partial \tau} = B.C.k.f.M_0 - B.C.k.f.m \qquad (8.77)$$

Cuya solución es:

$$m = M_0.\left[1 - \exp(-B.C.k.f.\tau)\right] \qquad (8.78)$$

De modo que el MTTF resulta ahora:

$$T = MTTF = \frac{\exp(B.C.k.f.\tau)}{B.f.k.M_0} \qquad (8.79)$$

El MTTF inicial antes del debugging será:

$$T_0 = \frac{1}{B.f.k.M_0} \qquad (8.80)$$

El MTTF proyectado será:

$$T = T_0 \cdot \left[\exp\left(\frac{C.\tau}{M_0.T_0} \right) \right] \tag{8.81}$$

Como corolario, es posible evaluar el número de fallas a detectar y corregir para incrementar el MTTF de un valor T_1 a otro T_2, como así también el tiempo de ejecución adicional requerido. Combinando la 8.78 y la 8.81 se tiene que:

$$m = \frac{m_0}{1 - \frac{T}{T_0}} \tag{8.82}$$

Evaluando la 8.82 para T_1 y T_2 y formando el incremento de fallas $\Delta m = m_2 - m_1$, se tiene:

$$\Delta m = M_0.T_0 \cdot \left(\frac{1}{T_1} - \frac{1}{T_2} \right) \tag{8.83}$$

Evaluando la 8.81 para dos tiempos de ejecución distintos y formando la diferencia $\Delta\tau$, se tiene:

$$\Delta\tau = \frac{M_0.T_0}{C} . \ln\left(\frac{T_2}{T_1} \right) \tag{8.84}$$

Musa relacionó además el tiempo de ejecución con el tiempo calendario asociado a un determinado recurso. El tiempo calendario es mas aplicable a la fase de test de un software y puede estar asociado a un determinado recurso como horas hombre del personal que detecta las fallas y corrige los errores provocados por esas fallas y tiempo de computadora que no debe ser identificado necesariamente con el tiempo de ejecución del software. Así:

$$\chi = \theta.\Delta\tau + \mu.\Delta m \tag{8.85}$$

Siendo:

χ=Recursos totales.
θ=Recursos asociados al tiempo de ejecución del software.
μ=Recursos asociados a la detección y corrección de fallas.

Reemplazando 8.83 y 8.84 en 8.85 se obtiene:

$$\chi = \theta.\frac{M_0.T_0}{C}.\ln\left(\frac{T_2}{T_1}\right) + \mu.M_0.T_0.\left(\frac{1}{T_1} - \frac{1}{T_2}\right) \quad (8.86)$$

Finalmente el tiempo calendario asociado al recurso χ será:

$$\Delta t = \frac{\chi}{P.\rho} \quad (8.87)$$

Donde:

P=Cantidad de personal disponible
ρ=Factor de utilización del personal

La estimación de M_0 y T_0 se realiza por máxima verosimilitud basándose en los tiempos de ejecución asociados a los intervalos entre errores detectados para las primeras m fallas. Sean estos tiempos $\tau_1',\tau_2',\tau_3',\ldots\ldots,\tau_m'$. De la estimación surgen:

$$\frac{C}{T_0^2}.\sum_{i=1}^{m}\left[1 - \left(\frac{i-1}{M_0}\right).\tau_i'\right] = \frac{m}{T_0} \quad (8.88)$$

$$\sum_{i=1}^{m} M_0 - i + 1 = \frac{C}{M_0.T_0}.\sum_{i=1}^{m}\tau_i' \quad (8.89)$$

8.4.1.7. Modelo de Littlewood-Verrall

El modelo de Littlewood-Verrall o modelo L-V es un modelo estrictamente Bayesiano en su concepción. Además se supone, por simplicidad, tiempos de corrección nulos. En la Fig.8.22 se observa una típica historia de fallas en un software. Sean:

i=Índice asociado a la cantidad de fallas del software
T_i=Variable aleatoria asociada al tiempo de ejecución del software entre la ocurrencia de la falla i-1 y la i.
t_i= Valor particular de la variable T_i.

λ_i=Variable aleatoria asociada a la tasa de fallas del software para el periodo de tiempo de ejecución entre la ocurrencia de la falla i-1 y la i.
l=Valor particular de la variable λ

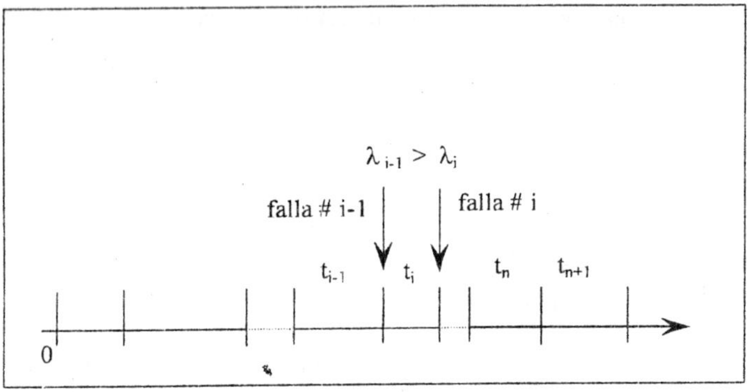

Fig.8.22 - Típica historia de fallas de un software.

Entonces la función pdf de la variable T_i es:

$$f^{T_i}(t_i) = f^{T_i}(t, \lambda_i) \tag{8.90}$$

y para un determinado periodo de ejecución entre fallas se tiene :

$$\lambda_i < \lambda_{i-1} \tag{8.91}$$

Lo que implica que, el programador, con su acción de reparar, mejora el software. La pdf y a la Cdf de λ_i son respectivamente:

$$f^{\lambda_i}(l, i, \alpha) \quad y \quad F^{\lambda_i}(l, i, \alpha) \tag{8.92}$$

Siendo α un parámetro de la distribución y l un valor particular de λ, se observa que :

$$\Pr[\lambda_i < l] \geq \Pr[\lambda_{i-1} < l] \quad \forall i, l$$

$F^{\lambda_i}(l,i,\alpha) = \Pr[\lambda_i < l]$

$F^{\lambda_i}(l,i,\alpha) \geq F^{\lambda_i}(l,i-1,\alpha)$

$f^{\lambda_i}(l,i,\alpha) = 0 \quad \text{para} -\infty < l < 0$

En las Fig.8.23 se observan las funciones pdf y Cdf de la tasa de fallas. El esquema que propone Littlewood y Verrall es que dado que se han producido n fallas y en consecuencia se han colectado t_1, $t_{2,}$, t_3,....,t_n tiempos entre fallas, el programador corrige de alguna forma la enésima falla y a partir de ello se quiere inferir la distribución del tiempo hasta la próxima falla, esto es la n+1, teniendo en cuenta el histórico de fallas anterior.

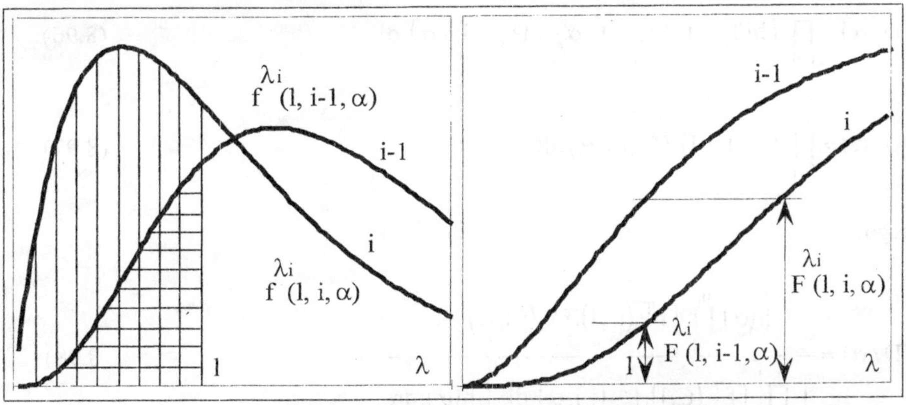

Fig.8.23 - Funciones pdf y Cdf de la tasa de fallas de un software

Entonces :

$$f^{\lambda_i}(l,i) = \int_\alpha f^{\lambda_i}(l,i,\alpha).h(\alpha/D).d\alpha \tag{8.93}$$

Siendo:

$h(\alpha)$=pdf del parámetro α anterior a la toma de datos de tiempos entre fallas.
$h(\alpha/D)$=pdf del parámetro α posterior a la toma de datos de tiempos entre fallas.
D=Conjunto de datos de tiempos entre fallas t_1, $t_{2,}$, t_3,....,t_n.

Por Bayes es:

$$h(\alpha / D) = \frac{h(D/\alpha).h(\alpha)}{\int_{\alpha} h(D/\alpha).h(\alpha).d\alpha} \tag{8.94}$$

y además es:

$$h(D/\alpha) = \int_{l} \prod_{i=1}^{n} h(T_i = t_i / \lambda_i = l_i, \alpha).h(\lambda_i = l_i / \alpha).dl_i \tag{8.95}$$

La pdf conjunta resulta entonces:

$$h(D/\alpha) = \prod_{i=1}^{m} \int_{l} h(T_i = t_i / \lambda_i = l_i, \alpha).h(\lambda_i = l_i / \alpha).dl_i \tag{8.96}$$

$$h(D/\alpha) = \prod_{i=1}^{m} \int_{l} f^{T_i}(t_i, l).f^{\lambda_i}(l, i, \alpha).dl_i \tag{8.97}$$

Luego:

$$h(D/\alpha) = \frac{h(\alpha).\prod_{i=1}^{m} \int_{l} f^{T_i}(t_i, l).f^{\lambda_i}(l, i, \alpha).dl_i}{\int_{\alpha} \prod_{i=1}^{m} \left[\int_{l} f^{T_i}(t_i, l).f^{\lambda_i}(l, i, \alpha).dl_i \right].h(\alpha).d\alpha} \tag{8.98}$$

Entonces la función pdf de la variable T_i es de acuerdo 8.90:

$$f^{T_i}(t_i) = f^{T_i}(t, \lambda_i) = \int_{l} f^{T_i}(t_i, l).f^{\lambda_i}(l, i).dl \tag{8.99}$$

Pero:

$$f^{\lambda_i}(l, i) = \int_{\alpha} f^{\lambda_i}(l, i, \alpha).h(\alpha / D).d\alpha \tag{8.100}$$

Luego:

$$f^{T_i}(t_i) = \int_l f^{T_i}(t_i, l).\left[\int_\alpha f^{\lambda_i}(l, i, \alpha).h(\alpha / D).d\alpha\right].dl \qquad (8.101)$$

O bien:

$$f^{T_i}(t_i) = \int_\alpha h(\alpha / D).\left[\int_l f^{T_i}(t_i, l).f^{\lambda_i}(l, i, \alpha).dl\right].d\alpha \qquad (8.102)$$

Littlewood y Verrall proponen funciones:

$f^{T_i}(t_i, l)$ y $f^{\lambda_i}(l, i, \alpha)$

tal que satisfagan requerimientos prácticos y sean justificables desde cualquier punto de vista teórico-practico. Así para la distribución del tiempo entre fallas una función del tipo exponencial y para la distribución de tasas de fallas una función bien flexible y versátil como la gamma biparamétrica. Entonces:

$$f^{T_i}(t_i, l) = l.\exp(-l.t_i) \quad \forall t_i > 0 \qquad (8.103)$$

$$f^{\lambda_i}(l, i, \alpha) = \frac{\Psi_i.(\Psi_i.l)^{\alpha-1}.\exp(-\Psi_i.l)}{\Gamma(\alpha)} \quad \forall l > 0 \qquad (8.104)$$

Reemplazando 8.103 y 8.104 en 8.102 se tiene:

$$f^{T_i}(t_i) = \int_\alpha h(\alpha / D).\left[\frac{\int_l l.\exp(-l.t_i).\Psi_i.(\Psi_i.l)^{\alpha-1}.\exp(-\Psi_i.l).dl}{\Gamma(\alpha)}\right].d\alpha \qquad (8.105)$$

$$f^{T_i}(t_i) = \int_\alpha h(\alpha / D).\alpha.\left(\frac{\Psi_i}{t_i + \Psi_i}\right)^\alpha.\left(\frac{1}{t_i + \Psi_i}\right) \qquad (8.106)$$

Para i = n+1 será:

$$f^{T_{n+1}}(t_{n+1}) = \int_\alpha h(\alpha / D).\alpha.\left(\frac{\Psi_{n+1}}{t_{n+1} + \Psi_{n+1}}\right)^\alpha.\left(\frac{1}{t_{n+1} + \Psi_{n+1}}\right) \qquad (8.107)$$

Si h (α) es uniforme es posible demostrar que:

$$h(\alpha / D) = \frac{\gamma.(\gamma.\alpha)^{(n+1)-1}.\exp(-\gamma.\alpha)}{\Gamma(n+1)} \tag{8.108}$$

Con:

$$\gamma = \sum_{i=1}^{n} \log\left(\frac{t_i + \Psi_i}{\Psi_i}\right) \tag{8.109}$$

Entonces:

$$f^{T_{n+1}}(t_{n+1}) = \frac{\dfrac{(n+1).\gamma^{n+1}}{t_{n+1} + \Psi_{n+1}}}{\left[\gamma + \log\left(\dfrac{t_{n+1} + \Psi_{n+1}}{\Psi_{n+1}}\right)\right]^{n+2}} \tag{8.110}$$

Asimismo la Cdf será :

$$F^{T_{n+1}}(t_{n+1}) = 1 - \frac{\gamma^{n+1}}{\left[\gamma + \log\left(\dfrac{t_{n+1} + \Psi_{n+1}}{\Psi_{n+1}}\right)\right]^{n+1}} \tag{8.111}$$

y la tasa de fallas será :

$$z(t_{n+1}) = \frac{n+1}{(t_{n+1} + \Psi_{n+1}).\left[\gamma + \log\left(\dfrac{t_{n+1} + \Psi_{n+1}}{\Psi_{n+1}}\right)\right]} \tag{8.112}$$

En la Fig.8.24 se muestra la variación de la tasa de fallas para dos periodos continuos de tiempo entre fallas distintos t_{n+1} y t_{n+2} . Existe una discontinuidad entre los dos periodos de tiempo debido a la acción del debugging.

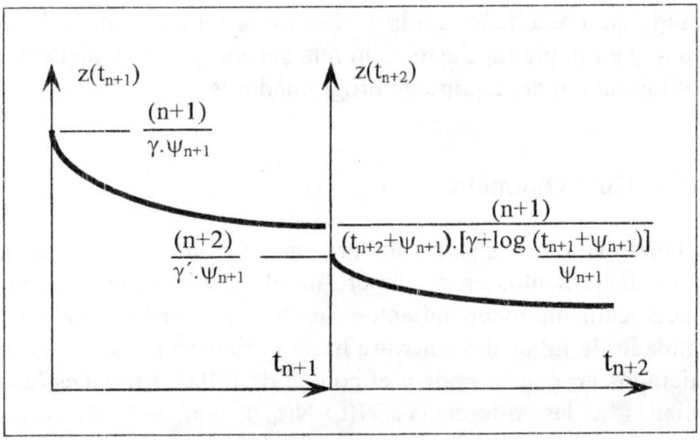

Fig.8.24 - Función tasa de fallas de un software
Modelo Littlewood - Verrall

Obsérvese que:

$$\frac{n+1}{\left(t_{n+1}+\Psi_{n+1}\right).\left[\gamma+\log\left(\frac{t_{n+1}+\Psi_{n+1}}{\Psi_{n+1}}\right)\right]} > \frac{n+2}{\gamma'.\Psi_{n+1}} \quad (8.113)$$

Con:

$$\gamma=\sum_{i=1}^{n}\log\left(\frac{t_i+\Psi_i}{\Psi_i}\right) \quad \text{y} \quad \gamma'=\sum_{i=1}^{n+1}\log\left(\frac{t_i+\Psi_i}{\Psi_i}\right)$$

La tasa de fallas resulta una función de toda la historia anterior del comportamiento de la misma. Durante los periodos entre fallas, n y el conjunto $\{t_1, t_2, ..., t_n\}$ permanece constante mientras t_{n+1} crece por lo que la tasa de fallas decrece monótonamente de acuerdo a 8.112.

En los puntos en que se produce la falla la tasa de fallas no esta definida pero si en el instante t_{n+1} inmediatamente anterior a que se produzca y en el instante $t_{n+2}=0$, inmediatamente posterior a la reparación del software. Para que la reparación sea efectiva y la 8.113 se verifique es necesario que:

$$(n+1).\Psi_{n+2} > (n+2).\Psi_{n+1} \quad (8.114)$$

Esto ocurre cuando ψ_i crece más rápido con i que la función lineal. Littlewood y Verrall sugieren que en la práctica esto es lo que sucede y que es una característica de la posible configuración del equipo de programadores.

8.4.1.8. Modelo de Goel-Okumoto.

El modelo de Goel-Okumoto supone un proceso continuo de conteo de fallas, asumiendo que los incrementos en el número de ellas, a medida que transcurre el tiempo, son estadísticamente independientes. Sea N(t) la variable aleatoria asociada al número acumulado de fallas del software hasta el tiempo t y sea el conjunto $\{t_1, t_2, ..., t_n\}$ los tiempos en que se realiza el conteo de fallas. Entonces las variables aleatorias asociadas a las diferencias $N(t_i)-N(t_{i-1})$ con i=1, 2, ..., n ;son estadísticamente independientes. Sea ahora m(t) la esperanza matemática de la variable N(t). Como el número de errores remanentes en el software para cualquier tiempo t esta acotado, m(t) tendrá las siguientes características:

$m(t)=0$, $t=0$
$m(t)=a$, $t\to\infty$

Donde a es el número medio de errores del software a ser detectados. Asumiendo proporcionalidad entre la esperanza matemática del número de fallas del software en el intervalo Δt y el número esperado de errores no detectados en el mismo intervalo, se tiene:

$$m(t+\Delta t)-m(t)=b.[a-m(t)].\Delta t \tag{8.115}$$

En la Fig.8.25 se muestra la variación de la media del número de fallas de un software de acuerdo al modelo propuesto. Tomando límite en la expresión 8.115:

$$\lim_{\Delta t\to 0}\left[\frac{m(t+\Delta t)-m(t)}{\Delta t}\right]=b.[a-m(t)] \tag{8.116}$$

$$\frac{\partial m(t)}{\partial t}=b.[a-m(t)] \tag{8.117}$$

Cuya solución es :

$$m(t)=a.[1-\exp(-b.t)] \tag{8.118}$$

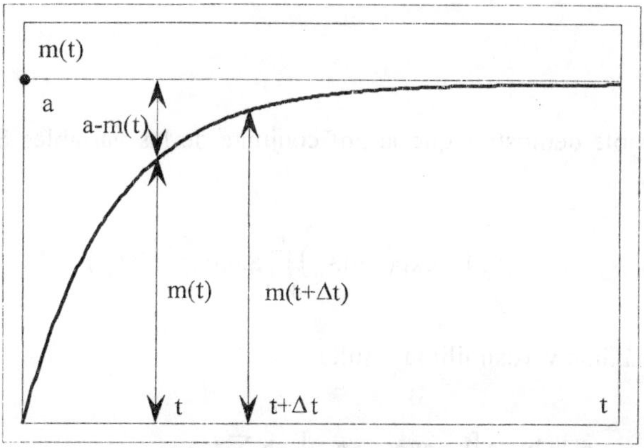

Fig.8.25 - Media del número de fallas del software
Modelo Goel - Okumoto

La tasa de fallas será:

$$z(t) = \frac{\partial m(t)}{\partial t} = a.b.\exp(-b.t) \tag{8.119}$$

El modelo de Goel-Okumoto asume, en consecuencia, que la probabilidad de que ocurran dos o más fallas es despreciable para intervalos pequeños de tiempo. Entonces el proceso de conteo de fallas N(t) ≥ 0 satisface las condiciones de un proceso de Poisson No Homogéneo, comúnmente denominado NHPP (del inglés Nonhomogeneous Poisson Process) :

$$\Pr[N(t) = y] = \frac{[m(t)]^y}{y!} \tag{8.120}$$

Por lo que el modelo de Goel-Okumoto resulta más conservativo que el de Jelinski-Moranda. La estimación de los parámetros característicos del modelo puede realizarse por máxima verosimilitud. Sean T_i los tiempos entre fallas del software asociados al proceso de conteo N(t), es decir que T_k es el tiempo transcurrido entre las fallas k y k-1, y sea S_k el tiempo hasta la falla k:

$$S_k = \sum_{i=1}^{k} T_i \tag{8.121}$$

Entonces es posible demostrar que la pdf conjunta de las variables S_k viene dada por:

$$f^{S_1,S_2,S_3,\ldots\ldots,S_n}(s_1,s_2,s_3,\ldots\ldots,s_n) = \exp(-m.s_n).\prod_{k=1}^{n} a.b.\exp(-b.s_k) \tag{8.122}$$

La función de máxima verosimilitud resulta:

$$L(a,b/s) = n.\ln a + n.\ln b - a.[1-\exp(-b.s_n)] - b.\sum_{k=1}^{n} s_k \tag{8.123}$$

Tomando logaritmos y maximizando se tiene:

$$\frac{n}{a} = 1 - \exp(-b.s_n) \tag{8.124}$$

$$\frac{n}{b} = \sum_{k=1}^{n} s_k + a.s_n \exp(-b.s_n) \tag{8.125}$$

Que pueden ser resueltas numéricamente, de modo de obtener estimaciones de los parámetros a y b. Roussas propone, como nivel de confianza en la estimación de estos parámetros, el siguiente:

$$C_\alpha = L\left(\hat{a},\hat{b}\right) - \frac{\chi^2_{2,\alpha}}{2} \tag{8.126}$$

Teniendo como base este modelo y a modo de ejemplo extensivo a otros modelos, es factible realizar un análisis de costos asociado a las etapas de prueba o test y operación de un software a los fines de encontrar una regla de "stop" de debugging. En la Fig. 8.26 se observa un esquema de tiempos de liberación típicos de un software. Sean los costos y variables asociadas a este modelo las siguientes:

C_1=Costo asociado a la remoción de un bug durante el test.
C_2=Costo asociado a la remoción de un bug en operación.
C_3=Costo asociado al test por unidad de tiempo.

T=Tiempo asociado a la liberación del software.
C_t=Costo total asociado a la fase de test.
C_0=Costo total asociado a la fase operativa.
z(x)=Tasa de fallas del software.
T*=Tiempo óptimo de liberación del software.
t=Tiempo asociado a la migración (t→∞).
r=Tasa de Interés.

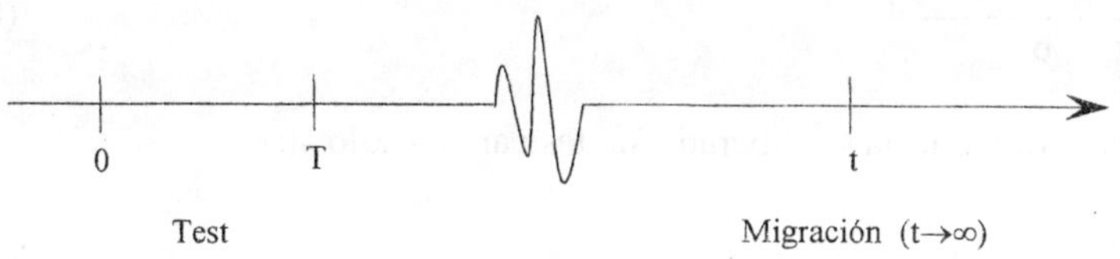

Fig.8.26 – Tiempos de Test y Migración típicos de un Software

Generalmente los costos asociados a la remoción de bugs durante el test son menores que los costos asociados a la remoción de bugs en operación. De modo que $C_1<C_2$ en la mayoría de los casos. Dado un tiempo de liberación T el costo total asociado a la fase de test es:

$$C_t(T)=\int_0^T [C_1.z(x)+C_3].\exp[-(1+r)].x.dx \qquad (8.127)$$

El costo asociado a la fase operativa es:

$$C_0(T)=\int_T^t C_2.z(x).\exp[-(1+r)].dx \qquad (8.128)$$

El costo total es:

$$C(T)=C_t(T)+C_0(T) \qquad (8.129)$$

Si la tasa de fallas surge del modelo de Goel-Okumoto, z(x), de acuerdo a la expresión 8.119, será:

$$z(x) = a.b.\exp(-b.x)$$

Entonces, maximizando la expresión 8.129 se tiene que el tiempo óptimo de liberación será:

$$T^* = \frac{\ln\left[a.b.\left(\frac{C_2 - C_1}{C_3}\right)\right]}{b} \quad (8.130)$$

Luego, el software podría ser liberado sin testear si y solo si:

$$a.b \leq \frac{C_3}{C_2 - C_1} \quad (8.131)$$

En la Fig.8.27 se muestra el esquema del proceso de "stop" de debugging para el modelo de Goel-Okumoto.

8.4.2. Micromodelos.

Los micromodelos recurren al concepto de caja blanca (White Box), de modo de que el software es tratado como una caja blanca cuya estructura interna es conocida. Su comportamiento es delineado a través del conocimiento de esa estructura y sus resultados pueden ser utilizados para predecir la confiabilidad del software bajo análisis. Uno de los micromodelos mas conocidos por no decir el micromodelo por excelencia es el micromodelo de Shooman.

8.4.2.1. Modelo de Shooman.

Shooman asume que software tiene estructura modular, de modo que la descomposición del mismo en estructuras simples es sencilla. Cada secuencia de instrucciones distintas del software es identificado como un paso. El modelo es construido teniendo en cuenta las frecuencias con que cada paso es recorrido, el tiempo de corrida de cada paso y la probabilidad de error a lo largo del mismo.

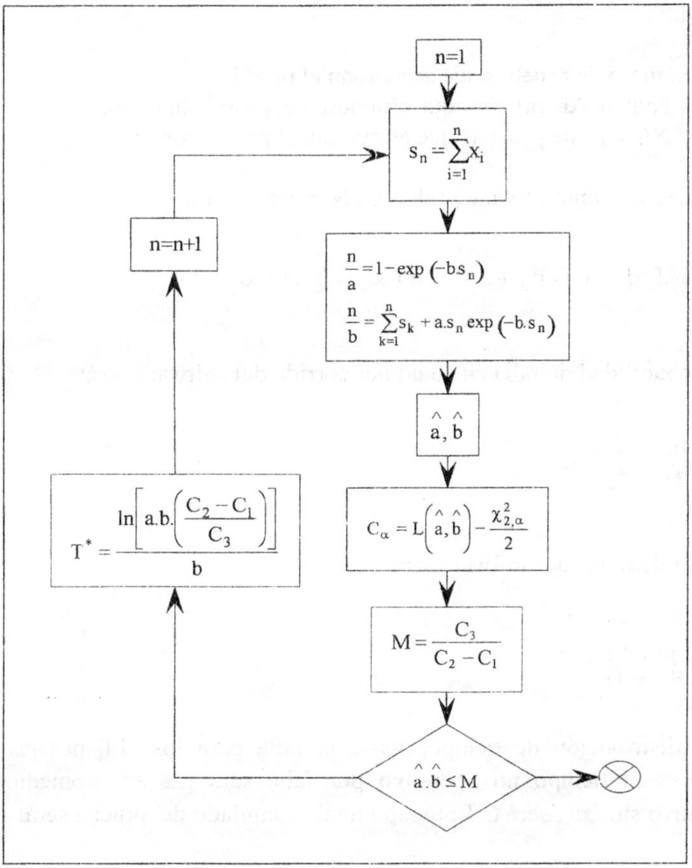

Fig.8.27 – Diagrama esquemático de proceso de "stop" de debugging

Sean:

N=Número de pruebas del software.
I=Número de pasos del software.
t_j=Tiempo empleado en correr el paso j.
q_j=Probabilidad de error en la corrida del paso j.
p_j=Probabilidad de éxito en la corrida del paso j.
f_j=Frecuencia de corrida del paso j.
n_f=Número total de fallas en N pruebas.
H=Tiempo total acumulado de prueba.

De aquí:

$N.f_j$=Número de pruebas que atraviesan el paso j
$N.f_j.q_i$=Número de pruebas que atraviesan el paso j sin éxito.
$N.f_j.p_i$=Número de pruebas que atraviesan el paso j con éxito.

Entonces el número total de fallas en N pruebas será:

$$n_f = N.f_1.q_1 + n.f_2.q_2 + ... + n.f_i.q_i = \sum_{j=1}^{i} N.f_j.q_j \qquad (8.132)$$

La probabilidad de falla en cualquier corrida del software será:

$$q_0 = \frac{n_f}{N} = \sum_{j=1}^{i} f_j.q_j \qquad (8.133)$$

La tasa de fallas del software será:

$$z_0 = \lim_{H \to \infty} \frac{n_f}{H} \qquad (8.134)$$

Si la distribución de tiempos hasta la falla para los $N.f_j$ pasajes es uniforme, entonces el tiempo no operativo por falla será $t_j/2$ en promedio y el tiempo operativo sin falla será t_j. El tiempo total acumulado de prueba será:

$$H = \sum_{j=1}^{i} N.f_j.p_j.t_j + \sum_{j=1}^{i} N.f_j.q_j.\frac{t_j}{2} \qquad (8.135)$$

o bién:

$$H = N.\sum_{j=1}^{i} N.f_j.t_j.\left(1 - \frac{q_j}{2}\right) \qquad (8.136)$$

Reemplazando la 8.132 y la 8.136 en la expresión 8.134 se tiene:

$$z_0 = \frac{\sum_{j=1}^{i} f_j.q_j}{\sum_{j=1}^{i} f_j.t_j.\left(1-\frac{q_j}{2}\right)} \qquad (8.137)$$

Si $q_j << 1$, entonces:

$$z_0 = \frac{\sum_{j=1}^{i} f_j.q_j}{\sum_{j=1}^{i} f_j.t_j} \qquad (8.138)$$

Si $f_1=f_2=\ldots=1/i$, entonces:

$$z_0 = \frac{\sum_{j=1}^{i} q_j}{\sum_{j=1}^{i} t_j} \qquad (8.139)$$

Uno de los problemas básicos del micromodelo de Shooman, consiste en la estimación de los parámetros del mismo, a saber f_j, t_j y q_j. Shooman propone varios métodos de estimación todos basados en el conocimiento empírico anterior sobre el comportamiento de otros programas similares.

8.4.3. Modelos de Disponibilidad

Los modelos de Disponibilidad toman en cuenta las fases operativa y no operativa del software, dando intervención al problema relacionado con el proceso de corrección de errores debido a fallas del mismo. El análisis de la disponibilidad de un software provee los elementos necesarios para estimar la performance del mismo, sobre todo cuando se trata de grandes paquetes corriendo en sistemas en los que se requiere una permanencia “on line” alta. Shooman y Trivedi introducen, vía análisis de Markov, un modelo de disponibilidad de software que es ampliamente conocido y que resulta sumamente útil a la hora de recurrir al mismo para la evaluación y análisis de su performance.

8.4.3.1. Modelo de Shooman - Trivedi.

Las hipótesis de trabajo asumidas por este modelo son las siguientes:

i. El número de palabras de código es grande. Del orden de 10^5 ó más.
ii. Para t=0, el software contiene un número desconocido de errores n, siendo t el tiempo operativo del software.
iii. En cualquier instante de tiempo, a lo sumo un error es corregido.
iv. Las transiciones entre un estado operativo y uno no operativo son independientes de los estados anteriores.

Sean los estados operativos:

n, n-1, n-2, ………, n-k+1, n-k, n-k-1; ……

y los no operativos:

m, m-1, m-2; ……, m-k+2, m-k+1, m-k, ……

En la Fig.8.28 se observa el diagrama de estados de Markov correspondiente a un software a los efectos de analizar su disponibilidad. En los estados operativos los errores ya han sido corregidos, mientras que en los estados no operativos los errores han sido detectados pero aun no corregidos.

La probabilidad de transición del estado n-k al m-k es:

$\lambda_{n-k}.\Delta t$, con k=0, 1, 2,…………

La probabilidad de transición del estado m-k al n-k-1 es:

$\mu_{m-k}.\Delta t$, con k=0, 1, 2,…………

Siendo:

λ_{n-k}≡tasa de ocurrencia de fallas por errores en el software.
μ_{m-k}≡tasa de corrección de errores del software.

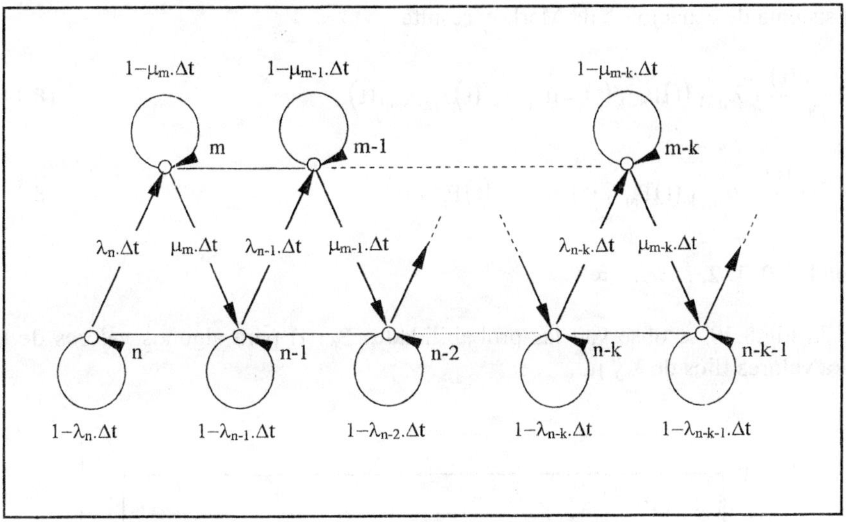

Fig.8.28 - Modelo de disponibilidad de Shooman - Trivedi

Entonces la disponibilidad del software será:

$$A(t) = P_n(t) + P_{n-1}(t) + P_{n-2}(t) + \dots\dots\dots\dots \qquad (8.140)$$

En notación compacta:

$$A(t) = \sum_{k=0}^{\infty} P_{n-k}(t) \qquad (8.141)$$

La indisponibilidad del software será:

$$I(t) = P_m(t) + P_{m-1}(t) + P_{m-2}(t) + \dots\dots\dots\dots \qquad (8.142)$$

En notación compacta:

$$I(t) = \sum_{k=0}^{\infty} P_{m-k}(t) \qquad (8.143)$$

El sistema de ecuaciones de Markov resulta:

$$\frac{\partial P_{n-k}(t)}{\partial t}+\lambda_{n-k}(t).P_{n-k}(t)=\mu_{m-k+1}(t).P_{m-k+1}(t) \qquad (8.144)$$

$$\frac{\partial P_{m-k}(t)}{\partial t}+\mu_{m-k}(t).P_{m-k}(t)=\lambda_{n-k}(t).P_{n-k}(t) \qquad (8.145)$$

Con k = 0, 1, 2, ... ∞

En la Fig.8.29 se observan las probabilidades $P_{n\text{-}k}(t)$ para algunos valores de k y para valores fijos de λ y μ.

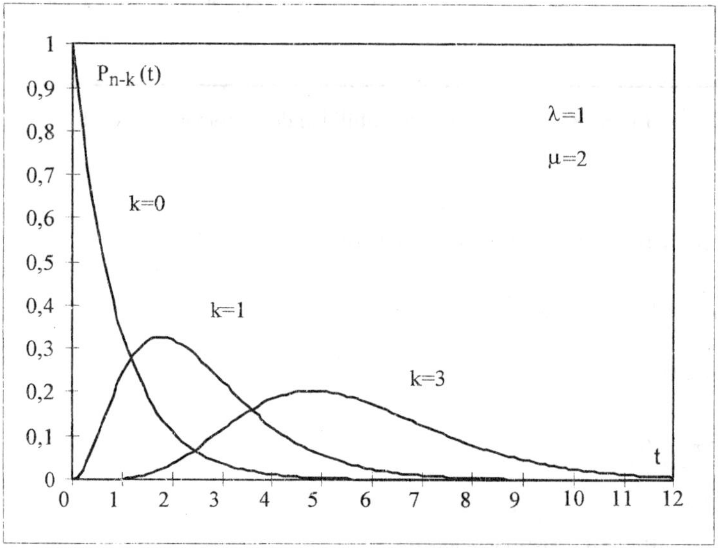

Fig.8.29 - Probabilidades $P_{n\text{-}k}(t)$ para λ=1 y μ=2.

En la Fig.8.30 se muestra la disponibilidad total A(t) como sumatoria de las probabilidades $P_{n\text{-}k}(t)$.

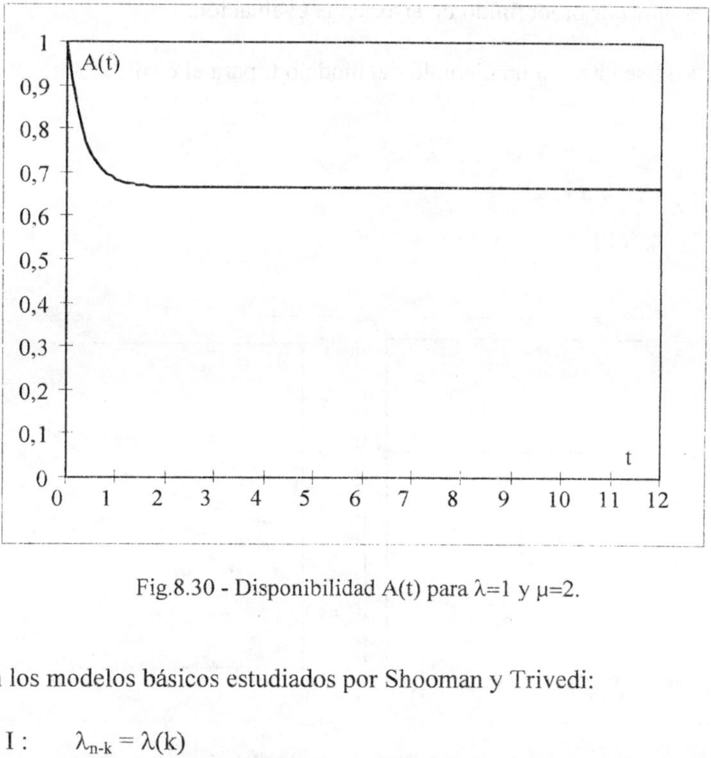

Fig.8.30 - Disponibilidad A(t) para λ=1 y μ=2.

Dos son los modelos básicos estudiados por Shooman y Trivedi:

Modelo I : $\lambda_{n-k} = \lambda(k)$
$\mu_{m-k} = \mu(k)$

Modelo II : $\lambda_{n-k} = \lambda(t)$
$\mu_{m-k} = \mu(t)$

A los efectos de evitar la suma infinita de las expresiones 8.141 y 8.143 es necesario establecer un valor de k máximo que permita la evaluación de la disponibilidad con un error adecuado. Si k es lo suficientemente grande de modo que:

$$A(t)+I(t) \cong 1 \qquad (8.146)$$

Entonces puede escribirse:

$$\left| A(t) + I(t) - 1 \right| \leq \varepsilon \qquad (8.147)$$

Donde ε es un valor predefinido de error en la evaluación.

En la Fig.8.31 se observa un ejemplo del modelo I, para el cual:

$$\mu(k) = 2$$
$$\lambda(k) = 2 - \frac{k}{6} \quad ; \quad 0 \le k \le 12 \qquad (8.148)$$
$$\lambda(k) = 0 \quad ; \quad k > 12$$

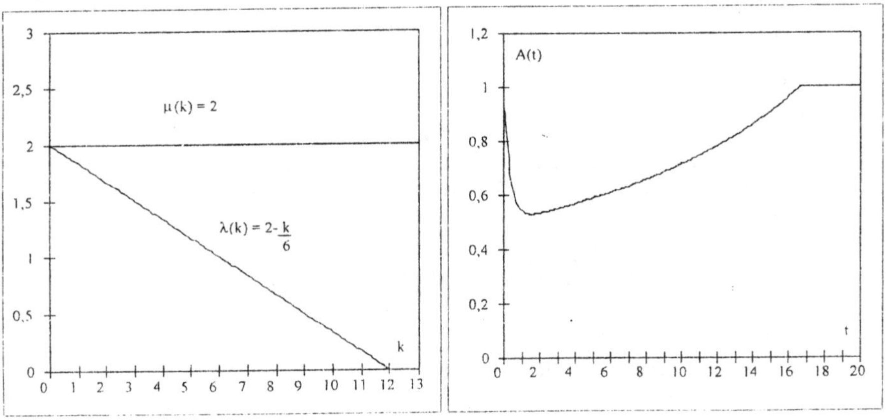

Fig.8.31 - Ejemplo del Modelo I.

En las Fig.8.32 se observa un ejemplo del modelo II para el cual:

$$\mu(t) = 2$$
$$\lambda(t) = 1{,}5 - 0{,}2.t \quad ; \quad 0 \le t \le 5 \qquad (8.149)$$
$$\lambda(t) = 0 \quad ; \quad t > 5$$

8.5. Software tolerante a fallas.

Así como en hardware se utilizan técnicas de redundancia a los fines de aumentar la confiabilidad y la disponibilidad; en software se utilizan técnicas semejantes a los efectos de obtener softwares tolerantes a fallas.

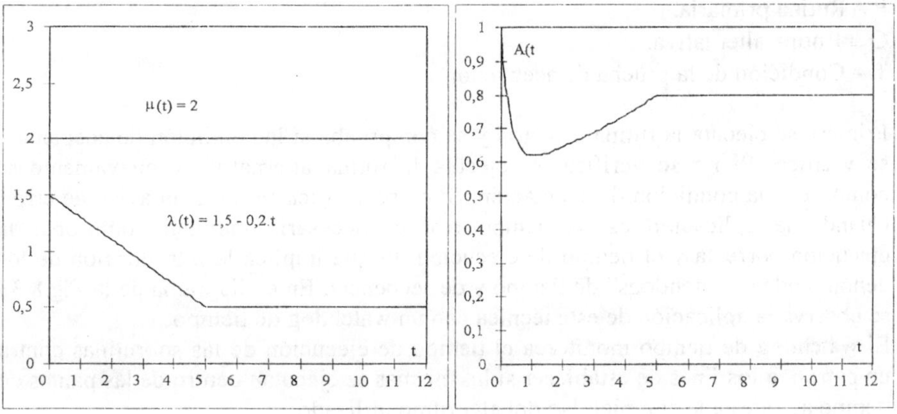

Fig.8.32 - Ejemplo del Modelo II

Dos son las metodologías más empleadas y ambas están relacionadas a la prevención de los problemas emergentes de los efectos de los errores en el diseño y la codificación de software. Estas son las denominadas: Bloques Recuperables y N-versiones. En el primer caso no es necesario contar con más de una plataforma de hardware, en el segundo caso esto es mandatorio ya que cada diferente versión del software debe correr simultáneamente en un hardware diferente. En esta técnica se puede recurrir también a un "voter" y utilizar una configuración r de n, de modo de tener corriendo n versiones en n hardwares distintos y utilizar el resultado de r de las n versiones de acuerdo a ciertos criterios de selección de resultados.

8.5.1. Modelo de Bloques Recuperables.

Esta técnica puede ser aplicada a un solo hardware pero no necesariamente, pudiendo compartir también redundancia en hardware. La estructura más simple de esta metodología es la siguiente:

```
Ensure T
    By P
    Else by Q
Else Error
```

Donde:

P ≡ Rutina primaria.
Q ≡ Rutina alternativa.
T ≡ Condición de la prueba de aceptación.

Primero se ejecuta la rutina primaria y se comprueba si la condición de aceptación se verifica. Si no se verifica, se ejecuta la rutina alternativa y nuevamente se comprueba la condición de aceptación. Si no se verifica se pone un aviso de error. Cuando la aplicación es en tiempo real es necesario también comprobar la ejecución correcta y el tiempo de ejecución, lo que implica la introducción de los denominados "watchdogs" de tiempo y de secuencia. En el diagrama de la Fig.8.33 se observa la aplicación de esta técnica con un watchdog de tiempo.
El watchdog de tiempo monitorea el tiempo de ejecución de las subrutinas contra un patrón, a los fines de establecer si las mismas se ejecutan dentro de las pautas de tiempo acordes a la complejidad del algoritmo utilizado.
El watchdog de secuencia, en cambio monitorea la correcta secuencia de los pasos del software, verificando que el flujo de control del mismo circule por los pasos correctos. Las pruebas de aceptación constituyen el punto crítico de esta técnica y pueden ser utilizadas para:

i. Detectar desvíos del software cuya ejecución se prevé.
ii. Prevenir salidas del software falsas.

Las pruebas de aceptación del primer tipo son más restrictivas que las del segundo, ya que los riesgos que se corren por una transferencia innecesaria son pequeños, mientras los riesgos que se corren por falla en la transferencia a una rutina alternativa, cuando se lo requiera, pueden ser grandes.
Cuando se trata de softwares de utilización continua por largo tiempo, es decir en la fase operativa, es conveniente la utilización de las pruebas de aceptación del tipo ii. Prueba de salidas falsas, mientras que en la fase desarrollo es más conveniente la utilización de pruebas de aceptación del tipo i. Prueba de desvíos en la ejecución. No obstante ello las pruebas de este último tipo tienen algunas ventajas, pues verifican: el comportamiento del software primario, la transferencia a una rutina alternativa en forma más frecuente y las pruebas de las condiciones de aceptación a medida que el software se ejecuta. Cuatro son los tipos de pruebas de aceptación mas utilizadas:

- Satisfacción de Requerimientos.
- Verificación de Eventos.
- Pruebas Racionales.
- Verificación de Tiempo de Ejecución.

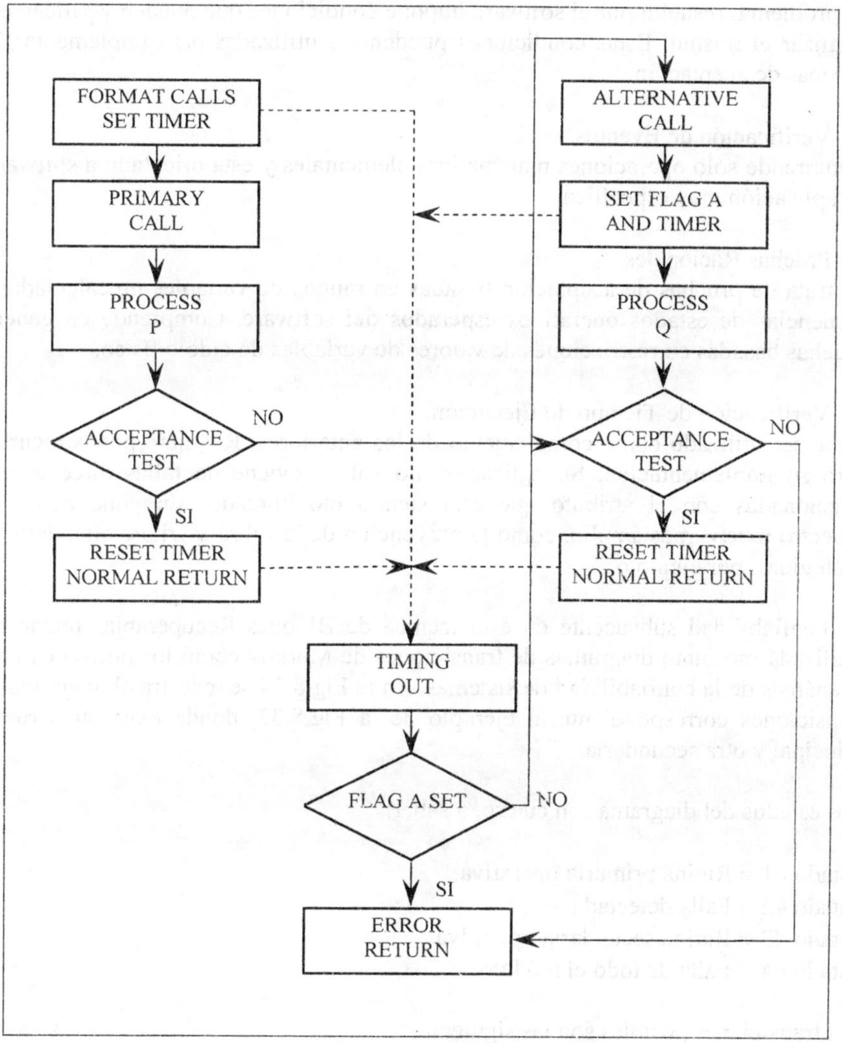

Fig.8.33 - Técnica de Bloques Recuperables

- Satisfacción de Requerimientos.

El problema resuelto por el software impone condiciones que pueden verificarse al finalizar el mismo. Estas condiciones pueden ser utilizadas para implementar las pruebas de aceptación.

- Verificación de Eventos.

Comprende sólo operaciones matemáticas elementales y esta orientado a softwares de aplicación muy específica.

- Pruebas Racionales.

Se trata de pruebas de aceptación basadas en rangos de variables precalculadas o secuencias de estados operativos esperados del software. Comprende en general pruebas basadas en restricciones de valores de variables de índole físico.

- Verificación de Tiempo de Ejecución.

Debe ser utilizado como complemento de los anteriores. Requiere pocos recursos para su implementación. Su aplicación no solo previene de fallas directamente relacionadas con el atributo que esta siendo monitoreado, sino que cubre un espectro mucho más amplio, como la prevención de la sobre escritura en memorias protegidas, por ejemplo.

La confiabilidad subyacente en esta técnica de Bloques Recuperables puede ser analizada mediante diagramas de transiciones de Markov como los utilizados para el análisis de la confiabilidad de sistemas. En la Fig.8.34 se muestra el diagrama de transiciones correspondiente al ejemplo de la Fig.8.33, donde existe una rutina principal y otra secundaria.

Los estados del diagrama son cuatro, a saber:

Estado #1 ≡ Rutina primaria operativa.
Estado #2 ≡ Falla detectada.
Estado #3 ≡ Rutina secundaria operativa.
Estado #4 ≡ Falla de todo el módulo.

Las transiciones posibles son las siguientes:

Transición #1,1: Rutina primaria continua operativa.
Transición #1,2: Detección de falla en la rutina primaria.
Transición #1,4: Falla no detectada en la rutina primaria.
Transición #2,3: Cambio a rutina secundaria satisfactorio.
Transición #2,4: Falla en el cambio a rutina secundaria.

Transición #3,3: Rutina secundaria continua operativa.
Transición #3,1: Retorno a la rutina primaria.
Transición #3,4: Falla en la rutina secundaria.

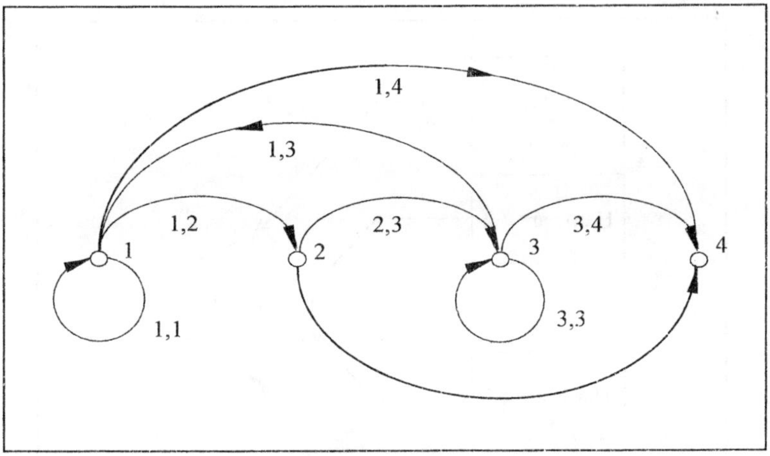

Fig.8.34 - Diagrama de Transiciones para Técnica de Bloques Recuperables

8.5.2. Modelo de N - versiones.

Se trata de N computadoras operando en forma independiente al mismo tiempo, lo que requiere diferentes hardwares. En general se requiere que este número ser mayor o igual que dos ($N \geq 2$) y que las N versiones del software sean independientes, si es posible en lenguajes distintos y con algoritmos diferentes. En la Fig.8.35se observa la implementación de esta técnica con un voter del tipo r de n.
Una falla en alguno de los hardwares puede como mucho cambiar la configuración operativa del sistema y en esa configuración perder las previsiones de la tolerancia a fallas. Los resultados de las distintas ejecuciones son comparados al final y en el caso de diferencias uno de los resultados es identificado como preferencial ya sea vía voters u otra determinada estrategia.
Uno de los problemas emergentes de la aplicación de esta técnica es la demostración de la real independencia de las distintas versiones de software desarrolladas.

Intuitivamente se podría pensar que cuanto más diferentes sean las versiones del software mejor, desde el punto de vista de la independencia. Esto tiene que ver con lo que se define como diversidad del software, aunque no existe una definición precisa de este término y menos aún para el grado de diversidad.

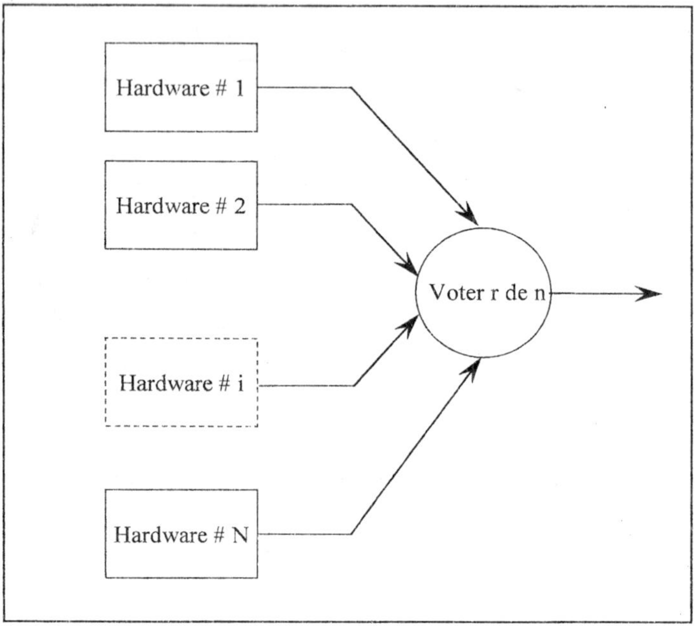

Fig.8.35 - Técnica de N - versiones

La diversidad de las distintas versiones de software depende en cierto grado de la diversidad de los procesos ó metodologías de desarrollo. Sin embargo no es posible determinar en forma directa si con un voter 2 de 3, es mejor tres versiones de software desarrolladas con la misma metodología (diseño homogéneo) que tres versiones desarrollas con distinta metodología (diseño diverso).
Recientes investigaciones demuestran que la efectividad de las distintas versiones del software tiene que ver con la dificultad con que el software procesa las diferentes entradas al mismo. Cuando se trata de voters del tipo 1 de n, siempre es mejor el diseño diverso que el homogéneo, sin embargo cuando se trata de voters del tipo 2 de 3 no siempre el diseño diverso es mejor que el homogéneo.

Un ejemplo de diagrama de transición utilizando voters del tipo 1 de 2 se muestra en la Fig.8.36 donde la cantidad de estados posibles para cada unidad es 5, a saber:

Estado A: Activo
Estado B: Falla benigna (sin errores).
Estado D: Error.
Estado E: Detección de fallas.
Estado F: Falla.

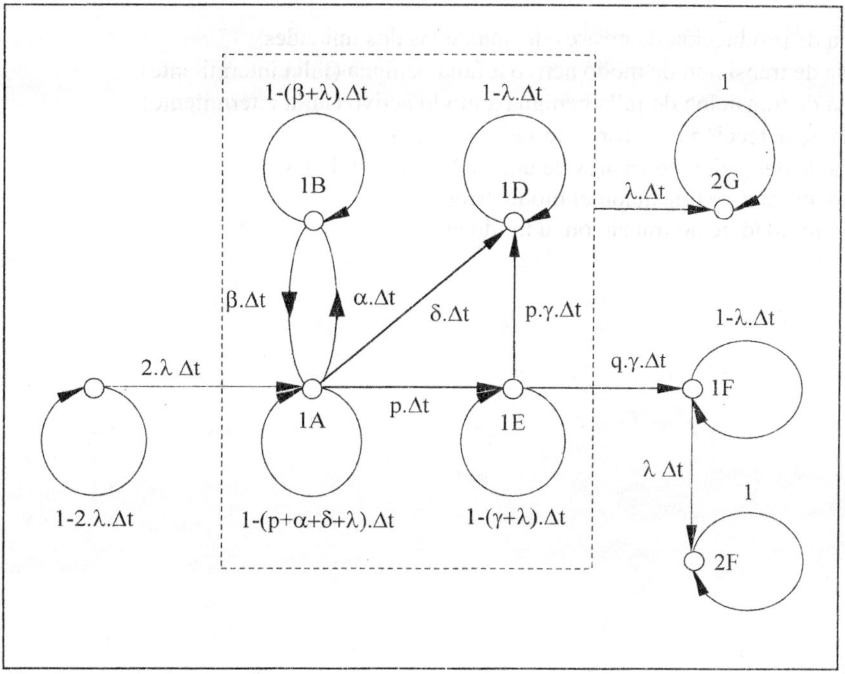

Fig.8.36- - Diagrama de Transiciones para Técnica de N- versiones - 1 de 2.

Siendo la redundancia del tipo 1 de 2, se puede pensar en dos tipos de fallas, una debido a fallas no detectadas, es decir una falla encubierta y otra debido a la pérdida de una de las dos unidades, a pesar de que la falla haya sido detectada. De modo que los posibles estados del sistema serán:

Estado 0: Ambas unidades activas.

Estado 1A: Una unidad sola activa.
Estado 1B: Una unidad sola en estado de falla benigna.
Estado 1D: Una unidad sola detectando falla.
Estado 1E: Una unidad sola con error.
Estado 1F: Una unidad sola con falla (falla no detectada).
Estado 2F: Ambas unidades con falla (falla no detectada).
Estado 2G: Ambas unidades inactivas (no funcionales).

Donde:

λ=Tasa de producción de errores de una de las dos unidades.
α=Tasa de transición de modo activo a falla benigna (falla intermitente).
β=Tasa de transición de falla benigna a modo activo (falla intermitente).
γ=Tasa de detección de errores desde modo error.
δ=Tasa de detección de errores de una de las dos unidades.
p=Probabilidad de transición al modo error.
q=Probabilidad de no transición al modo error.

CAPITULO 9

DISTRIBUCIÓN DE LA CONFIABILIDAD

9.1. Distribución de la Confiabilidad.

Con el fin de especificar la confiabilidad de un sistema electrónico es necesario conocer la confiabilidad de sus componentes. Este problema suele denominarse directo, esto es conocer la confiabilidad de los elementos constitutivos del sistema y de ahí el del sistema del que forman parte. El problema indirecto resulta de distribuir la confiabilidad de los componentes de un sistema en función de la confiabilidad buscada o especificada para el sistema. Este reparto de cifras de confiabilidad entre los elementos constitutivos del sistema para lograr un valor especificado de confiabilidad puede llevarse a cabo teniendo en cuenta el tipo de distribución de tiempos de vida de los componentes del sistema, la estructura del mismo y la presencia o no de restricciones. En general deberá resolverse de alguna forma la desigualdad siguiente:

$$f\left(C_1^*, C_2^*, \ldots\ldots\ldots, C_n^*\right) \geq C^* \tag{9.1}$$

Donde f representa la relación funcional entre las confiabilidades de los subsistemas partes del sistema. Para el caso de que se trate de un sistema con estructura de confiabilidad serie, se tendrá:

$$\prod_{i}^{n} C_i^* \geq C^* \tag{9.2}$$

Si se trata de una estructura serie de n subsistemas y la distribución de los tiempos de vida es exponencial, con tasa de fallas constante, entonces:

$$\sum_{i=1}^{n} \lambda_i^* \leq -\frac{\ln C^*}{t} \tag{9.3}$$

Así, será:

$$C^*(t) = \exp(-\lambda^*.t) \tag{9.4}$$

Siendo:

$\lambda^* \equiv$ Tasa de fallas máxima especificada para el sistema
$\lambda \equiv$ Tasa de fallas máxima permitida para el subsistema i

Son varias las metodologías que existen a los fines de resolver este problema y particularmente en el caso de tasa de fallas constante y estructura de confiabilidad serie. En este capitulo se analizara solamente el caso de estructura de confiabilidad serie. La extensión de estas metodologías a sistemas de estructura de confiabilidad redundante esta fuera del alcance de este capitulo y presenta un análisis mas complejo.
Se analizara la distribución de la confiabilidad para el caso de tasas de fallas constante y para el caso general de tasa de fallas independiente de la distribución de las mismas. Asimismo se tomara en cuenta el reparto de la confiabilidad en sistemas con y sin restricciones ya sea técnicas como económicas.

9.2. Distribución de la Confiabilidad sin Restricciones

Serán tratados solo los sistemas de estructura de confiabilidad serie Ver Fig.9.1. En primer lugar se analizaran subsistemas con tasa de fallas constante. Aquí dos metodologías son las mas utilizadas. La primera de ellas es la de ponderación, donde se conocen las tasas de fallas de los subsistemas intervinientes suponiendo que la del sistema del que forman parte es de la misma naturaleza que la de los subsistemas en cuestión. La segunda de esta técnicas es la de modularización. Esta metodología tiene en cuenta la importancia de cada subsistema dentro del sistema en cuanto al buen funcionamiento del mismo.

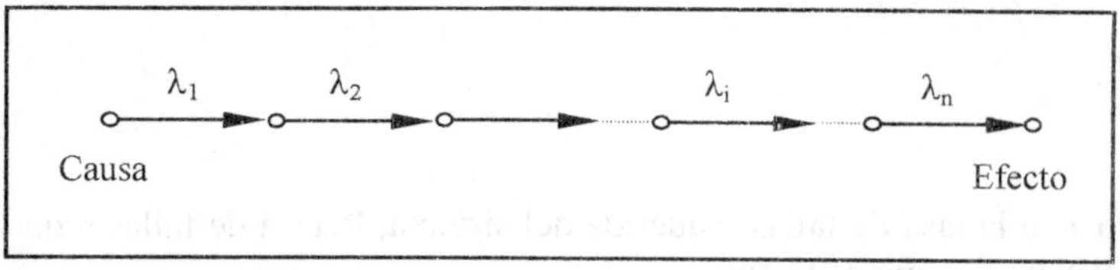

Fig.9.1 – Diagrama de Confiabilidad de una Estructura tipo Serie

Esta importancia se plasma en un coeficiente entre cero y uno. Así un coeficiente igual a uno implica que una falla de un subsistema de origen a la indisponibilidad total del sistema y un coeficiente igual a cero lo opuesto. Finalmente en el caso de tasa de fallas cualesquiera es necesario especificar la duración de la misión operativa del sistema para la confiabilidad deseada. Aquí dos son las metodologías utilizadas, una muy general y otra simplificada.

9.2.1. Subsistemas con tasa de fallas constante.

Las metodologías aplicadas son la de ponderación y la de modularización. La primera es muy simple de implementar y solo se necesita conocer índices de fallas de los subsistemas constituyentes del sistema bajo análisis, mientras que la segunda implica conocimiento profundo de la incidencia de las fallas de los subsistemas intervinientes en la del sistema.

9.2.1.1. Método de Ponderación

Sean λ_i las tasas de fallas de los n subsistemas constituyentes del sistema de estructura de confiabilidad serie y sea λ la tasa de fallas global del sistema. Sean además iguales los tiempos de misión operativa tanto del sistema como de los subsistemas del mismo. Entonces:

$$\lambda = \sum_{i=1}^{n} \lambda_i \qquad (9.5)$$

La importancia relativa de la confiabilidad de cada subsistema i en la confiabilidad del sistema viene dada por un peso o ponderación ω_i de modo que:

$$\omega_i = \frac{\lambda_i}{\sum_{i=1}^{n} \lambda_i} = \frac{\lambda_i}{\lambda} \qquad (9.6)$$

Llamando λ^* a la tasa de fallas requerida del sistema, la tasa de fallas requerida de cada subsistema i viene dada por:

$$\lambda_i^* = \omega_i . \lambda^* \qquad (9.7)$$

En el caso de que los diferentes subsistemas tengan periodos de tiempo operativos distintos del tiempo de misión operativo del sistema, el tratamiento debe tener en cuenta los mismos. Ver Fig.9.2. Sean t_i los tiempos operativos de cada subsistema i y t el tiempo operativo del sistema global. Entonces es posible definir un factor de utilización υ_i de modo que:

$$\upsilon_i = \frac{t_i}{t} \qquad (9.8)$$

Si se desea mantener υ_i^* como factor de utilización para cada uno de los nuevos subsistemas , la tasa de fallas del sistema global será:

$$\lambda = \sum_{i=1}^{n} \upsilon_i . \lambda_i \qquad (9.9)$$

La tasa de fallas requerida del sistema será:

$$\lambda^* = \sum_{i=1}^{n} \upsilon_i^* . \lambda_i^* \qquad (9.10)$$

Distribuyendo proporcionalmente, deberá verificarse:

$$\frac{\upsilon_i^* . \lambda_i^*}{\lambda^*} = \frac{\upsilon_i . \lambda_i}{\lambda} \qquad (9.11)$$

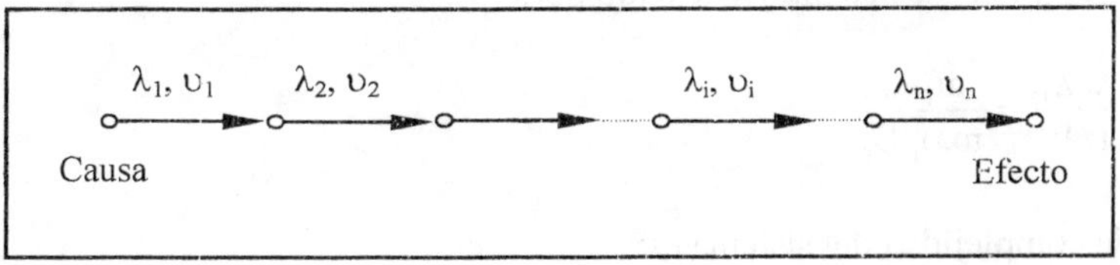

Fig.9.2 – Diagrama de Confiabilidad – Método de Ponderación

Entonces la tasa de fallas requerida de cada subsistema i viene dada por:

$$\lambda_i^* = \frac{\upsilon_i}{\upsilon_i^*} . \frac{\lambda^*}{\lambda} . \lambda_i \tag{9.12}$$

9.2.1.2. Método de módulos

Esta técnica es propuesta por el AGREE (Advisory Group on Reliability of Electronic Equipment) y tiene en cuenta la importancia de cada subsistema dentro del sistema cuya confiabilidad se trata de analizar. A esos efectos se evalúa la complejidad de cada subsistema descomponiéndolo en cierto número de módulos, a saber m_i. A posteriori se caracteriza cada subsistema con un coeficiente entre cero y uno. Un coeficiente igual a uno corresponde al caso de que una falla de ese subsistema implique una falla total del sistema. Un coeficiente igual a cero corresponde al caso de que una falla de ese subsistema no implique que el sistema modifique su comportamiento, esto es que no falle. Asimismo debe tenerse en cuenta el factor de utilización que depende de los tiempos operativos de cada subsistema y del sistema en cuestión. Ver punto 9.2.1.1 y Fig.9.3.
Si la confiabilidad requerida para el sistema es C^* para una duración de misión operativa t, entonces la tasa de fallas será:

$$\lambda^* = -\frac{\ln C^*}{t} \tag{9.13}$$

Sean t_i los tiempos operativos de cada subsistema i para un tiempo operativo t del sistema y sean m_i el número de módulos del subsistema i, n el numero de subsistemas y E_i el coeficiente de importancia de cada subsistema, entonces la tasa de fallas de cada subsistema viene dado por:

$$\lambda_i^* = \frac{m_i . t . \lambda_i}{m . t_i . E_i} = \frac{m_i . \lambda_i}{m . \upsilon_i . E_i} \tag{9.14}$$

Donde la complejidad del sistema es:

$$m = \sum_{i=1}^{n} m_i \tag{9.15}$$

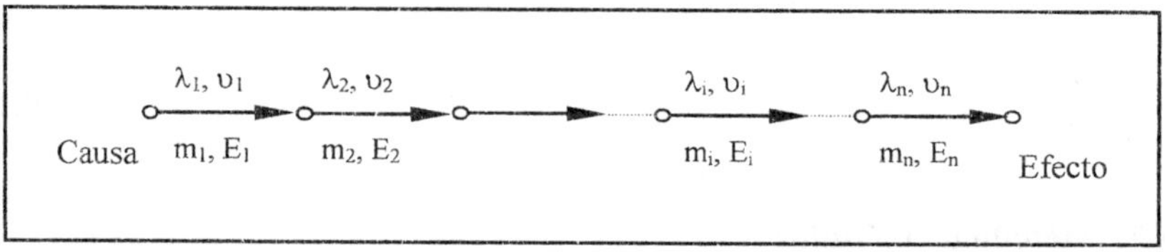

Fig.9.3 – Diagrama de Confiabilidad – Método de Módulos

9.2.2. Subsistemas con tasa de fallas cualesquiera

Los dos métodos tratados precedentemente suponen tasa de fallas constante. Si esto no ocurre es necesario fijar el tiempo de misión operativa t del sistema en cuestión. Para resolver este problema es posible utilizar una técnica muy general y otra más simplificada. En cuanto a la técnica más general y tratándose de un sistema de estructura de confiabilidad serie es posible escribir:

$$\frac{C^*}{C} = \frac{\prod_{i=1}^{n} C_i^*}{\prod_{i=1}^{n} C_i} = \prod_{i=1}^{n} \frac{C_i^*}{C_i} = k \tag{9.16}$$

Donde:

$C \equiv$ Confiabilidad estimada del sistema serie

$C^* \equiv$ Confiabilidad requerida del sistema serie
$C_i \equiv$ Confiabilidad estimada de cada subsistema
$C_i^* \equiv$ Confiabilidad requerida de cada subsistema
$k \equiv$ Factor de mejora de la confiabilidad

De la expresión 9.16 surge:

$$\frac{C_i^*}{C_i} = \sqrt[n]{k} \tag{9.17}$$

Con la condición:

$$\frac{1}{C_i} > \sqrt[n]{k} \quad \forall i \tag{9.18}$$

La expresión general de distribución de confiabilidad resulta:

$$C_i^*(t) = C_i(t) . \sqrt[n]{\left[\frac{C^*(t)}{C(t)}\right]} \tag{9.20}$$

Si las confiabilidades son muy altas y cercanas a uno, en la práctica, superiores a 0,9, es posible utilizar una técnica más simplificada. Así, es posible escribir:

$$\prod_{i=1}^{n} C_i = \prod (1 - F_i) \approx 1 - \sum_{i=1}^{n} F_i \tag{9.21}$$

Donde:

$F_i \equiv$ Probabilidad de falla del subsistema i

Llamando:

$F \equiv$ Probabilidad de falla estimada del sistema serie
$F^* \equiv$ Probabilidad de falla requerida del sistema serie
$F_i^* \equiv$ Probabilidad de falla requerida de cada subsistema

y utilizando la aproximación 9.21, la expresión general de distribución de probabilidad de falla resulta:

$$F_i^* = F_i . \frac{F^*}{F} \tag{9.22}$$

9.3. Distribución de la Confiabilidad con Restricciones

Se trata de analizar nuevamente sistemas de estructura de confiabilidad serie en los que se ponen ciertas restricciones de confiabilidad para algunos subsistemas. Generalmente una restricción se refiere a fijar un límite a la confiabilidad de ciertos subsistemas, debido, en la mayoría de los casos, a problemas de índole técnico o de estado de desarrollo. Cuando no es posible, mediante los métodos de distribución de confiabilidad sin restricciones, arribar a valores técnicamente factibles de confiabilidad requerida para ciertos subsistemas, es necesario recurrir a esta metodología de distribución. Aquí, son dos las metodologías utilizadas, la primera cuando se trata del caso de tasa de fallas constante y la segunda para tasas de fallas cualesquiera.

9.3.1. Subsistemas con tasa de fallas constante

Sea un sistema compuesto por n subsistemas, dentro de los cuales m poseen una tasa de fallas límite. Entonces es posible dividir los subsistemas en dos grandes grupos de acuerdo a la Fig.9.4.

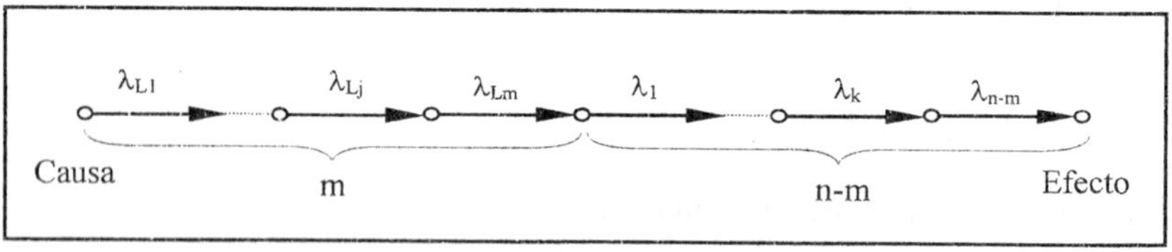

Fig.9.4 – Diagrama de Confiabilidad – Distribución con Restricciones

El primero esta formado por los m subsistemas con tasas de falla límites, sean estas λ_{Lj} con j=1, 2,......,m. Se cumple para este grupo que su tasa de fallas global es:

$$\lambda_G = \sum_{j=1}^{m} \lambda_{Lj} \tag{9.23}$$

El segundo grupo esta formado por m-n subsistemas cuyas tasas de fallas no poseen ningún limite en sus valores y sobre los cuales es posible maniobrar a los fines de llegar a los valores de tasas de fallas requeridas para esos subsistemas y para el sistema del cual forman parte. Sean:

$\lambda_k^* \equiv$ Tasa de fallas requerida para los k subsistemas con k=1, 2, ..., n-m

$\lambda_k \equiv$ Tasa de fallas estimada para los k subsistemas con k=1, 2, ..., n-m

Entonces las tasas de fallas emergentes de la distribución de confiabilidad sera:

$$\lambda_k^* = \lambda_k . \frac{\lambda^* - \sum_{j=1}^{m} \lambda_{Lj}}{\lambda - \sum_{j=1}^{m} \lambda_j} \tag{9.24}$$

Si las confiabilidades de los subsistemas son muy altas y cercanas a uno, en la practica superiores a 0,9, es posible utilizar una técnica más simplificada. Asi, de acuerdo a lo expuesto en 9.2 es posible escribir:

$$F_i^* = F_i . \frac{F^* - \sum_{j=1}^{m} F_{Lj}}{F - \sum_{j=1}^{m} F_j} \tag{9.25}$$

9.3.2. Subsistemas con tasa de fallas cualesquiera

Como en 9.3.1 es posible dividir el sistema en dos grandes grupos de subsistemas. El primero esta formado por m subsistemas con cifras de confiabilidad límite C_{jL} con j=1, 2,......,m. El segundo grupo esta formado por m-n subsistemas con cifras de confiabilidad C_k. La confiabilidad requerida del sistema será:

$$C^* = \prod_{i=1}^{n} C_i^* = \prod_{j=1}^{m} C_{Lj}.\prod_{k=1}^{n} C_k^* \qquad (9.26)$$

La expresión de distribución de confiabilidades sera:

$$\prod_{k=1}^{n-m} \frac{C_k^*}{C_k} = \frac{C^*}{C}.\prod_{j=1}^{m} \frac{C_j}{C_{Lj}} \qquad (9.27)$$

Entonces las confiabilidades emergentes de la distribución de confiabilidad sera:

$$C_k^* = C_k . \sqrt[n-m]{\frac{C^*}{C}.\prod_{j=1}^{m} \frac{C_j}{C_{Lj}}} \qquad (9.28)$$

9.4. Ejemplos de Aplicación

9.4.1. Ejemplo 1 – Método de Ponderación.

Se requiere para un sistema un MTBF de 1000 hs. El sistema esta compuesto por cuatro subsistemas cuyas tasas de fallas son las siguientes:

$\lambda_1 = 1,5.10^{-3}.hs^{-1}$

$\lambda_2 = 2,0.10^{-3}.hs^{-1}$

$\lambda_3 = 0,5.10^{-3}.hs^{-1}$

$\lambda_4 = 0,7.10^{-3}.hs^{-1}$

Si se requiere un MTBF para el sistema de 1000 hs., entonces la tasa de fallas requerida es:

$$\lambda^* = \frac{1}{MTBF^*} = \frac{1}{1000\ hs.} = 1,0.10^{-3}.hs^{-1}$$

La tasa de fallas estimada del sistemas es:

$$\lambda = \lambda_1 + \lambda_2 + \lambda_3 + \lambda_4 = (1{,}5 + 2{,}0 + 0{,}5 + 0{,}7).10^{-3}.hs^{-1} = 4{,}7.10^{-3}.hs^{-1}$$

Luego los pesos para cada tasa de fallas serán:

ω_1	λ_1 / λ	$1{,}50.10^{-3} / 4{,}70.10^{-3}$	0,319
ω_2	λ_2 / λ	$2{,}00.10^{-3}$ / 4,70.10-3	0,426
ω_3	λ_3 / λ	$0{,}50.10^{-3}$ / 4,70.10-3	0,106
ω_4	λ_4 / λ	$0{,}70.10^{-3}$ / 4,70.10-3	0,149

Las tasas de fallas requeridas para los subsistemas serán:

λ_1^*	$\omega_1 . \lambda^*$	$0{,}319 . 1{,}00.10^{-3}$	3,19E-04
λ_2^*	$\omega_2 . \lambda^*$	$0{,}426 . 1{,}00.10^{-3}$	4,26E-04
λ_3^*	$\omega_3 . \lambda^*$	$0{,}106 . 1{,}00.10^{-3}$	1,06E-04
λ_4^*	$\omega_4 . \lambda^*$	$0{,}149 . 1{,}00.10^{-3}$	1,49E-04

9.4.2. Ejemplo 2 – Método de Módulos.

Sea un sistema formado por cuatro subsistemas. El objetivo de confiabilidad del sistema es de 0,95 en 10 horas de funcionamiento. Las complejidades modulares m_i , los tiempos de utilización υ_i y los coeficientes de importancia E_i se observan en el siguiente cuadro.

n	m_i	υ_i	E_i
1	80	1,00	1
2	120	0,50	1
3	150	0,70	0,8
4	90	0,06	0,6

El número total de módulos es:

$$m = \sum_{i=1}^{4} m_i = 80+120+150+90 = 440$$

La tasa de fallas requerida para el sistema será:

$$\lambda^* = -\frac{\ln C^*}{t} = -\frac{\ln 0{,}95}{100} = 5{,}13.10^{-4}\ hs^{-1}$$

Los valores de tasas de fallas requeridas para los subsistemas serán:

λ_1^*	$m_1 . \lambda^* / m.\upsilon_1 . E_1$	80.5,13.10-3 / 440.1,00.1	9,33E-04
λ_2^*	$m_1 . \lambda^* / m.\upsilon_2 . E_2$	120.5,13.10-3 / 440.0,50.1	2,80E-03
λ_3^*	$m_1 . \lambda^* / m.\upsilon_3 . E_3$	150.5,13.10-3 / 440.0,70.0,8	3,12E-03
λ_4^*	$m_1 . \lambda^* / m.\upsilon_4 . E_4$	90.5,13.10-3 / 440.0,06.0,6	2,91E-02

Los correspondientes valores de MTBF en horas requeridos para los distintos subsistemas serán:

$MTBF_1$	1072
$MTBF_2$	357
$MTBF_3$	320
$MTBF_4$	34

9.4.3. Ejemplo 3 – Método General

Sea un sistema compuesto por dos subsistemas en estructura de confiabilidad serie. La confiabilidad del sistema es de 0,72 para un tiempo de misión establecido. La confiabilidad del primer subsistema es de 0,9 y la del segundo subsistema es de 0,8 para el mismo tiempo de misión. Si se requiere una confiabilidad del sistema 0,85 para el sistema, entonces:

$$k = \frac{C^*}{C} = \frac{0{,}85}{0{,}72} = 1{,}1806$$

De donde:

$\sqrt{k} = \sqrt{1,1806} = 1,0865$

De aquí:

$C_1^* = C_1.\sqrt{k} = 0,8.1,0865 = 0,87$

$C_2^* = C_2.\sqrt{k} = 0,9.1,0865 = 0,98$

9.4.4. Ejemplo 4 – Método General con Restricciones

Sea el mismo sistema del ejemplo 1 pero suponiendo tasa de fallas limite para los subsistemas 1 y 2. Esto es:

$\lambda_{L1} = 0,4.10^{-3}.hs^{-1}$

$\lambda_{L2} = 0,3.10^{-3}.hs^{-1}$

$\lambda_3 = 0,5.10^{-3}.hs^{-1}$

$\lambda_4 = 0,7.10^{-3}.hs^{-1}$

Entonces:

$$\sum_{j=1}^{2}\lambda_{Lj} = 0,4.10^{-3} + 0,3.10^{-3} = 0,7.10^{-3}$$

$$\sum_{j=1}^{2}\lambda_j = 0,5.10^{-3} + 0,7.10^{-3} = 1,2.10^{-3}$$

De aquí:

$$\lambda_3^* = \lambda_k.\frac{\lambda^* - \sum_{j=1}^{m}\lambda_{Lj}}{\lambda - \sum_{j=1}^{m}\lambda_j} = 0,5.10^{-3}.\left[\frac{1.10^{-3} - 0,7.10^{-3}}{4,7.10^{-3} - 1,2.10^{-3}}\right] = 5,71.10^{-5}$$

$$\lambda_4^* = \lambda_k . \frac{\lambda^* - \sum_{j=1}^{m} \lambda_{Lj}}{\lambda - \sum_{j=1}^{m} \lambda_j} = 0,7.10^{-3} . \left[\frac{1.10^{-3} - 0,7.10^{-3}}{4,7.10^{-3} - 1,2.10^{-3}} \right] = 8,00.10^{-5}$$

Deberá cumplirse que:

$$\frac{\lambda^* - \sum_{j=1}^{m} \lambda_{Lj}}{\lambda - \sum_{j=1}^{m} \lambda_j} > 0$$

APENDICE A

TABLAS

I. Función de Probabilidad Binomial.
II. Función de Distribución de Probabilidad de Poisson para $0<c<15$; $0<m<18$.
III. Función de Distribución de Probabilidad de Poisson para $0<c<50$; $0,1<m<30$.
IV. Intervalos de Confianza de F(x). Valores Críticos para el Test de Kolmogorov-Smirnov.
V. Función de Distribución de Probabilidad para Variable Normal Estandarizada.
VI. Tabla para Grandes Valores de la Variable Normal estandarizada.
VII. Función de Densidad de Probabilidad para Variable Normal Estandarizada.
VIII. Tabla de la Función Sigma.
IX. Función de Distribución de Probabilidad t de Student para dos colas simétricas.
X. Función de Distribución de Probabilidad Chi-Cuadrado para dos colas simétricas.
XI. Ensayos Truncados por Tiempo con Reemplazo. Valores de r para α, β, θ_2/θ_1 y T/θ_1 como Datos.
XII. Ensayos Truncados por Tiempo sin Reemplazo. Valores de r para α, β, θ_2/θ_1 y T/θ_1 como Datos.
XIII. Ensayos Truncados por Fallas con y sin Reemplazo. Valores de r y L/θ_1 para α, β, y θ_2/θ_1 como Datos.

I – Función de Probabilidad Binomial

$$P = \Pr(k \leq c, n, p) = \sum_{k=0}^{c} \binom{n}{k} . p^{k} . (1-p)^{n-k}$$

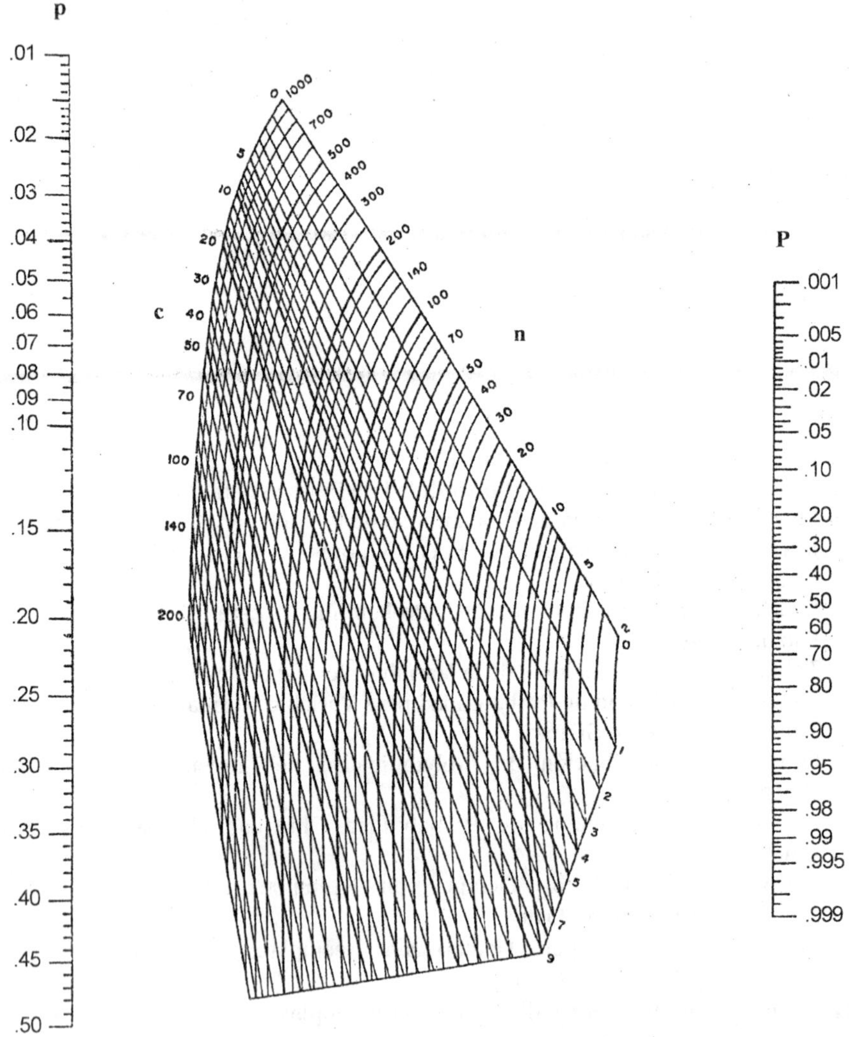

II – Función de Distribución de Probabilidad de Poisson

$$P = 1 - Q = \Pr\left(k \le c, m\right) = \sum_{k=0}^{c} \frac{\exp(-m).m^{k}}{k!}$$

c = 0 a 15 m = 0 a 18

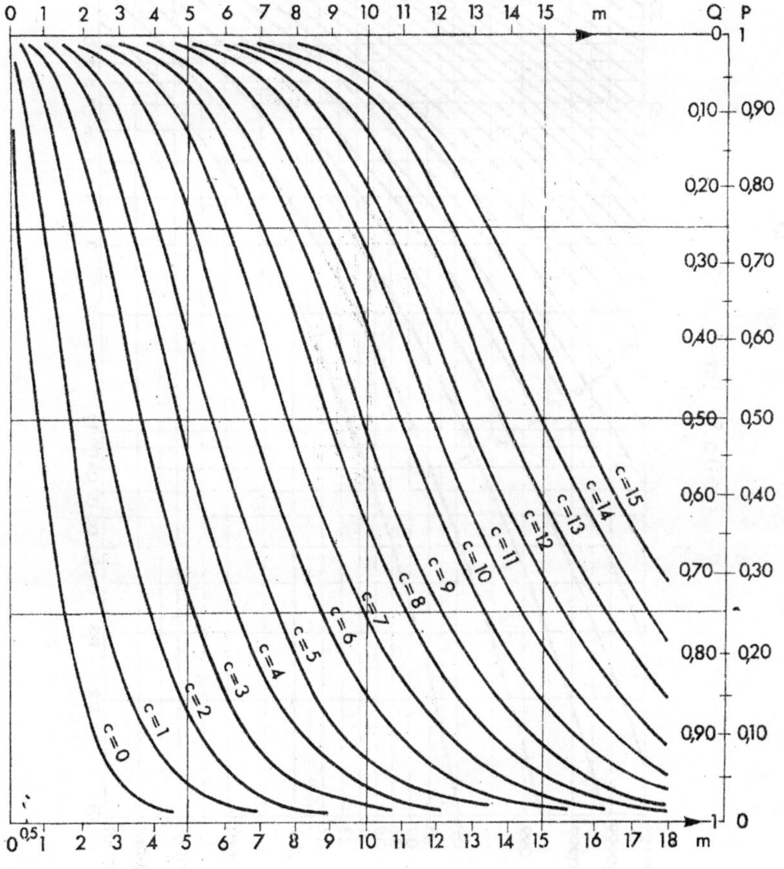

III – Función de Distribución de Probabilidad de Poisson

$$P = 1 - Q = \Pr(k \leq c, m) = \sum_{k=0}^{c} \frac{\exp(-m).m_k}{k!}$$

c = 0 a 50   m = 0,1 a 30

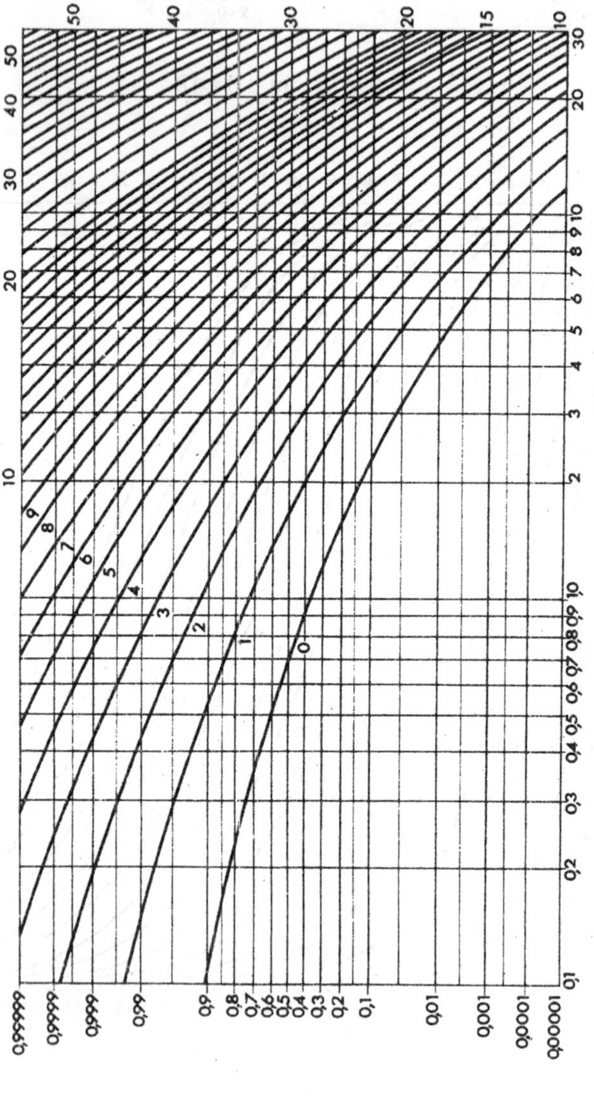

IV – Intervalos de Confianza de F(x)

Valores Críticos para el Test de Kolmogorov-Smirnov

N	Nivel de Significación α				
	0,20	0,15	0,10	0,05	0,01
1	0,900	0,925	0,950	0,975	0,995
2	0,684	0,726	0,776	0,842	0,929
3	0,565	0,597	0,642	0,708	0,828
4	0,494	0,525	0,564	0,624	0,733
5	0,446	0,474	0,510	0,565	0,669
6	0,410	0,436	0,470	0,521	0,618
7	0,381	0,405	0,438	0,486	0,577
8	0,358	0,381	0,411	0,457	0,543
9	0,339	0,360	0,388	0,432	0,514
10	0,322	0,342	0,368	0,410	0,490
11	0,307	0,326	0,352	0,391	0,468
12	0,295	0,313	0,338	0,375	0,450
13	0,284	0,302	0,325	0,361	0,433
14	0,274	0,292	0,314	0,349	0,418
15	0,266	0,283	0,304	0,338	0,404
16	0,258	0,274	0,295	0,328	0,392
17	0,250	0,266	0,286	0,318	0,381
18	0,244	0,259	0,278	0,309	0,371
19	0,237	0,252	0,272	0,301	0,363
20	0,231	0,246	0,264	0,294	0,356
25	0,210	0,220	0,240	0,270	0,320
30	0,190	0,200	0,220	0,240	0,290
35	1,180	0,190	0,210	0,230	0,270
>35	$1{,}07/\sqrt{N}$	$1{,}14/\sqrt{N}$	$1{,}22/\sqrt{N}$	$1{,}36/\sqrt{N}$	$1{,}63/\sqrt{N}$

V – Función de Distribución de Probabilidad para Variable Normal Estandarizada

x	0,00	0,01	0,02	0,03	0,04	0,05	0,06	0,07	0,08	0,09
0,0	0,5000	0,5040	0,5080	0,5120	0,5160	0,5199	0,5239	0,5279	0,5319	0,5359
0,1	0,5398	0,5438	0,5478	0,5517	0,5557	0,5596	0,5636	0,5675	0,5714	0,5753
0,2	0,5793	0,5832	0,5871	0,5910	0,5948	0,5987	0,6026	0,6064	0,6103	0,6141
0,3	0,6179	0,6217	0,6255	0,6293	0,6331	0,6368	0,6406	0,6443	0,6480	0,6517
0,4	0,6554	0,6591	0,6628	0,6664	0,6700	0,6736	0,6772	0,6808	0,6844	0,6879
0,5	0,6915	0,6950	0,6985	0,7019	0,7054	0,7088	0,7123	0,7157	0,7190	0,7224
0,6	0,7257	0,7290	0,7324	0,7357	0,7389	0,7422	0,7454	0,7486	0,7517	0,7549
0,7	0,7580	0,7611	0,7642	0,7673	0,7704	0,7734	0,7764	0,7794	0,7823	0,7852
0,8	0,7881	0,7910	0,7939	0,7967	0,7995	0,8023	0,8051	0,8078	0,8106	0,8133
0,9	0,8159	0,8186	0,8210	0,8238	0,8264	0,8289	0,8315	0,8340	0,8365	0,8389
1,0	0,8413	0,8438	0,8461	0,8485	0,8508	0,8531	0,8554	0,8577	0,8599	0,8621
1,1	0,8643	0,8665	0,8686	0,8708	0,8729	0,8749	0,8770	0,8790	0,8810	0,883
1,2	0,8849	0,8869	0,8888	0,8907	0,8925	0,8944	0,8962	0,8980	0,8997	0,9015
1,3	0,9032	0,9049	0,9066	0,9082	0,9099	0,9115	0,9131	0,9147	0,9162	0,9177
1,4	0,9192	0,9207	0,9222	0,9236	0,9251	0,9265	0,9279	0,9292	0,9306	0,9319
1,5	0,9332	0,9345	0,9357	0,9370	0,9382	0,9394	0,9406	0,9418	0,9429	0,9441
1,6	0,9452	0,9463	0,9474	0,9484	0,9495	0,9505	0,9515	0,9525	0,9535	0,9545
1,7	0,9554	0,9564	0,9573	0,9582	0,9591	0,9599	0,9608	0,9616	0,9625	0,9633
1,8	0,9641	0,9649	0,9656	0,9664	0,9671	0,9678	0,9686	0,9693	0,9699	0,9706
1,9	0,9713	0,9719	0,9726	0,9732	0,9738	0,9744	0,9750	0,9756	0,9761	0,9767
2,0	0,9772	0,9779	0,9783	0,9788	0,9793	0,9798	0,9803	0,9808	0,9812	0,9817
2,1	0,9821	0,9826	0,9830	0,9834	0,9838	0,9842	0,9846	0,9850	0,9854	0,9857
2,2	0,9861	0,9864	0,9868	0,9871	0,9875	0,9878	0,9881	0,9884	0,9887	0,9890
2,3	0,9893	0,9896	0,9898	0,9901	0,9904	0,9906	0,9909	0,9911	0,9913	0,9916
2,4	0,9918	0,9920	0,9922	0,9925	0,9927	0,9929	0,9931	0,9932	0,9934	0,9936
2,5	0,9938	0,9940	0,9941	0,9943	0,9945	0,9946	0,9948	0,9949	0,9951	0,9952
2,6	0,9953	0,9955	0,9956	0,9957	0,9959	0,9960	0,9961	0,9962	0,9963	0,9964
2,7	0,9965	0,9966	0,9967	0,9968	0,9969	0,9970	0,9971	0,9972	0,9973	0,9974
2,8	0,9974	0,9975	0,9976	0,9977	0,9977	0,9978	0,9979	0,9979	0,9980	0,9981
2,9	0,9981	0,9982	0,9982	0,9983	0,9984	0,9984	0,9985	0,9985	0,9986	0,9986

VI – Tabla para Grandes Valores de la Variable Normal estandarizada

3,0	3,1	3,2	3,3	3,4	3,5	3,6	3,8	4,0	4,5
0,99865	0,99904	0,99931	0,99952	0,99966	0,99976	0,999841	0,999928	0,999968	0,999997

VII – Función de Densidad de Probabilidad para Variable Normal Estandarizada

x	f(x)	x	f(x)
0,00	0,3989		
0,10	0,3970	2,10	0,044
0,20	0,3910	2,20	0,0355
0,30	0,3814	2,30	0,0283
0,40	0,3683	2,40	0,0224
0,50	0,3521	2,50	0,0175
0,60	0,3332	2,60	0,0136
0,70	0,3123	2,70	0,0104
0,80	0,2897	2,80	0,0079
0,90	0,2661	2,90	0,006
1,00	0,2420	3,00	0,0044
1,10	0,2179	3,10	0,0033
1,20	0,1942	3,20	0,0024
1,30	0,1714	3,30	0,0017
1,40	0,1497	3,40	0,0012
1,50	0,1295	3,50	0,0009
1,60	0,1109	3,60	0,0006
1,70	0,9400	3,70	0,0004
1,80	0,0790	3,80	0,0003
1,90	0,0656	3,90	0,0002
2,00	0,0540	4,00	0,0001

VIII –Tabla de la Función Sigma

x	Γ(x)	x	Γ(x)
1,0	1,0000		
1,1	0,9514	2,1	1,0465
1,2	0,9182	2,2	1,1018
1,3	0,8975	2,3	1,1667
1,4	0,8873	2,4	1,2422
1,5	0,8862	2,5	1,3293
1,6	0,8935	2,6	1,4296
1,7	0,9086	2,7	1,5447
1,8	0,9314	2,8	1,6765
1,9	0,9618	2,9	1,8274
2,0	1,0000	3,0	2,0000

IX – Función de Distribución de Probabilidad t de Student para dos colas simétricas

	α						
ν	0,40	0,30	0,20	0,10	0,05	0,02	0,01
1	1,376	1,963	3,088	6,314	12,706	31,821	63,657
2	1,061	1,386	1,886	2,920	4,303	6,965	9,925
3	0,978	1,250	1,638	2,353	3,182	4,541	5,841
4	0,941	1,190	1,533	2,132	2,776	3,747	4,604
5	0,920	1,156	1,476	2,015	2,571	3,365	4,032
6	0,906	1,134	1,440	1,943	2,447	3,143	3,707
7	0,896	1,119	1,415	1,895	2,365	2,998	3,499
8	0,889	1,108	1,397	1,860	2,306	2,896	3,355
9	0,883	1,100	1,383	1,833	2,262	2,821	3,250
10	0,879	1,093	1,372	1,812	2,228	2,764	3,169
11	0,876	1,088	1,363	1,796	2,201	2,718	3,106
12	0,873	1,083	1,356	1,782	2,179	2,681	3,055
13	0,870	1,079	1,350	1,771	2,160	2,650	3,012
14	0,868	1,076	1,345	1,761	2,145	2,624	2,977
15	0,866	1,074	1,341	1,753	2,131	2,602	2,947
16	0,865	1,071	1,337	1,746	2,120	2,583	2,921
17	0,863	1,069	1,333	1,740	2,110	2,567	2,898
18	0,862	1,067	1,330	1,734	2,101	2,552	2,878
19	0,861	1,066	1,328	1,729	2,093	2,539	2,861
20	0,860	1,064	1,325	1,725	2,086	2,528	2,845
21	0,859	1,063	1,323	1,721	2,080	2,518	2,831
22	0,858	1,061	1,321	1,717	2,074	2,508	2,819
23	0,858	1,060	1,319	1,714	2,069	2,500	2,807
24	0,857	1,059	1,318	1,711	2,064	2,492	2,797
25	0,856	1,058	1,316	1,708	2,060	2,485	2,787

X – Función de Distribución de Probabilidad Chi-Cuadrado para dos colas simétricas

Para $\nu > 30$, utilizar $\chi^2_{\nu,\alpha} = \dfrac{(u_{1-\alpha} + \sqrt{2\nu - 1})^2}{2}$ donde u es la variable normal estandarizada

ν \ α	0,99	0,98	0,975	0,95	0,90	0,80	0,70	0,50	0,30	0,20	0,10	0,05	0,025	0,0
1	0,0011	0,0006	0,0010	0,0039	0,0158	0,0642	0,148	0,455	1,074	1,642	2,706	3,841	5,024	5,41
2	0,0201	0,0404	0,0506	0,103	0,211	0,446	0,713	1,386	2,408	3,219	4,605	5,991	7,378	7,82
3	0,115	0,185	0,216	0,352	0,584	1,005	1,424	2,366	3,665	4,642	6,251	7,815	9,348	9,83
4	0,297	0,429	0,484	0,711	1,064	1,649	2,195	3,357	4,878	5,989	7,779	9,488	11,143	11,6
5	0,554	0,752	0,831	1,145	1,610	2,343	3,000	4,351	6,064	7,289	9,236	11,070	12,832	13,3
6	0,872	1,134	1,237	1,635	2,.204	3,070	3,828	5,348	7,231	8,558	10,645	12,592	14,449	15,0
7	1,239	1,564	1,690	2,167	2,833	3,822	4,671	6,346	8,383	9,803	12,017	14,067	16,013	16,6
8	1,646	2,032	2,180	2,733	3,490	4,594	5,527	7,344	9,524	11,030	13,362	15,507	17,535	18,1
9	2,088	2,532	2,700	3,325	4,168	5,380	6,393	8,343	10,656	12,242	14,684	16,919	19,023	19,6
10	2,558	3,059	3,247	3,940	4,865	6,179	7,267	9,342	11,781	13,442	15,987	18,307	20,483	21,1
11	3,053	3,609	3,816	4,575	5,578	6,989	8,148	10,341	12,899	14,631	17,275	19,675	21,920	22,6
12	3,571	4,178	4,404	5,226	6,304	7,807	9,034	11,340	14,011	15,812	18,549	21,026	23,337	24,0
13	4,107	4,765	5,009	5,892	7,042	8,634	9,926	12,340	15,119	16,985	19,812	22,362	24,736	25,4
14	4,660	5,368	5,629	6,571	7,790	9,467	10,821	13,339	16,222	18,151	21,064	23,685	26,119	26,8
15	5,229	5,985	6,262	7,261	8,547	10,307	11,721	14,339	17,322	19,311	22,307	24,996	27,488	28,2
16	5,812	6,614	6,908	7,962	9,312	11,152	12,624	15,338	18,418	20,465	23,542	26,296	28,845	29,6
17	6,408	7,255	7,564	8,672	10,085	12,002	13,531	16,338	19,511	21,615	24,769	27,587	30,191	30,9
18	7,015	7,906	8,231	9,390	10,865	12,857	14,440	17,338	20,601	22,760	25,989	28,869	31,526	32,3
19	7,633	8,567	8,907	10,117	11,651	13,716	15,352	19,338	21,689	23,900	27,204	30,144	32,852	33,6
20	8,260	9,237	9,591	10,851	12,443	14,578	16,266	19,337	22,775	25,038	28,412	31,410	34,170	35,0
21	8,897	9,915	10,283	11,591	13,240	15,445	17,182	20,337	23,858	26,171	29,615	32,671	35,479	36,3
22	9,542	10,600	10,982	12,338	14,041	16,314	18,101	21,337	24,939	27,301	30,813	33,924	36,781	37,6
23	10,196	11,293	11,688	13,091	14,848	17,187	19,021	22,337	26,018	28,429	32,007	35,172	38,076	38,9
24	10,856	11,292	12,401	13,848	15,659	18,062	19,943	23,337	27,096	29,553	33,196	36,415	39,364	40,2
25	11,524	12,697	13,120	14,611	16,473	18,940	20,867	24,337	28,172	30,675	34,382	37,652	40,646	41,5
26	12,198	13,409	13,844	15,379	17,292	19,820	21,792	25,336	29,246	31,795	35,563	38,885	41,923	42,8
27	12,879	14,125	14,573	16,151	18,114	20,703	22,719	26,336	30,319	32,912	36,741	40,113	43,194	44,1
28	13,565	14,847	15,308	16,928	18,939	21,588	23,647	27,336	31,391	34,027	37,916	41,337	44,461	45,4
29	14,256	15,574	16,047	17,708	19,768	22,475	24,577	28,336	32,461	35,139	39,087	42,557	45,722	46,6
30	14,953	16,306	16,791	18,493	20,599	23,364	25,508	29,336	33,530	36,250	40,256	43,773	46,979	47,9

XI – Ensayos Truncados por Tiempo con Reemplazo

Valores de r para α, β, θ_2/θ_1 y T/θ_1 como Datos

θ_2/θ_1	r	T/θ_1				r	T/θ_1			
		1/3	1/5	1/10	1/20		1/3	1/5	1/10	1/20
		n	n	n	n		n	n	n	n
		α=0,01		β=0,01			α=0,01		β=0,05	
2/3	136	331	551	1103	2207	101	237	395	790	1581
1/2	46	95	158	317	634	35	68	113	227	454
1/3	19	31	51	103	206	15	22	37	74	149
1/5	9	10	17	35	70	8	8	14	29	58
1/10	5	4	6	12	25	4	3	4	8	16
		α=0,01		β=0,10			α=0,05		β=0,01	
2/3	83	189	316	632	1265	95	238	397	795	1591
1/2	30	56	93	187	374	33	72	120	241	483
1/3	13	18	30	60	121	13	23	38	76	153
1/5	7	7	11	23	46	7	9	16	32	65
1/10	4	2	4	8	16	4	4	6	13	27
		α=0,05		β=0,05			α=0,05		β=0,10	
2/3	67	162	270	541	1082	55	130	216	433	867
1/2	23	47	78	157	314	19	37	62	124	248
1/3	10	16	27	54	108	8	11	19	39	79
1/5	5	6	10	19	39	4	4	7	13	27
1/10	3	3	4	8	16	3	3	4	8	16
		α=0,10		β=0,01			α=0,10		β=0,05	
2/3	77	197	329	659	1319	52	128	214	429	859
1/2	26	59	98	197	394	18	38	64	128	256
1/3	11	21	35	70	140	8	13	23	46	93
1/5	5	7	12	24	48	4	5	8	17	34
1/10	3	3	5	11	22	2	2	3	5	10
		α=0,10		β=0,10			α=0,25		β=0,25	
2/3	41	99	165	330	660	12	28	47	95	190
1/2	15	30	51	102	205	5	10	16	33	67
1/3	6	9	15	31	63	2	2	4	9	19
1/5	3	4	6	11	22	2	1	2	3	6
1/10	2	2	3	5	10	1	1	1	2	5

XII – Ensayos Truncados por Tiempo sin Reemplazo

Valores de r para α, β, θ_2/θ_1 y T/θ_1 como Datos

θ_2/θ_1	r	T/θ_1				r	T/θ_1			
		1/3	1/5	1/10	1/20		1/3	1/5	1/10	1/20
		n	n	n	n		n	n	n	n
		α=0,01		β=0,01			α=0,01		β=0,05	
2/3	136	403	622	1172	2275	101	291	448	842	1632
1/2	46	88	182	340	657	35	87	132	245	472
1/3	19	41	61	113	216	15	30	45	82	157
1/5	9	15	22	39	74	8	13	18	33	62
1/10	5	6	9	15	28	4	4	6	10	18
		α=0,01		β=0,10			α=0,05		β=0,01	
2/3	83	234	359	675	1307	95	289	447	843	1639
1/2	30	72	109	202	390	33	90	138	258	499
1/3	13	25	37	67	128	13	30	45	83	160
1/5	7	11	15	26	50	7	13	20	36	69
1/10	4	4	6	10	18	4	6	9	15	29
		α=0,05		β=0,05			α=0,05		β=0,10	
2/3	67	198	305	575	1116	55	159	245	162	895
1/2	23	59	90	168	326	19	47	72	134	258
1/3	10	21	32	59	113	8	16	24	48	83
1/5	5	8	12	22	41	4	6	9	15	29
1/10	3	4	5	9	17	3	4	5	9	17
		α=0,10		β=0,01			α=0,10		β=0,05	
2/3	77	238	369	699	1358	52	156	242	456	886
1/2	26	73	112	210	407	18	48	73	137	265
1/3	11	27	40	75	145	8	18	27	50	97
1/5	5	10	14	26	51	4	7	10	19	36
1/10	3	5	7	12	23	2	2	3	6	11
		α=0,10		β=0,10			α=0,25		β=0,25	
2/3	41	121	186	351	681	12	34	53	101	196
1/2	15	39	59	110	213	5	12	19	36	69
1/3	6	12	18	34	66	2	3	5	10	20
1/5	3	5	7	12	23	2	1	1	3	6
1/10	2	2	3	6	11	1	1	1	3	6

XIII – Ensayos Truncados por Fallas con y sin Reemplazo

Valores de r y L/θ_1 para α, β, y θ_2/θ_1 como Datos

θ_2/θ_1	α=0,01 β=0,01		α=0,01 β=0,05		α=0,01 β=0,10		α=0,01 β=0,25	
	r	L/θ_1	r	L/θ_1	r	L/θ_1	r	L/θ_1
2/3	136	0,811	101	0,783	83	0,762	60	0,724
1/2	46	0,689	35	0,649	30	0,625	22	0,572
1/3	19	0,544	15	0,491	13	0,469	10	0,413
1/5	9	0,390	8	0,363	7	0,333	5	0,256
1/10	5	0,256	4	0,206	4	0,206	3	0,145
θ_2/θ_1	α=0,05 β=0,01		α=0,05 β=0,05		α=0,05 β=0,10		α=0,05 β=0,25	
	r	L/θ_1	r	L/θ_1	r	L/θ_1	r	L/θ_1
2/3	95	0,837	67	0,808	55	0,789	35	0,739
1/2	33	0,732	23	0,683	19	0,655	13	0,592
1/3	13	0,592	10	0,543	8	0,498	6	0,436
1/5	7	0,469	5	0,394	4	0,342	3	0,272
1/10	4	0,342	3	0,272	3	0,272	2	0,178
θ_2/θ_1	α=0,10 β=0,01		α=0,10 β=0,05		α=0,10 β=0,10		α=0,10 β=0,25	
	r	L/θ_1	r	L/θ_1	r	L/θ_1	r	L/θ_1
2/3	77	0,857	52	0,827	41	0,806	25	0,754
1/2	26	0,758	18	0,712	15	0,687	9	0,604
1/3	11	0,638	8	0,582	6	0,525	4	0,436
1/5	5	0,487	4	0,436	3	0,367	3	0,367
1/10	3	0,367	2	0,266	2	0,266	2	0,266
θ_2/θ_1	α=0,25 β=0,01		α=0,25 β=0,05		α=0,25 β=0,10		α=0,25 β=0,25	
	r	L/θ_1	r	L/θ_1	r	L/θ_1	r	L/θ_1
2/3	52	0,903	32	0,876	23	0,853	12	0,793
1/2	17	0,827	11	0,784	8	0,744	5	0,674
1/3	7	0,726	5	0,674	4	0,634	2	0,481
1/5	3	0,576	2	0,481	2	0,481	1	0,288
1/10	2	0,481	2	0,481	1	0,288	1	0,288

APENDICE B

BIBLIOGRAFIA

1. Cramer H., "Mathematical Methods of Statistics", Princeton University Press, Princeton, New Jersey, 1946.
2. Parzen E., "Modern Probability Theory and its Applications", John Wiley & Sons, New York, 1960.
3. Chorafas D.N., "Statistical Processes and Reliability Engineering", Van Nostrand Company Inc., Princeton, New Jersey, 1960.
4. Standard H-108, "Sampling Procedures & Tables for Life and Reliability Testing (Based on Exponential Distribution)", Quality Control and Reliability Handbook, GPO, 1960.
5. Bazovsky I., "Reliability Theory & Practice", Prentice Hall, Englewood Cliffs, New Jersey, 1961.
6. Lloyd D. K. & M. Lipow, "Reliability: Management, Methods & Mathematics", Prentice Hall, Englewood Cliffs, New Jersey, 1962.
7. Calabro S. R., "Reliability Principles & Practices", Mc. Graw Hill, New York, 1962.
8. Haviland R. P., "Engineering Reliability & Long Life Design", Van Nostrand Company Inc., Princeton, New Jersey, 1964.
9. Papoulis A., "Probability Random Variables & Stochastic Process"; Mc. Graw Hill, New York, 1965.

10. Dummer G. W. A. & Griffin N. B., "Electronics Reliability-Calculation and Design", Pergamon Press, New York, 1966.
11. Ireson W. G., "Reliability Handbook", Mc. Graw Hill, New York, 1966.
12. Shooman Martin L., "Probabilistic Reliability: An Engineering Approach", Mc. Graw Hill, New York, 1968.
13. Feller W., "An Introduction to Probability Theory & its Application", John Wiley & Sons Inc., New York, 1968.
14. Gertsbakh I. B. & Kh. B. Kordonskiy, "Models of Failure", Springer Verlag, Berlin, Heidelberg, New York, 1969.
15. Chapouille P. et Des Pazzis R., "Fiabilité des Systemes", Maison et Cie. Editeurs, Paris. 1969.
16. Blanchard S. & Lowery E., "Maintainability, Principles & Practices", Mc. Graw Hill, New York, 1969.
17. Buzacott J. A., "Markov Approach to finding Failures Times of Repairable Systems", IEEE Transactions on Reliability, Vol.R-19, No.4, 1970, pp.128-134.
18. Amstadter B. L., "Reliability Mathematics: Fundamentals, Practices, Procedures", Mc. Graw Hill, New York, 1971.
19. C. Guyot, "Initiation a la Maintenabilité", Editeurs Dunod, Paris, 1971.
20. B. Sotskov, "Fundamentos de la Teoría y Cálculo de Fiabilidad de Elementos y Dispositivos de Automatización y Técnica de Cálculo", Editorial MIR, Moscú, 1972.
21. N. R. Mann, R. E. Schafer & N. D. Singpurwalla, "Mathematical Methods for Statistical Analysis of Reliability & Life Data", John Wiley & Sons, New York, 1974.
22. Smith O., "Introduction to Reliability in Design", Mc. Graw Hill, New York, 1976.
23. K. C. Kapur & L. R. Lamberson, "Reliability in Engineering Design", John Wiley & Sons, Inc., New York, 1977.
24. Diestler R. J., "Monte Carlo Analysis of System Tolerance", IEEE Transactions on Education, May 1977, pp.98-101.
25. Giacoletto L. J., "Electronics Designers' Handbook", Mc. Graw Hill, New York, 1977, pp.28.1-28.50.
26. Ernani Carrada and Somma Roberto, "Markov Processes in Reliability"; Rivista Tecnica Selenia, Vol.4, No.3, 1977, pp.1-8.
27. Ernani Carrada & Somma Roberto, "System Reliability, the Basic Equation", Rivista Tecnica Selenia, Vol.4, No.3, 1977, pp.9-13.
28. Somma Roberto & Amoria Victor, "The Properties and the Analytical Solution of The Basic Equation", Rivista Tecnica Selenia, Vol.4, No.3, 1977, pp.14-19.

29. Somma Roberto & Amoria Victor, "The Transition Rate Matrix", Rivista Tecnica Selenia, Vol.4, No.3, 1977, pp.20-26.
30. Somma Roberto, "Reliability Characteristics", Rivista Tecnica Selenia, Vol.4, No.3, 1977, pp.27-32.
31. Ernani Carrada; "An extension of the Reliability Definition to States of partial Success", Rivista Tecnica Selenia, Vol.4, No.3, 1977, pp.33-36.
32. Sachs Lothar, "Estadística Aplicada", Editorial Labor, Barcelona; 1978.
33. Sveshnikov A. A., "Problems in Probability Theory, Mathematical Statistics & Theory of Random Functions", Dover Publications, Inc., New York, 1978.
34. Roca J. L., "Confiabilidad en Microlectrónica", Revista Telegráfica Electrónica, Ed. Arbó, Bs. As., No.787, Jun.1978, pp.418-419.
35. Roca J. L., "Modelos de Vida de Componentes Electrónicos", Revista Telegráfica Electrónica, Ed. Arbó, Bs. As., No.787, Ago.1978, pp.626-630.
36. Roca J. L., "Estadística de W. Weibull-Usos y Aplicaciones", Revista Telegráfica Electrónica, Ed. Arbó, Bs. As., No.788/789, Set./Oct. 1978, pp.775-779/920-922.
37. Roca J. L., "Análisis de Test Acelerados utilizando la Estadística de W. Weibull", Revista Telegráfica Electrónica, Ed. Arbó, Bs. As., No.788/789, Ene./Feb.1979, pp.45-48/49.
38. Florio G. U. & Donna M., "Economic Management of Spare Parts for Integrated Logistic Support", Rivista Tecnica Selenia, Vol.7, No.2, 1980, pp.1-9.
39. Florio G. U., "The Life Cycle Cost of Integrated Logistic Support", Rivista Tecnica Selenia, Vol.8, No.1, 1982, pp.1-5.
40. STD-MIL-HDBK-53/1A, Not.1, "Guide for Attribute Lot Sampling Inspection and MIL-STD-105", 1982.
41. Roca J. L., "Algebraical Algorithm for Computing Complex System Reliability", Microelectronics & Reliability Journal, Ed. Pergamon Press. Ltd., England, Vol.24, No.5, 1984, pp.901-903.
42. Roca J. L., "A Fast Algorithm to Formulate Markov System Equations", Microelectronics & Reliability Journal, Ed. Pergamon Press. Ltd., England, Vol.24, No.5, 1984, pp.897-898.
43. Roca J. L., "Reliability Analysis for Two Special Three State Devices", Microelectronics & Reliability Journal, Ed. Pergamon Press. Ltd., England, Vol.24, No.5, 1984, pp.899-900.
44. Roca J. L., "Introducción a la Confiabilidad", Revista Telegráfica Electrónica; Ed. Arbó, Bs. As., No.864, Jul.1985, pp.741-745.
45. Roca J.L., "Reliability Evaluation of Logic Circuits", Microelectronics & Reliability Journal, Ed. Pergamon Press. Ltd., England, Vol.25, No.2, 1985, pp.257-260.

46. Roca J. L. "Análisis de la Disponibilidad de Sistemas Redundantes", Revista Telegráfica Electrónica, Ed. Arbó, Bs. As., No.872, Abr.1986, pp.371-373/411.
47. Roca J. L., "Análisis de Sistemas Electrónicos de Utilización Única", Revista Telegráfica Electrónica, Ed. Arbó, Bs. As., No.876, Ago.1986, pp.1203-1208.
48. Roca J. L. "Availability Analysis for RP10 Nuclear Reactor Trip Module", Microelectronics & Reliability Journal, Ed. Pergamon Press. Ltd., England, Vol. 26, No. 4, 1986, pp.611-617.
49. Roca J. L., "Los Modelos de Markov en el Análisis de la Confiabilidad de Sistemas Electrónicos", Revista Telegráfica Electrónica, Ed. Arbó, Bs. As., No.882, Mar.1987, pp.288-292.
50. Roca J. L., "An Approach on the Life Cycle Cost of Integrated Logistic Support", Microelectronics & Reliability Journal, Ed. Pergamon Press. Ltd., England, Vol.27, No.1, 1987, pp.25-27.
51. Roca J. L., "Normal Approach on Correctness Software Estimation", Microelectronics & Reliability Journal, Ed. Pergamon Press. Ltd., England, Vol.27, No.3, 1987, pp.457-458.
52. Roca J. L., "La Confiabilidad en el Software", Revista Telegráfica Electrónica; Ed. Arbó, Bs. As., No.898/899, Ago./Set.1988, pp.1144-1148/1156/1426-1431.
53. Roca J. L., "Testing Hypotheses on Correctness Software Estimation", Microelectronics & Reliability Journal, Ed. Pergamon Press. Ltd., England, Vol.28, No.4, 1988, pp.511-512.
54. Roca J. L., "A Method for Microprocessor Software Reliability Prediction", IEEE Transactions on Reliability", Vol. 37, No.1, April 1988, pp.88-91.
55. Ross Sheldon, "Introduction to Probability Models", Academic Press Ltd., 1989.
56. STD-ANSI-ASQC Z1.4, "Sampling Procedures & Tables for Inspection by Attributes", 1989.
57. Henley J. E. & Kumamoto H., "Probability Risk Assessment-Reliability Engineering, Design and Analysis", IEEE Press. Inc., New York, 1991.
58. Ghezzi C., Jazayeri M., Mandrioli L., "Fundamentals of Software Engineering", Prentice Hall, New Jersey, 1991.
59. Xie. M., "Software Reliability Modeling", Volume 1 Series on Quality, Reliability & Engineering, World Scientific 1991.
60. Ramakumar Ramachandra, "Engineering Reliability: fundamentals & applications", Prentice Hall, 1993.
61. Aggarwal K. K., "Reliability engineering", Volume 3 of Topics in safety, Reliability, and Quality", Springer Verlag, 1993.

62. Moeller K. H. & Paulish D. J., "Software Metrics, A practitioner's guide to improve product development", IEEE Press, Chapman & Hall, London 1993.
63. Varderman Stephen B., "Statistics for Engineering Problem Solving", IEEE Press. Inc., New York, 1994.
64. Roca J. L., "Computing Software Structural Complexity", Computers & Structures", Ed. Pergamon Press. Ltd., England, Vol.50, No.1, 1994, pp.87-95.
65. Shem-Tov Levi & Agrawala Ashok K., "Fault Tolerant System Design", Mc. Graw Hill Series on Computer Engineering, 1994.
66. Roca J. L., "Cause-effect failure analysis for measure channels with computer process units", Microelectronics & Reliability Journal, Ed. Pergamon Press. Ltd., England, Vol.34, No.11, 1994, pp.1811-1819.
67. Finn Jensen, "Electronic component reliability: fundamentals, modeling, evaluation, and assurance", Wiley series in Quality and Reliability Engineering, Wiley 1995.
68. STD-MIL-HDBK-217F(2), "Military Standardization Handbook, Reliability Stress and Failure Rate Data for Electronic Equipment", 1995.
69. STD-MIL-C-105E, "Military Standard Sampling Procedures & Tables for Inspection by Attributes", 1995.
70. STD-MIL-C-45662A, Not.2, "Calibration System Requirements", 1995.
71. STD-MIL-HDBK-52B, Not.1, "Evaluation of Contractors Calibration System", 1995.
72. STD-MIL-471A, Not.3, "Maintainability-Verification, Demonstration, Evaluation", 1995.
73. Roca J. L., "Cause-effect alarm failure analysis for nuclear reactor protection system EDM modules", Microelectronics & Reliability Journal, Ed. Pergamon Press. Ltd., England, Vol.35, No.2, 1995, pp.241-249.
74. Kan Stephen H., "Metrics & Models in Software Quality Engineering"; Addison Wesley, Massachusetts, 1995.
75. Fenton Norman E.; "Software Metrics, A Rigorous Approach", International Thompson Computer Press, London, 1995.
76. R. E. Barlow & F. Proschan, "Mathematical Theory of Reliability", SIAM, Philadelphia, 1996.
77. STD-MIL-Q-9858(3), Not.2, "Quality Program Requirements", 1996.
78. STD-MIL-781D, Not.1, "Reliability Test-Exponential Distribution", 1996.
79. Roca J. L., "An Entropy base method for computing software structural complexity"; Microelectronics & Reliability Journal, Ed. Pergamon Press. Ltd., England, Vol.36, No.5, 1996, pp.609-620.
80. Roca J. L., "Reliability Analysis for Atucha II Reactor Protection System Signals", Reliability Engineering & System Safety Journal, Elsevier Science Ltd., Oxford, England, Vol.35, No.2, 1996, pp.155-183.

81. Gosh S., Schucany W. & Smith W., "Statistics of Quality", Marcel Dekker Inc., New York, 1997.
82. R. Barlow, "Engineering Reliability", ASA-SIAM Series on Statistics & Applied Probability. 1998.
83. Pukite J. & Pukite P., "Modeling for Reliability Analysis", IEEE Press. Inc., New York, 1998.
84. STD-MIL-785B, Not.3, "Reliability Program for Systems and Equipments Development and Production", 1998.
85. MIL-HDBK-338B, "Electronic Reliability Design Handbook", 1998.
86. STD-MIL-C-414(1), Not.1, "Sampling Procedures & Tables for Inspection by Variables for percent defective", 1999.
87. Laplante P., "Keys to Successful Software Development-Selected Readings", IEEE Press. Inc., New York, 1999.
88. LaCombe Donald J., "Reliability Control For Electronic Systems", Volume 107 De Electrical Engineering & Electronics, Volume 107 De Environmental Science And Pollution Control Series, Marcel Dekker 1999.
89. Dana Crowe & Alec Feinbeg, "Design for Reliability", CRC Press, Boca Raton, Florida, 2000.
90. Smith David J., "Reliability, Maintainability & Risk: Practical Methods for Engineers", Butterworth Heinemann, Elsevier Science Ltd., Oxford, England, 2001.
91. Shooman Martin L., "Reliability of Computer System & Networks: Fault Tolerant, Analysis & Design", John Wiley & Sons Inc., New York, 2002.
92. I.Pham Hoang, "Handbook of Reliability Engineering", Springer Verlag, Berlin, Heidelberg, 2003.
93. Barlow Richard E., "Engineering Reliability", Volume 2, Asa-Siam Series on Statistics and Applied Probability Series, SIAM 2003.
94. Lyu Michael R., "Handbook of Software Reliability Engineering", IEEE Computer Society Press & McGraw-Hill Book Company, 2005.
95. Dhillon Balbir, "Maintainability, Maintenance, and Reliability for Engineers", CRC/Taylor & Francis, 2006.
96. Pham Hoang, "System Software Reliability", Springer Series in Reliability Engineering, Springer Verlag, London Limited, 2006.
97. Dhillon Balbir, "Applied reliability and quality: fundamentals, methods and procedures", Springer Verlag, Berlin, Heidelberg, 2007.
98. Koren Israel, Krishna Mani C., "Fault-tolerant Systems", Morgan Kaufmann, 2007.
99. Modarres Mohammad, Kaminskiy Mark & Krivtsov Vasiliy, "Reliability Engineering and Risk Analysis: A practical guide", CRC Press, 2009.

100.Birolini Alessandro, "Reliability Engineering: Theory and Practice", Springer Verlag, Berlin, Heidelberg, 2010.
101.Lisnianski Anatoly & Frenkel Ilia, "Recent Advances in System Reliability: Signatures, Multi-state Systems and Statistical Inference", Springer Verlag, London Limited, 2011.
102.Musa John D., "Software reliability engineering: more reliable software, faster and cheaper", AuthorHouse, London, 2004.
103.Roush Marvin L. & Webb Willie M., "Applied reliability engineering", RIAC, 2000.

Nueva Librería SRL dio término a la
presente tirada de la primera edición de
esta obra en sus propios talleres gráficos,
sitos en Estados Unidos 301 (cp1101),
C.A. de Buenos Aires, Argentina.
web: www.nuevalibreria.com.ar
tel.: (54 11) 4362-9266

Septiembre 2013